The

Puzzle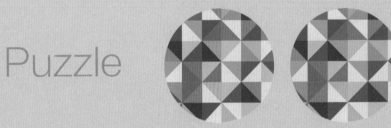

Universe

The

迷人的数学

Puzzle

315个烧脑游戏
玩通数学史

Universe

〔英〕伊凡·莫斯科维奇（Ivan Moscovich） 著

佘卓桓 译

CnS K 湖南科学技术出版社 博集天卷 CS-BOOKY

这本书是爱的结晶，我衷心将本书献给我亲爱的妻子安妮塔，感谢她无限的耐心、宝贵的意见与帮助。我要感谢我亲爱的女儿茜拉，感谢她带给我新的见解与创意。我要感谢我可爱的孙女艾米丽娅，她正在慢慢成长，踏上美好的人生旅程。我还要将此书献给那些热爱美感、谜题与数学的人。

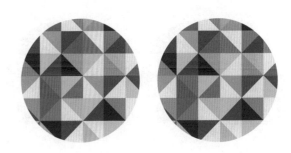

如果你总是做自己感兴趣的事情，那么至少有一个人会感到高兴。

——凯瑟琳·赫本

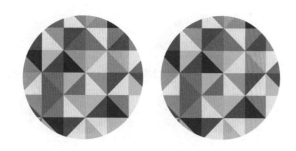

推荐序

哈尔·鲁滨逊

伊凡·莫斯科维奇，世界公认的谜题、游戏和趣味数学专家，从浩瀚的数学史中，精心挑选和呈现了300多道烧脑题。

书中的每一个谜题都完全以作者独创的全新视觉形式与艺术效果呈现出来。文字内容只是给出了谜题挑战的背景。作者用普通人也能理解的语言解释了这些谜题在数学史中的重要地位及其数学与教育意义。

《迷人的数学》所具有的历史维度，让它从同类书中脱颖而出。还从没有人能像伊凡·莫斯科维奇一样创造出这样具有高度互动性的视觉体验，这正是他的特色与标志。他将游戏的体验、趣味和益智性提升到了一个全新的高度，这充分显示了他的天分。伊凡·莫斯科维奇成千上万的忠实追随者和支持者都能证明这一点。伊凡享誉世界，是视觉游戏和思维游戏的顶级发明家之一，迄今已经出版了40多本图文书——其中《大脑游戏天书》（*The Big Book of Brain Games*）销量超过100万，被翻译成20多种语言。伊凡·莫斯科维奇还发明了100多种智力游戏和玩具，他的发明被玩具行业的许多大公司所青睐，获得了很好的销量。他的发明展现出高度的原创性，他的书也同样如此。

伊凡·莫斯科维奇这样写道："我们天生就要玩耍，要逐步了解我们所处的世界。我对游戏和谜题如此倾心的一个原因，就是我认为它们能够改变人们的思考方式，提升人们的生活质量。游戏能让我们变得更具发明力，更富于创造力与艺术性。它们能让我们以一种全新的方式去看待这个世界，能够激发我们去探索未知的世界，提醒我们时刻把握生活中的点滴乐趣，让我们的身心更加健康，甚至延年益寿。"

人类能从寻找模式中得到极大的满足感，但我们能从理解这些模式中收获更大的快乐。意外发现某种全新的联系，发现某些隐藏已久的神奇规律，都能让我们在惊喜之余，感受到智识上的满足。我们可能会对自己发现的美充满敬畏……

本书献给所有热爱美感、惊奇、挑战、数学与游戏的人！

《迷人的数学》讲述了很多绝妙的数学想法背后的故事，它们既好玩又益智，深具启发性，适合所有年龄段的读者。

——哈尔·鲁滨逊，英国交互媒体协会执行官，智力游戏与谜题开发者

自 序

思维与消遣数学的历史中充满了各种谜题。谜题是有趣的，给我们带来心理挑战，让我们努力去寻找解答。

我喜欢游戏和谜题。在过去60年里，我收集、设计、研究与发明了数千个智力游戏。此外，我还亲手制作了许多互动展品、玩具与图书。

我对游戏和谜题如此倾心的一个原因，就是我认为它们能够改变人们的思维方式，能让我们变得更具发明力，更富于创造力与艺术性，甚至变得更具人文情怀。它们能让我们以一种全新的视角去看待这个世界，让我们的身心更加健康，甚至延年益寿。

儿童心理学家们早就明白儿童是通过游戏去认知世界的。如果我们愿意以一种探寻乐趣的心态，而不把它当成任务，我们就能理解最抽象与复杂的概念。G.C.利希腾贝格，这位以幽默与格言而闻名的18世纪德国物理学家就曾这样说："你自愿去探寻的东西，会在你心里留下一条道路，在你需要的时候，这条道路会再次出现。"

《迷人的数学》适合所有年龄段的读者。这是一本关于谜题、数学及其潜在美感的书。书中充满了深具挑战的历史事实，需要思考的谜题、悖论、错觉和解决问题的方法。但本书不并止于此。

书中的谜题既娱乐又烧脑，并将理念进行拓展，将之运用于艺术、科学与数学等方面。精妙引言、历史逸事、人物小传以及对解答的深度解释，都旨在为读者创造一个愉悦

与享受的氛围，让大家在进行创造性发现、解决问题的过程中，感受到快乐。

正因为此，我给这些谜题起了一个新的名字：激发思考的玩意（Playthink）。它可以是一个视觉上的挑战、谜语或是谜题，也可以是一个玩具、游戏或是一种错觉。它可以是一件艺术品，一段谈话或是一个三维结构。

数学领域的许多发现与问题都并不需要我们具有专业的知识，只需要我们具有基本的数学知识、常识以及一点直觉。书中的有些游戏是我的原创，其他则是我对经典与现代谜题的改造或视觉化。无论这些游戏与谜题是以怎样的形式呈现出来的，它们都能让你既思考，又感受到纯粹的乐趣，同时还解决了问题，充分激发你的大脑潜能。

因为玩这些激发思考的玩意能够激发我们的创造性思维，你必然会发现本书潜藏的教育性。我当然希望能达到这样的效果！我希望你们能展开游戏，思考这些问题，甚至解决一些问题，合上书之时感觉满足，同时更好奇，也更有创造力。

——伊凡·莫斯科维奇

目 录
contents

CHAPTER

1

激发思考的玩意
与你的大脑

创造力与智力

在人类历史的长河中，创造力与有创造力的人总会得到人们的尊敬与仰慕。这些人似乎有能力始终保持孩童般的好奇，然后在创造的过程中感到快乐、享受，进而变得更具创造力。

他们是怎么做到的呢？我们怎样才能变得更有创造力呢？他们的人生就是这个问题的最佳答案。

伟大的科学家、艺术家与思想家都具有昂扬的斗志，敢于挑战已有的假设，认识潜藏的模式，懂得用全新的眼光观察世界，建立新的联系，以及善于把握机会。

如果没有创造力，人类可能仍然保持着旧石器时代的生活状态。创造力是人类思考与前进最有力的模式。我们都要运用创造力来享受和理解我们的生活，建造我们的世界。

在这个世界上，并不存在什么创造力的配方。我们也很难定义创造力。创造力并不单纯是产生新想法的过程。创造力其实代表着一种完全不同的思维方式，涉及事物的基本关系、安排以及联系。

诚然，一个具有创造性的大脑建立的联系越多，就能找到越多的道路，来得到一个独一无二且让人满意的解答。心理学家爱德华·德·博诺将这样的思维模式称为横向思维。无论是在那些先驱科学家，还是在艺术家或其他远见卓识者身上，我们都能够看到这种思维模式。

进行"盒子外思考"的能力，以不同方式进行思考的能力，用一种新颖的、非常规的方式去看问题的能力，是当代社会所急需的能力。现在我们已经进入了一个创造力变得越来越重要的新时代。

但即便如此，这些具有创造力的人也并不是天生就具有特殊的天赋。每个孩子在5岁之前，都是创造性的思考者，有着永不满足的好奇心。之后，随着年龄逐渐增长，我们就开始有了"心灵的障碍"，让我们无法看清楚问题的本质，甚至看不到最显而易见的解答。我们每个人都拥有创造力的潜能，只是在绝大多数时候我们都没有创造性地思考问题。

我找到了！

创造力始于创造性思维加上专业的技能。路易斯·巴斯德曾说："机会只青睐那些有准备的大脑。"创造力的第二个要素就是想象性思维能力。在创造性思维冒出来的那个时刻，我们能用全新的眼光去看待事情，识别模式，发现事物之间新的联系——这就是那个"我找到了！"的时刻。

创造力的第三个要素就是敢于冒险的个性，始终寻找新的经验，然后就是靠内在的驱动，不断推进。理想的情况是还有一个创造性的环境激励这一切。

绝大多数人在成长过程中都会形成这样一个概念，那就是人的智力是通过测验来证明的：那些能够回答最多问题的人就被认为是最聪明的人。但是，想象一下，将智力简单地归纳为一个数字，也就是智商，本身就是一个过时陈旧的观念。人们试图参考智商来发展创意商数（Creativity Quotient）这个概念，却无法取得成功。早期的观念里还存在着另一个问题，那就是认为智力在每个人出生的时候就注定了。最近有很多研究表明，通过适当的训练，人的智商可以得到极大的提升。伯纳德·德夫林就得出了一个结论：就一个人的智商而言，基因的影响只占到48%，而胎教、后天的环境以及教育的影响则占到了52%。

如果你发现自己无法解答书中的一些谜题，千万不要认为自己不够"聪明"。你只不过需要释放你内在的创造力。只要有正确的思维模式，任何人都能解答这些谜题。

如果你认为书中的谜题很简单，那么就恭喜你了！

"创造性思维——也就是创造力——并不是什么神秘的天赋，而是一种能够不断被训练与培养的能力。"

——爱德华·德·博诺，心理学家

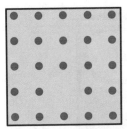

小钉板的正方形

沿着小钉板的四个钉子拉伸橡皮筋，可以形成多少个大小不同的正方形呢？

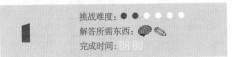

1 挑战难度：● ● ○ ○ ○ ○
解答所需东西：🧠 ✏️
完成时间：88:88

相亲问题

婚介网站为你安排了一次相亲。相亲的女方会拿着这本书等待你的出现。当你来到相亲的地方，你看到朱莉娅·罗伯茨拿着这本书。你觉得问题出在哪里呢？

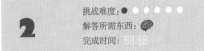

2 挑战难度：● ○ ○ ○ ○ ○
解答所需东西：🧠
完成时间：88:88

创造力与解决问题

求解的过程会让我们对大脑运作的方式有所了解。思考是一件很困难的事，因此人类会尽可能减少思考的工作。比如"打了就跑"式的问题解决法，就是找到脑海里冒出来的第一个解决办法，然后照此执行。

你的潜意识里存储着你过去所有的人生经验、信念、记忆、技能，经历过的一切情景以及看到过的一切画面。是时候将意识从解决问题的宝座上请下去了。创造力的真正力量在你的潜意识里。现代认知科学已经揭示和证明，我们的大脑有很大一部分是在无意识地运转的，这一点就连弗洛伊德都没有怀疑过。很多信息处理过程都是在意识的层面之下进行的——在幕后，在我们看不到的地方。潜意识能够滋养我们的洞察力、创造力与直觉。潜意识的过程是迅速、自动且毫不费力的。而我们的意识则是深思熟虑、有序与理性的，需要我们付出努力才能完成。阿莫斯·特维斯基（Amos Tversky）与丹尼尔·卡内曼（Daniel Kahnemann）的理论认为，人类已经培养了一种名为"启发式"的

思维"捷径"，能让人迅速做出有效的判断与行动。过往的经验培养了我们的直觉，让我们自动做出判断。（比如开车，又比如那些在脑海里记住了5万种不同棋盘模式的象棋大师，能够按照直觉下闪电棋）。

> **"创造力源于各种人生经验的相互砥砺。"**
>
> ——马里奥·卡佩奇，
> 诺贝尔医学奖得主

引入你的潜意识

"在我们一生中，潜意识能够解决90%以上的问题。若是需要对复杂问题做出决定，最好还是留给潜意识去解决。"奈梅亨大学（Nijmegen university）的埃普·迪克斯特休伊斯（Ap Dijksterhuis）教授最近的研究发现："对一个问题进行过度思考会导致昂贵的错误。"

这意味着，只有简单的决定，才能放心交给意识。综合多方因素苦苦思考，做出一个复杂的决定，这似乎会让意识感到困惑，让人只能专注于局部信息，从而难以做出令人满意的决定。相反，潜意识似乎能够更好地思考全局，因此能做出更令人满意的决定。

实验证明，每个人都能充分发挥这种"无意识学习"的能力。我们在解答后面两页的计数题时就能体会到这一点。当我们要对涉及多个因素的复杂问题做出决定时，最好的做法可能就是抽出一些时间——"好好地睡上一觉"——然后等待着潜意识得出直觉性答案。现代认知科学提高了我们对直觉的信任，同时也提醒我们，在运用直觉的时候要与事实进行仔细比对。

有趣的数数——测试一

两个让人惊讶的视觉测验也许能够揭示你的潜意识运转与解决问题的方式。在这个测试里，你只需要从数字1数到90。

数数是人类最古老的数学行为，也是人类设想出的最有力、最基本的观念。

每个自然数后面都会跟着一个自然数。这个观点极大地推动了数学的发展。

本页和下一页的测验会让数数变成全新的挑战。这两个测验的目的只是要了解你连续寻找从1到90所需要的时间而已，而且只能通过观察的方式，不能跳过任何一个（连续的）数字，同时，在寻找下一个数字的时候，不能在纸上做任何记号。

要想完成这两个测验，你必须首先找到1，接着找到2，3，4，一直找到90。

当然，作弊的行为是不允许的。相信我，作弊只会破坏其中的乐趣。

重复这两个测验两三次，记下你每次数数需要几分钟，然后填在下一页的表格里。

你会惊讶地发现，测验所需的时间远超你的预期。你还会发现，当你重复测验时，你需要的时间会越来越少。不过，第二个测验的结果可能更令人惊讶。

3

挑战难度：● ● ○ ○ ○ ○
解答所需东西：🧠
完成时间：88:88

有趣的数数——测试二

重复这两个测验两三次，将你每次所需要的时间记录在右边的表格里。

你可能会惊讶地发现，在做测验二的时候，你所需要的时间已经比做测验一的时间少了许多。

如果这种情况出现的话，你能解释其原因吗？

测验一	所需的时间
第一次	
第二次	
第三次	

测验二	所需的时间
第一次	
第二次	
第三次	

4

挑战难度：● ● ○ ○ ○ ○

解答所需东西：🧠

完成时间：⏱

谜题与你的大脑

谜题不只是打发时间的消遣

解答各种不同类型的谜题能够改善脑功能，防止心智衰退以及老龄化疾病。大脑是一个极其复杂的机器，一刻不停地在超过一千亿个脑细胞中创建与巩固联结。通过诸如解答谜题的方式锻炼大脑，有助于脑细胞形成新的联结，提高大脑功能。大脑细胞之间的联系，每个神经元对与它相连的一万个其他神经元发出化学信号，就形成了我们称之为记忆的东西。记忆恢复与处理新信息的能力都与大脑的健康状况息息相关。解答谜题可以通过增强脑细胞之间的联结来增强这些重要的大脑功能。解答问题的过程，能够让脑细胞巩固旧联结，形成新联结。

用进废退

如果你不给大脑足够的锻炼，大脑就会逐渐退化。随着年龄增长，通过解答各种问题或谜题来保持大脑的健康，这点很重要。

各种问题与谜题都可以简单地归结为需要洞察力的问题以及那些需要更系统的分析才能解决的问题。洞察力重要还是分析能力重要呢？与绝大多数类似的争论一样，似乎两者都非常重要。在两种状态中切换的能力是非常重要的。当你想要解决一个既需要深层次分析又需要跳出常规视角的洞察力的问题时（很多谜题都需要这种能力），两种方式的结合会让你的大脑更灵活，也更健康。

当下，脑科学家提出了一个问题，那就是解答谜题是否有助于延缓老年痴呆症以及其他衰老退化症状的出现。老年痴呆症是一种脑部疾病，会让病人渐渐失去记忆以及其他思维能力。

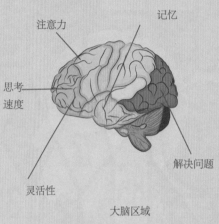

注意力　记忆
思考速度
灵活性
解决问题
大脑区域

这种疾病也是造成老年人记忆力严重退化的首要原因。一般来说，对年龄在60岁以下的老人来说，这种疾病的发病率是相当低的，但60岁之后就会越来越普遍。就在不久前，记忆严重退化的老人还会被称为"老糊涂"，但现在人们已经认识到这很可能是因为老年人患上了老年痴呆症。

作为一种脑部疾病，老年痴呆症的广泛出现，就提出了这样一个问题，那就是解答谜题等活动是否有助于预防这种疾病呢？很多研究都坚称，解答谜题有助于预防大脑的退化。世界各地的许多机构都将解谜纳入了预防老年痴呆症的策略。

游戏本能

但是，阐述谜题与大脑健康之间关系的著作还不是很多。在一些持批判眼光的人看来，这两者并没有建立起一种明确的关系。若是单纯重复地解答某一类谜题，正如大多数人的做法一样，并不能为大脑提供多样性的选择。大脑似乎需要很多种不同类型的刺激才能保持运转。

因此，在解谜的过程中，一定要注重谜题的多样性。

人们会说，相比于一般性的谜题，某些类型的谜题能激活更多的大脑区域。这似乎是一种符合逻辑的推定，但还需要更多的研究结果加以证实。

多伦多大学的马塞尔·达内西教授进行的多项研究表明，我们每个人都有不同的谜题类型偏好和解题技能。一些人可能只喜欢纵横字谜，另外一些人则只喜欢逻辑游戏（比如数独），也有一些人喜欢两者的混合。在达内西教授所进行的一些实验里，他们将那些被归为"不受欢迎"类的谜题分发给学生们去解答。八个月之后，相当多的学生（大约占到74%）表示，他们开始喜欢这种他们曾经不喜欢的谜题类型了。只是通过解答谜题，我们的这种"游戏本能"似乎就会开始发挥作用，让我们能够享受所有类型的游戏了。

谜题ABC

　　接下来，我将会从我收藏的5000个谜题中随机挑选出24个经典谜题，帮你们热热身。这些谜题并不是很难，也不需要你们事先掌握什么数学知识。这些谜题清晰地表明谜题的多样性，囊括了许多数学、逻辑和基本原则。

5

挑战难度：●●●○○
解答所需东西：
完成时间：

蜗牛爬窗

　　一只小蜗牛沿着90厘米高的窗户爬行。如果这只蜗牛白天爬行11厘米，晚上倒退6厘米，那么这只小蜗牛要连续爬行多少天才能爬到窗户顶部呢？

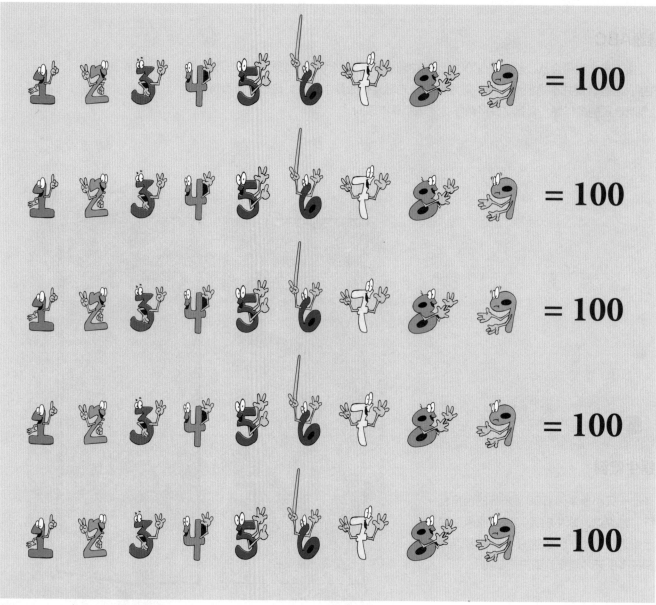

挑战难度: ● ● ● ● ○ ○

解答所需东西: 🧠 ✏️

完成时间: 88:88

总数为100

一个古老经典的算术问题是这样的: 从1到9的连续数, 在它们之间插入相应的数学符号, 使运算结果为100。这个问题可以有无数种变化, 其中就包括只使用加减符号的。马丁·加德纳就演示过如何用最多的加号和最少的减号来解答这个问题。

你能够在上述的等式里只使用加减符号来解答这个问题吗?

提示: 两个连续的数将会形成一个两位数。如果允许不止一个两位数, 或不止使用加减符号, 还会有其他解法。你能想到多少种解题方法?

挑战难度：● ● ○ ○ ○ ○

解答所需东西：🧠

完成时间：

隐藏的正多边形与星形

你需要花费多少时间才能找到七个正多边形与一个正十角星呢？

电线上的小鸟

　　想象在一根很长的电线上站着许多小鸟，这些小鸟都是随机分布的，正对或背对着它旁边的小鸟。如果这根电线无限长的话，你猜有多少只小鸟能被一只小鸟、两只小鸟看到或不被任何一只小鸟看到？在上图的例子里，只有72只小鸟随机分布在电线上，因此，你的猜测会是一个近似值。

8

挑战难度：● ● ● ● ● ○
解答所需东西：
完成时间： 88 88

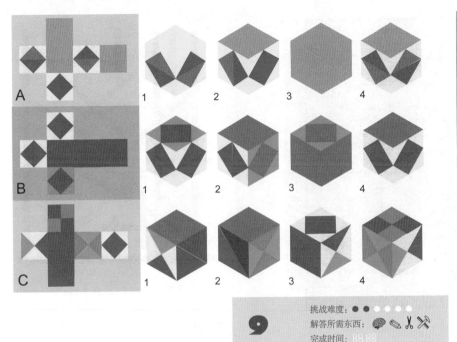

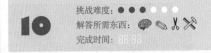
三角形里的三个角

欧几里得证明了三角形中三个内角之和为平角（180°）。数学的美感就在于，在很多情况下，即便是业余爱好者，只要具有一定的洞察力也能有全新的发现，并且找出新的证据。

斯坦福大学的数学家路德·华盛顿，在他还是学生的时候，就想到了用一种相当简单的方法——只用一支铅笔就能加以证明。你能想出他是怎么做到的吗？

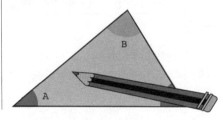

立方体叠合

左边是立方体的三种展开。在它们的右边是立方体的四个等距投影图。这题的目标就是，找寻与每种展开的立方体相匹配的等距投影图。

电梯的升与降

在一栋18层的建筑里，有一个奇怪的电梯，该电梯只有两个按键：一个"升"键，一个"降"键。按一次"升"键，你将会上升7层（如果你所处的楼层超过了11层，那么按下"升"键，电梯就不会动）；要是按一次"降"键，电梯会直接下降9层（如果你所处的楼层低于9层，那么电梯也不会动）。你是否有可能乘坐电梯到自己想要到的任何楼层呢？电梯修理人员需要按多少次按键，才能从地面到达其他楼层呢？他将按什么顺序到达这些楼层呢？如图已经列举了前三步。

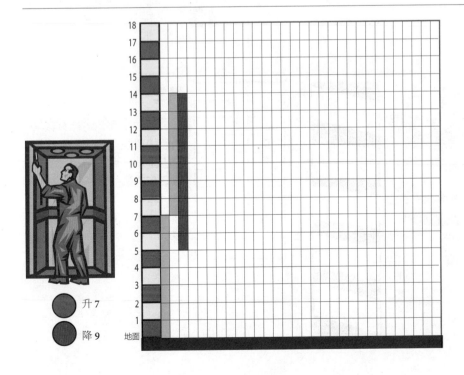

升 7

降 9

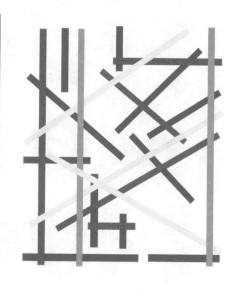

围墙

蒂姆找到了14块砖头,在花园里为他的新宠物小乌龟建造一个围墙。他的小乌龟不断长大,蒂姆想用这14块砖头尽可能地拓展围墙的面积。他该怎么做呢?

12 挑战难度:● ● ○ ○ ○ ○
解答所需东西:🧠✏️
完成时间:88.88

操场

你正在俯瞰一座操场,操场上堆积着许多厚木板。你能认清哪个才是最高点吗?

13 挑战难度:● ● ○ ○ ○ ○
解答所需东西:🧠
完成时间:88.88

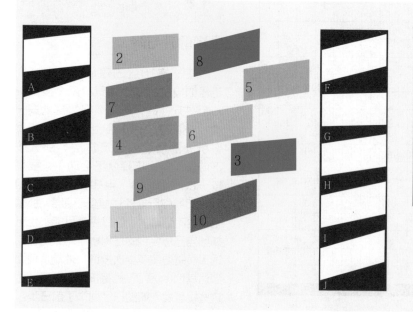

A	
B	
C	
D	
E	
F	
G	
H	
I	
J	

填空

通过观察,将标有数字的色块放在适合它们形状的空格里,然后再将相应的数字填在右边的表格里。在这个过程中,你会犯多少错误呢? 结果可能会令你无比惊讶!

14 挑战难度:● ● ○ ○ ○ ○
解答所需东西:🧠✏️
完成时间:88.88

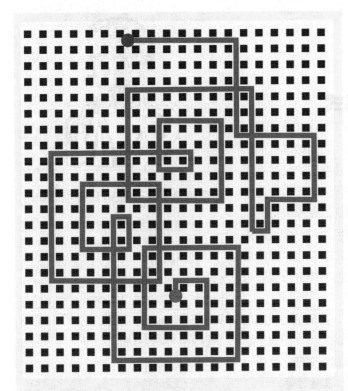

鼹鼠走路

一只鼹鼠从红点出发，红线显示的是鼹鼠所走的路线，它最后停留在蓝点上。你能想出鼹鼠在行进过程中每次改变路线时所遵循的逻辑吗？

线条追踪

若是只通过观察，你能追踪到多少条线？要完成这个挑战，你需要长时间保持稳定的专注力。

管道

一条红色的金属环将九根管道紧紧地套在一起。那么，红色的金属环有多长呢？

D=1 米

甜品

蛋糕与冰激凌一共花费2.5美元，但是蛋糕的价格要比冰激凌的价格贵1美元。请问，蛋糕与冰激凌的价格分别是多少呢？

思维的模式

古希腊语"deiknymi"，即"思维实验"，是数学证明的最古老模式。思维实验就是运用想象的观点去研究未知事物的性质，这与解答谜语是很类似的。思维实验通常包括对一个假设的场景进行视觉化的实验，在脑海里对正在发生的事情进行实验与概念化的处理。

思维实验背后的思想与简单推理是这样的：仅仅通过思考，我们就能发现世上的新事物，这也是人类早期对哲学感兴趣的原因。很多著名的思维实验对于推动数学与科学发展都起到了重要的作用。比如，爱因斯坦的电梯、牛顿的苹果、薛定谔的猫、麦克斯韦的魔鬼、牛顿的卫星原理、伽利略的球体实验等等。

无限的宇宙

在早期的思维实验里，最简洁和优雅的一个思维实验就是"无限的宇宙"，是由阿契塔与伊壁鸠鲁提出来的。阿契塔认为，宇宙是无限的，没有边界。在他的思维实验里，他假设某人站在宇宙的边缘，然后将他的手伸出这个宇宙的边界，那就说明此人所处的位置依然不是宇宙的尽头。一百年后伊壁鸠鲁也提出了类似的思维实验：他假设一支箭在宇宙空间内不断飞行，没有遇到任何阻碍，证明宇宙是无限的。而如果这支箭在宇宙的尽头遇到了一个类似于墙体的障碍物，那么这支箭就会反弹回来，这也能证明宇宙是无限的。因为在这堵墙的背后，肯定还存在着某些东西。

阿契塔与伊壁鸠鲁的思维实验，在1888年出土的弗拉马里翁雕刻上得到美丽而直观的呈现。人们认为这尊雕像是在16世纪的时候被创作出来的。

柏拉图与亚里士多德都不接受"宇宙是无限的"这样的观点，因为他们很难接受无限这个概念。直到中世纪，亚里士多德的宇宙学说都是被广泛认可的，人们都认为宇宙是有限的，有一个确定的边界。

伊壁鸠鲁（公元前341—前270年）

伊壁鸠鲁的哲学就是让每个人都过上幸福快乐的生活，尽可能地离苦得乐。按照他的说法，实现这个目标的最好方法，就是要做到无欲无求。伊壁鸠鲁的哲学思想对早期的基督教产生了重要的影响。他的"无限的宇宙"的思想实验是极具美感的，也是非常经典的。

阿契塔（公元前428—前347年）

阿契塔是古希腊数学家，也是毕达哥拉斯学派的科学家，数学力学的创立者之一。在他的诸多成就当中，其中有一项就是他制作了一只木质的鸽子，这是人类历史上最早的自驱动飞行装置（可能是蒸气驱动的）。据说，该木质的鸽子能够飞行200米左右。

大甩卖

一位女销售员在一次大甩卖的活动中以每套1200美元的价格卖出了两套沙发。第一套获利25%，第二套则损失了20%。她想当然地认为自己依然从这种组合销售中盈利了。她的这种想法是正确的吗？

19 挑战难度：●●○○○
解答所需东西：🧠
完成时间：

座位安排

有四张椅子排成一排，你有多少种不同的方法能让两位女性不会挨着坐？假设椅子的数量为 n 时，你能找到此类问题的通解吗？

20 挑战难度：●●●○○
解答所需东西：🧠
完成时间：

等边三角形里的正方形

三个面积相等的正方形将一个等边三角形剖分为22个部分。若是允许你用另外三个面积相等的正方形去做，你能做得更好吗？

21 挑战难度：●●●○○
解答所需东西：🧠✏️
完成时间：

22 挑战难度：●●●●○
解答所需东西：🧠
完成时间：

穿过16个点的线

我们需要画出6条直线，才能连续穿过16个点。你能找到多少种画法，使交点数量最少？你能找到多少种形成对称图形的解法呢？

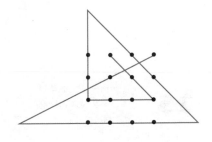

由三角形组成的多边形

画出一个有任意边的多边形，在每个角上点一个带有颜色的点，然后在多边形的内部画上任意数量的点。接着，将这些点作为一个一个的角，将这个多边形划分为没有重叠的三角形，然后用红色、蓝色与黄色去标记三角形的三个角，我们会得到如下图右边所示的十种不同类型的三角形。

一个三角形的三个顶点都带有不同的颜色，这就是所谓的完全三角形。

在我所列举的例子里，我只是在三角形的边界点上标记颜色。你能对多边形内部的点进行颜色标记，创造出两个完全三角形吗？

在既有的边界分布的情况下，你可以按照自己的想法，重新分割这个多边形吗？

摇骰子

相互独立事件是指一次只能出现其中一种结果。在这种情况下，摇到任意一个数字的概率等于摇到每个数字的概率之和。要想摇出数字"4"，其概率为1/6。同理，摇出数字"6"的概率也是1/6。既然这样，在任意一次摇骰子的过程中，摇出数字"4"或是数字"6"的概率又是多少呢？

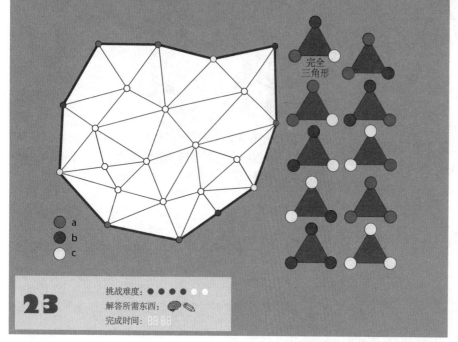

完全
三角形

- a
- b
- c

23 挑战难度：●●●●○○
解答所需东西：🧠✏️
完成时间：⯾⯾:⯾⯾

24 挑战难度：●●○○○○
解答所需东西：🧠
完成时间：⯾⯾:⯾⯾

俯视图

一座建筑物的俯视图如右图所示。你能单纯从观看这座建筑的楼顶，去想象它的三维空间形态吗？

25 挑战难度：●●○○○○
解答所需东西：🧠
完成时间：⯾⯾:⯾⯾

有多少个正方形？（一）

消遣数学谜题有一类，专门探讨"数量多少"的问题，其中就包括"有多少个正方形？"这样的问题。

观察这三个图案，你能数出多少个不同形状的正方形呢？

第三个图案是很具美感的，这是克利夫·匹克欧弗（Cliff Pickover）创造出来的，他在向解谜的人发出挑战，因为他的同事给出的答案都不一样。你能给出相应的证明，最终解答这个问题吗？

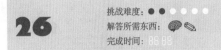

26　挑战难度：● ● ○ ○ ○ ○
解答所需东西：🧠✏️
完成时间：⏱️

有多少个正方形？（二）

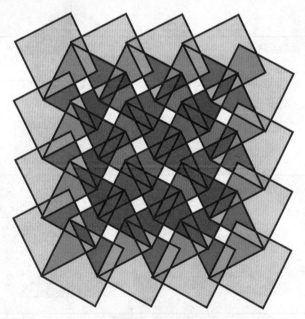

27　挑战难度：● ● ○ ○ ○ ○
解答所需东西：🧠✏️
完成时间：⏱️

有多少个正方形？（三）

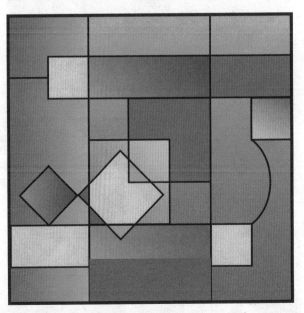

28　挑战难度：● ● ○ ○ ○ ○
解答所需东西：🧠✏️
完成时间：⏱️

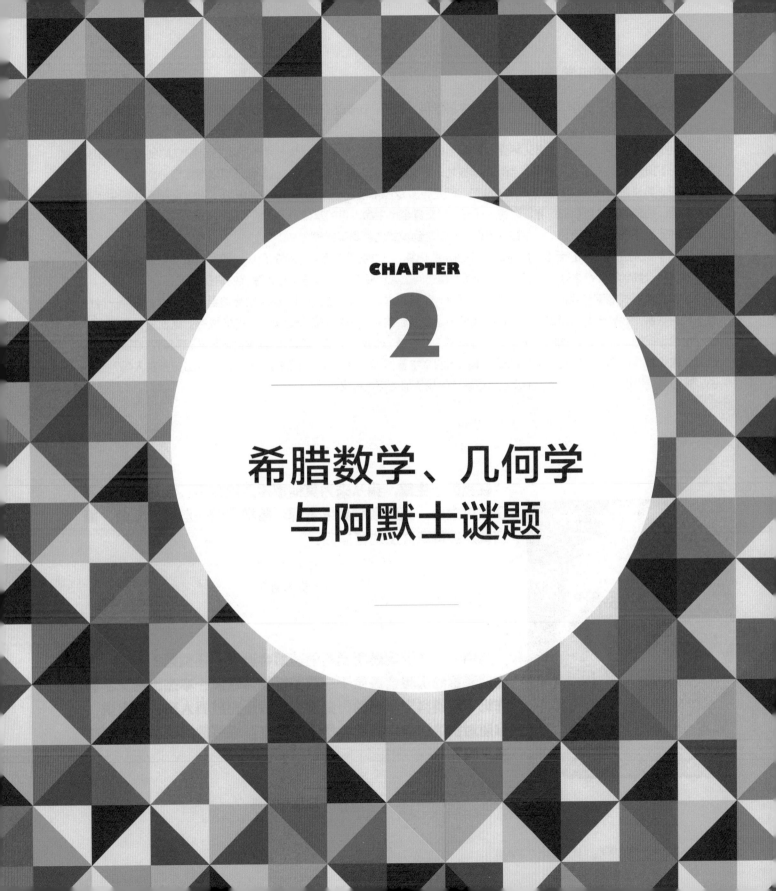

CHAPTER 2

希腊数学、几何学
与阿默士谜题

数学：研究模式的科学

对古希腊人来说，数学是一门单纯研究数字的学科。但是，在长达几百年的时间里，这种对数学的定义都是相当不完整的。

17世纪中叶，英国物理学家艾萨克·牛顿与德国数学家戈特弗里德·冯·莱布尼茨各自独立地创立了微积分学——一门研究运动与变化的学科。当代数学被划分为80个不同的学科，其中一些学科还可以继续细分。

今天，数学家不再单纯专注于数字本身了，而是更多专注于模式。作为研究模式的科学，数学影响着我们生活的方方面面。抽象的模式是我们思考、沟通、计算、社交甚至是生命本身的基础。

模式无处不在，人人可见。但是数学家们却能够看到模式内部隐藏的模式。

虽然不少人会用伟大的话语去描述数学家的研究工作，但是绝大多数数学家的目标，却是为最复杂的模式找到最简单的解释。数学的神奇之处就在于，一个简单有趣的问题或谜题，通常能够带给人深远的洞察力。

了解各种模式能带给我们极大的愉悦感。但是，了解这些模式背后的原因，能带给我们更大的喜悦。发现一种意想不到的联系，找到一些隐藏的神奇规律，我们内心会涌起美感、敬畏与惊讶之情交织的愉悦感。这就是我希望本书能够带给你们的！或者，正如E.D.伯格曼教授所说："难道一个数学定理所具有的美感会逊于一幅画吗？难道一个物理装置的优雅会逊色于一首美好的诗歌或一本杰出的文学著作吗？难道科学思想的历史没有宗教历史鼓舞人吗？或者说，难道对抗饥饿与疾病的斗争，不及征服或解放的战争那么英雄主义吗？"

"在我的一生里，我从未为其他事投入这么多。我对数学充满了敬畏之心。直到现在我才发现，数学中的一些精妙部分，简直就是纯粹意义上的奢侈品。"

——爱因斯坦

"难道一个数学定理所具有的美感会逊于一幅画吗？难道一个物理装置的优雅会逊色于一首美好的诗歌或一本杰出的文学著作吗？难道科学思想的历史没有宗教历史鼓舞人吗？或者说，难道对抗饥饿与疾病的斗争，不及征服或解放的战争那么英雄主义吗？"

——E.D.伯格曼

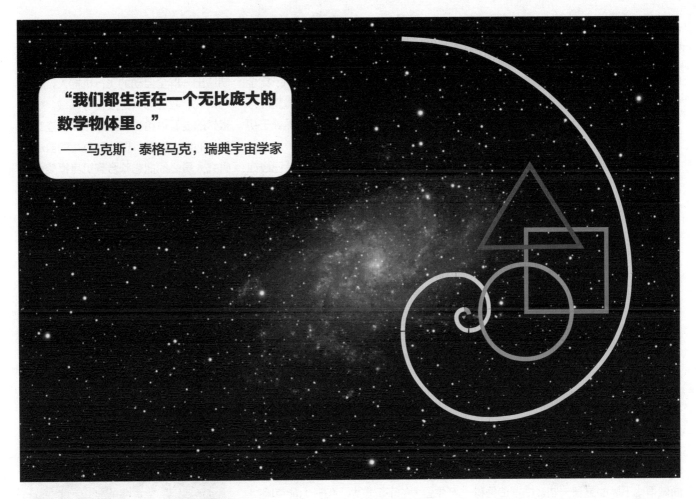

"我们都生活在一个无比庞大的数学物体里。"

——马克斯·泰格马克，瑞典宇宙学家

我们的数学宇宙——138亿年前

我们的宇宙是数学的。自然是一位"建筑大师"，能够将许多基本形状的变化玩得"出神入化"。圆、正方形、三角形与螺线等就像字母表中的一个个字母，若是它们组合起来，就能形成更为复杂的形状，具有全新而独特的属性。

"宇宙是数学的"这一思想可以追溯到古希腊哲学。今天，一些科学家，比如瑞典的一位打破常规的宇宙学家马克斯·泰格马克，就将这样的观点推向了极致。他表示，宇宙不只单纯可以用数学去表达，宇宙本身就是数学！

泰格马克提出的这种让人着迷的"数学宇宙假说"是基于下面的前提："所有以数学形态存在的结构，同样以物理形态存在。数学模式与公式能够创造出现实。"他说，如果数学本身的定义足够宽泛，那么我们所处的物理世界就是一种抽象的数学结构。或者，正如泰格马克所说："我们并没有发明任何数学结构，我们只是发现了它们。我们只是发明了描述这些数学结构的符号而已。"

用数学的视角去看待世界的乐趣在于，我们能够看到某些之前看不到的模式。与描述宇宙的其他理论一样，泰格马克的"数学宇宙假说"也遭到了一些科学家、数学家与哲学家的强烈批判。泰格马克对这些批判言论的回应又涉及另一个假说——"外部现实假说"。该假说宣称，存在一个独立于人类存在的外在物理现实，这意味着"数学宇宙假说"和许多平行宇宙的概念的存在（这是一个很容易引起争议的话题）。

驱动飞行——4.1亿年前

地球上第一个会飞的生物是类似于蜻蜓的昆虫，这种昆虫大约是在4.1亿年前开始进化的。即便是在今天，昆虫通

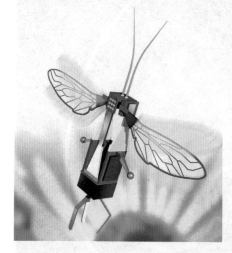

过灵活地拍打翅膀来进行飞行的复杂空气动力学结构，依然没有为人们所完全了解。对几厘米长甚至更小的微型飞行器或是纳米飞行器的研发，依然处于初级阶段。

哈佛大学的机器人研究团队已经在这方面抢占了先机。在2007年，研究团队受飞行昆虫的启发，建造了一个昆虫大小的机器飞行体，取名为"机器蜜蜂"。这个机器飞行体能够吊飞，这可以说是长达12年研究的结晶。研究团队成功地研制出了人工合成肌肉，能够让机器飞行体的翅膀每秒拍打120次。

"机器蜜蜂"研究项目的目标是要制造出一群全自动的飞行机器人，运用到研究、救援与人工授粉等领域。机器蜜蜂的能源供给和决策还依赖于连在机身上的细小电缆。要达到真正的自动，研究人员必须把它整合到机身框架里。机器飞行体3厘米长的翼展使之成为世界上能够飞行的最小的昆虫机械装置。

为什么飞机的机翼呈弧形？

飞机机翼的设计方式是为了确保气流穿过飞机上表面的速度比穿越下表面的速度快。正因为此，机翼的上表面做得比下表面更长一些。根据伯努利原理，当机翼上表面承受的压力小于下表面时，就会产生所谓升力——这种力

能让飞机在前行的过程中始终保持在空中。当飞机在空中的时候，飞机机身、燃料、乘客以及货物的重量都会对飞机产生强大的下沉拉力，但升力能克服整个飞机的重量，让飞机能够在空中飞行。

丹尼尔·伯努利（Daniel Bernoulli，1700—1782）

丹尼尔·伯努利是伯努利家族众多杰出的数学家之一。他以发现伯努利原理闻名于世。

质数与蝉——数百万年前

世界上大约有3500种蝉（拉丁文叫"树蟋蟀"），这是一种分布在世界各地的无害飞行昆虫。

大多数蝉的生命周期是两到五年，但是有些蝉则拥有更长、更奇特的生命周期。

产于北美的周期蝉有着长达13年或17年的生命周期。这引起了生物学家与数学家的极大兴趣，因为13与17都是质数。可见，质数不仅在数学领域扮演着重要的角色，在生命周期上也是如此。

保罗·埃尔德什，这位具有传奇色彩的数学家，在感到绝望的时候，曾大声地说："人类要想完全了解质数，至少还需要100万年！"周期蝉为什么正好有13年与17年的生命周期，依然找不到具有说服力的解释。

周期蝉以虫蛹的形态在地下存活了13年或是17年。但就像上好了发条一样，时间一到，它们就会建造一个通向地面的"隧道"，然后以数百万的数量出现。

到底是什么让周期蝉在过了这些年之后才出来呢？周期蝉又是怎样了解到质数的呢？这不可能完全是一种巧合。斯蒂芬·杰伊·古尔德就提出一种理论，认为这些周期蝉在地下待这么长的时间，是为了躲避那些短命的猎食者。

然后，周期蝉会褪壳，成为能飞行的昆虫。雄性周期蝉会不停鸣叫，雌性周期蝉则一声不出。它们不吃东西，在短短几周的生命里，它们唯一的目标就是进行交配，以保存物种。

难怪墨西哥有一首优美的歌曲"*La Cigarra*"，对蝉这种昆虫进行了浪漫的渲染，说它们不停歌唱，直至死亡。它们在两个月内都会相继死亡，留下等待孵化的数百万计的虫卵。这些虫卵将会在地下继续存活13年或17年，直到它们的生命周期再次开始。

周期蝉的生命周期就是自然界无处不存在着数学影子的最佳证明。自然界对质数固有的认知为周期蝉提供了宝贵的生存技能。

进化是一个长期的游戏。周期蝉可以通过选择一个相对较大的质数（比如13与17）来躲避猎食者。比方说，如果蝉的生命周期是17年，而它的猎食者的生命周期是5年，那么它们每隔85年（17×5）才会相遇一次。

人类的创造性思维是什么时候开始出现的?

早在20多万年前，我们的祖先就已经拥有了创造性思维与革新的想法，这远远超过了我们的预期——根据最新的研究，甚至是在智人出现之前——这实在发人深省。本章将会带大家展开一场探寻世界各地人类创造性思维的旅程。轮子（及其变形）、第一粒骰子、古埃及的棋盘游戏以及毕达哥拉斯定理：人类在过往世纪积累的知识真是让我们惊叹不已。

阿舍利手斧——200万年前

人类的谱系大约出现于600万年前的非洲。在此后近400万年的时间里，我们都没有找到任何关于人类创造性思维的有形记录。

接着，在历史的某个时间点，游牧民族发现了火种，开始将石头制作成切割物品的工具，并且不断加以完善。左图所示的阿舍利手斧，可以追溯到约200万年前。

我们可以说，当早期人类按对称性将石头打磨成有一个点和非常锋利的边缘时，数学、艺术与技术就由此发端。它的确是真正独特的创造。

伊塞伍德骨——公元前一万六千年

伊塞伍德骨是比利时地理学家让·德·海因兹林（Jean de Heinzelin）在20世纪60年代于伊塞伍德这个地方发现的，现在陈列在比利时布鲁塞尔的自然科学皇家博物馆里。这是一个小型工具，由一个骨头制成的手柄和底部的一片石英组成，上面刻着三排凹口。（参见左图）

伊塞伍德骨可以追溯到公元前16000年。人类关于算术的最早记录可以追溯到公元前35000年，但是伊塞伍德骨刻着的三排凹口则显示出了数学方面的知识——鉴于那个年代的久远，这着实让学界感到无比震惊。因此，伊塞伍德骨被视为人类进行大量计算的最早记录之一。

研究人员起初认为，伊塞伍德骨上的凹口是某种记数的符号，这与世界各地发现的其他物证是相似的。但是，伊塞伍德骨似乎并不单纯是简单的记数工具。让我们认真地观察骨头上的每一排凹口。

在第一排，除了左边最后的那一对凹口之外，其他成对的凹口都是数字乘以2的结果。在第二排，每一对凹口之间相差10。

第三排的凹口则是最让人感到震惊的，因为这是用10到20之间的质数按顺序进行的排列。

伊塞伍德骨上的凹口数量是有意对质数进行排列的吗？也许事实并非如此。这更有可能是原始人根据日历而做的一番记录。

但是，假设我们从小于30的范围内随机地选择4个正整数，就会发现这个范围内有10个质数，因此随机选择的四个数都是质数的概率为1/81，这真让人感到无比震惊!

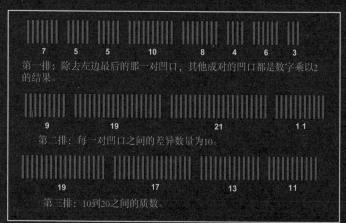

第一排：除去左边最后的那一对凹口，其他成对的凹口都是数字乘以2的结果。

第二排：每一对凹口之间的差异数量为10。

第三排：10到20之间的质数。

滚动圆与滚子——公元前6000年之前

很多人认为，人类在发明轮子之前，就已经发明了滚子，这样的推理是符合情理的。轮子与滚子之间的差异是巨大的。与轮子不同的是，滚子是独立于它运输的东西之外的。当滚子上方的重物受到外力驱动向前运动时，滚子也会在地面上不断前进。结果就是重物与滚子都能够一起前进。

世界各地的早期人类文明都各自发现了运用滚子能极大地帮助重物的运输。要是没有这样的发明，建造古埃及金字塔、宫殿或巨型石碑，都将在理论上变得不可能。

两个滚子的周长都是1米。如果滚子完整地转动一圈，重物能前进多远呢？

29

挑战难度：● ● ○ ○ ○ ○
解答所需东西：
完成时间：

轮子上的奶牛陶瓷玩具
（公元前4000年，罗马尼亚）

轮子与旋转运动——公元前6000年

轮子可能是人类历史上最重要的机械发明。

亚里士多德设想，所有天体的运行都是完美对称的，即只能沿着圆形来运转。亚里士多德的这一"学说"在长达2000多年的时间内都被世人不假思索地接受着，甚至连哥白尼也同意这一观点。

轮子，或是更抽象地说，旋转工具的引入，是人类历史上具有重大影响的事件。

人类耗费了数千年时间才想出了这种前所未有的运动形式，并且运用到现实当中。发明轮子，这需要人类具有抽象的思维能力，能从物体本身想到它背后的理念，从现象中提炼出理论。在这个问题解决之后，轮子并没有什么伟大的改进，正如人类许多其他伟大发明一样。在美索不达米亚的乌城发现的轮子，与20世纪制造的充气轮胎，其实只存在着配件上的差异而已。

迷宫

迷宫是一种古老的建筑。人类有史以来最早有记录的迷宫之一是古埃及迷宫（公元前1900年）。古希腊旅行家兼作家希罗多德在公元前500年就游览过古埃及的迷宫，并写道："埃及金字塔的雄伟壮观根本无法用言语去描述，但是迷宫的神奇与雄伟则超越了金字塔。"这曾让人心驰神往、无比震撼的建筑现在已荡然无存。

据说，人类历史上第一座迷宫是代达罗斯建造的，是给克里特国王米诺斯的半牛半人的怪物米诺陶诺斯修建的住所。忒修斯用一个金线球，终于找到了走出迷宫的路径。

从数学的角度去看，一个迷宫就是一个拓扑学范畴的问题。要想快速走出迷宫，

我们可以在纸上将所有"死路"全部遮住，那么唯一正确的路径就会自然出现，从而迅速得到解答。但是，如果你手中没有迷宫的地图，而你又置身其中的话，那么你可以将手抵住右边（或是左边）的墙一路走下去，这样你最终必然能够走到出口，虽然这可能不是最快捷的路径。这种方法不能用于终点在迷宫内部且有封闭回路的情况。那些没有封闭回路的迷宫通常被称为"单连通"的迷宫，这些迷宫没有分离的墙壁。而那些带有分离墙壁的迷宫则必然包含封闭回路，这些就被称为"多连通"的迷宫。

上图：单连通的迷宫；
下图：多连通的迷宫。

阿德里安·菲舍尔的迷宫

阿德里安·菲舍尔是国际公认的著名迷宫设计师，他在世界30个国家建了500多个大型的迷宫建筑。

在他英国多塞特的家里，阿德里安与他的妻子共同创造了世界上半数的神奇镜子迷宫以及世界上第一个麦田玉米地迷宫、水上迷宫，并在《吉尼斯世界纪录》中拥有多项世界纪录。

阿德里安还是400多个谜题的创作者，

这些谜题在世界各国的主流杂志与电视上发表。同时，他创作了十几本关于迷宫的优秀专业书籍。

阿德里安·菲舍尔

阿德里安·菲舍尔创造的镜子迷宫

杜登尼的迷宫

　　亨利·欧内斯特·杜登尼（1857—1930），英国作家与数学家，擅长逻辑谜题与数学游戏。他是英国最出色的谜题开发者之一。

　　他用笔名"斯芬克斯"向报纸与杂志寄去谜题，想提升大众的参与度。

　　他早年的许多作品是与美国的谜题专家山姆·劳埃德一起合作完成的。1890年，他们共同在英国一家名为 *Tit-Bits* 的周刊上发表了一系列文章。

　　后来他们的合作中止了，因为杜登尼指责劳埃德剽窃他的谜题，并以他一个人的名字发表出来。

　　从本质来说，杜登尼设计出来的迷宫与6000多年前的人类创造出的迷宫没有什么大的区别，但他的迷宫却是相当有难度的。你能解答这个迷宫问题吗？杜登尼找到了600种方法，这600种方法中没有一条路线会走两次。

骰子——公元前5000年

在有历史记载以前，亚洲的人们就一直在使用骰子。出土的最早骰子是在今伊朗东南部"焚毁之城"的一处考古遗址发现的，在一套已有5000多年历史的西洋双陆棋里。《圣经》里有多处关于"抽签"的描述，这表明在大卫王统治时期，这种赌博游戏就已经相当普遍。有一种骨棋是当时的女性与小孩经常玩的一种游戏。这是一种骰子游戏衍生出来的游戏形态，骨头的四面刻着不同的数值，类似于现在人们玩的骰子。在那个时代，用两个或三个骰子进行赌博，是希腊上层阶级的流行娱乐，是会议期间的常见消遣。

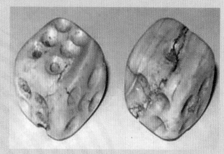

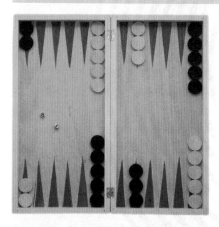

西洋双陆棋——公元前3000年

西洋双陆棋是最古老的双人对战棋盘游戏之一。根据两个骰子摇出来的数字去移动棋子，需要将对方所有的棋子都从棋盘上移走才能获胜。西洋双陆棋衍生出了许多种玩法，不过这些玩法大多都很接近。

虽然赢得游戏有运气的成分，但策略同样重要。每摇出一次骰子，游戏选手就必须从多种移动棋子的方式中进行选择，并预测对手的棋路。在游戏过程中，选手必须全神贯注方有机会胜出。更关键的是，选手可以提升游戏的风险，用一步棋让对手弃权。

《游戏之书》（*Libro de Los Juegos*）

1257年，阿方索十世（1221—1284）继承了他父亲的王位，继任卡斯蒂利亚国王，统治加利西亚里昂地区。在统治期间，他在许多领域做了大量的工作，其中就包括编撰《游戏之书》。这本书是他于1283年在托莱多地区自己的工作室中完成的。他是阿方索留给后世的一份精彩的文化遗产，该书用97页羊皮纸写成，带有许多彩色插图，包含150幅微缩画。书中阐述了三种游戏：一种是技巧型的，比如国际象棋；一种是运气型的，比如骰子；最后一种则是结合技巧和运气的，比如西洋双陆棋。本书包含人类最早对这些游戏的描述，因此对研究棋盘游戏的历史是至关重要的。现在唯一已知现存的手稿收藏于西班牙首都马德里圣洛伦佐-埃斯科里亚尔修道院图书馆里。

掷骰子游戏、谜题与塞尼特棋——公元前3000年

掷骰子游戏是一种将骰子视为游戏唯一或核心因素的游戏，而骰子通常扮演着"随机装置"的作用。

考古学证据显示，古埃及的法老会与他的嫔妃们一起玩掷骰子游戏，比如塞尼特棋。考古学家在对公元前2000年的古埃及坟墓进行考古时发现，有些骰子的历史可以追溯到公元前6000年。塞尼特棋是人类最古老的一种棋盘游戏，足以与西洋双陆棋相媲美。塞尼特棋需要两位对战的选手，其本质是一场赛跑。棋盘上有30个方格，分为3排，每一排有10个方格，每位选手可以移动自己的棋子。游戏的目的就是率先将5个棋子都移出棋盘。选手们可以阻挡对手的棋子，也可以吃子，将它们逼回起始位置或棋盘的中间位置。掷四根棍子，或两个骨骰来决定选手每一次棋子的移动。塞尼特棋不仅是靠运气的游戏，还需要技巧和策略。

奈菲尔塔利王后正在玩塞尼特棋。
（奈菲尔塔利陵墓里的壁画，公元前1279—前1213年）

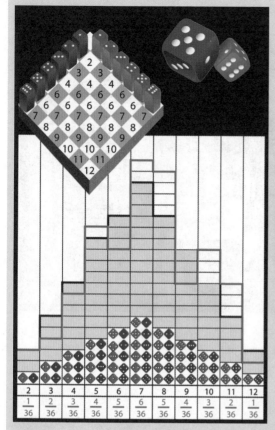

骰子问题—— 一对骰子

很多游戏都会用到一对骰子，目的就是为了得到一个需要的总数。

1854年，路易斯·巴斯德就曾说："机会总是青睐有准备的大脑。"这句话说得没错。在投掷一对骰子的时候，要计算得到某一个特定的总数的概率，很多人都会感到茫然无措。即便是著名的数学家与哲学家戈特弗里德·莱布尼茨都认为，用一对骰子掷出总数11与12的概率是一样的，因为他认为只有一种方式能分别掷出总数11与12（即数字5与6相加才能得到总数11，而只有两个数字6相加才能得到总数12）。

那么，我们就要提出两个问题：

1. 莱布尼茨的推论存在什么问题呢？

2. 投掷一对骰子，最终出现的总数是偶数的概率是多少呢？总数为偶数与奇数的概率是完全一样的吗？

我们一开始就知道的是，一对骰子掷出来的总数是在数字2与数字12之间的。在左边的图表里，掷出来的骰子的总数通过视觉的方式呈现出来了。这些结果的分布曲线近似于著名的"正态分布"或者"高斯曲线"。

我们知道，当某个事件出现的概率是50%的时候，那么平均来说，这件事有一半的可能会发生。但是，很少有人会意识到，只有在事件发生非常多次之后，平均数才会接近50%。

事件发生的数量要有多大，才能让我们相信概率的预测呢？你可以自己去做一些小实验，观察一下得出来的结果。灰色的图表显示了在投掷106次一对骰子之后所出现的结果。红色的图表则显示了作者在进行该实验时所得出来的结果。当然，你也可以自己去尝试一番。你可能会惊讶地发现，即便事件发生的次数相对较少，都能得出与理论值极为接近的数值。

31

挑战难度：●●●○○○

解答所需东西：🧠

完成时间：⎕⎕:⎕⎕

三颗骰子

你可以用多少种方法去投掷三颗骰子呢？投掷三颗骰子呈现出来的点数加起来的数值在3到18之间。你能计算出投掷三颗骰子得到总数7与总数10的概率吗？

多个世纪以来，人们认为投掷三颗骰子只有56种可能的方式。人们没有认识到组合与排列之间的不同。他们只计算了组合的方式，而要想对每次投掷骰子的概率进行精确的估计，需要我们将排列的结果也计算在内。直到1250年，理查德·德·富尼瓦尔才第一次阐述了投掷三颗骰子的方法真正有多少种，从而计算出了正确的概率。

32

挑战难度：●●●●○○

解答所需东西：🧠✏️

完成时间：⎕⎕:⎕⎕

投掷一颗骰子

你的朋友投掷了一颗骰子，接着，你也投掷了同一颗骰子，那么问题来了，你投掷出的骰子数比你朋友大的概率是多少呢？

用骰子投掷出一个"6"

如果你投一颗骰子6次，那么你投掷出一个6的概率是多少呢？

投掷六次骰子

如果你投一颗骰子6次，那么1~6各出现一次的概率是多少呢？

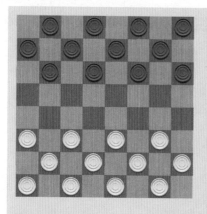

西洋棋（跳棋）——公元前3000年

棋盘游戏在北美地区称为西洋棋，在欧洲地区称为跳棋，是已知最古老的游戏之一。最古老的棋盘游戏是在今天伊拉克美索不达米亚平原上的乌城出土的，研究人员通过碳同位素检测，发现这是公元前3000年的物品。

在公元前1400年的古埃及也有类似的游戏，被称为"中东跳棋"，采用5×5的棋盘。

1100年，一位具有创造性思维的法国人对该游戏进行了改良，使之能够在棋盘上进行，将对战双方可用的棋子增加到12枚，并且将这种游戏称为"女性的游戏"，因为当时的人们认为这是一种女性社交游戏。

今天，电脑已经能够打败人类最优秀的棋手，而西洋棋仍像过往那样受欢迎。它能对人的逻辑与思维能力提供良好的训练。

棋盘游戏是一种适合两人对战的游戏，每一位选手都有12枚棋子，这些棋子被摆在棋盘的黑色方格里。而在国际跳棋游戏里，选手们可以拥有20枚棋子，在10×10的棋盘上进行对战。

游戏的目标就是"消灭"对方的每一个棋子，或让对方的棋子处于一种无法做出"有效移动"的状态。

一开始，棋子只能斜着向前移动。主要有两种移动方式，一种是吃子，一种则是走子。走子就是简单地沿着对角从一个方格进入邻近的方格。吃子则只有一方能够"跳"过对方的棋子时才行。当然，也是要对角吃，而且只有在棋子后方是空位的时候才行。

在吃子时，一枚棋子可以连走几步跳棋。在一次跳棋之后，若选手还能跳，他就可以继续跳。这意味着棋手可以连续走几步跳棋，并且在连续跳棋的过程中吃掉对方的多枚棋子。请注意，当一位选手能够吃子时，他就必须这样做。

当一枚棋子到达对手一边的棋盘最后一排（这就是所谓的"将"位）时，它就成为"王"。"王"这枚棋子有一定的特权，可以后退，也可以沿着两个方向来回移动（在连续跳棋的时候）。

这里还要谈论一下玩这种游戏的策略。第一，你们首先要记住运用"强制吃子规则"将你的对手调动到一个他必须放弃两枚棋子才能换取你一枚棋子的境地。通常来说，多出一枚棋子的优势足以改变棋局的走势。第二，你要始终封锁住通向你的"王"位上的道路，不让对手有机可乘。"王"棋会让其他棋子变得非常危险。

通常来说，把对手的棋子全吃掉才算赢；但有时，当对方无法再做出任何移动时，你也算赢。

中国跳棋可以追溯到1892年，是一种竞赛型棋盘游戏。它发明于德国，并不是经典跳棋的变种，而是由更古老的美国哈尔马棋演变而来的。

被破解的棋盘游戏

在2007年，乔纳森·谢弗与他的同事研发了一个名为"切努克"的电脑程序，证明了如果棋下得完美的话，西洋棋会是没有输赢的游戏。

与井字游戏一样，当双方选手都没有做出任何错误的走位，那么最终就会是平局。切努克在与世界冠军马里昂·廷斯利进行对决时，就取得了一系列的平局。

马戏团小丑与棋盘游戏

棋盘游戏引起了许多艺术家的兴趣，这幅由诺曼·罗克韦尔绘制的令人赏心悦目的画作展现了一位马戏团小丑与马戏团领班及其他马戏表演者玩棋盘游戏的画面。

国际象棋大师马里昂·廷斯利：2007年之后，他不再是唯一的国际象棋冠军了。

齿轮的迷人历史

中国的指南车

齿轮是人类创造出来的最古老的机械之一，它们的起源可以追溯到公元前2700年中国制造的指南车——这是一种两轮车，上面有一个指着南方的装置。不管往哪个方向走，这个装置始终都会指向南方。该车装有齿轮连接的轮子，可以始终让该装置指向南方。

关于齿轮最早的历史文献描述是公元前4世纪亚里士多德记录的。他曾这样写道："当一个齿轮驱动着另一个齿轮转动的时候，旋转的方向是相反的。"在公元前3世纪，很多希腊发明家将齿轮运用到了水轮与钟表装置上。人类在19世纪才首次运用成型刀具与旋转刀片。1835年，英国发明家惠特沃思申请了第一个齿轮机的专利。

安提凯希拉装置

安提凯希拉装置是一种古代的类计算机，用于计算天体的运动与位置，看起来像一个古典时钟。这个装置是1900到1901年间在安提凯希拉沉船里找到的，但其重要性以及复杂性在一个世纪之后才得到充分的认知。新的研究结果表明，这个古代的机械装置是在公元前2世纪制造出来的。

这个不可思议的成就充分体现了我们的祖先所具有的杰出智慧。如此错综复杂的机械，此后一千年都没有再出现，直到西欧一些国家开始制造天文钟。

卡迪夫大学的迈克尔·埃德蒙兹教授在2006年就对机械的历史进行了一番研究，他表示："安提凯希拉岛出土的这个机械装置是无与伦比的，独一无二的。这个装置的设计是充满美感的，其天文学原理也是完全正确的，让人目瞪口呆。无论这个装置是谁发明的，他必定是极为用心与谨慎的……就其历史价值与稀缺性而言，我认为这个装置比达·芬奇的《蒙娜丽莎》更加重要。"（2006年11月30日所说）

安提凯希拉装置现存于希腊首都雅典的国家考古博物馆，普赖斯教授也捐献了一笔资金，用于重建。

安提凯希拉齿轮的运转原理

美国哲学学会的普赖斯教授在1974年发现了安提凯希拉齿轮的运转原理，让人们可以对古代科技发展重新进行一个完整的审视。这个系统包括32个齿轮，能够准确再现在固定星座背景下的太阳与月亮的运动，给出它们的相对位置以及月亮的状态。所以这个装置出土的时候，很多人都怀疑这是后世人埋在地下的，或是外星人创造出来的。

这个齿轮装置的草图在1971年之后才被绘制出来。在普赖斯教授的发起之下，研究人员用伽马射线对该装置的残余部分进行了检查，因为齿轮已经被结实的石灰块给覆盖了。

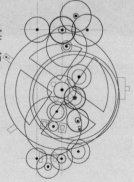

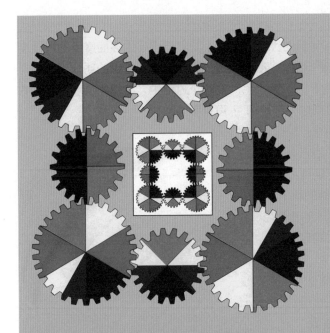

齿轮方形

你要让上面较小的齿轮转动多少次，才能形成图中间的黑色正方形呢？小齿轮有20个齿，大齿轮有30个齿。

36 挑战难度：●●●○○○
解答所需东西：🧠🥄
完成时间：⏲️

上升还是下降？

如右图所示，如果以逆时针方向转动底部红色的齿轮，那么四个有标记的砝码会出现什么情况呢？哪一个砝码会上升，哪一个砝码会下降呢？

37 挑战难度：●●●○○○
解答所需东西：🧠🥄
完成时间：⏲️

陀螺——公元前3500年

旋转运动的发现令世界各地的人们各自独立地发明了陀螺。在乌城（位于今天的伊拉克境内）出土的泥土做的陀螺可以追溯到公元前3500年。

陀螺（又称为旋转陀螺）是一种能够沿着轴心转动的玩具，立在一个点上保持平衡。最简单的方式是用手指转动陀螺。复杂一些的陀螺则是通过绳索或棍子的抽动，使陀螺能够沿着轴心来转动。

陀螺的运转基于复杂的机械原理，在其发明了数千年之后人们才能够加以解释。

陀螺效应让蛇螺立起来并旋转。陀螺首先会摇晃一阵，然后陀螺的尖端就会与它所在的面相互作用，使陀螺处于笔直的状态。在维持一段笔直的状态之后，角动量和陀螺效应逐渐减弱，最后让陀螺在某个瞬间轰然倒下。

多个世纪以来，出现过无数种陀螺的设计与变化。其中有一种有趣的陀螺被称为翻身陀螺。当它以很快的角速度旋转时，它的手柄就会逐渐向下倾斜，然后突然将陀螺的躯干部分抬离地面。随着陀螺转动的速度越来越慢，它会慢慢失去稳定，最后倒下来。

乍一看，翻身陀螺的翻转，会让人们误以为陀螺得到了额外的能量。这是因为陀螺的翻转会让陀螺的重心升高，导致势能增加。这实际上是由表面摩擦的扭矩造成的，它会降低陀螺的动能。可见，在这个过程中，陀螺的总能量其实并没有增加。

溜溜球

现存最早的溜溜球可以追溯到公元前5世纪，这个溜溜球呈现在一个陶制的圆盘上。

这个时期的一个希腊花瓶上画着一个正在玩溜溜球的男孩。当时的历史记录显示，很多玩具是用木头、金属，或陶土制成的。陶土制成的溜溜球是男孩在成人礼上献给众神的，而金属和木制的溜溜球是用来玩的。

古埃及三角形——公元前2000年

公元前2000年，古埃及人已经制定了一套原始的数字系统，并对三角形、金字塔等形状形成了一些几何学方面的概念。一些未经证实的历史资料记录了古埃及人运用创新的方法创造出了直角。古埃及的测量人员在一根长12个单位的绳圈上打结，将绳圈分为12等份。他们用这样的绳圈围成一个三条边的长度之比为3:4:5、面积为6个平方单位的直角三角形。这个三角形就叫作古埃及三角形。古埃及人就是用这种最简单的方法证明了毕达哥拉斯定理（又称勾股定理，下同）。他们在A点与B点之间固定绳索，然后将剩下的绳索拉直到C点，最终得出来就是一个直角。下一页的内容将会用视觉的方式验证古埃及三角形符合毕达哥拉斯定理。你也可以用一根类似的绳子去创造其他形状。

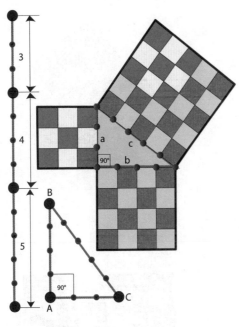

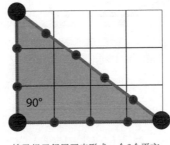

埃及绳子舒展开来形成一个6个平方单位的埃及三角形。

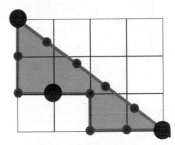

埃及绳子可以形成一个4个平方单位的多边形。

1.你能将这样一根绳索拉成一个多边形，并使这个多边形的面积为4个平方单位吗？其中一种解答方法见上图。你能发现其他形状吗？

2.将这条绳子的每两个点之间都拉直的话，围成的图形最大面积是多少？

毕达哥拉斯三元数组——公元前2000年

数千年前的古巴比伦人就已经明白了如何运用毕达哥拉斯三元数组。乔治·普林顿（George Plimpton）发现了一块刻着三元数组的泥板，其中就包括了古埃及三角形。

毕达哥拉斯三元数组由三个正整数 a、b、c 组成，即 $a^2+b^2=c^2$。

这样的三元数组通常会写成 (a,b,c)。最小的毕达哥拉斯三元数组就是（3,4,5），这也是古埃及三角形所得出来的数值（参见上一页）。

古埃及三角形的三条边的长度都是正整数（3,4,5）。毕达哥拉斯学派认为，每个直角三角形三条边的长度都是正整数，他们这样的想法是非常错误的。你能找到一个最小的直角三角形每条边的长度都不是正整数的吗？

有一个简单的公式（欧几里得公式）也能够给出毕达哥拉斯三元数组。

假设有一对正整数 m 与 n，其中 m 要大于 n，那么这个公式就可以用正整数 a,b,c 写成这样子：

$a=m^2-n^2$；$b=2mn$；$c=m^2+n^2$，从而形成一个毕达哥拉斯三元数组。

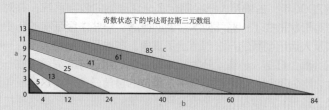

当 a 边是连续的奇数时，所能构成的六组毕达哥拉斯三元数组。

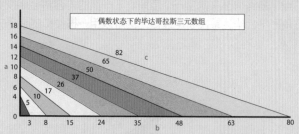

在 a 边是偶数的情况下，存在无数个毕达哥拉斯三元数组。每一个偶数都可以成为毕达哥拉斯三元数组的 a 边。上图只给出了前面八组正整数状态下的毕达哥拉斯三元数组。

费马大定理

著名的费马大定理就与三元数组相关。费马（1601—1665）认为：$a^n+b^n=c^n$ 对于非零整数 a,b,c 是无解的，除非 $n=2$，这就回归到了我们熟悉的毕达哥拉斯定理。1637年，费马就在一本书的边角处写下了一句让接下来四百多年的数学家为之头疼的著名句子："我找到了一个能够完美证明这个命题的方法，但这个边角处太小了，写不下。"

这就是数学史上著名的费马猜想。这一猜想直到1994年才得到解答。数学家安德鲁·怀尔斯在他的那个"我发现了！"的灵感时刻，终于证明了这个猜想。

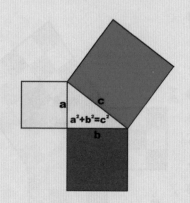

著名的普林顿322号古巴比伦楔形平板，刻于公元前1800年左右，上面列出了最早的15组毕达哥拉斯三元数组。

神圣几何学——公元前1800年

神圣几何学是建立在下述理论基础上的一门古老科学：即所有东西都由能量模式创造和统一，神圣几何学对这种创造的能量是如何组织起来的进行了解释：所有的自然模式、运动和发展，不管大小，必定会符合一种或多种几何形状。

神圣几何学的概念在印度冥想图中得到了极具美感的视觉化呈现。冥想图在瑜伽中相当于佛教所使用的曼陀罗。这是一种用来平衡心智与专注于灵性概念的几何图案。一些传统观点认为，这样的冥想图具有神奇的力量。

印度冥想图可以追溯到大约公元前1800年。它是由围绕着一个中心点的9个连锁三角形组成的。这9个三角形有着大小不同的形状，相互交叉。中间位置就是一个力量点，一个看不见的焦点，所有图案乃至整个宇宙都由此伸展出来。这9个三角形交织在一起，形成了一个43个较小的三角形的网络，象征着宇宙或造物之始。

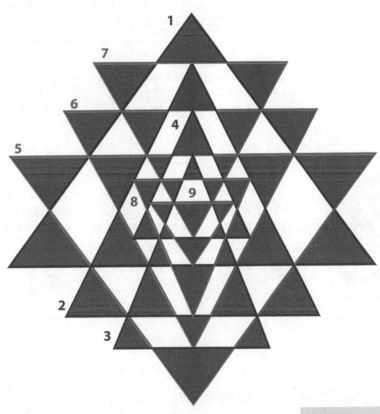

印度冥想图

上面的这幅印度冥想图由43个红色三角形组成。要消除图中所有红色三角形，需要从9个蓝框和绿框的三角形里移除多少个呢？

房子—猫—老鼠—小麦

七间房子每间有七只猫，每只猫能够吃掉七只老鼠，每只老鼠能够吃掉七斗小麦，每斗小麦都能磨成七个单位重量的面粉。按照这样的逻辑推理，每只猫能够帮助保存多少单位重量的面粉呢？

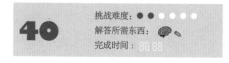

40 挑战难度：● ● ○ ○ ○ ○
解答所需东西：🧠 🌰
完成时间：🕛🕛

阿默士谜题——公元前1650年

莱因德纸草书（Rhind papyrus）有时又被称为阿默士纸草书。这是一卷长达6米的手卷，现存于大英博物馆。这是人类发现的最早关于数学的文献之一，也是我们了解古埃及数学的主要资料。

莱因德纸草书包含84个数学问题解答，包括算术、面积计算以及"线性方程"的解法。莱因德纸草书还是一份极具说服力的历史文件，表明了早期的埃及人在数学方面的研究有多少是基于谜题的。

如图所示的是这份手卷的第79个问题，这就是经典的"房子—猫—老鼠—小麦"谜题。这个谜题表明古埃及人对几何级数已经有了一定的概念，并且可能是最早的与组合学结合的谜题之一。（最早的一个应该是中国的《易经》）

圣·艾夫斯谜题——1202年

阿默士的谜题衍生出了很多变种，其中就包括圣·艾夫斯谜题。1202年斐波那契出版了一本名为《算术书》的书。我们不知道那时候他是如何接触到莱因德纸草书的。他提出了这样一个问题："在我前往圣·艾夫斯的路上，我遇到了一个男人，他有7个妻子，每个妻子都有7个包，每个包里都装有7只猫，每只猫都有7个罐头。一共有多少东西前往圣·艾夫斯呢？"

41 挑战难度：● ● ○ ○ ○ ○
解答所需东西：🧠
完成时间：🕛🕛

组合学

组合学是数学的一个分支，专门研究各种元素的排列组合方式可能形成的复杂系统。简单来说，这门学科试图在不进行实际计数的情况下回答"有多少"的问题。具体来说，组合学研究的是满足特定条件的对象的有限集合。计数组合学主要对满足特定条件的对象进行计数，极值组合学重在研究最佳对象是否存在，代数组合学则研究这些对象所包含的代数结构。

井字棋——公元前1400年

井字棋起源于古埃及，它可能是人类历史上最早的使用纸与笔，且适合两个人对垒的游戏。双方选手使用X与O这样的符号在3×3的方形网格里做记号。成功让自己的三个标记以垂直、水平或对角的方式形成一条线的人，就是这个游戏的胜利者。

选手们很快就发现，双方选手都表现最好时会出现平局。电脑程序在与人类进行对战的时候，表现得极为完美。电脑程序能够计算出765种完全不同的游戏走位，还能计算出26830种可能的游戏局面。对于一个简单的游戏来说，这是一个相当大的数字了。

井字棋看似很简单，但却需要选手具有缜密的分析能力，来决定一些基本的组合形式，比如算出各种可能的棋局以及棋子可能出现的位置。

古罗马帝国时期，这种游戏有一个早期衍生玩法，每一位选手只能有三个记号，因此他们在游戏的过程中必须将记号在空白位置上移动。这种形式的游戏可能是人类历史上最早的滑块类游戏。

这种游戏与画圈打叉游戏很相近，这是这个游戏的英国名字，出现于1864年。而在美国，这种游戏在1952年被重新命名为井字棋。

九宫格棋——公元前1400年

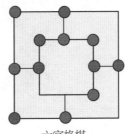

六宫格棋

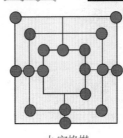
九宫格棋

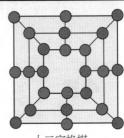
十二宫格棋

九宫格棋是一种双人对战的策略性棋盘游戏，出现在公元前1400年的古埃及。这种游戏还被称为"密尔斯"。

每位选手都有9枚棋子，或者说9个"人头"，在棋盘的24个点位上移动。游戏的目的就是要将对手的棋子变得少于3枚，或是让对手无法继续做出有效的移动。

一开始，棋盘上是没有棋子的，选手们需要轮番在棋盘的空位置摆放棋子。如果一位选手能够让3枚棋子在棋盘上的水平或垂直连线形成一条直线，那么他就获得了一个"密尔斯"，可以将对方的1枚棋子从棋盘上拿掉。被拿掉的棋子不可再回到棋盘上。只有在其他棋子全被从棋盘上拿掉后，才能移动"密尔斯"里的棋子。选手们首先要想办法拿掉对手的棋子，一旦所有的18枚棋子都用到了，那么选手们就可以将他们的棋子移动到临近的空位。如果棋子挪动不了的话，这名选手就算输掉了。在一种常见的变化中，一旦某位选手的棋子数量只剩下3枚，那么他的棋子就能"跳"到棋盘上任何空位，而不只是与棋子相邻的位置。

很多棋盘游戏，比如玉攻棋、四子棋与大同棋，都有一个共同的原则，那就是首先让特定数量的棋子排成一行。游戏的目的就是让对手的棋子数量少于3枚或是无法做出有效的走位。从策略层面来说，将棋子摆放在特定的位置，要比创造出"密尔斯"更重要。在九宫格棋里，我们可以看到：即便是轮到红子先下，蓝子也能轻易取胜。为什么会这样呢？在十二宫格棋里，棋盘如上图所示，那么这盘棋会形成平局。

毕达哥拉斯定理证明——公元前550年

毕达哥拉斯定理是所有数学定理中使用频率最高的定理之一。运用独特的视觉方法去证明毕达哥拉斯定理，能够让我们获得最为直观的洞察力（马丁·加德纳称之为"看一眼就能明白的证据"）。这些证明过程既有教育价值，又兼具数学美感。

下面五幅图呈现的是精选出来的几个著名的证明方法：

1. 关于毕达哥拉斯定理的最早论述可以追溯到公元前1900年的一块古巴比伦字板。毕达哥拉斯是第一个提供证明的人，而且是通过剖分法证明的。这与《周髀算经》这本中国的算术书提供的证明方法相似。《周髀算经》一书可以追溯到公元前200年。

2. 列奥纳多的证明。

3. 巴拉瓦莱的证明——赫尔曼·巴拉瓦莱是一位来自纽约的数学家，他在1945年发表了一个五步的动态证明方法。

4. 最简单的证明方法是来自俄亥俄州的19岁少年斯坦利·杰斯姆斯基完成的，后来，伊莱·马奥尔通过折叠包的方法重现了这一证明。

5. 佩里加尔的证明——业余天文学家亨利·佩里加尔在1830年以极为优美的方法给出了证明。

你能够只通过观察就理解并且解释这些证明方法吗？

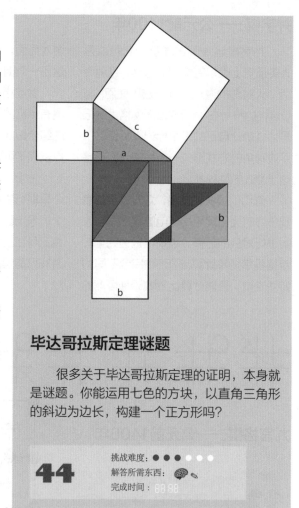

毕达哥拉斯定理谜题

很多关于毕达哥拉斯定理的证明，本身就是谜题。你能运用七色的方块，以直角三角形的斜边为边长，构建一个正方形吗？

43
挑战难度：● ● ○ ○ ○ ○
解答所需东西：🧠
完成时间：⏱⏱

44
挑战难度：● ● ● ○ ○ ○
解答所需东西：🧠✏
完成时间：⏱⏱

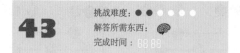

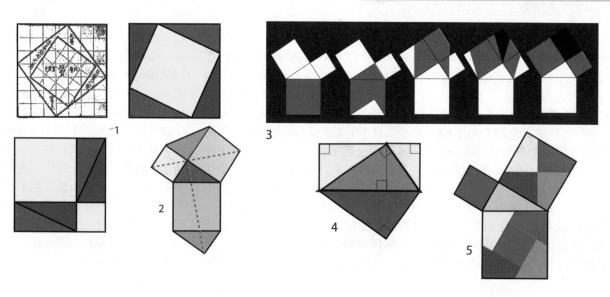

动态演示模型

下面的一段内容引自伊莱·马奥尔《毕达哥拉斯定理：一部长达4000年的历史》一书，这本书可以说是关于毕达哥拉斯定理最全面的一部著作。

"到底是什么使毕达哥拉斯定理如此广受关注呢？毋庸置疑，部分原因与多个世纪来人们不断提出的诸多证明方法有关。"伊莱莎·斯科特·卢米斯（1852—1940），一位来自俄亥俄州的特立独行的数学教师，耗尽了一生的心血收集所有已知的证明方法——371条方法，全都写在他那本《毕达哥拉斯命题》里。

卢米斯认为，在中世纪，一名学生要想获得数学硕士学位，就需要提供一个关于毕达哥拉斯定理的全新原创的证明方法。其中一些证明方法是基于三角形的相似性，另一些方法则是基于剖分的，还有一些方法运用代数公式，也有一些人会运用矢量的方法，甚至还有一些"证明"方法（在这里，使用"演示"一词应该更为妥帖一些）是基于一些物理装置。在以色列特拉维夫的一座科学博物馆里，我看到了一个演示装置，带有颜色的液体在以直角三角形斜边为边长所构成的正方形与直角三角形边长构成的正方形之间自由地流动，我们可以看出第一个正方形里的液体等于另外两个正方形的液体容量的总和。（毕达哥拉斯定理的动态演示模型是我发明的。当时是1960年，我在一家科学博物馆担任主管。现在，这些动态演示模型在很多展览上都可以看到，作为数学辅助工具和动力学艺术品。直到今天，在世界各地的许多科学博物馆与科学中心都还可以看到这个动态演示模型。）

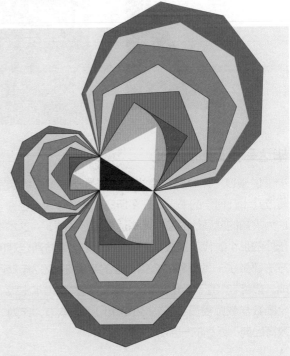

普通式

我们都知道，两个以直角三角形两边为边长组成的正方形的面积，等于以这个直角三角形的斜边为边长组成的正方形的面积。

但是，还有一个鲜为人知的事实是，毕达哥拉斯定理之间的关系同样适用于无数其他形状的图形（只要这些图形在几何形状上存在着相似性）。

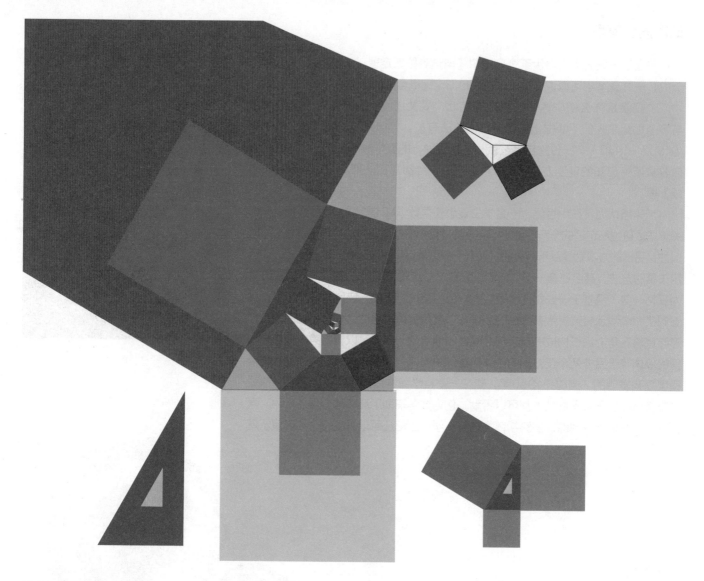

毕达哥拉斯的好奇心

　　伊莱莎·斯科特·卢米斯教授是一位美国数学家，他写过几本几何学的书，并在多所高中教数学课。也许，他最广为人知的就是他的著作《毕达哥拉斯命题》，这本书对他所处的那个时代所能收集到的317个毕达哥拉斯定理的证明方法都做了一番概略的介绍。他的手稿在1907年就已经完成，最终在1927年出版问世。第二版在1940年出版。美国全国数学教师委员会在1968年重印了这本书，作为"数学教育经典"系列的一部分。

　　在他的这本书里，卢米斯将基于毕达哥拉斯定理的许多具有美感与独创性的命题都收集起来。他将此称为"毕达哥拉斯的好奇心"，其中包括长度与面积之间的许多有趣的数学关系。举个例子说吧：黄色的三角形与毕达哥拉斯三角形在面积上是相等的，紫色的梯形在面积上是相等的。两个红色正方形的面积等于五个蓝色正方形的面积。卢米斯将毕达哥拉斯好奇心的话题一直延伸到纽约工程师约翰·沃特豪斯身上。

狮身人面像谜题——公元前500年

狮身人面像是人类历史上最具神话色彩的建筑群。现存最古老的狮身人面像可以在今天土耳其的哥贝克力遗址（Gobekli）上找到，其历史可以追溯到公元前9500年。在人类历史发展过程中，狮身人面像也会以不同的形态呈现出来。古埃及的狮身人面像结合了人的头部和狮子的躯干，而古希腊的狮身人面像则有着狮子一样的腰部、巨鸟一样的翅膀以及女性的脸庞。

据说，古希腊的狮身人面像守卫着通向希腊城市底比斯的入口，向所有想要进入城门的旅行者提出一个谜题。要是旅行者无法回答出来，那么它就会杀死并吃掉这些人。古希腊著名的英雄俄狄浦斯据说是第一个成功进入城门的人。

你能解答这个谜题吗？谜题是这样的："哪一种生物早上用四条腿走路，中午用两条腿走路，晚上则用三条腿走路呢？"

吉萨金字塔的狮身人面像（大约公元前2500年）。吉萨的狮身人面像有着人类的脸庞、狮子的身躯。人们认为它是以法老胡夫为原型的。

形数——公元前500年

对形数进行的数学研究可以追溯到毕达哥拉斯所处的时代，当然，这可能是基于古巴比伦或古埃及的数学先驱们的努力。似乎可以肯定的是，十个物体所形成的第四个三角形数——在古希腊被称为"四列十全"，是毕达哥拉斯思想的一个核心部分。

形数的近代研究可以追溯到费马多边形数定理，之后，它成为数学家欧拉研究的一个重要命题。欧拉在与形数相关的问题上做出过许多发现，其中就包括为符合完全平方数的三角形数构建的清晰的公式。（详见第7章）。

形数在现代趣味数学领域扮演着重要的角色。

古希腊人喜欢将数视为一种由点形成三角形、正方形以及其他多边形的模式，然后在此基础之上探寻其中有意义的联系。如果整数可以通过某些组成几何形状的点来表示，那么它们就能形成被称为"多边形"或"有固定形状"的数群或"数列"。在很多情况下，几何学上关于形数的可视化表现形式都是相当简单并具有美感的，所以，对一个定理阐述的事实或证明，都可以一眼就看明白（这就是所谓的看看就能明白的证明）。

拉斐尔所画的毕达哥拉斯

毕达哥拉斯（公元前570—前495年）向他的门徒演示他的数论以及三角形数，他认为三角形数是"最好的数字"。而好中之好则是右图所示的"四列十全"。

拉斐尔所绘《雅典学派》局部细节；毕达哥拉斯（图左）正在书上记录着什么。

神圣的"四列十全"

第四个三角形数是由十个点组成的，首先出现的连续四个整数之和为10，将它们按照金字塔的方式排列起来，我们就称之为"四列十全"。这是毕达哥拉斯发现的，作为已知宇宙创造的一种象征，它通常被视为毕达哥拉斯学派誓言的神圣基础。

这些点代表着从1到10的数字，每一排都代表着一个维度以及空间的组织形态。

第一排：一个点——零度空间

第二排：连接着两个点的一条线—— 一维空间

第三排：一个由三角形三个点确定下来的平面——二维空间

第四排：由四个点确定下来的四面体——三维空间

最后一排同样象征着四种元素——土、气、火、水。"四列十全"是一个具有美感的象征，代表着从简单到复杂，从抽象到具体的演化过程。

不考虑镜像与旋转，将10个数放入"四列十全"中，你能想出多少种方法？

46

挑战难度：● ● ● ● ● ○

解答所需东西：

完成时间：

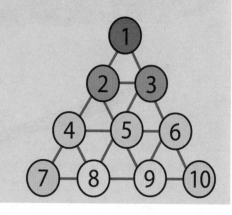

图形三角形数——公元前500年

我们可以以三角形的方式堆积一组物体——在两个物体上堆积一个物体，三个物体上面堆积两个物体，依此类推发现三角形数。

比如说，第4个三角形数就是10，如图所示，这是1+2+3+4的和。

三角形数的特别之处，就在于它们是之前任何连续整数相加之和。

在计算下图所示的第10个三角形数时，你可能不会遇到什么问题。但是，要计算出第100个三角形数，你需要花费多长时间呢？年轻的高斯只用了几秒钟就计算出来了。

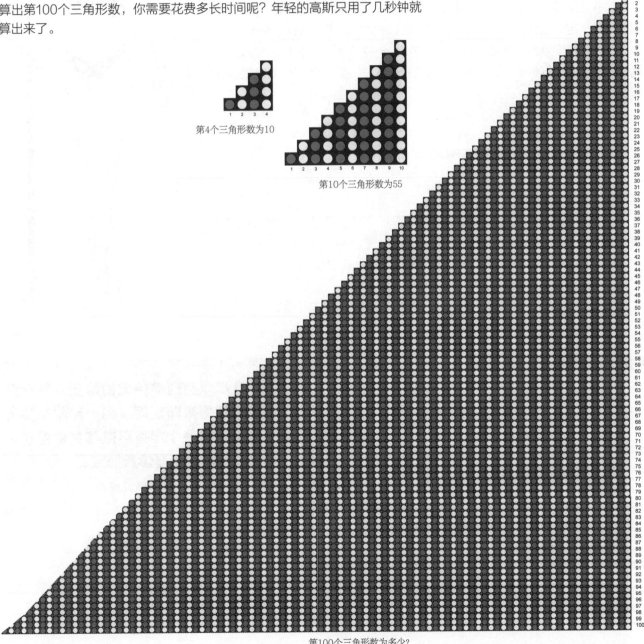

第4个三角形数为10

第10个三角形数为55

第100个三角形数为多少？

黄金比例——公元前500年

在一条线上，你该将一个点放在哪个位置，才能使之看上去更加悦目与具有意义呢？在一条线上的众多点中，有一个非常特殊的点，它可以将一条线分割为所谓的"黄金比例"。

这一黄金比例让历史上许多伟大的数学家都为之着迷，其中就包括毕达哥拉斯与欧几里得等大数学家。黄金比例同样让很多艺术家为之着迷，因为美感能够通过一定的比例，或某个区域与另一区域的相对关系来获得。列奥纳多·达·芬奇将这个点称为神圣比例，这绝对不是一种巧合。若是两个长度之间的比例处于黄金比例状态，那么整条线段与较长线段长度之比等于较长线段与较短线段之比。

如下图，$X:1=(X+1):X$，即

$$\frac{X+1}{X} = \frac{X}{1} = \Phi$$

我们可以将其变成：$X^2-X-1=0$

最终，我们就得到了这个简单的二次方程式。这个关于黄金比例的方程式有两个解：

$\Phi_1 = (1+\sqrt{5})/2 \approx 1.618$ $\Phi_2 = (1-\sqrt{5})/2 \approx -0.618$

方程的正根是1.61803398，这是一个无理数。

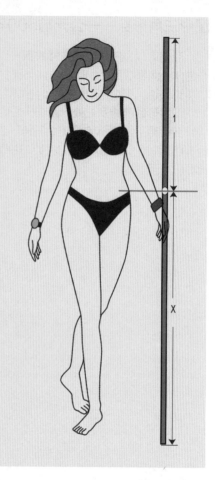

黄金比例之谜

三根长度相同的棍子沿着三个已选定的点分为两个部分，如下图所示。哪根棍子是按照黄金比例去分割的呢？

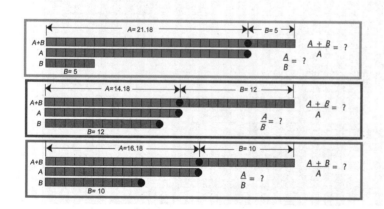

> "几何学有两件伟大的珍宝：第一件是毕达哥拉斯定理。另一件就是黄金比例。第一个定理可以与黄金相比，第二个发现则是珍贵的宝石。"
>
> ——欧几里得

48

挑战难度：● ● ○ ○ ○ ○
解答所需东西：🧠 💊
完成时间：

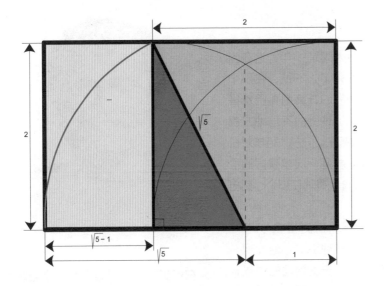

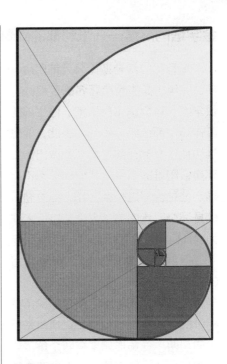

黄金长方形与黄金三角形——公元前500年

最让人赏心悦目的长方形有着怎样的比例呢？在过去几百年里，绝大多数人，包括一些艺术家和科学家都认同一点，那就是一个长方形的边要符合黄金比例，才能形成一个黄金长方形。若是从审美情趣与优雅的角度去看，黄金长方形在建筑设计、艺术甚至是音乐方面都扮演着重要的角色。如果我们按照古希腊人的方法，利用圆规与直尺去设计，那么黄金长方形所具有的数学美感将会淋漓尽致地展现出来。

1. 首先，画出一个完美正方形，然后将底边延长（想要了解更多与完美正方形相关的内容，可以参看第7章的内容）。

2. 以底边的中点为圆心，自正方形的左上角画一道弧交于底边的延长线。

3. 在交点处画一条垂直线，交于正方形的顶边的延长线，这样，一个

黄金长方形就画出来了。

我们可以利用毕达哥拉斯定理去检验长方形的比例是否属于黄金比例。有时，用于这种检验的直角三角形就被称为黄金三角形。在这样的三角形中，其高是其底边的两倍长。这种三角形还有一个有趣的属性：任意三角形都可以由4个与其形状相同的小三角形组成，但只有黄金三角形要由5个与其形状相同的较小三角形组成。

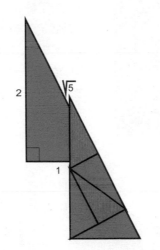

旋转螺线

如果一个长方形两边的长度比例符合黄金比例，那么这个长方形就是"黄金长方形"。

只有黄金长方形具有如下特性：从它上面切下一个正方形时，剩下的长方形依然是原来那个长方形的较小复制品。

鹦鹉螺的横截面上叠加着黄金长方形的旋转对数螺线。

金字塔的高度——米利都的泰勒斯

米利都的泰勒斯（公元前624—前547年）是古希腊著名的工程师、数学家、科学家和哲学家。他生前的著作如今都已经散失了，因此，要想确切地了解他在数学方面所做出的发现是很困难的。甚至我们现在都不能确定他是否写过什么著作，但泰勒斯确是那个时代的杰出人物，被后人称为"几何学之父"。

据说，泰勒斯发现了初等几何的五个定理：一个圆形可以被任何一条直径二等分；等腰三角形的底角是相等的；两条直线相交，对顶角是相等的；两个三角形如果有两个角度数相同且一边长度相等，那么这两个三角形全等；在一个半圆里构成的三角形，必然是直角三角形。

据说，在公元前585年，泰勒斯成功预测了一次日食。

月食的周期大约是19年，这在当时已经被确定下来了。不过，在那个时代，对日食周期的计算则要困难得多，因为日食在地球上的不同地方都可以看到。泰勒斯在公元前585年对日食的预测，很可能是一次有根据的推测——他相信日食大概就在那个时刻出现。

关于泰勒斯如何测量金字塔高度，一直存在着多种说法。他发现，当人的身高与阴影长度相同的时候，去测量金字塔阴影的长度，就可以得出金字塔的高度。

直到今天，很多科学家依然对古希腊的一些发现充满疑惑。许多我们今天觉得理所当然的知识都要归功于古希腊与古罗马人的发现与创造。

当泰勒斯给出这些问题的答案时，我们会觉得它非常奇妙。当很多

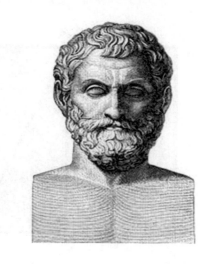

人在炎炎烈日下只看到金字塔与阴影的时候，泰勒斯却能够透过现象看本质。泰勒斯观察到了抽象的直角三角形以及更多的内容。他能够看到事物运转的模式！他真是一个天才！

相似三角形

根据普鲁塔克的说法，泰勒斯的研究让我们对相似三角形有了深入的了解。

截线定理与相似性存在着紧密的联系。事实上，这等同于相似三角形的概念。将两个相似三角形（角相同，边长不同）中的一个三角形放入另一个三角形中，就会产生截线定理的一种布局结构；反之，截线定理结构中也总是包含两个相似三角形。

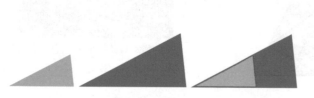

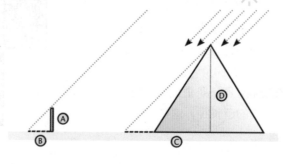

虚伪与诚实的悖论

我们对悖论的定义是"任何一个人、一件事或一种状况展现出了一种明显相互矛盾的属性"。一开始，因为缺乏相关的知识，某些事物看起来似乎是悖论；我们的认知水平提高后，这些所谓的悖论就不存在了。然而，真正的悖论不会迎刃而解，甚至根本无法解决。一般来说，悖论这个名词可以描述一些单纯让人感到惊讶或是违反直觉的事情（比如，第7章提到的生日悖论）。

W.V.蒯因于1962年阐述了三种一般类型的悖论：

1. 真实悖论——这样的悖论一开始看上去是荒谬的，但之后却被证明是正确的。

2. 虚假悖论——这样的悖论不仅看上去是荒谬的，而且也的确是荒谬的。因为它假定的前提条件就存在着谬误。

3. 既不是真实悖论也不是虚假悖论的悖论，可能就代表着一种自相矛盾。在这种情况下，即使以恰当的方式进行一些合理的推论，也会得到一个自相矛盾的结果。

"世界上只有两样东西是无限的，一个是宇宙，另一个是人类的愚蠢。我不能肯定的是前者。"
——爱因斯坦

49 挑战难度：●●●○○○
解答所需东西：
完成时间：

阿喀琉斯的起点　　　　　乌龟的起点　　　终点

芝诺的悖论——公元前400年

著名数学家芝诺，生于公元前490年的意大利。他一生创造出了40多个悖论，来为他的老师巴门尼德所提倡的一元论哲学进行辩护。这种一元论的哲学思想认为：现实是不会发生变化的，改变（运动）是不可能出现的。他创造出的许多让人困惑的悖论，在那个时代似乎都是不可能被解答的。

芝诺最为著名的一个悖论就是阿喀琉斯与乌龟之间的赛跑悖论。阿喀琉斯让乌龟率先起跑。芝诺的想法是这样的：当阿喀琉斯到达了乌龟出发的A点时，乌龟已经爬到了B点。现在，阿喀硫斯为了赶上乌龟，必须跑到B点。但是，在阿喀琉斯跑到B点的这段时间里，乌龟已经爬到了C点，依

此类推。芝诺的结论是，阿喀琉斯要花费无穷的时间才能追赶上乌龟。阿喀琉斯会离乌龟越来越近，却始终不能真正赶上它。他所跑的行程可以被划分为无数个部分。

在一个可移动的物体能够走完某段路程之前，它必须要首先经过这段路程中间点所处的位置。在它能够走到中间点的位置之前，必须要先走到路程四分之一处的位置，依此类推。一开始设定的距离没有被走过，因此运动是不可能的。

当然，我们不要忘了，这样的赛跑只存在于芝诺的脑海中。这种说法是荒谬的，但却符合逻辑。你可以试着从逻辑的角度加以反驳，很多人都已经尝试过了。

显然，我们知道运动的状态是可能存在的。那么芝诺的逻辑又有什么问题呢？你能从芝诺的推理中找到错误的逻辑吗？

芝诺悖论有助于收敛无穷级数思想的产生，从而衍生出许多数学概念。其中主要的一个就是关于极限的概念。在文艺复兴时代，人们研究悖论的兴趣再次被激发，当时有超过500个悖论被收集起来进行出版。

芝诺悖论是"归谬法"的第一个例证，同时也被称为自相矛盾的证明方法。

奇怪的是，直到现在，还有许多人认为，关于芝诺悖论，我们还没有找到令人满意的解释。

柏拉图立体与凸正多面体——公元前400年

正多面体，又称为柏拉图立体或多面体，是由多个面积相同的凸多边形组成的多面体。古希腊的学者对柏拉图立体进行了深入的研究，其中一些资料将这些研究归功于毕达哥拉斯。然而有证据表明，毕达哥拉斯可能只是通晓四面体、立方体以及十二面体，而八面体、二十面体的发现则归功于特埃特图斯（公元前417—前369年）。特埃特图斯与柏拉图处在同一个时代，他对上面提到的五种多面体都进行过数学描述，并且可能最早证明了不存在其他凸正多面体。

这些立体被称为柏拉图立体是因为它们与柏拉图的哲学有着密切的联系。柏拉图在公元前360年的《蒂迈欧篇》里提到了这样的立体，他将四种经典元素（土、气、水、火）与正多面体联系在一起。土对应立方体，气对应八面体，水对应二十面体，火对应四面体。第五个柏拉图立体是十二面体，他对其进行了较为深奥的描述："上帝用它来安排天空中星座的位置。"柏拉图还提到了古希腊数学家特埃特图斯的研究成果——他证明了只存在五种凸正多面体。

欧几里得在《几何原本》一书中对柏拉图立体进行了完整的数学描述，并且在命题18中证明除了这五种凸正多面体外，再也找不到其他的凸正多面体了。

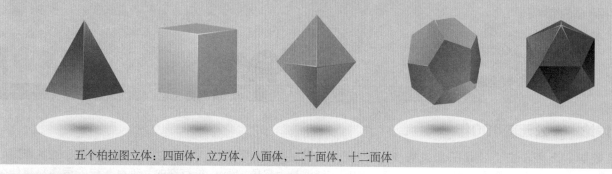

五个柏拉图立体：四面体，立方体，八面体，二十面体，十二面体

立体图形	顶点 (V)	边 (E)	面 (F)	$V-E+F$
四面体				
立方体				
八面体				
二十面体				
十二面体				

为正多面体着色

如上图所示，你可以看到五个正多面体的施莱格尔图。你至少需要用多少种颜色才能使这些柏拉图立体的每一个相邻面都是不同的颜色呢？

正多面体的图表

所有经典的多面体都能满足欧拉公式：$F-E+V=2$，其中 F=面，E= 边，V=顶点。

你能填写上方的正多面体表格来进行验证吗？

50　挑战难度：●●●○○
　　　解答所需东西：🧠💊
　　　完成时间：⏰

51　挑战难度：●●●●○
　　　解答所需东西：🧠💊
　　　完成时间：⏰

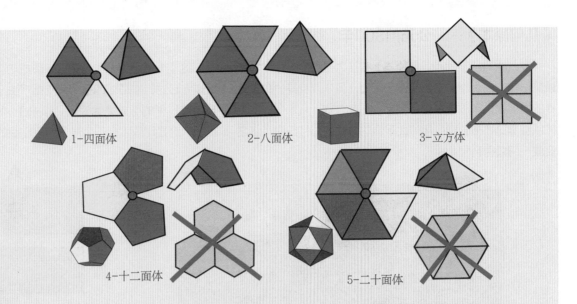

1-四面体　　2-八面体　　3-立方体
4-十二面体　　5-二十面体

正多面体——只有五个!

要想在一个多面体里形成一个立体角,至少需要三个正多边形。三个、四个和五个等边三角形都能够形成立体角。六个等边三角形会形成一个平面。三个正方形会形成一个立体角。而四个正方形又会形成一个平面。

三个正五边形可以形成一个立体角,再多就不行了。

三个正六边形会形成一个平面,这就到极限了——边数更多的正多边形不可能像正六边形那样,三个聚集在一点上。因此,既然只有五个立体角可以通过全等的正多边形构成,那么最多也只能有五种正多面体存在。

古希腊人认识到,这个世界上只存在五种柏拉图立体。其中最为核心的观点就是,多边形的内角会在这个多面体的一个顶点上汇聚,并且加起来的角度小于360°。

等边三角形的每个内角都是60°,

这意味着对一个正多面体而言,只有三个、四个或五个三角形能够在一个顶点上汇聚。如果是六个三角形汇聚在一个顶点,那么它们的内角和至少是360°,这是不可能做到的。因此,请大家认真思考下面的各种可能性:

三角形:三个三角形在一个顶点上汇聚,可以形成一个四面体。

四个三角形在一个顶点上汇聚,能够形成一个八面体。

五个三角形在一个顶点上汇聚,可以形成一个二十面体。

正方形:正方形的每个内角都是90°,因此三个以上的正方形不可能汇聚在一点。只有三个正方形才能做到,这样可以形成一个六面体或者立方体。

五边形:唯一的可能性就是,三个五边形汇聚在一点上,这就形成了一个十二面体。

六边形或边数超过六的正多边

形是不可能形成一个正多面体的表面的,因为它们的每个内角都不小于120°。

欧几里得的《几何原本》可能是历史上最受欢迎的图书之一,2000多年来一直吸引着世界各地的人们。然而到了现代,人们对这本书似乎不再那么关注了,即便对数学家而言也是如此。这是个令人遗憾的事实,因为直到今天,《几何原本》依然是人们理解数学证明的定义,乃至数学本身的最佳途径之一。

《几何原本》一书提出的重要论断就是,世界上只存在五种类型的正多面体。这个观点的微妙之处着实让人充满研究的兴趣。

"除了上面提到的五种类型的图形,没有其他正多边形可以构成正多面体了。"

《几何原本》——公元前300年

欧几里得所著的《几何原本》被认为是科学与数学领域最具影响力的著作，主要是由于它为几何学以及其他数学分支的发展提供了逻辑思想。但是，在此之前，从未有一本著作能够像这本书一样，用如此严谨的方式去对待数学，使之变成一门精密科学。

这本书被称为人类有史以来最成功与最具影响力的数学著作，它对科学领域的各个分支都产生了影响，其中对数学及精密科学的影响尤为深远。该书于1482年首次在威尼斯出版。这是印刷术出现后最早印刷出版的数学著作。

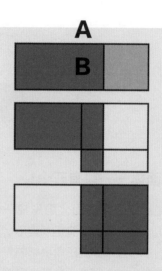

俄克喜林库斯莎草纸

如上图所示，你可以看到在一张俄克喜林库斯莎草纸上记载着欧几里得《几何原本》一书的碎片，这份莎草纸现存于美国宾夕法尼亚大学，它是考古学家于19世纪末20世纪初在埃及俄克喜林库斯附近的一处垃圾场发现的。这份手稿的年代可以追溯到1~6世纪，包含了数千份希腊文和拉丁文文件、信件及文学作品。

上面的图表出自《几何原本》II中的第五个命题。现代术语中，它可以被解释为一种代数恒等式的几何构想。在这种情况下，可以用如下式子表示：$ab+(a-b)^2/4=(a+b)^2/4$（虽然欧几里得命题与代数之间的关系存在着一定的争议。）

右上方的三个图可以帮助你理解这个命题的推导过程。

如果一条直线被截为相等和不相等的部分，那么不相等部分所包含的长方形加上直线截点间所形成的正方形的总面积，就等于整个线上的正方形面积的一半。

欧几里得（公元前325—前270年）

来自亚历山大港的欧几里得是一位古希腊数学家，通常被后人称为"几何之父"。在《几何原本》一书中，他对我们现在称之为欧几里得几何的原理进行了归纳推理。欧几里得在透视、圆锥曲线、球面几何学、数论与精确计算等方面都有过研究与阐述。关于欧几里得的生活，人们知之甚少，只有为数不多的资料谈到他的生平。有关欧几里得的历史资料几乎都是在他去世几百年之后，才由来自亚历山大港的普罗克洛斯与帕普斯撰写。

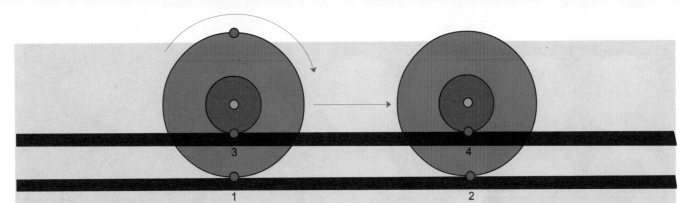

亚里士多德的轮子悖论——公元前300年

亚里士多德的轮子悖论出自古希腊的著作《机械》（*Mechanica*）——通常，人们认为此书的作者是亚里士多德。

有两个轮子，其中一个轮子在另一个轮子中间，它们有着不同的直径。它们底边上某点所走过的路径都是直线，乍一看，这两条直线似乎等于两轮的周长。

但是，这两条直线有着相同的长度，因此两个轮子的周长必定相同，这与我们之前所提到的这两个轮子有着不同的直径是相矛盾的：这就是所谓的亚里士多德悖论。

这个悖论存在的漏洞就在于，假定小一点的轮子的行进轨迹为其周长。事实上，对两个轮子来说，要想做出完全相同的运动是不可能的。小

一点的轮子并没有如图所示从点3转动到点4，而是被大轮子拽着沿着这条直线前进。从物理学的角度来看，如果两个半径不同的同心轮子沿着一条平行线转动，那么其中至少会有一个打滑。如果利用齿轮系统防止打滑，那么轮子就会出现被卡住的情况。在当代类似的实验中，这种情况通常会在司机将汽车停在路边时无意中发生。实验发现，尽管轮毂盖不断转动并发出刺耳的声音，但汽车外胎并没有出现打滑的情况。

从数学的角度看，内圆的点的数量与外圆的点的数量是完全一样的，即这两个圆之间存在着一种双射的情况（一一对应的关系）。这并不能运用到轮子实体上，因为它们是由离散的原子组成的。因此，在车轮的密度、宽度与厚

拉斐尔所绘《雅典学派》中的柏拉图（左）与亚里士多德（右）

等都相同的情况下（不同的只是它们之间的半径），较大车轮的原子数量肯定要更多一些。

亚里士多德（公元前384—前322年）

作为柏拉图的学生、亚历山大大帝的老师，亚里士多德是当时最有影响力的思想家之一。他的著作范围甚广，其中包括哲学、伦理学、数学、逻辑学、物理学、生物学、诗歌、戏剧、音乐、修辞学与语言学。亚里士多德与

柏拉图以及苏格拉底（柏拉图的老师）的作品共同构建了西方哲学的完整体系——道德、美学、逻辑学、科学、政治学和形而上学都被囊括在这一宏大的哲学体系中。

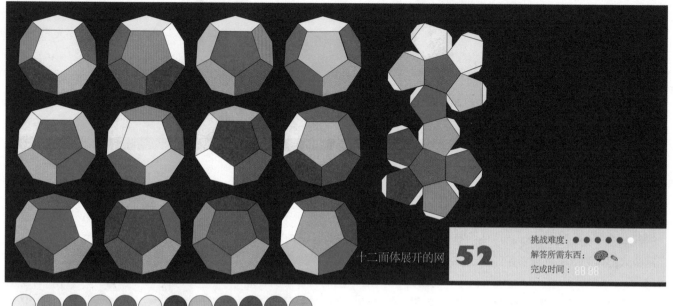

十二面体展开的网

52

1　2　3　4　5　6　7　8　9　10　11　12

十二面体的十二种颜色。

十二面体方向

谜题1——在一张桌子上，你能用多少种不同的方法去放置一个着色的十二面体，使之每次都占据相同的空间？

谜题2——上图从各个方向展示了一个十二面体，你能填补缺失的颜色吗？

谜题3——对一个十二面体进行平面切割，会得出什么样的横截面呢？

53

冠夏克定理

从外面的大正方形向内画四个等边三角形。将这四个等边三角形的顶点连接起来，就得到了一个内部的正方形。从这个正方形的中点出发，与这些三角形的每条边相连时，就会形成一个正十二边形。

这个内部正方形就被称为冠夏克瓷砖，可以用来证明冠夏克定理：在一个单位半径的圆里内切的正十二边形，其面积为三个平方单位。通过认真观察冠夏克瓷砖，你能否发现这个十二边形的面积与冠夏克瓷砖的面积的关系？

J. 冠夏克（1864—1933），匈牙利人，为计算正十二边形的面积提供了一种优雅的几何方法。

十二面体的宇宙

让－皮埃尔·卢米涅在《自然》杂志的文章中写道，"宇宙学标准模型预示着宇宙是无限且扁平的"。然而，法国与美国的宇宙学家现在则认为，宇宙可能是有限的，而且形状与一个十二面体相似。他们认为，这种十二面体的形状能够对宇宙微波背景辐射——宇宙大爆炸之后遗留的放射物——的发现进行充分的解释，普通的形状则无法容纳这样的空间。

古老的化圆为方问题

古希腊最著名的三个经典问题之一，就是画出一个与已知圆面积完全相同的正方形（化圆为方），其限制条件是只能使用圆规和直尺。

1882年，林德曼·魏尔施特拉斯定理就成功地解答了这个问题，该定理认为，π是一个超越数（而不是一个代数无理数，也就是说，它不是任何有理系数多项式的根），因此求与已知圆面积相等的正方形是不可能的。我们只能找到一个近似的解答方法，而这样的方法在古巴比伦时代已经被数学家们找到了。公元前1800年古埃及著名的莱因德纸草书中给出了圆面积公式：（64/81）d^2，其中d是圆的直径。

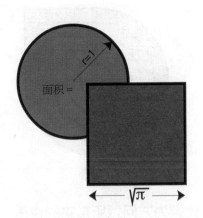

希波克拉底月牙问题

你能够根据右边蓝色等腰三角形的面积，计算出红色月牙的面积吗？

你能够根据两个蓝色等腰直角三角形的总面积，计算出两个红色月牙的面积吗？记住，毕达哥拉斯定理可以帮到你！

你能够根据蓝色正方形的面积，计算出四个红色月牙的总面积吗？

你能够根据蓝色直角三角形的面积，计算出两个红色月牙的总面积吗？

54
挑战难度：●●●●●○
解答所需东西：🧠💊
完成时间：⏱

人类对化圆为方问题的早期尝试

来自希俄斯的希波克拉底（公元前470—前410年），虽然在化圆为方这个问题上没有取得成功，但却在这个过程中获得了意外发现，成功地解答了圆弧内图形的问题。在那个时代，这是一项了不起的成就。他是第一个计算出月牙图形的面积（被圆弧包围的面积）与直线图形的面积相等的人。希波克拉底的著作已经失传了，但他必然是按照与下文中类似的方法去解答的。根据毕达哥拉斯定理，我们将其推演成一种广义形态——毕达哥拉斯定理适用于摆放在一个直角三角形三条边上的任何一系列相似图形。前提是这些图形要摆在相应的方位上。毕达哥拉斯定理对于圆形也同样适用。直到今天，希波克拉底的发现仍能唤醒很多数学家无限的热情与盲目的希望，以求找到化圆为方的方法。

希波克拉底的六边形定理

55
挑战难度：●●●●○○
解答所需东西：🧠💊
完成时间：⏱

希波克拉底宣称，他找到了化圆为方的方法。在他成功地找到了与月牙面积相等的正方形之后，就尝试在六边形上实验。他首先从一个直径为AB的圆出发，接着以两倍AB的长度为直径画一个更大的圆。这个大圆里有一个内接正六边形，这个正六边形的每条边都与圆的半径相等。请注意，正六边形的每条边也与一开始提到的小圆直径AB相等。如图所示，以六边形的每条边为直径画出六个半圆。你能计算出六个月牙（红色区域）的总面积吗？

化圆为方问题所带来的快乐

古今数学家面临的一个重要挑战，就是解答化圆为方这个问题。

数学家们都未能解答这个问题。在进行测量的时候，圆弧与直线总是会留下一些没有计算在内的部分。

第一位想要尝试解答这个问题的数学家是公元前5世纪的阿那克萨哥拉。他在狱中时这样写道："没有任何地方能夺走一个人的快乐，或者夺走他的美德与智慧。"

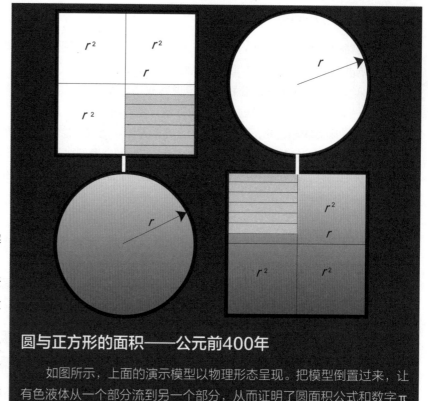

圆与正方形的面积——公元前400年

如图所示，上面的演示模型以物理形态呈现。把模型倒置过来，让有色液体从一个部分流到另一个部分，从而证明了圆面积公式和数字 π 的正确性。这个模型是我在20世纪60年代发明的。

希波克拉底（公元前470—前410年）

希波克拉底，雅典的一位几何老师，他是第一位构建出与圆面积相等的正方形的人。

是否可以只运用直尺和圆规作与已知圆面积相等的正方形这个问题，在1880年有了最终的解答。林德曼证明了 π 是一个超越数（也就是说，这个数不是任何有理系数多项式的根），从而证明了人类根本不可能仅通过直尺和圆规去作一个与已知圆面积相等的正方形。

尽管如此，数学界对这个问题的兴趣依然不减。新的挑战变成了对最接近已知圆面积的正方形的研究，前提也是只使用直尺和圆规。面对这种挑战，我们需要回到阿基米德所处的时代。

阿基米德以一个圆的半径 r 作为一个正方形的边，正方形面积为 r^2，那么这个圆形的面积就是" r^2 "乘以 π，从而得出了圆的面积公式" πr^2 "。

关于圆面积公式的正确性可以通过本人原创的液体演示模型得到视觉上的证明。密闭的有色液体刚好能够填满半径为 r 的圆。当这个模型倒置的时候，那么液体就会流进正方形的部分，所占面积为 $31/7 \times r^2$。

请注意：扁平封闭容器的厚度全部是一样的。

1914年，拉马努金用尺规作图创造出了一个只在小数点后面第9位与 π 不同的数。对一个直径长达12000千米的圆形来说，正方形边长的误差会小于2.5厘米。

螺线

据现有历史文献记载，对螺线的研究可以追溯到古希腊时代。阿基米德螺线就是最为典型的例子。笛卡儿在1638年研究动力学的时候，发现了对数螺线，也叫等角螺线。这种螺线的特殊之处就在于，它会以一个固定的角度切割所有矢径。从中点 O 出发的任意一条线与等角螺线相交的角（这条线与从切点 P 所做切线之间的夹角）永远相等。因此，这样的曲线具有自我复制的属性。

雅各布·伯努利（1654—1705）对等角螺线非常着迷。他甚至要求在他死后的墓碑上刻下这样一句话："纵使改变，依然故我。"

这种螺线的"神奇"属性可以通过黄金分割以及斐波那契数得到增强，从而使它们成为具有神秘色彩的迷人物体。

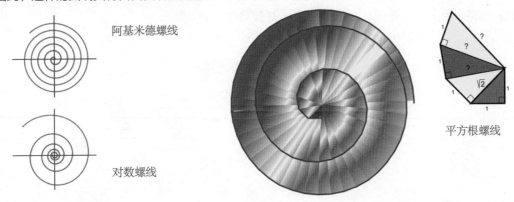

阿基米德螺线

对数螺线

平方根螺线

特奥多鲁斯螺线——公元前400年

特奥多鲁斯（公元前465—前398年）螺线又被称为平方根螺线、爱因斯坦螺线或毕达哥拉斯螺线，如上图所示，是一条由连续的直角组成的螺线。

螺线始于一个等腰直角三角形，腰长为一个单位。

第一个直角三角形的斜边长度是 $\sqrt{2}$，这也是第二个直角三角形一边的长度，而另一边的长度则为1；则第二个三角形的斜边为 $\sqrt{3}$，依此类推，第 n 个三角形的边长就是 $\sqrt{n}$ 与1了，那么它的斜边长度就是 $\sqrt{n+1}$。

虽然特奥多鲁斯的所有著作都已不存在了，幸运的是，学生柏拉图将他的导师特奥多鲁斯写入对话集《特埃特图斯》里，向世人讲述了他所取得的成就。后人认为，特奥多鲁斯螺线已经证明了一点，即3到17之间的所有非平方整数的平方根都是无理数。根据柏拉图的说法，特埃特图斯曾对苏格拉底说过下面这段话：

"这有关于平方根的属性。特奥多鲁斯向我们描述并展示了，第3个根与第5个根都可以用正方形的边长去替代，但它们却没有公约数。他一直推算到第17个。"

柏拉图对特奥多鲁斯为什么在计算17的平方根的时候停下来的做法却没有做出解释。人们一般认为，直角三角形斜边的长度为 $\sqrt{17}$ 时，是能让图形不相互重叠的最大极限了。

1958年，E. 托伊费尔证明，无论一个螺线延伸距离有多远，任何两条斜边都不会重合。此外，如果将长度为1的边延伸为一条直线，那么它们不会穿过整个图形的任何一个顶点。

圆锥曲线——公元前350年

圆锥曲线是用一个平面切割对顶锥而得到的曲线。

古希腊时代的数学家就已经对此进行了一番研究，因为它们具有一定的审美属性。椭圆、双曲线与抛物线都让欧几里得以及同时代的其他几何学家为之着迷。在那个时代，他们无法找到这些形状所具有的特殊用途，因此把这些形状看作具有美感的几何消遣。

数学家们都会有这样一个习惯，那就是单纯为了追求乐趣，而去研究一些毫无意义的物体。但是，这些研究通常都会给几百年后的科学家带来巨大的影响。对于圆锥曲线的研究正是如此。约翰尼斯·开普勒与艾萨克·牛顿就是依靠前人对圆锥曲线的研究成果，描述出了天体在太空中运转的路径：行星、彗星甚至整个银河系都是沿椭圆形、双曲线或是抛物线等路径运转的。

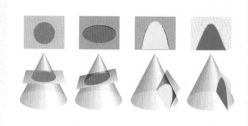

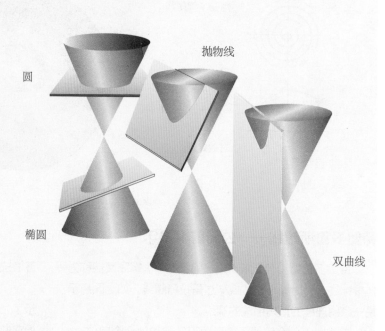

圆

抛物线

椭圆

双曲线

米奈克穆斯（公元前380—前320年）

米奈克穆斯是古希腊数学家和几何学家，也是柏拉图的好朋友。米奈克穆斯被认为在研究倍立方问题的过程中发现了圆锥曲线。倍立方问题是用尺规作图无法解决的三大著名几何难题之一，古埃及、古印度与古希腊的许多学者都曾对这个问题充满兴趣。

公元前200年左右，阿波罗尼奥斯对这些曲线进行了较为系统的研究。他的八卷著作对圆锥曲线进行了深入的总结，极大地拓宽了那个时代人们的知识视野。

一条圆锥曲线是指一个平面与一个圆锥体相交形成的曲线。从解析几何学来看，一个圆锥曲线可以被视为一种平面代数曲线。

共有三种类型的圆锥曲线：双曲线、抛物线与椭圆。圆是椭圆的一种特殊形态，所以，数学家们有时也会将圆称为第四种圆锥曲线。

算盘——公元前300年

算盘是古代一种极具独创性的计算工具，同样适合十进制计算系统。

我们可以将数字用于统计单个物体或记录计算结果，把二者的区别弄清楚，是培养数学能力的重要一步。

我们很难想象在没有数字的情况下去进行计数，但在历史的某个阶段，成文的数字是并不存在的。当人类走过了完全依赖统计木棍的时代之后，就学会了用刻痕来代表数字。后来，人类开始学会用鹅卵石或贝壳等东西去计算。早期的计数板产生之后，人类又发明了一种兼具美感与独创性的机械装置——算盘，旨在提高数值运算的效率。

算盘的演变历史可以说经历了这几种鲜明的形态：

1. 泥土写字板——最早期的形态。

2. 计算盘——有着松散算珠的装置——又被称为萨拉米斯算盘。

3. 现代的算盘——框架中每一排算珠都固定完好。当代算盘的最好例子就是俄罗斯算盘（有11根线，其中10根串着10个算珠，另一根则串着4个算珠）和中国算盘（算盘上面部分每根线都有2个算珠，下面部分则有5个算珠）。当代的算盘除了作为计算工具使用外，还是十进制运算的一个数学模型。在数字0的概念产生之前的很长一段时间里，算盘一直用空列进行计算。

格雷戈尔·赖施的算术

1503年，德国哲学家格雷戈尔·赖施（Gregor Reisch）出版了一本哲学著作，让波伊提乌（Boethius）与毕达哥拉斯运用数学的象征性符号来进行一场比赛。其中，毕达哥拉斯用的是一个算盘，而赛维努斯·波伊提乌使用的则是数字。只观察这幅图，你能知道算盘是怎样使用的吗？

56　挑战难度：●●●○○○
　　　解答所需东西：🧠
　　　完成时间：

CHAPTER

3

质数、幻方
与狄多女王问题

质数——公元前300年

多个世纪以来，数学家都对质数情有独钟。有些数学家甚至认为，在质数的背后隐藏着创造的秘密。

一个质数就是一个比自然数1更大的自然数，但除了1与其本身之外，它不能被其他自然数整除。这些质数就像是一个个原子——是构建整数的基础。

一个大于1且不是质数的自然数被称为合数。比方说，5就是质数，因为它只能被1与5这两个数整除，而6则是合数，因为6除了可以被1与6整除之外，还可以被2与3整除。算术基本定理体现了质数在数论中的核心位置。不考虑顺序的话，任何比1大的整数都可以由唯一的一组质数相乘得到。这一理论要求我们不把数字1视为质数。

质数的数量是无限的，欧几里得在公元前300年就已经证明了这点。现在还没有一条实用的公式可以一劳永逸地将所有的质数与合数分列出来。但是，质数的分布——也就是质数的统计学表现，是有模型的。这一研究方向得到的首个结果就是质数定理，在19世纪末期得到了证明。这一定理是这样阐述的：某个随机选择的数n是质数的概率与该数本身的数位是成反比的，或者说与数n的对数是成反比的。

直到如今，围绕着质数理论仍存在着许多疑问，比如哥德巴赫猜想就提出，每一个大于2的偶整数都可以用两个质数之和去表达。而孪生质数猜想则提出，存在着无数对数值差异为2的质数组。这些悬而未决的问题推动着数论的各个分支不断发展。

> **"人类要想完全了解质数，至少还需要100万年。"**
> ——保罗·埃尔德什，数学家

23 5 7　1113　17 19　23　29 31　37　41 43　47　53　59 61　67　71 73　79　83　89　97

100以内的质数

浏览一遍100以内所有质数的名单，再据此预测100之外下一个质数是哪个数字，这几乎是不可能的。质数的分布似乎是随机与无序的，根本就没有任何模式可言，因此无法确定下一个质数是哪个数字。在100以内有25个质数，在100～199这个范围当中，它们的分布又是怎样的呢？

数学家们很难承认自然选择质数的方式背后并没有一个明确的解释。到了19世纪，质数的研究有所突破。伯纳德·黎曼（Bernard Riemann）用一种全新的方式去看待质数问题。他开始了解到质数分布的随机性之下隐藏着一种微妙且出人意料的内在和谐性。正是这种和谐性让过去的数学家

无法了解质数真正的秘密。他对质数这种和谐性的大胆预测，就是我们今天所熟知的"黎曼猜想"，这个猜想还有待证明与解释，这也是数学界至今最重要的谜题之一。

质数的历史

古埃及的一些历史文献表明，他们已经拥有了一些质数的知识：比如说，在莱因德纸草书里，我们可以看到古埃及人提出的分式展开，了解到了质数与合数之间的诸多差别。但是，最早关于质数的明确研究则来自古希腊人。欧几里得的《几何原本》一书就提到了有关质数的重要理论，其中就包括质数的无限性以及算术的一些基本定理。欧几里得还演示了如何通过梅森质数去建构一个完美的数。埃拉托色尼筛法据说是埃拉托色尼发现的，这是一种计算质数的简单方法，尽管我们今天用电脑发现的大数值质数是很难用这种方法去生成的。

在古希腊时代之后，有关质数的研究一直停滞不前，这样的情况直到17世纪才有所改变。1640年，皮埃尔·德·费马（在没有证明的前提下）阐述了费马定理（这个定理之后被莱布尼茨与欧拉所证明）。

57

挑战难度：● ● ○ ○ ○ ○

解答所需东西：🧠

完成时间：▯▯:▯▯

埃拉托色尼筛法——公元前250年

来自昔兰尼的埃拉托色尼（公元前276—前194年）是一位希腊数学家、地理学家、诗人、运动员、天文学家、音乐理论家。他是人类历史上第一个使用"地理学"这个名词的人，创建了一套我们所熟知的地理学名词系统，其中就包括纬度与经度系统。

作为一位数学家，他更多被人们记住的是他提出的埃拉托色尼筛法。这是在任何给定的限制条件下找到所有质数的一种古代算法。今天，它仍然是预测1000万以内所有质数的一种有效方法，虽然与电脑相比，使用这种方法显得有点多余。

埃拉托色尼筛法是如何操作的呢？要得到所有的质数，需要反复对每一个可分解的数（非质数）进行递归操作，先从2开始，筛去所有2的倍数；接下来在筛选出来的数里面进行新一轮的筛选，按顺序筛去后续数3的倍数……不断循环往复，直到筛去数值区间内的所有整数的倍数。这就是筛选法与试除法寻找质数的主要区别。因为试除法是按顺序试验每一个候选数能否被每一个数整除。

与很多古希腊数学家一样，埃拉托色尼的作品也没有流传下来。我们不能确定就是他发现了这个著名的筛法，但亚里士多德的儿子尼科马库斯在他的《算术入门》一书里将这一功劳归在埃拉托色尼身上。

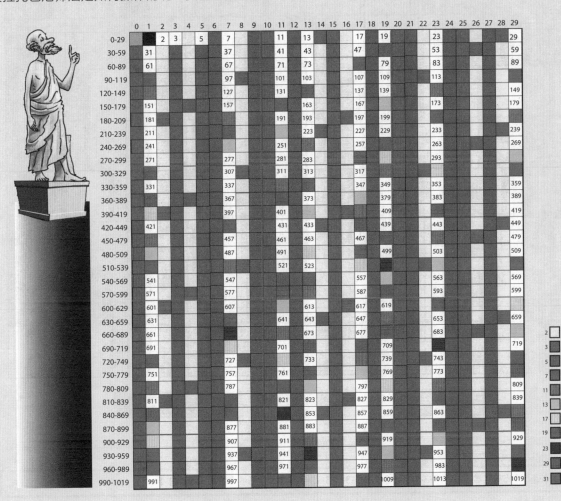

质数的模式——质数间隔

为了完成从数字1到1000的质数分布，你能想出下面这个表格末位应该涂什么颜色吗？所谓的质数间隔，是指两个连续质数之间的间隔。从1到1000之间的数值范围内，你可以看到质数2和3是唯一不存在任何间隔的，它们是唯一一对连续出现的质数。

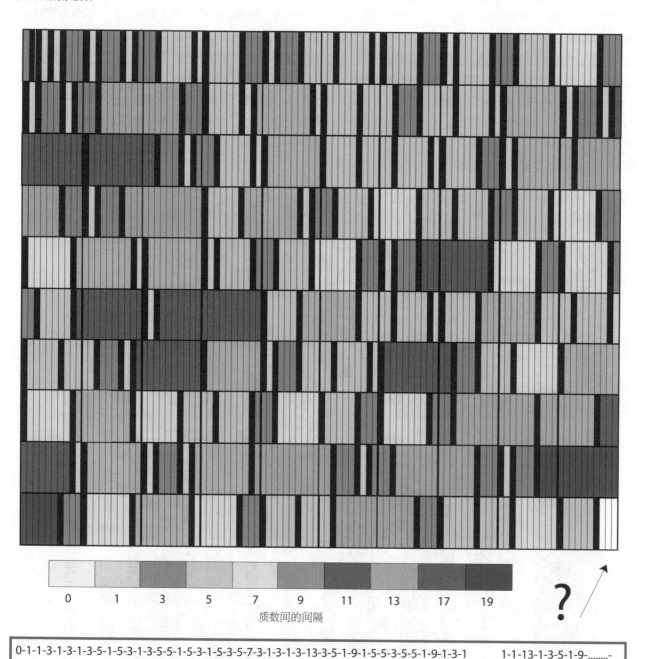

0　1　3　5　7　9　11　13　17　19　**?**

质数间的间隔

0-1-1-3-1-3-1-3-5-1-5-3-1-3-5-5-1-5-3-1-5-3-5-7-3-1-3-1-3-13-3-5-1-9-1-5-5-3-5-5-1-9-1-3-1　　1-1-13-1-3-5-1-9-......-

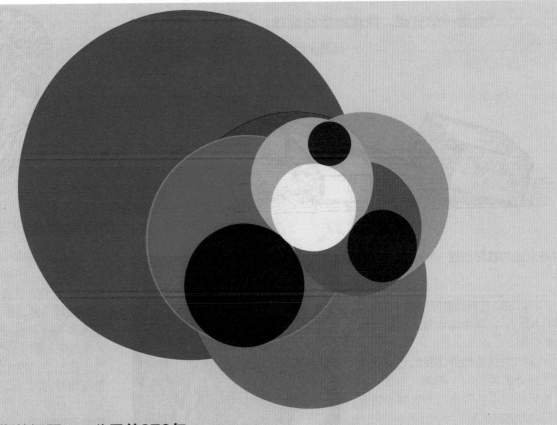

阿波罗尼奥斯的问题——公元前270年

来自佩尔格的阿波罗尼奥斯（公元前262—前190年）是一位古希腊数学家与天文学家，被同时代的人视为"最伟大的几何学家"。在他之后的许多学者，诸如托勒密、弗朗西斯科·马罗力克、艾萨克·牛顿、勒内·笛卡儿以及其他人都深受他突破性的方法与专业术语影响，特别是在圆锥曲线方面。

阿波罗尼奥斯创造出了我们今天所熟知的椭圆形、抛物线与双曲线等数学专业术语。他也被认为发展了偏心轨道和行星的假说，用以解释行星在天空中的视运动以及月亮的运转速度。

阿波罗尼奥斯提出的一个最著名问题就是以他的名字命名的"阿波罗尼奥斯问题"。

这个问题是这样的：假设一个平面有三个圆，你可以用多少种方法让第四个圆与这三个圆相切（就是只与这三个圆分别在一个点上接触）呢？

如图所示，你只能找到八种不同的可能性。

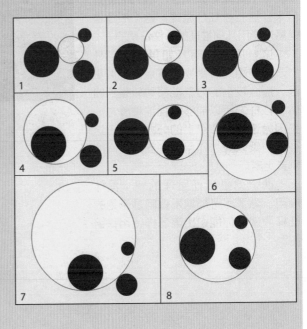

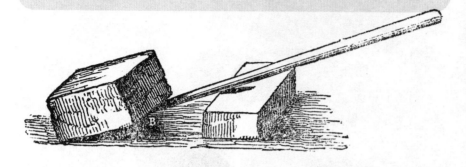

> **"给我一个支点，我将能撬动地球。"**
>
> ——阿基米德

阿基米德的杠杆原理——公元前250年

可以说，杠杆是最简单的一种"简单机械"了，其中蕴含着一种能量转换的机制。

这样的装置能否让我们凭空获得一些额外的能量呢？不能。但是，这样的机械可以将较小力的机械能转变成较大力的机械能。

一个重物可以用更小的力去提升起来：这就是杠杆原理。这个原理是阿基米德用几何推理的方法证明的。

这一原理表明，如果支点与外力之间的距离比重物离支点的距离更远，那么较小的力就能移动较重的物体。杠杆之所以能够增强这种外力，是因为这时某个点上的外力等同于这种外力乘以外力作用点到支点之间的垂直距离。

铁铲就是杠杆原理的一个具体应用。为了尽可能地发挥阿基米德的杠杆原理，你能说出该怎样使用铁铲吗？

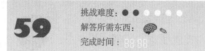

59 挑战难度：● ● ○ ○ ○ ○
解答所需东西：🧠 🍴
完成时间：

阿基米德（公元前287—前212年）

来自锡拉库扎的阿基米德是希腊的数学家、物理学家、工程师、发明家与天文学家。虽然有关他生平的记载不多，但他被视为古希腊最伟大的科学家之一，也可以说是人类历史上最伟大的科学家之一。

在他的物理学发现当中，就有为流体静力学、静力学奠定了基础的伟大壮举，同时，他还对杠杆原理做了数学层面上的解释。

与此同时，阿基米德还对圆周率 π 做了相当精确的计算，他还创造出了一种以他名字命名的螺线，为旋转曲面计算出了一个公式，还发明了一种表达极大数的独特系统。

阿基米德是在锡拉库扎遭受围困期间死去的。虽然罗马军官下令不得伤害他，但是一名罗马士兵还是将他杀害了。西塞罗描述过参观阿基米德坟墓时的感受，他发现墓碑上刻着一个圆柱内切球的图形，致敬阿基米德在数学上伟大的成就，他证明了：内切球的体积和表面积是圆柱体的三分之二（圆柱体的底面积要计算在内）。他的这个发现被视为他在数学上最伟大的成就。

"我找到了！"的时刻——公元前250年

据历史记载，阿基米德在发现空气静力学之后，赤身裸体从浴盆里走出来，大声地说："我找到了！"

当时，他正在解决锡拉库扎国王海伦提出的一个问题，就是检查一顶新皇冠是否含金量十足的问题。因为国王认为这顶皇冠含有其他的不纯杂质。

阿基米德在没有熔化这顶皇冠的情况下解决了这个难题，因为他发现了一个以他的名字命名的定理：一个浸泡在液体里的物体其重量小于实际重量，差值为新排开液体的重量。

在那些研究数学史的数学家看来，阿基米德赤身裸体大声喊叫的故事是非常值得怀疑的，这并不是因为阿基米德当时赤身裸体的状况——因为在那个时代，赤身裸体倒也不是一件有伤风化的事情，而是因为当时的阿基米德已经是一位身份尊贵的名人，这样赤身裸体大声喊叫，对他们来说着实难以接受。

在科学史上，还有不少关于创造性思维突然迸发的情况。据说，詹姆斯·瓦特就是在观察烧水的茶壶时萌生了制造蒸汽机的念头。莱奥·齐拉特在等待红灯的时候，灵感突然袭来，想到了中子链式反应（制造原子弹的方法）。

阿基米德定理

观察下图所示的有关阿基米德实验的结果，你认为阿基米德会得出怎样的结论呢？

第一步：将一块与那顶有疑问的皇冠一样重的金子放下去。

60

挑战难度：● ● ● ● ● ○
解答所需东西：🧠 ✎
完成时间：88:88

两个浸没水中的物体所溢出的水量都收集在底部所示的地方。

国王的皇冠

第二步：

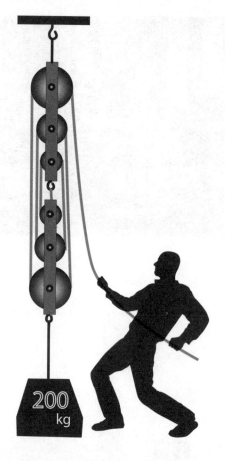

61

滑轮系统——公元前250年

滑轮系统又称为滑轮组系统。绳索滑轮系统是利用一根绳索，通过一个或一个以上的滑轮将线性动力传送出去，从而以较小的力将较重的物体拉升上来。滑轮系统是唯一一种能将机械效益限定为整数的简单机械装置。滑轮系统通常能够用来拉升比外力多出两倍的重物。如上图所示，我们所举的例子就是一个由三个固定滑轮加上三个可移动滑轮组成的复合滑轮系统，能够拉升重达200千克的物体。你认为这个人能够通过绳子拉起这个200千克的物体吗？

简单机械的介绍

所谓简单机械，就是指能够改变力的方向或大小的一种机械装置。它们是最简单的能够提供机械效益（即杠杆）的装置。

简单机械的思想可以追溯到古希腊哲学家阿基米德，他研究过"阿基米德系列"的简单装置。在公元前3世纪左右，他就对杠杆、滑轮与螺旋进行过相关的研究。他发现了杠杆具有机械效益的原理。之后的古希腊哲学家界定了五种经典的简单机械，并大概计算出了每一种机械装置所具有的机械效益。

来自亚历山大港的海伦（约公元10—75）在他的著作《机械学》一书里就列举了能够让重物处于移动状态的五种简单装置：杠杆、绞盘、滑轮、楔子与螺旋，并且描述了它们的制造方法与使用方式。但是古希腊人对此的认知还局限于简单装置的静力学方面（各种力的平衡）上，并没有将动力学（力与距离之间的交换）与功的概念考虑在内。

机械功率

文艺复兴时期，人们继续研究简单机械，接着研究机械功率。很多科学家开始从如何才能使之做更多有用功的角度进行研究，最终衍生出了一种有关机械功率的全新概念。

1586年，来自佛兰德的工程师西蒙·斯泰文在五种经典简单机械装置之外又加上第六种——斜面。有关简单机械的完整动态理论则是由意大利科学家伽利略总结出来的。他也是第一个明白简单机械并没有创造出全新能量，而是转移能量的人。

机械装置里有关滑动摩擦的经典法则是意大利科学家列奥纳多·达·芬奇（1452—1519）发现的。他的这些发现后来也被纪尧姆·阿蒙东发现，之后于1785年在查尔斯·奥古斯丁·德·库伦的研究下得到了进一步的发展。

$$A = r\pi \times r = r^2\pi$$

圆周率 π 与圆周长

史前人类肯定已经观察到一点，那就是轮子的直径越长，那么它所走的路程就越远。进入早期文明的人类知道，一个圆的周长与该圆直径的比率是一样的，不管这些圆的面积多大，情况都是如此。这个比率基本上恒定在一个略大于3的数字。今天，我们将这个比率称为圆周率 π（这个字母相当于古希腊字母表的 P）。

计算一个圆的面积，这曾是一个颇具挑战的数学难题。

阿基米德试图运用"化圆为方"这种方法去解答这个问题，试图找到一个正方形，其面积等于一给定半径的圆的面积。他的研究方法引出了一个精确的公式。

圆的半径 r 可以将圆分为许多个相近的等腰三角形，这个等腰三角形的底边的长度都是 a（这是一个接近直线的小圆弧），这些等腰三角形可以排列成一个平行四边形。

圆被分成的部分越多，这些部分就越像三角形。这些三角形的面积会越来越小，而它们组成的图形也会越来越像长方形。

每一个长方形的高度基本上等于圆的半径。因此，一个圆的周长=2 × rπ。每种颜色的三角形构成这个圆周长的一半，因此长方形的边长就是其周长的一半，也就是 πxr。因此，圆的面积=长方形的面积=高度x 宽度=r x（π x r)=π × r²。这就是我们今天所熟知的公式。

请注意，这个公式得出来的不过是一个近似值。这种方法实际上只在每个三角形的底边长为无穷小时才起作用。

有关圆周率 π 小数点的康威集合

圆周率 π 是随机的吗？要是将圆周率 π 后面的小数点按照十个数字为一组隔离开来，是否会有一组数字包含从0到9这十个数字（也就是0,1,2,3,4,5,6,7,8,9)？

62 挑战难度：● ● ○ ○ ○ ○
解答所需东西： 🧠 ✏️ ✂️ 📐
完成时间：

π = 3.1415926535
8979323846
2643383279
5028841971
6939937510
58202974944
5923078164…

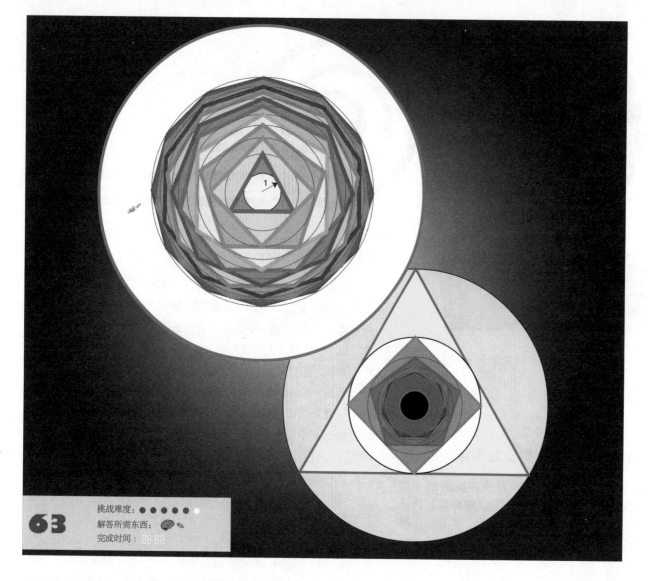

内切、外切与无限性——公元前250年

如上图所示，最里面的内圆的半径为1，该圆被一系列的圆与正多边形外切与内切，首先从一个等边三角形开始，这个等边三角形被一个圆内切；接着就是被正方形、正五边形、正六边形、正七边形、正八边形、正九边形、正十边形、正十一边形与正十二边形内切与外切。

上图所示的模式清晰地显示了，初始圆经过十次外切之后，需要一个十二边形才能对其进行外切。如果你无限次地重复这个过程，就需要更大的圆与边数更多的多边形，随着多边形的边数不断增多，与其外切的圆的半径就会越来越大。

你对此有怎样的想法呢？当我们持续这样的过程，外切的圆是否会变得无限大呢？

你也可以通过内切的方法对一个一开始设定的圆重复这样的过程。这样不断缩小的过程最终会让最里面的圆变得无限小吗？而最小的内切多边形有多少条边呢？

阿基米德的十四巧板——公元前250年

十四巧板又被称为"阿基米德的盒子"，这是阿基米德所著的一本数学专著。

这可以追溯到阿基米德所写的两篇年代久远的文章。他在这两篇文章里提到了一种与七巧板类似的游戏。其中一份手稿是一个希腊语的重写本（这份手稿上之前已经写有文字，擦掉之后再次使用）。1899年，这份手稿在君士坦丁堡被发现，而另一份手稿则是阿拉伯语的译本，可以向前追溯到10世纪。

至于阿基米德是否发明了这个游戏，或只是探寻了其中的几何属性，至今已经无从知晓。在一份希腊语手稿里，十四巧板的每个部分的面积都是固定的。根据手稿的内容，阿基米德写了一本关于十四巧板的书，之后却散失了2000年。这本书的部分内容最近在这份重写本上被发现了，这又激发了很多数学家的极大兴趣。

这个游戏包含有14块多边形形状的象牙，形成一个12×12的正方形。与七巧板一样，这个游戏要求我们对每一块象牙进行重新布置，从而形成一些有趣的东西（如人像、动物形状或其他物体等）。我们不知道阿基米德的版本是否允许象牙翻转过来。在古希腊，这样做是不被允许的。

阿基米德可能还对如下问题充满了兴趣：如何才能用14块象牙形成一个正方形呢？这个问题在2200多年后才得到了回答。2003年，比尔·卡特勒（Bill Cutler）利用电脑程序解答了这一难题。他发现一共有536种不同的解答方法，其中旋转与镜像不被视为不同解法。

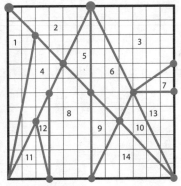

十四巧板

如上图所示，这是在一个12×12的正方形网格里，由格点形成的十四巧板结构，由14个部分组成。

你能计算出这14个部分的面积吗？

1	
2	
3	
4	
5	
6	
7	
8	
9	
10	
11	
12	
13	
14	

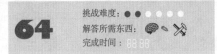

64

挑战难度：● ● ○ ○ ○ ○
解答所需东西：
完成时间：

十四巧板做成的大象

马格努斯·奥索尼乌斯（Magnus Ausonius）在他的著作里，阐述了他著名的十四巧板做成的大象拼图。从现有的历史文献可知，这是历史上最早出版的拼图。这个游戏的目标就是要通过十四巧板的每个部分的重组，拼出一个大象的形状。你能做到吗？

65 挑战难度：●●●○○
解答所需东西：🧠
完成时间：

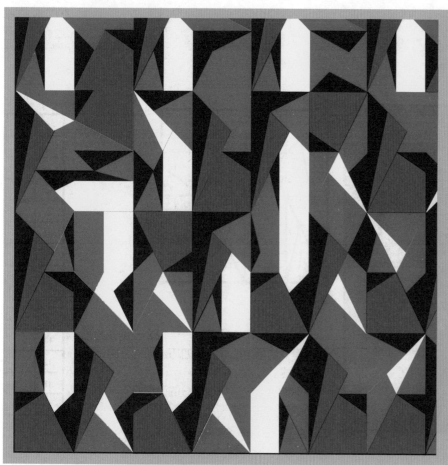

数学创造艺术

如左图所示，你可以看到十六种解决十四巧板正方形问题的解答方法。

在君士坦丁堡的一本祈祷书里发现的重写本（参见前一页有关"阿基米德的十四巧板"）受到了李维尔·内兹博士（Reviel Netz）的重视。经过研究，他得出了一个结论，那就是阿基米德试图解答这个问题：通过十四巧板拼正方形有多少种不同的方法。现在，我们发现一共有17152种不同的方法。因此，十四巧板不仅是最早的智力拼图，还是数学史上最早关于组合学的智力拼图。

鞋匠的小刀

阿基米德是第一个研究"鞋匠的小刀"图形问题的人，这些内容都收录在他的著作《引理集》一书里。

所谓的"鞋匠的小刀"是由三个半圆组成的，其中两个半圆的直径加起来等于第三个圆的直径，这样三个圆可以是任意大小的（如右图的绿色部分所示）。

这样的图形有着让人惊讶且违反直觉的属性与巧合。在这里，我们只需要提其中让人惊讶的几点：阿基米德发现，两个半圆之外的面积(绿色区域)加起来等于灰线围成的圆的面积，其直径等于两个小半圆的交点到那个较大半圆的垂直线的长度，如右图所示。第三幅图中，当两个较小的半圆完全一样时，这一点就非常明显了。

两个较小圆弧的长度之和，等于较大圆弧的长度。

两个较小的圆，两个完全一样的圆（黄色区域），同时接触到了垂直线，那么不管这两个较小半圆是大是小，这两个小圆都是一样的。

在长达500年的时间里，"鞋匠的小刀"一直为世人所遗忘，直到帕普斯继续对这个问题进行深入的研究之后，才发现了这些图形所具有的惊人属性。

最近，利昂·班科夫与维克托·蒂博出版了一本研究"鞋匠的小刀"图形属性的详尽手稿，阐述了许多之前从未被发现的属性。

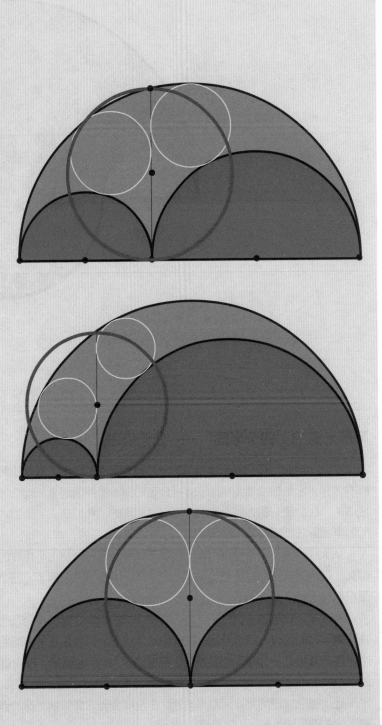

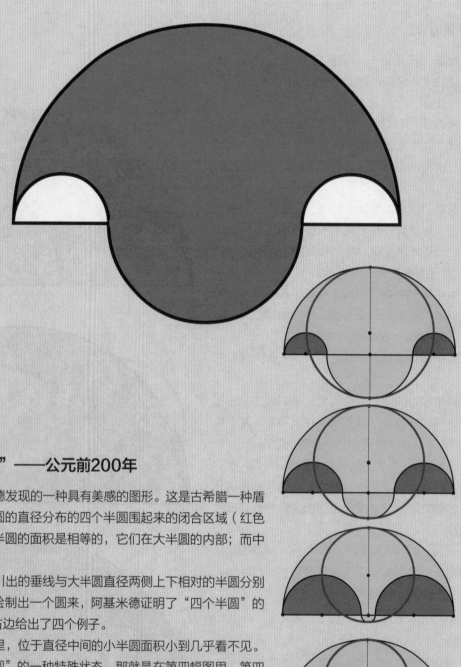

阿基米德的"四个半圆"——公元前200年

"四个半圆"是阿基米德发现的一种具有美感的图形。这是古希腊一种盾牌的名称。它是指沿着大半圆的直径分布的四个半圆围起来的闭合区域（红色区域）。在直径一侧的两个半圆的面积是相等的，它们在大半圆的内部；而中间的半圆则在直径的另一侧。

从大半圆直径中点位置引出的垂线与大半圆直径两侧上下相对的半圆分别相交，以这两个交点为直径绘制出一个圆来，阿基米德证明了"四个半圆"的面积就等于这个圆的面积。右边给出了四个例子。

请注意，在第四个例子里，位于直径中间的小半圆面积小到几乎看不见。在这里，我们还有"四个半圆"的一种特殊状态，那就是在第四幅图里，第四个半圆的直径几乎为零。你会发现，它变成了Arbelos图形，即所谓的"鞋匠的小刀"。

让人感到惊讶的是，阿基米德竟然在没有今天这些数学工具的情况下，发现了这些图形的关系——这是真正的创造力的壮举。

阿基米德的镜子会生火——公元前214年

在科学、魔术、谜题或日常生活中，镜子似乎能够完成一些不可能完成的壮举。古希腊著名的科学家阿基米德就充分发挥想象力，将镜子运用到他的许多实用发明当中。

根据古代的历史记载，阿基米德最让人印象深刻的成就与战争有关。公元前214年，他利用镜子将太阳的光线聚焦起来，从而让围困锡拉库扎城的罗马战舰燃烧起来。

这个故事让很多科学家与历史学家感到困惑，他们认为这是不可能做到的。但是一些研究人员努力证明了一点，那就是阿基米德的确能够通过镜子将太阳光聚焦起来，从而让罗马战舰燃烧起来。

这些实验假设，阿基米德无法使用一面很大的镜子，但却能通过大量小镜子的反射取得与一面大镜子等同的效果，这些镜子可能是一种经高度打磨的光滑金属。他是否使用了守卫锡拉库扎城士兵的头盔呢？

阿基米德是否让他的士兵排成一行，然后让他们利用镜子将太阳的光线聚焦到罗马的战舰上，从而让这些战舰燃烧起来呢？

1747年，乔治斯·路易斯·勒克莱尔（Georges Louis Leclerc）就此进行了一次实验。他使用168面普通的长方形平面镜，结果成功地点燃了在100米之外的一堆木材。这样看来，阿基米德的确是有可能做到的，因为围困锡拉库扎港口的罗马战舰距离港口应该不会超过20米。

1973年，一位希腊工程师进行了类似的实验。这一次，他使用了70面镜子，将太阳的光线聚焦在一艘距离岸边80米的划艇上。在镜子将太阳光聚焦在划艇上几秒钟之后，这艘划艇就开始燃烧起来。为了做到这点，镜子必须要有点凹，阿基米德当年很可能也是这样做的。

另一方面，近代关于这方面的大多数实验也表明，最好的结果是点燃50米之外的一小块木头。这样的实验结果是远远不够的。而有关阿基米德利用镜子聚焦太阳光线来点燃罗马战舰，这似乎太过牵强了。但事实究竟如何？我们可能永远都无法知道。

埃拉托色尼测量地球——公元前200年

就洞察力来说，虽然早期的希腊几何学家在理论层面上取得了巨大的突破，但亚历山大港的数学家埃拉托色尼（公元前276—前194年）取得的成就是最大的。在一个夏日的正午时分，他在塞义尼城发现了正午时分阳光的反射光可以在一个深井里看到。要想出现这种状况，太阳就必须刚好处于正上方，光线也直接照射在地球的中心。在同一天的正午，太阳在亚历山大港投下了一个阴影，据测量，偏斜的角度是7.5度，或者说是一个整圆的1/50左右。

埃拉托色尼还认识到，亚历山大港到塞义尼在南北方向上的距离大约是787千米。这些数据足够让他相当精确地计算出地球的周长。你能用这些数据计算出地球的周长吗？

埃拉托色尼生于昔兰尼，现在位于利比亚境内。他在雅典接受教育，后来在一座缪斯神庙里当了一名图书管理员，这座图书馆藏有数十万卷纸莎草卷、牛皮卷。当时，他的绰号是贝塔，他从事的很多工作并不算最高级的，虽然他当时已经是一位公认的学者。时至今天，他所取得的成就是创造性思维的最佳体现，为当代的科学方法提供了最早的例子。

> "我深信，地球是宇宙某个角落的一个圆球体。"
> ——埃拉托色尼

66

挑战难度：● ● ● ○ ○
解答所需东西：
完成时间：88:88

面积与周长

一组四个不同形状的图形（圆、正方形、三角形与六边形）都有着相同的面积。另外一组的四个图形则有着相同的周长。你能整理出两组图形，将面积相等与周长相等的图形分别归类吗？

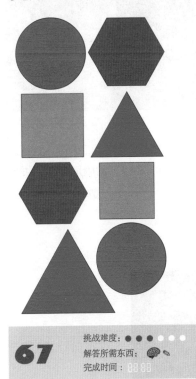

等周问题

解答等周问题的方法必然是凸圆（比如，曲线向外延伸、向外拓延等情况）。

一个非凸形状的图形的面积可以在保持其周长不变的情况下，变得更大。细长形状的图形能够变得更圆，使其周长保持不变，而面积变得更大。

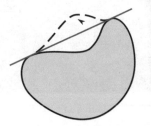

狄多女王的问题——公元前200年

对长方形的物体而言，面积与体积都是很容易计算的。但要计算其他形状的图形或物体的面积与体积，则要困难得多，曲线类的图形更是如此。

古希腊人知道，一个封闭图形的周长是很重要的——事实上，"米"这个单词可以追溯到古希腊语，意思是"测量"。因为很多希腊人都生活在岛屿上，他们充分了解测量面积的陷阱。毕竟，我们很容易发现，岛屿的面积不可能通过环岛一周测量出来。漫长的海岸线可能仅仅意味着岛屿的形状是不规则的，但并不意味着这座岛屿的面积就很大。尽管如此，当时的地主还是习惯根据他们所拥有的土地的周长去进行测量，而不是根据面积去测量。

一个古老的故事说狄多女王逃到了北非岸边的一个地方。她被分封了一块极小的地方——只有一张牛皮铺开来那么大。狄多女王没有气馁，她将这张牛皮切成许多段，然后缝制起来，做成一条长约一英里的皮带。然后，她利用海岸线作为边界，让她的支持者帮她尽可能地将一张普通牛皮拉成一个最大的半圆。就是用这样的方法，她成功地用一张普通的牛皮围住了大约25英亩的土地。狄多女王就是从这个地方起步，建造了举世闻名的城市迦太基。

时至今天，狄多女王遇到的这个问题被称为"等周"定理。该定理告诉我们：在所有周长相等的平面图形里，圆形的面积最大。

中国套环——公元200年

中国套环在法语中被称为"消磨时间的东西"，在其他语言里也有不同的称谓。这是人类历史上最古老的机械分解游戏之一。

套环游戏的目标就是将所有的套环都从一个僵硬封闭的结构中解开，而这个过程是相当复杂的，因为要想解开每一个套环，都需要解开其他相关的套环。

马丁·加德纳曾这样写道："若是二十五套环缠绕在一起，将需要22 369 621个步骤才能解开，即便是最擅长此游戏的高手也要花上两年的时间才能做到。"这种游戏之所以广受欢迎，是因为这个游戏将逻辑学与数学巧妙地结合在了一起，但是解答起来却并不容易。中国套环游戏是由九个套环组成的，这已经相当具有挑战难度了。要想解开这些套环，需要341个步骤。据说，这种游戏是中国古代的政治军事家诸葛亮（公元181—234）发明的，据说是为了让他妻子在他外出征战时能够有事可做。从数学角度来看，这的确是一个非常聪明的发明。中国套环游戏与二进制数存在着逻

后宫女孩将套环举过头顶（贾科莫·曼泰加扎绘于1876年）

辑层面上的联系，而解答的方法就涉及格雷二进码，这是路易斯·格罗斯在1872年发明的。据说，河内塔游戏的发明者爱德华·卢卡斯也用二进制与格雷码，找到了一种解答中国套环的优雅方式。

中国套环是一种关联游戏，也是一种经典的幻术。魔术师可以将看似坚固的环取出来或连上去，穿过去形成连环或是其他的模式与图形。

希罗的开门机械装置——公元50年

魔术把戏经常运用基本的科学原理，来让台下的观众叹为观止。

古代世界最天才的机械装置要数来自亚历山大港的希罗所做出的发明。希罗也理所当然地被视为人类历史上最早，可能也是最伟大的玩具发明家。

右图所示的神庙开门装置是希罗为魔术设计的许多玩具和自动装置之一。你能看明白希罗的这张发明蓝图，并解释这个装置的运转原理吗？

68

挑战难度：●●●○○○
解答所需东西：🧠 ✏️ 🔧
完成时间：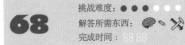

来自亚历山大港的希罗（公元20—60年）

来自亚历山大港的希罗是一位希腊数学家、科学家与发明家。他生于埃及，以机械、数学以及物理学上的成就闻名于世。

希罗绝大多数的成就都是在埃及的亚历山大港完成的。他发明了许多具有使用价值的机械装置，其中包括水风琴、消防引擎、投币装置以及汽转球。其中，汽转球是人类历史上最早运用蒸汽驱动的引擎装置，这是一个可以不断转动的蒸汽引擎，是由一个安装在锅炉上的球与两个斜向喷嘴组成的，可以让不断逃逸的蒸汽产生驱动能量。虹吸管又被称为"希罗的喷泉"，是一种能够通过气压制造出垂直喷射流的装置。

希罗还以他在几何学（这是数学的一个分支，主要研究点、线、角度与立体的关系、测量方法以及属性的学科）以及测地学（这是数学的一个分支，主要研究地球的大小与形状，以及某个物体在地球上所处的位置）的研究而闻名于世。

希罗最为著名的成就就是他的著作《度量论》（*Metrica*），这本书直到1896年才被发现。在这本书的第一卷里，他推导了用三角形的三条边长计算出这个三角形面积的希罗公式。这一理论是他在证明光学上的入射角等于反射角时发现的。而《度量论》这本书的第二卷则给出了计算圆柱体、圆锥体、棱柱等立体体积的方法。《度量论》的第三卷研究了按给定比例对体积和面积的分割。

希罗的"汽转球"。这是人类历史上第一个有记录的蒸汽轮机，也叫希罗的"引擎"，加热之后的反应如上图所示。

约瑟夫斯的问题——公元100年

弗莱维厄斯·约瑟夫斯（37—100），著名的历史学家、士兵与学者，他决定解答一个谜题，从而拯救自己的生命。据说，当时他正在守卫犹塔菲特城，这座城市遭到了罗马将军韦帕芗的围困。约瑟夫斯与他的士兵躲藏在一个洞穴里，彼此达成了一个集体自杀的协议，而不是选择放弃。

在那个历史时刻，就诞生了约瑟夫斯所提出的这个谜题。

一共有41名吉拉德人，其中当然包括约瑟夫斯本人，都同意围成一个圆圈。之后，他们决定从某个特定位置开始数数，数到的第三个人就会被杀掉，直到剩下最后一个人，他会以

自杀结束。约瑟夫斯成为最后剩下的一个人，这是纯粹的运气还是上天的眷顾呢？或者说，约瑟夫斯是为了保住自己的性命，才想出这样的办法，让自己站在最后幸存者的位置上，是不是这样的呢？

有关这个问题最早的记录可以从安布罗斯的《米兰之书》（约公元370年）里看到。

世界各地都有约瑟夫斯谜题的不同的变种。很多著名数学家，其中包括莱昂哈德·欧拉等著名数学家都研究过这个问题，但是解答这个问题的数学公式却始终都没有被找到。一般性的解答仍然只能通过试错的方法来得到。这个谜题可以说是系统顺序排

列组合研究的一个简约模型——今天这个分支被称为系统分析。

约瑟夫斯的谜题

在由41人围成的圆圈里，从某个固定位置数起，每数到第三个人，这个人就会被杀掉。你认为约瑟夫斯应该站在圆圈的哪个位置才能生存下来呢？假设约瑟夫斯还想拯救他朋友的生命，那他又该让自己的朋友站在哪个位置呢？

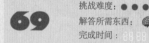

挑战难度：●●●●○○

解答所需东西：🧠✏️

完成时间：⏱️

博罗米恩环——公元200年

数学里的博罗米恩环是由三个拓扑圆组成的，这三个圆相互联系，形成了一个布伦南链锁，移除任何一个环，另外两个环就会自行解开。换言之，尽管三个环是连在一起的，但并不是两两连在一起。

"博罗米恩环"这个名字来自意大利古代贵族博罗米恩家族，它们的徽章上有这样的图案。但这个概念本身古老得多，例如，在公元200年左右犍陀罗（现在的阿富汗）的佛教徒艺术品里可见到类似的图形，甚至在7世纪的挪威象形石上也有同样的图形。

博罗米恩环

如上图所示，这条项链是由11条相互联系的金环组成的。
你可以切断其中一个金环，从而将项链分为最大数量的部分。
那么，你会切断其中哪一个金环呢？

维度

公元4世纪左右，来自亚历山大港的著名数学家帕普斯（Pappus，290—350）认识到，空间是可以通过一个移动的点来填充的；一维上移动的点能够形成一条直线；这条直线要是沿着一个直角方向移动，就会形成一个长方形；要是这个长方形能够沿着一个直角方向移动，就形成一个矩形棱柱——一个立方体了，如下图所示。

帕普斯是古希腊时期最后一批伟大的数学家之一。他最著名的著作是《数学汇编》。他创作这本书显然是为了能够重振古希腊几何学的雄风。这是一个八卷本的数学概略，其中大部分的内容都保存下来了。帕普斯在亚历山大港观察过发生在公元320年10月18日的日食现象，我们可以在托勒密的著作《天文学大成》一书里找到帕普斯描述的这个精确日期。除了这个极为精确的日期之外，我们对帕普斯的生平知之甚少。他生于埃及的亚历山大港，似乎一辈子都在这个地方生活，直到死去。

通过分析帕普斯的写作风格我们推断，他应该是一名数学老师。帕普斯很少提出具有原创性的发现，但他却有着一双发现美的眼睛，能够从前人的著作里发现一些有趣的问题。要是没有他写的这些书籍，很多这类问题都将散失。作为一个专注于古希腊数学史的人，他在保存记录这些问题上所做出的贡献，可以说无人可比。

当点移动的时候，就能形成一条线。

当线移动的时候，就能形成一个方形。

当方形移动的时候，就能形成一个立方体。

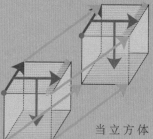

当立方体移动的时候，就能形成一个超立方体

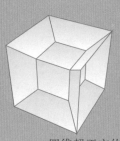

四维超正方体是指拥有四个维度的超立方体。

帕普斯与"鞋匠的小刀"链条

在长达500年的时间里，阿基米德所提出的"鞋匠的小刀"这个图形问题（可以参看这一章节的前面部分内容）几乎都被世人遗忘了，直到帕普斯继续开始研究这个问题。在帕普斯所描绘的"鞋匠的小刀"圆形链条里，内切圆的中心始终位于红色的线条上。

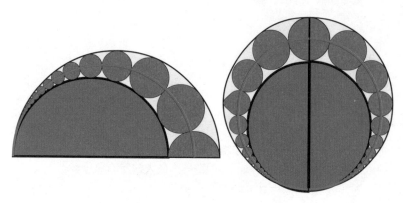

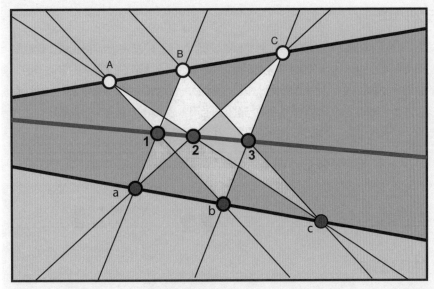

帕普斯定理

如左图所示，A、B、C三个点是一条直线上的三个点，另外三个点a、b、c则在另一条直线上，让它们按照成对发生的方式形成三个交点：Ab-Ba，Ac-Ca，Bc-Cb，则这三个交点都在第三条直线上。你不妨试一试。

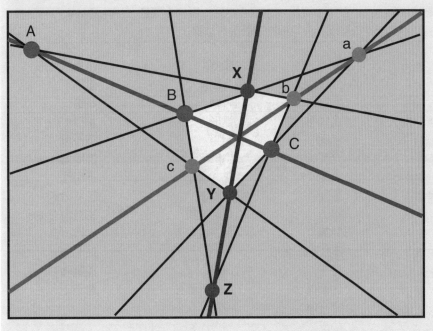

帕普斯的六边形定理

帕普斯的六边形定理是这样的：假设有一组共线点A、B、C（也就是说，A、B、C三点在同一条直线上）以及另一组共线点a、b、c，Ab与aB线、Ac与aC线、Bc与bC线的交点分别为X、Y、Z，那么X、Y、Z都是共线点。而点A、b、C与点a、B、c则能组成一个帕普斯六边形。

来自亚历山大港的丢番图——公元250年

丢番图（200—284）被称为"代数之父"。他是一位出生在亚历山大港的古希腊数学家，也是系列丛书《算术》的作者。他的著作主要是与解答代数方程式相关的，现在不少的内容都已经散失了。皮埃尔·德·费马在研究《算术》一书时，就一个丢番图认为无解的方程，他声称自己发现了"有关这个命题的真实且神奇的证据"，但并没有给出详细论证。这就是著名的费马大定理。它对数论的发展产生了巨大的推动作用。丢番图是第一位认可分数是一种数的古希腊数学家，这让正有理数成为系数与解。在当代，丢番图方程通常是指整系数的代数方程，我们要为它找到整数解。

丢番图的谜题

丢番图的谜题是一首诗，里面藏着一道数学题。这首诗是这样写的：

"这里埋葬的人名叫丢番图"，墓碑上的文字用巧妙的代数告诉了我们他的寿命，"上帝给他的童年时光占据了他一生的1/6，他长出胡子的青春时光占据了他人生的1/12。又过了他人生1/7的时光后，他结婚了。五年后，他有了一个活蹦乱跳的儿子。唉，这位大师兼圣人的儿子只活了他父亲一半的寿命就被风寒夺走了性命。在丧子之后，他在接下来的四年时光里研究数学，找寻安慰，最后去世了。"

用更平实的方式叙述的话，丢番图的青年时光占据了他人生1/6的长度。又过了人生的1/12之后才长出胡子。再过了人生的1/7之后，丢番图结婚了。五年之后，他有了一个儿子。儿子的寿命刚好是父亲寿命的一半。丢番图在他儿子去世后的第四年也去世了。所有这些数字加起来就是丢番图一生的寿命。你能够算出丢番图去世时的岁数吗？

71 挑战难度：●●○○○○
解答所需东西：🧠
完成时间：88:88

---

72 挑战难度：●●●○○○
解答所需东西：🧠
完成时间：88:88

数学符号测验

数学是一种普遍性的语言，数学符号在数学这门学科之外也有着广泛的运用。有"代数之父"之称的希腊数学家丢番图是历史上第一个使用数学符号去代替未知数字的人。在下一页里，你将会看到一系列今天还在使用的数学符号。你认识其中多少种符号呢？你可以在下面进行选择：

平行四边形	交点	和值	直角三角形
割线	线段AB	八面体	全等于
小于	圆锥体	阶乘	不等于
球体	两线平行	弧形	a不属于b
自然数	半圆	因为	圆心角
无穷	全等的	扇形	圆周角
直线AB	直角	正九边形	外切圆
约等于	直径	圆周率	正八边形
钝角	接近	证明结束	正五边形
梯形	等等	大于或等于	正六边形
平行线	不规则三角形	半径	正七边形
菱形	存在	正切	矢量AB
正负号	四面体	平行六面体	等于
等边三角形	立方体	锐角	
垂线	小于或等于	与……相似（成比例）	
斜方形	圆弓形	圆面积	
周长	因此	对应于	
平方根	角锥体	等腰三角形	
圆柱体	内切圆	整数	
百分比	直四棱柱	相交圆	

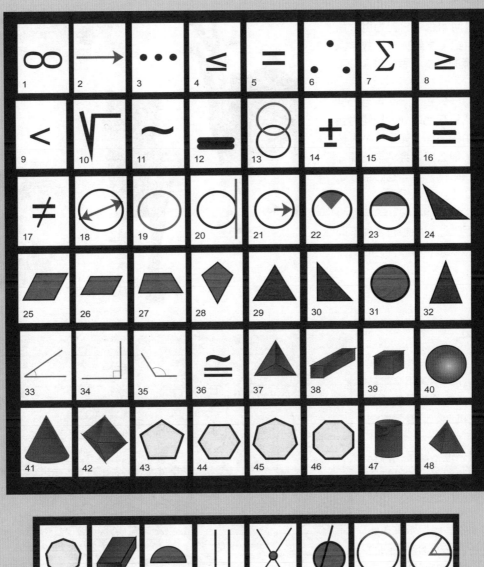

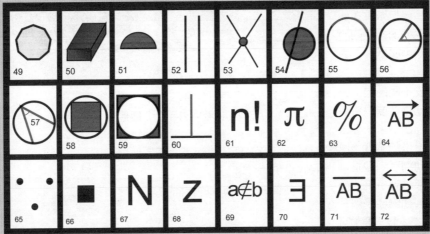

过河问题——790年

8世纪经典的过河问题今日已为世人所熟知。阿尔昆是8世纪英国约克一位数学家兼神学家。在他出版的一本书里，包含着下面这个谜题：

一个人必须带着一只狼、一头羊与一些卷心菜过河。他的船只在他之外，只能再容纳狼、羊与卷心菜中的一样。如果这个人选择将卷心菜带过河，那么狼就会将羊吃掉。只有当这个人在场的时候，羊与卷心菜才是安全的。

那么，这个人怎样才能将狼、羊与卷心菜带到对面的河岸呢？过河问题有多种不同的变种，在中世纪的欧洲非常流行，时至今日依然如此。

73　挑战难度：● ● ● ● ● ●
解答所需东西：🧠 🌰
完成时间：

行星间的快递员

在我的梦里，我看到一些乘客在抱怨。作为半人马座阿尔法星宇航基地的星际快递员，我需要将乘客从宇航基地送到航天飞机上。请看看这些所谓的"乘客"吧！

在我面前站着一位名叫里格列安的动物、一个名叫德尼尔班的动物、一个看上去很古怪的四足动物，我们称之为陆地生物。

首先，里格列安与德尼尔班正处于战争状态，要是将它们留在气闸的位置上，那么它们两个中必然有一方会遭受不幸的"意外"。

与吃素的里格列安不同的是，德尼尔班是凶残的肉食动物，要是将那只软弱无力的陆地动物留下来，那么它很快就会成为德尼尔班的美食，也就不会存在这种陆地动物了。但是，这三种动物又必须全部带到班机的气闸上。在这里，这三种动物会受到一位美丽女主人的热情招待。我需要来回

1.德尼尔班　　2.陆地生物　　3.我　　4.里格列安

往返几次（因为每一次我只能带一名"乘客"，但我知道我能办到），最后才不会出现任何意外，也没有动物会被吃掉，这三种动物都毫发无伤地出现在班机的气闸上。

我该怎么安排我的行程呢？

74　挑战难度：● ● ● ● ● ●
解答所需东西：🧠 🌰
完成时间：

嫉妒的丈夫

16世纪，威尼斯数学家尼科洛·塔尔塔利亚（Nicolo Tartaglia）提出了更复杂版本的过河问题。这个问题是这样的：三个美丽的新娘与她们嫉妒心很强的丈夫来到了一条小河边。河边的一只小船每次最多只能搭载两个人。为了避免出现任何不便的状况，就必须仔细考虑过河时的搭配问题，任何女性必须在有她丈夫陪同的情况下，才可以和别的男人一起被留在岸边。那么这只小船要往返多少次才能将他们全部送到河的对岸呢？

过河的士兵

三名士兵想要过河。两个坐着小船的男孩答应帮助他们过河，但是这只船只能承受两个男孩或一名士兵的重量。这三名士兵都不会游泳。在这种情况下，他们该怎样过河，才能在渡过对岸之后，将船只返还给两位男孩呢？

剖分——多边形变换

剖分的问题数千年前就困扰过数学家，但直到10世纪，波斯天文学家艾布·瓦法才在他的著作里第一次对剖分进行了系统的研究。现在，瓦法的这本书只保留下一部分，其中就包括下面将要提到的美丽的剖分问题。

瓦法谜题是最有趣的几何剖分问题的"先行者"，将一个几何图形以最小的片数剖分、组合成为一个特定的图形。从那以后，剖分方面的记录就不断被刷新。

现在，我们可以有很多方法将一个图形的面积分为许多部分，其中一些剖分方法特别有趣。

将多个小图形组合在一起形成一个较大的图形，也很有趣——就像是在地板上拼瓷砖一样。在数学里，这被称为马赛克或是"棋盘形布置"。

直到最近，数学家们才开始认真看待剖分这个问题。被称为剖分理论的数学分支在解决许多平面与立体几何方面的问题时，都能提供极有价值的洞见。

在剖分问题中，剖分的片数是固定的，目标是用它们创造出一个模式。古代人的七巧板游戏就是一个很好的例子。

另一方面，在给出两个多边形的前提下，我们可以通过将其中一个进行剖分，从而让一个多边形变形为另一个多边形。

一个显而易见的悖论变形图形，就是通过剖分将一个图形变成很多片，然后移除其中一片，再将剩下的其他部分组装起来，形成原来的图形。虽然这是不可能的，但很多拼图游戏却似乎能够做到这点（运用几何悖论或几何消失）。

77

挑战难度：●●●●●○
解答所需东西：🧠 ✂️ ✂️
完成时间：

瓦法的剖分——公元900年

你能够将下面三个完全一样的正方形进行剖分，然后重新组装起来，使之成为一个较大的正方形吗？艾布·瓦法（940—998）就提出了这个问题。这是最早关于剖分变形的拼图游戏。他提出具有美感的解答方法是由9个部分拼成的。

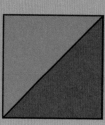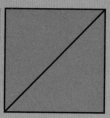

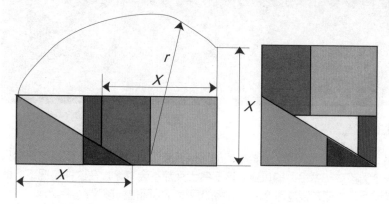

珀里加尔的记录

亨利·珀里加尔（1801—1898）是一位业余数学家，他只利用六个部分，正如你在左图中所看到的，刷新了瓦法的剖分记录。直到现在，这个记录依然没被人打破。除此之外，珀里加尔还以他对毕达哥拉斯定理的优雅证明闻名于世。

多米诺游戏——1200年

多米诺与纸牌或骰子很相像，都是一般性的游戏。多米诺牌就像一种很简单的积木，能够以无数种方式组装成不同的形状，从而创造出多种不同的游戏与拼图。

多米诺是从骰子演变出来的。事实上，标准的双六多米诺组别就代表着两个有六面的骰子。人们认为多米诺发源于12世纪的中国，虽然也有理论说多米诺源于埃及。多米诺是18世纪早期才进入意大利的，在18世纪内传遍了整个欧洲大陆，成为当时家庭聚会与酒吧最受欢迎的游戏。"多米诺"一词似乎受到基督教牧师戴的一种头巾（domino）的启发。

今天，多米诺受到了世界各地人们的欢迎。这种游戏在拉丁美洲特别受欢迎。在很多加勒比国家，多米诺被视为一种全民性的游戏。在很多国家里，都会举行年度的多米诺竞赛，而且在全球各地的很多城市都可以看到多米诺主题的俱乐部。

多米诺牌推倒世界纪录——2009年

为了创造这个纪录，主办方使用了480万块多米诺牌，要想打破现有的世界纪录，就必须要推倒超过4345028块多米诺牌。虽然最后一小部分的多米诺牌没有倒下，但是最终被推倒的多米诺牌的数量为4491863块。这是一个全新的世界纪录。

多米诺模式谜题

如右图所示，这两种模式是由完整的28块多米诺牌组成的。

仔细地观察这些模式，发现这些多米诺牌是如何组装的，把每一块多米诺牌的轮廓圈出来。

这道谜题并没有看上去那么简单。

78

挑战难度：●●●○○○

解答所需东西：🧠 ✂️

完成时间：

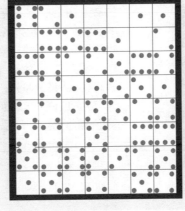
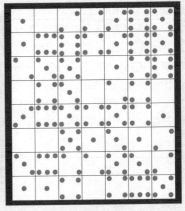

斐波那契（1170—1250）

斐波那契，又称比萨的列奥纳多，他生于意大利的比萨，却在北非接受教育。现在，我们对他的生平知之甚少，有关斐波那契的少量信息都源于他著作里的一些自传性附录。

斐波那契被视为中世纪最具才华的数学家。我们现在普遍使用的十进制系统都要归功于斐波那契。当他还是一名学数学的学生时，就发现古罗马数系没有零，缺乏位值，不够用，因此决定用从0到9的印度－阿拉伯数符号取而代之。

斐波那契还以他所发明的著名数列闻名于世，这一数列现在被称为斐波那契数列(1,1,2,3,5,8,13,21,34,55)。斐波那契数与卢卡斯数存在着紧密的联系，因为斐波那契数是卢卡斯数列的一个重要补充部分（参见下一页）。这些数与黄金比例的关系也非常密切。比方说，最接近黄金比例的有理逼近是2/1,3/2,5/3和8/5。这些数还出现在大自然中，比如树木的分支、叶序（一个树干上叶子的分布情况）、洋蓟的开花、伸直的蕨类植物以及松果的排列等。

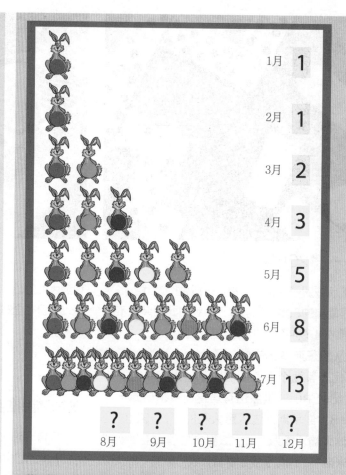

	1月	1
	2月	1
	3月	2
	4月	3
	5月	5
	6月	8
	7月	13
?	?	?	?	?
8月	9月	10月	11月	12月

斐波那契的兔子问题——1202年

与数列有关的最著名的消遣数学问题就是斐波那契在1202年提出的经典问题：在一年之内，一对兔子能够繁殖多少对兔子。假设一对兔子一个月能够繁殖一对新兔子，而新出生的兔子在两个月后又能够繁殖一对新兔子。

这个假设性的兔子繁殖问题可以在一本名为《算术书》（*Liber Abaci*）的书籍里找到。该书是斐波那契在1202年写的，当时他还只是一个年仅27岁的数学家。在提出这个问题时，斐波那契假定上面提到的一对兔子是由一只雄性兔子与一只雌性兔子组成的，假设它们能在出生两个月后繁殖它们的后代，而事实上，兔子一般在出生四个月后才能达到性成熟。这种单纯的数学游戏及其人造的数列，就是我们今天所熟知的斐波那契数列。这个数列后来在自然界的许多方面都能找到。这真是一个巨大的巧合！你能计算出在一年剩下的时间里，一对兔子将会繁殖出多少只兔子吗？

79

挑战难度：●●●●○○
解答所需东西：🧠
完成时间：⏱

斐波那契数列与黄金比例

在数学里，斐波那契数就如下面所示的数列，是无穷无尽的。下表显示了这个数列的前面13个数字。你能从这些数字中找出规律，并且写出后续的数字吗？

你能够想出斐波那契数列与黄金比例1.618有什么奇妙的联系吗？

$$1, 1, 2, 3, 5, 8, 13, 21, 34, 55, 89, 144, 233, \ldots$$

80

挑战难度：● ● ● ● ● ○
解答所需东西： 🧠 🥚
完成时间： 88:88

卢卡斯数列与卢卡斯数

我们不应混淆卢卡斯数与卢卡斯数列，因为卢卡斯数列是卢卡斯数所属的一类数列。爱德华·阿纳托尔·卢卡斯研究了这种数列以及与之存在密切关系的斐波那契数。

卢卡斯数与斐波那契数在卢卡斯数列中形成了一种互补关系。在数学里，递归关系是一种能够描述数列的方程式。一个或多个初项能够确定数列里的后项。

卢卡斯数列是一个整数数列，符合递归关系。卢卡斯数列的著名例子包括斐波那契数、梅森数、佩尔数、卢卡斯数以及雅各布斯涛尔数等。

每一个卢卡斯数都是之前两个数字相加的总和，就如斐波那契整数数列一样。因此，两个连续的卢卡斯数之间的比例会收敛至黄金比例的数值。但是，卢卡斯数列的头两个数是2与1，而不是斐波那契数列的0与1。因此，卢卡斯数的属性与斐波那契数存在着很多不同。

卢卡斯数的数列是：

$$2, 1, 3, 4, 7, 11, 18, 29, 47, 76, 123, \ldots$$

事实上，对于任何一个之前连续两个数字之和形成第三个数字的数列，无论我们是从哪两个数字开始的，后项与前项的比例最终都会无限趋近于1.6180339。

斐波那契数字阶梯

下图所示的红色数字显示，两个连续数字的商与每个数字之间存在一定的关系。你可以看看这些分数——一个斐波那契数与之前一个数字的商——会随着数列数字的不断增加而发生改变。这一长串的小数会变成怎样惊人的结果呢？

只用斐波那契数能表达每个自然数吗？比方说，你能够通过利用前面13个数来形成232这个自然数吗？

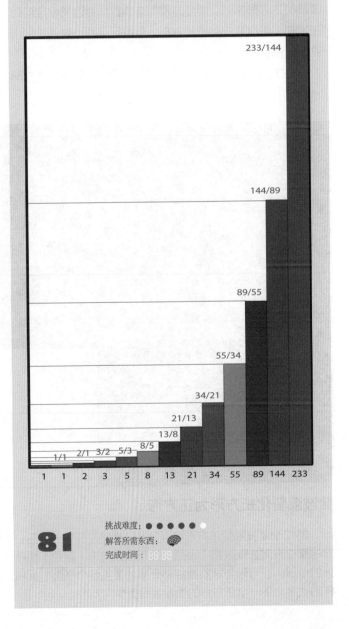

81

挑战难度：● ● ● ● ● ○
解答所需东西： 🧠
完成时间： 88:88

斐波那契化长方形为正方形

在这个谜题里，我将向大家呈现一个无限正方形镶嵌问题。在过去很长一段时间里，斐波那契化长方形为正方形问题都与一个优美而古老的未解之谜联系在一起：我们可以用正方形去镶嵌无限的平面，而且任意两个正方形的大小都是不同的吗？直到1938年，学界仍然认为这是不可能做到的。斐波那契长方形最接近正解。这个方法涉及斐波那契正方形序列。用斐波那契连续数作为边长设定系列正方形，组成斐波那契长方形，就能尽可能地覆盖我们所希望的面积。

在下图逆时针旋转的斐波那契数里，最后一个正方形有一部分已经超出了我们的页面（紫色的部分）。只有一个问题：斐波那契的长方形始于两个大小完全一样的正方形（参看下图），这就与任意两个正方形的面积不相等的前提条件是相违背的。如果我们能够解决另一个问题，那么我们就能够找到这个有关无限拼接的挑战性问题：正方形能够细分为多个更小的正方形，而且任意两个正方形的面积都不相等吗？这个问题在1938年得到了解答（详细的情况可以参看第7章有关完美正方形的内容）。当我们用完美正方形去取代斐波那契长方形的第一个正方形（黑色的部分）时，就能解决无限的正方形拼接问题。

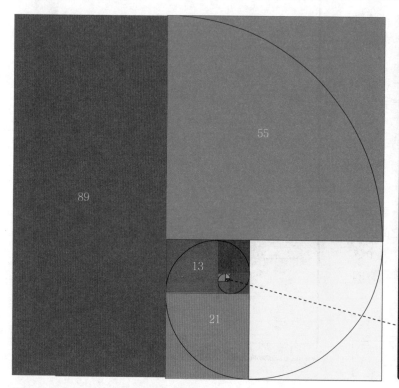
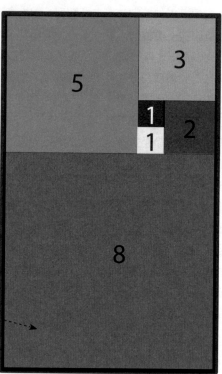

斐波那契化长方形为正方形

前13个斐波那契正方形可以形成一个斐波那契长方形，按照逆时针的螺旋方向去镶嵌整个平面。第13块正方形（蓝色）也在这一页之外的位置。正方形与螺旋都能够无限地覆盖整个平面的面积。按照这样的次序，下一个正方形的面积会是多少呢？

82

挑战难度：● ● ○ ○ ○ ○
解答所需东西：🧠 🫛
完成时间：88:88

阿尔汗布拉宫

　　阿尔汗布拉宫是建立在能够俯瞰西班牙格拉纳达城的山上的独特建筑群。这座宫殿群是在1230年到1354年间建立起来的，形成了一座坚固的防御堡垒，守卫了当时西班牙的摩尔王国。1492年，摩尔人被驱逐之后，这些建筑群遭到了巨大的破坏，不过之后又得到了豪华的重建。

　　阿尔汗布拉宫是过去摩尔人辉煌文明及建筑的见证。建筑内部的装饰运用了许多精微复杂的几何图形。

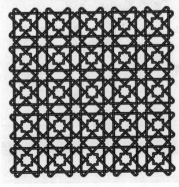

阿尔汗布拉宫的马赛克图案——1230年

　　格拉纳达摩尔国王之前居住的宫殿，可以说是一座弥漫着数学美感的宝库。如左图所示，这样精妙的图案形状就是运用了许多复杂的几何学设计与镶嵌完成的。请指出这是一个环状物，还是由各个分离的部分组成的呢？假如是后者，它是由多少个部分组成的呢？

83

挑战难度： ● ● ● ● ○ ○

解答所需东西： 🧠 ✎

完成时间： 88:88

永动机

我们发明的机器是饥饿的"仆人"，必须不断"喂养"它们，才能使之持续运转。

永久运动的模式可以这样进行描述："不需要任何外在能量，一种运动能够永远地持续下去。"但因为有摩擦的存在，这是不可能做到的。当然，永动机还可以被描述为："一个假设性的机器的运动，一旦被激发，就能够永远地运转下去，除非受到了外力或是机器损耗。"当今的科学界普遍认为，一个独立系统中的永久运动，会违反热力学第一与第二定律。之前的许多发明家都梦想着能够制造出一台完美的机器，只需要稍微启动一下，就能永远地运转下去，直到机器部件出现了损坏。

达·芬奇设计的永动机

列奥纳多·达·芬奇是人类历史上最早设计永动机的发明家之一。他的设计基于法国建筑师维拉尔·德·奥内库尔1240年提出的一个概念。这个设计的构想是利用重力来创造出一种取之不尽用之不竭的能量。对这个设计图进行观察，你能够想到达·芬奇的设计理念吗？为什么达·芬奇的设计不成功呢？

84 挑战难度：●●●○○○
解答所需东西：🧠
完成时间：⏱

乔治·伽莫夫的机械

乔治·伽莫夫是一位乌克兰裔的美国核物理学家。1948年，他与拉尔夫·阿尔弗提出了大爆炸的早期理论，他还参与了量子力学、恒星演化以及基因方面的研究。他在1954年提出了DNA的第一个编码系统。他还发明了一个符合数学理论的永动机。观察右图，你能明白伽莫夫设计的这个机器的运转原理吗？

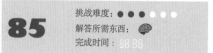

85 挑战难度：●●●○○○
解答所需东西：🧠
完成时间：⏱

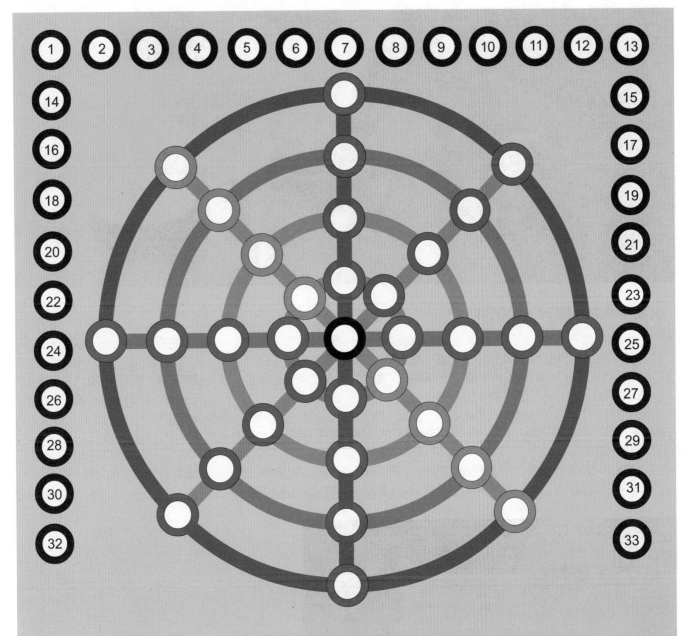

幻圆——1250年

中国的数学家杨辉（1238—1298）写了两本书，其中一本就包含有早期的幻圆题，如上图所示。他是历史上第一个阐述著名的帕斯卡三角形的人。布莱斯·帕斯卡在他之后才对此进行了研究。这个问题的研究成果成为当代数学的重要基石之一。

你能将从1到33的数字填入圈中，使中心位置的数字与每一个斜对角的数字加起来总和都一样吗？

86

挑战难度：● ● ● ● ● ○

解答所需东西：🧠

完成时间：

小麦与棋盘问题——1260年

伊本·卡里汗（Ibn Khallikan）（1211—1282），这位库尔德历史学家生活在大约1260年的阿拔斯帝国（现在的伊拉克），他写了一本带有传记的百科全书。其中一篇传记就讲述了关于国际象棋的故事，里面涉及指数增长的概念。

根据这个故事的描述，沙拉汗是一位专横的印度国王。他手下一位睿智的大臣西萨·伊本·达希尔发明了这个棋盘游戏。达希尔希望借此机会告诉国王，每个阶层都很重要，都要被善加对待。

沙拉汗深受感动，他询问达希尔想要什么作为报酬。达希尔回答说，他不想要任何报酬，但是国王却坚持要奖赏他。最后，西萨说他希望得到这样的报酬：国王要将一颗麦粒放在棋盘的第一格里，将两颗麦粒放在棋盘的第二格里，将四颗麦粒放在第三格里，将八颗麦粒放在第四个格里，依此类推，使每一个格子里所放的麦粒都是前一个格子所放麦粒的两倍（今天，我们称之为指数增长）。沙拉汗答应了。你能计算出西萨能够得到多少粒米吗？最终得出的数字可能会让你大吃一惊。

87 挑战难度：● ● ○ ○ ○ ○
解答所需东西：🧠 🖊
完成时间：⯀⯀ ⯀⯀

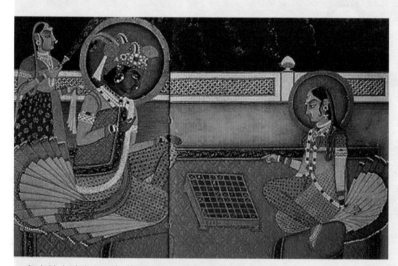

印度教大神奎师那与茹阿达在玩棋盘游戏

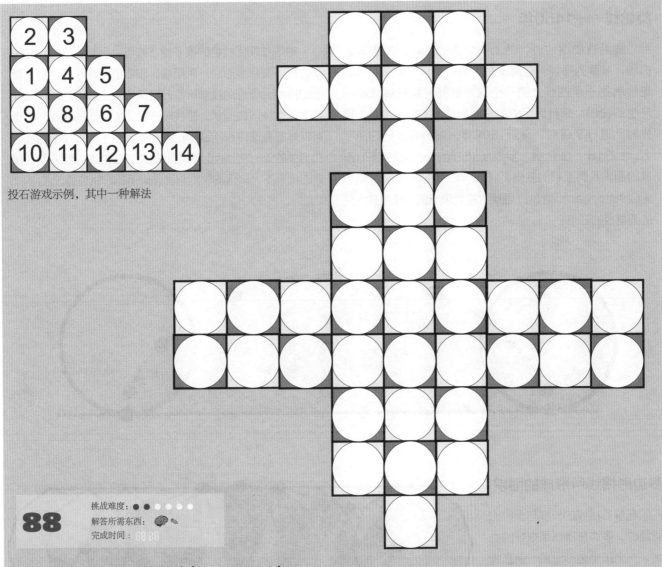

投石游戏示例，其中一种解法

挑战难度：●● ○○○○

解答所需东西：

完成时间：

投石问题（一种纸笔游戏）——1300年

这种游戏可以追溯到14世纪的日本。这是一种在长方形棋盘上进行的游戏，规则是按照正交模式将石块放入棋盘，然后逐一将石块移出棋盘。这个游戏也可以用纸笔来玩，可以参考上面的示例从数字1开始按顺序将数字填充进去，游戏要求从某个选定的圆圈开始，直到将所有的圆圈都填满。

游戏的规则是这样的：

1.一旦你在一个圆圈里写下一个数字，你就可以以水平或垂直的方向向另一个空圆圈里移动。

2.你不可以跳过一个空圆圈，但能够跳过一个已经写下数字的圆圈，到达这个圆圈后的空圆圈。

3.你不能跳到之前填过的圆圈里。

你能解出这道题吗？

旋轮线——1450年

圆沿直线滚动时，圆上一个点的运动轨迹形成的曲线，被称为摆线。它是旋轮线的一个典型例子，而旋轮线就是一条曲线上的一个点沿着另一条曲线转动而产生的曲线。来自库萨的尼古拉斯（1401—1464）首先对此进行了研究，直到1599年，伽利略才给它命名。1634年，G.P.德·罗博瓦尔证明，一条摆线下方形成的面积是圆面积的三倍。1658年，克里斯托弗·雷恩（Christopher Wren）证明，摆线形成的弧长是其所在的圆直径的四倍。

摆线在现代社会的很多地方都可以看到：机械齿轮滚动时每一面都会形成一条摆线；印钞机会在平面上留下精密的摆线；流行的科学玩具万花尺用很少的移动部件就能产生无数种摆线形状。摆线有许多让人着迷的属性，它也可以解答最速降线问题（在重力作用下下降最快的曲线）和相关的等时曲线问题（也就是说，在曲线内部不存在摩擦的情况下，降落的时间与物体降落的起始位置无关）。

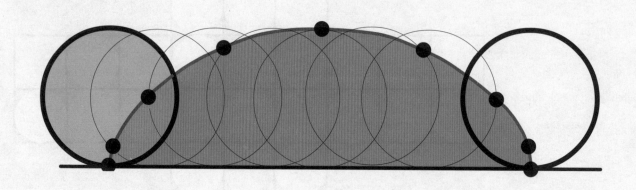

多边形摆线所形成的面积

在解答摆线的长度与面积的问题时，多边形摆线是很好的类比。一个正十边形沿着一条直线滚动产生的多边形弧线所包围的面积之和是多少？

这一具有美感的视觉证明是菲利普·R.马林森提出的，首次发表于《不需要语言的证明》一书（美国数学联合会于2000年出版）。

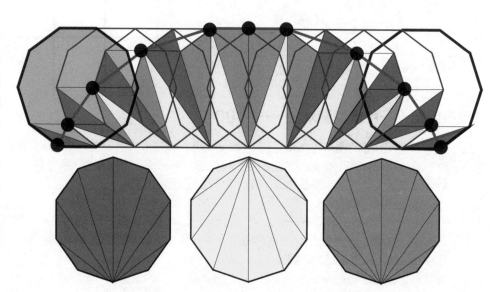

摆线与化圆为方

化圆为方问题，也就是只用直尺和圆规构建一个与某个特定圆面积相等的正方形，这可以说是古希腊数学最经典的问题之一（参看第2章的内容）。

1882年，费迪南德·冯·林德曼（1852—1939）证明，如果只使用圆规与直尺，是根本不可能构建出与已知圆面积相等的正方形的。另一方面，如果我们使用某种"机制"，

那么化圆为方这个问题则是可以解答的。这种机制就涉及让这个圆沿着一条直线滚动，从而产生一种我们称之为摆线的东西。

当圆在直线上完成一圈的转动之后，那么圆上的A点就会移动到Z点，形成一条摆线。从A点到Z点的直线长度等于转动的圆的周长——也就是说，这条直线的长度为2πr。

因此，如果B点是AZ线的中点，

那么BZ的长度就等于πr。

因此，如果CZ的长度等于r，那么长方形BZDC的面积就是πr乘以r，等于πr²。这也就是转动圆的面积。

求与这个长方形面积相等的正方形，就可以得出一个以ZF为边的正方形，如下图所示。

这样我们就成功地化圆为方了。

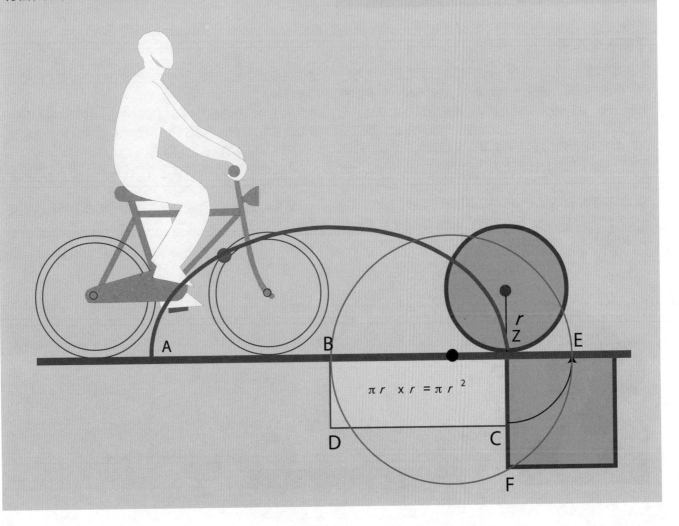

$$\pi r \times r = \pi r^2$$

哥伦布的鸡蛋——1492年

当人们纷纷议论，说哥伦布发现美洲并不算什么巨大的成就时，哥伦布则向他的批评者提出挑战，要求他们让一个鸡蛋立起来。在他的批评者尝试多次都失败、最终选择放弃的时候，哥伦布轻敲台面上的鸡蛋，使鸡蛋一端变平，鸡蛋就稳稳地立住了。从那以后，"哥伦布的鸡蛋"就被用于描述那些明白原理之后会觉得很简单，但仍然非常了不起的想法或发现。

平衡一个鸡蛋

几年前，我们可以在一些玩具商店里看到一个巧妙的平衡性的玩具。这是一个由塑胶制成的鸡蛋，你要和哥伦布一样，让鸡蛋立在尖端上。可能你尝试多次都徒劳无功。你可以尝试各种方法，比如使劲地摇晃鸡蛋，想要发现鸡蛋内部的秘密，但是你却听不到鸡蛋内部发出的任何声响。但是，如果你按照下面几个步骤，就能解开这个谜题。

1. 用手拿着鸡蛋，保持尖端垂直朝上至少30秒。

2. 将鸡蛋转过来，等待10多秒，然后将这个鸡蛋的尖端立在平面上。鸡蛋会处于一种具有美感的平衡状态，在

这个尖点上立住。不要让这个鸡蛋立在这个位置上的时间超过15秒。

3. 在到15秒之前，你可以拿起鸡蛋，按照之前相同的姿势握住10多秒。再将鸡蛋（依然是尖端朝下）递给某人，向他发出挑战，让他们重复你的成果。

4. 这个鸡蛋再也无法在之前那个尖点上处于平衡状态了，无论你尝试多少次。

根据以上描述，你能解释"鸡蛋"内部的神秘结构及其运转方式吗？

89

挑战难度：● ○ ○ ○ ○ ○
解答所需东西：🧠 🥚 ✂️
完成时间：

列奥纳多·达·芬奇（1452—1519）

列奥纳多·达·芬奇经常被后人视为历史上最具创造力的伟大天才，在很多方面都非常有天赋。每年都有百万名游客到罗浮宫观赏他的蒙娜丽莎，但很少人真正明白他对今天的科学和数学的深刻影响。他在佛罗伦萨当了5年学徒，1472年，他获准成为绘画协会的成员。

在1482年到1499年间，列奥纳多·达·芬奇开始在米兰公爵手下工作。在这段时间里，他对数学的兴趣日益浓厚。他研究了帕乔利的《神圣比例》并给书绘制插图，十分醉心于几何学的研究，以至于忽略了他的绘画。大约1498年，他关于机械基础理论的书籍在米兰出版，他还发明了几种化圆为方的方法。

之后，达·芬奇接受了法国国王的邀请，开始了在法国的工作生涯。1516年，法国国王授予达·芬奇"国王第一画师、建筑师与机械工程师"的头衔。达·芬奇在法国完成了自己最著名的一些画作，比如《施洗者圣约翰》《蒙娜丽莎》《圣母子与圣安妮》。但在绘画之外，他将绝大多数时间都投入到了他的科学研究与发明创造中。

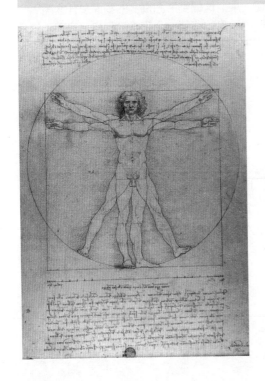

达·芬奇的《维特鲁威人》画像

达·芬奇从1492年开始绘制的钢笔墨水素描——一个男人的身体正好位于在圆形与正方形之内，这也许是世界上最著名的一幅画。这幅画被称为《维特鲁威人》，以创造出这种人体比例的古罗马建筑师维特鲁威（公元前80—前15年）的名字命名。很多艺术家都试图绘制维特鲁威风格的完美男性形象，但达·芬奇的版本被认为是最精确与最具美感的。这幅画可以说是艺术与科学的完美结合。

"除非经由数学的道路，否则任何人类的探寻都不能被称为科学。"

——列奥纳多·达·芬奇

变形失真

如下图所示，在变形失真的网格里，有两个红色形状。你能否通过观察，知道这两个形状在变形失真前的样子吗？

失真图像——1485年

变形艺术就是利用透视法扭曲图像，使人们只能从某个特定角度看到，或者通过镜面反射看到它。柱面镜最为常用，反射圆锥体与角锥体也不时被使用。当观察者最后感知到扭曲前的图像时，无不感到惊讶和欣喜。

达·芬奇是第一个拿变形视角做实验的人。他在1485年创造的一颗"眼睛"，是已知最早的变形画。文艺复兴时期，艺术家们在对透视进行实验的过程中取得了重大的进步，完善了用几何透视的方法去进行各种不同的延伸与扭曲画面的技术。

在16、17与18世纪，变形画变得极为流行，因为它为危险的政治言论、异端思想甚至是色情图画提供了完美的伪装。

大使——1533年

汉斯·霍尔拜因（Hans Holbein，1497—1543），亨利八世时期伟大的宫廷画家，他创造出了最著名的变形画《大使》。你知道这幅画的底部是什么奇怪的东西吗？霍尔拜因为什么要把这东西放在画里，至今仍是一个谜。

变形失真的网格画面

这个看上去扭曲奇怪的生物是什么呢？当你将一个柱面镜放在这个黑色圆圈之上时，真正的画面就会呈现出来。这幅变形图真实的画面是什么呢？你能将这个失真的画面从一个圆形的网格转移到一个正方形网格上吗？（这个谜题是作者在"神奇的圆筒"里提出的）

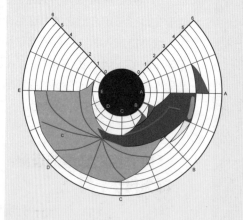 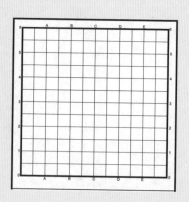

变形的金字塔

用奇怪的模式复制、剪切与构建这个金字塔。在你完成这些步骤之后，从顶部观察金字塔，你会看到什么呢？

93
挑战难度：●●●●○○
解答所需东西：🧠✂️✈️
完成时间：🕗🕗

伏尔泰的信息

法国著名讽刺作家伏尔泰（1694—1778）非常喜欢谜题，并且也创造出了许多挑战大脑的谜题。你能读懂伏尔泰在右边这幅画中隐藏的信息吗？

95
挑战难度：●●●○○○
解答所需东西：🧠🌱
完成时间：🕗🕗

中断

如下图所示，你能读懂下面这些文字吗？

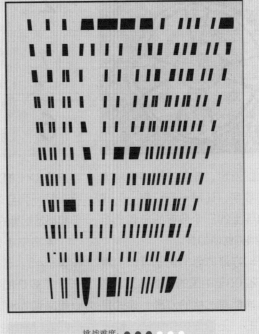

94
挑战难度：●●●○○○
解答所需东西：🧠🌱
完成时间：🕗🕗

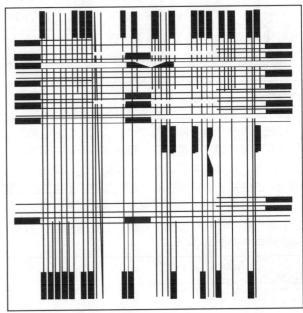

幻方

2	9	4
7	5	3
6	1	8

《洛书》，最古老的幻方，可追溯到公元前2200年。

如上图所示，在正方形格子里填上相应的数字，让每一行、每一列或每条对角线上的三个数字的总和都相等，这种结构就叫幻方。

有关幻方最古老的例子可以追溯到公元前2200年中国的《洛书》。这是一个纵横都有三格的方形，模式是独一无二的。无论你如何尝试，都无法只使用1~9这几个数字做出另一个不同的3×3的幻方。

据中国古代的神话故事，大禹看到一只神龟在黄河上游来游去，这只神龟的龟壳上有一种奇怪的图案，类似于由圆点代表的数字，这些图形数

字按照3×3的九宫格模式出现，每一行、每一列与每条对角线上的数字的总和都是相等的：也就是等于15。

《洛书》上记载这些数字的总和等于45，若是除以3的话，就等于一个"神奇的常量"，也就是15。一般来说，对任意一个n阶幻方，我们都能轻易地找到这个常量的计算公式：$n(n^2+1)/2$。

在《洛书》里，有八种三元数组加起来会等于15。

这八组数组分别是：

9+5+1 9+4+2 8+6+1 8+5+2
8+4+3 7+6+2 7+5+3 6+5+4

排在中间的数字属于四个三元组。数字5是唯一一个出现在四个三元数组里的数字，因此这个数字必然是中间数。数字9只出现在两个三元数组里，因此它必然要放在中间一列，从而构成中间一列的数组：9+5+1。数字3与7也只出现在两个三元数组里。剩下的四个数字只能按照一种方式去进行安排——这就以优雅的方式证明了《洛书》中幻方的独特性，在此不考虑旋转或镜像。

拉丁幻方——数独

数独是现在最流行的游戏之一。人们对幻方与拉丁幻方的兴趣又被点燃了。拉丁幻方是指在一个正方网格里，有多个符号，每个符号只能在一行或是一列出现一次。如右图所示的就是一个完整的3×3的拉丁正方网格。在右图里，你可以看到一个部分空格填着数字的幻方。幻方内每一行、每一列与每条对角线上的数字的总和都是相等的。你能完成这个神奇的幻方吗？

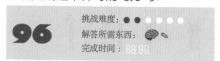

96 挑战难度：● ● ○ ○ ○ ○
解答所需东西：🧠
完成时间：88:88

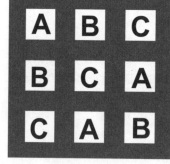

A	B	C
B	C	A
C	A	B

		7
4		8
		3

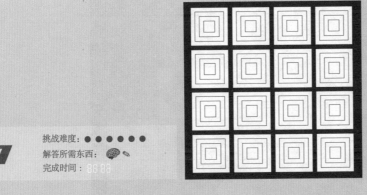

游戏盘

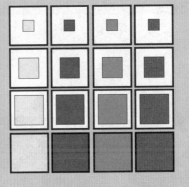

16种游戏方块。四种不同的尺寸，每一块都有四种不同的颜色

挑战难度：●●●●●●

解答所需东西：🧠✏️

完成时间：⏱️

希腊－拉丁幻方

在欧拉的人生最后几年，他将基本的拉丁幻方概念延伸到正交拉丁幻方。这种正交拉丁幻方又被称为希腊－拉丁幻方成欧拉幻方。

这种幻方是由两个或更多拉丁幻方叠加而成的，因此每一个格里都包括了每个幻方的一个元素，每一行与每一列都仅出现一次两个幻方的一个元素。没有任何两个空格中会出现同阶的一对符号。欧拉知道不存在2阶的幻方。在实验的基础上，他推测，不存在任何$4k+2$阶的希腊－拉丁幻方，其中$k=0,1,2,3，…$。1901年，加斯东·塔里证明了不存在6阶的希腊-拉丁幻方，巩固了欧拉的这一猜

想。然而1959年，帕克、博斯与什里坎德找到了一种建构10阶希腊-拉丁幻方的方法，为构建剩下的偶数值n阶幻方（n不能被4整除）提供了基础。拉丁幻方在欧拉之前早就已经存在了。1725年，亚克斯·奥扎拉姆在解答一个纸牌游戏时发现了一个$4×4$的希腊-拉丁幻方，证明了n阶欧拉幻方的存在（除了$n=2$与$n=6$）。

试着对$4×4$正方游戏盘上的16种颜色方块进行安排，使它们能够刚好形成一个颜色幻方，包含16个完美的四色、四尺寸结构，如右边的6种模式所示：

1. 4个垂直列
2. 4个水平行
3. 2条主对角线
4. 4个角格
5. 4个中心格子
6. 每个象限里四个格子

这道题一共有1152种不同的解答方法，试着找到一种解法吧。

四阶的三个拉丁幻方

三个拉丁幻方（小型，中等，大型）重叠起来，形成一个希腊－拉丁幻方，即一个4阶的正交拉丁幻方。大拉丁幻方已经给出来了。你能够按照这个模式，完成这个希腊-拉丁幻方吗？

挑战难度：●●●●●●

解答所需东西：🧠✏️

完成时间：⏱️

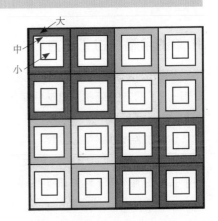

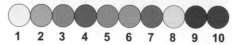

1 2 3 4 5 6 7 8 9 10

10阶的希腊-拉丁幻方

1959年，研究人员编写了电脑程序，用于探寻10阶的希腊-拉丁幻方的存在。电脑程序在进行了长达100小时的搜索后，一无所获。

这样的结果并不出人意料，因为一个完整的搜索可能需要花上100年时间。电脑未能找到解答这一事实，似乎证明了10阶希腊-拉丁幻方确实不存在。但是，在1960年，研究人员发明了一种全新的方法，继续尝试着找寻10阶的

希腊-拉丁幻方。让人惊讶的是，这回找到了不少10阶、14阶、18阶甚至更多阶的希腊-拉丁幻方。

上图是最近刚发现的一个10阶幻方，其中1~10的数字用十种颜色代表。这种具有美感的图案是消遣数学的一个经典画面。

丢勒的魔鬼幻方——1514年

存在880种不同的4阶幻方。其中最著名的要数丢勒发明的魔鬼幻方。阿尔布雷希特·丢勒（1471—1528）将这个幻方收入了他著名的版画《忧郁》（1514）里。这个幻方之所以被命名为魔鬼幻方，是因为它比幻方所要求的"幻"更神奇。这个幻方包含着海量的达到神奇常量，也就是数字34的方法。

要想让前16位正整数之和为34，一共有86种方法。你能完成右边的表格，从而让每一列、每一行与每条对角线上的数字之和都相等吗？这些方法都在丢勒的魔鬼幻方里得到展现，形成了各种不同的模式，其中不少模式还具有对称性。你能够在丢勒的4阶幻方里找到这86种模式吗？

99

挑战难度：●●●●●○○

解答所需东西：🧠

完成时间：⏱

#	值	#	值
1		44	
2		45	
3		46	3 6 10 15
4	1 4 14 15	47	
5		48	
6		49	
7		50	
8		51	
9		52	
10	1 7 10 16	53	
11		54	
12		55	
13		56	
14		57	4 5 9 16
15		58	
16	1 8 12 13	59	
17		60	
18		61	
19		62	
20	2 3 13 16	63	
21		64	4 6 11 13
22		65	
23		66	
24		67	
25		68	
26		69	
27		70	
28		71	
29		72	
30		73	
31		74	
32	2 7 11 14	75	
33		76	
34		77	
35		78	
36		79	
37		80	
38		81	5 8 10 11
39		82	
40		83	6 7 9 12
41		84	
42		85	
43		86	

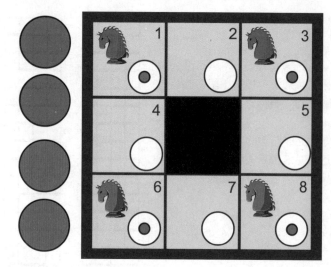

国际象棋（一）——1512年

1512年，意大利数学家瓜里尼提出了一个与国际象棋相关的谜题，这个谜题的目标是以最少的步数，让双方的两组"骑士"交换位置。你认为，要想让双方的"骑士"都相互交换位置，最少需要走多少步呢？

100 挑战难度：●●●●●○
解答所需东西：🧠✏️
完成时间：⏱

国际象棋（二）

右图是根据瓜里尼的游戏衍生出来的，涉及两组三个"骑士"。要想将两组"骑士"交换位置，至少需要多少步？

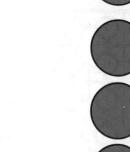

101 挑战难度：●●●●○○
解答所需东西：🧠✏️
完成时间：⏱

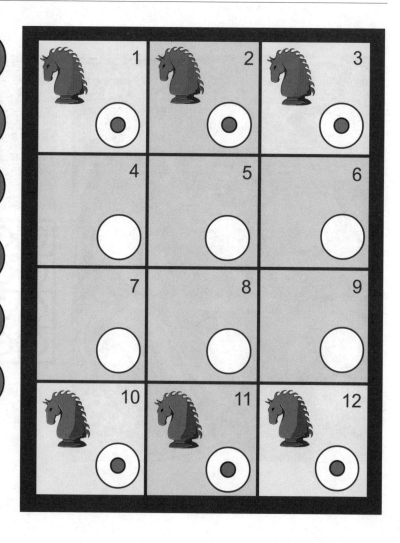

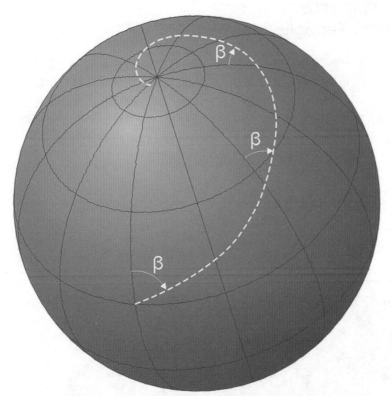

等角航线——1537年

等角航线是一个航海术语，指的是一条以相同角度穿过所有经线的曲线，这样航行时罗盘始终指向一个方向。这意味着选取一个相对于真北（磁北）极的起始方位角开始出发，然后按照同样的角度航行，不改变方向。

在地球表面沿着等角航线前进的可能性，是由葡萄牙数学家佩德罗·努内斯（Pedro Nunes）于1537年在他的著作《航海防御协定》中提出的。之后托马斯·哈利奥特（Thomas Harriot）在16世纪90年代进一步发展了他的这一想法。

和等角航线相反，大圆航线给出了一个球体表面上两点间的最短路径，但却需要频繁地改变航向。

北极旅行

假设你从北极出发，让你的指南针始终指着一个固定的方向来航行。你在地球表面上会有怎样的航线呢？

102

挑战难度：● ● ● ● ○
解答所需东西：🧠
完成时间：

尼科洛·丰塔纳·塔尔塔利亚
（Niccolo Fontana Tartaglia，1499—1557）

意大利数学家尼科洛·丰塔纳·塔尔塔利亚当时在威尼斯担任记账员和工程师。

塔尔塔利亚一生最大的成就是找到了三次方程的解法。他的著作《各种问题和发明》（1546年出版）包含了不少消遣数学问题，其中就有"如何将17匹马分开"这个问题，正如下图所示。

塔尔塔利亚出版过许多书，包括阿基米德与欧几里得著作的第一个意大利语译本，和一本受到广泛赞扬的数学汇编书。塔尔塔利亚是第一个将数学用于弹道研究的人。他的研究工作后来通过伽利略对自由落体的研究得到证实。

将17匹马分开——1546年

一个老人在临终前将他的17匹马分给他的三个儿子，所分的比例为1/2：1/3：1/9。这三个儿子能够执行父亲的遗嘱吗？这17匹马又该怎样分呢？

103

挑战难度：● ● ● ● ● ●

解答所需东西：🧠 ✏️

完成时间：

CHAPTER

4

点、拓扑与欧拉
的七桥问题

计算力的一种优美方法——1580年

从16世纪80年代开始，西蒙·斯蒂文（1548—1620）和伽利略的研究成果让工程师可以把机械原理转化为数学形式。这样的转变通常涉及将一种作为准则的物理机理转变为抽象的数学模型的过程，例如力的平行四边形法则。

在数学与物理学领域，力的平行四边形法则是计算两个或两个以上的力作用于同一个物体的合力的巧妙方法。

一个力就是一个矢量，由于一个力既有大小又有方向，因此可以通过一条有方向的直线去表示。

在物理学上，一个倾斜的表面通常被称为斜面。对作用于斜面上的物体的力进行分析是很重要的。在我们给出的示意图里，作用于斜面上的两个力可以用斜面上某一点引出的矢量来表示。力的大小等于作用在这个斜面上的所有小金属球的重力之和。这些力（黑色部分）表示重力，它是一种向下的力。但是，任何一个斜面上的物体都存在着至少两个作用力。其中另一个作用力是正常的作用力（蓝色的），这种作用力始终与斜面保持垂直状态。根据力的平行四边形法则，重力可以被分解为两个分力：一是与斜面平行的力，另一个就是与斜面垂直的力。

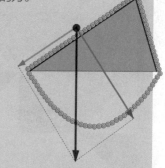

西蒙·斯蒂文的球圈

西蒙·斯蒂文是一位来自佛兰德的数学家和工程师（1548—1620），也是一位与笛卡儿、伽利略等人齐名的真正的文艺复兴先驱，他最大的贡献是对静力学（对处于平衡状态的力进行研究的科学）及流体静力学等方面的研究。

斯蒂文最著名的贡献就是发现了斜面定律——通过绘制"球圈"进行验证。这个图形曾出现在他1615年出版的著作《称重法原理》（*The Elements of the Art of weighing*）一书的扉页上。

斯蒂文提出的斜面定律以及用于分解各种力的矢量法则（力的平行四边形法则），作为一种思维实验是非常有价值的，因为它是从普遍的物理原理——能量守恒定律推演出机械定理的最早的例子之一。

他面临的问题是：要确定力F的大小，就要将一个绝对光滑的物体（已知重量为W）放在一个绝对光滑、没有摩擦力的斜面上。

他提出的法则有一个前提条件，那就是倾斜角较大的斜面上的一个较轻物体，可以抵消倾斜角较小的斜面上一个较重物体的力。他通过自己设想出的"球圈"进行思维实验，试图解释这个问题。所谓的"球圈"，如图所示，是一个双斜面，周围有一串连接起来的小球。斯蒂文的推理过程是这样的：当斜面下方那部分小球被移走时，其他的事物依然处于一种静止平衡状态，不会发生任何改变。除了这种情况外，他还会让"某些东西发生移动"，这时，球圈就会随之变为类似于永动机的装置了。因此，将悬挂在空中的"自由"小球移走后，整个系统依然会处于一种平衡状态。正因为如此，斯蒂文意识到，当斜面上的重物处于一种平衡状态时，那么重物本身的重量与斜面的长度是存在一定比例关系的。

他必须对斜面两边的空间的数值进行计算，接着他就找到了支持他提出的原理的依据。

斯蒂文对他提出的这个具有美感的几何论题感到非常高兴与自豪，于是他在卷首写下一句话——这句话后来也成了他的座右铭："看上去让人惊讶的东西，其实没有什么好惊讶的。"物体在斜面上维持的平衡状态是由每一边向下的力之间的关系以及支撑这些力的不同角度决定的。

用现代术语来说，这样的一种力的分解就被称为力的平行四边形法则。

> "除非先学会解读宇宙的语言以及它所采用的'文字'，否则我们将永远都无法真正认知宇宙。宇宙的'语言'是以数学的形式表达出来的，其'文字'则是以几何图形的方式呈现出来的。要是没有这些作为基础，人类不可能对宇宙有任何了解；要是没有这些基础知识，人类还会一直在黑暗的迷宫里游荡。"
>
> ——伽利略·加利莱伊

伽利略·加利莱伊（1564—1642）

伽利略·加利莱伊是意大利著名的物理学家、数学家和天文学家，他的一生都与科学革命有着紧密的联系。科学革命大约是从16世纪中期开始的。在他的诸多伟大成就里，就有他对匀加速运动的第一次系统研究。伽利略采用基于实验的研究方法，这是自亚里士多德的抽象方法以来最具划时代意义的突破，象征着实验科学的开端。他只使用了一些相对简单、粗糙的实验工具，就取得了巨大的科学成就。

斜面与伽利略——1600年

如何计算地心引力所具有的加速度呢？

在那个时候，要想回答这个问题是非常困难的。伽利略在进行实验时面临的一个重大问题，就是物体在自由落体状态下掉落的时间太短暂了，根本无法用现有的实验工具去测量物体掉落的准确时间。他想出了一个创造性的方法，那就是将物体放在一个斜面上，减缓重力的作用，同时又能维持重力加速度。这样的一种方法让他能够计算出地心引力造成的重力加速度的准确数值。

在钟摆摇动的同时，他释放了一个小球。钟摆每摆动一次，这个小球都会在降落过程中击打到一个小铃。我们重复伽利略的实验，在斜面上释放一个小球，然后记录小球在1秒内滑落的位置。

接着，我们可以将整个斜面划分为多个长度单位（如下图所示）。你能够在2秒、3秒、4秒、5秒、6秒、7秒、8秒或9秒的时间内记录下小球所处的位置吗？

如果斜面的坡度更大一些或高度更高一些，这些记号的位置是否会发生改变呢？

通过改变一个平面的倾斜角度，在小球落到斜面底端时，它的速度是否会发生改变呢？

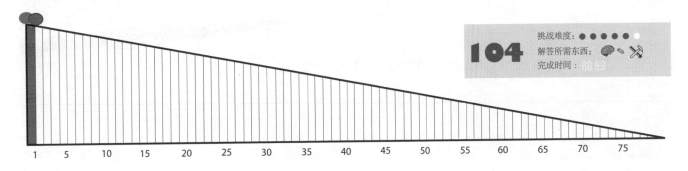

104

挑战难度：● ● ● ● ● ○

解答所需东西：🧠 ✏️ ✂️

完成时间：

每个整数都有一个平方数

因此，有多少个数就有多少个平方数，这种说法对吗？

伽利略的悖论——公元1600年

请看上图提出的这个问题，你会有怎样的想法呢？是不是真的有多少个数，就有多少个平方数呢？

伽利略的悖论展示了无限集所具有的一个惊人属性。在他最后的科学著作《两种新科学的对话》里，伽利略对正整数做出了明显相悖的论述。首先，他认为一些数是平方数，而另一些数则不是，因此所有的数（包括平方数和非平方数）放在一起，必然要比单纯的平方数更多一些。但是，对于每一个平方数，都必然存在着一个与此对应的正整数，也就是这个平方数的平方根；对每一个数而言，也都必然存在着一个它的平方数——因此不大可能出现一种数比另一种数更多的情况。在无限集中，这种——对应的思想虽然不是他第一个提出的，却是早期就被应用的。

伽利略总结出来一点，小于、等于或大于等概念只可以运用到有限集里，却不能运用到无限集里。在19世纪，德国数学家格奥尔格·康托尔运用相同的方法，证明这样的限制是不需要的。我们完全有可能以一种有意义的方式对无限集进行对比（他认为整数与平方数的无限集是同样大小的），而某些无限集要比另一些无限集更大一些。

105　挑战难度：●●●●○○
解答所需东西：🧠💬
完成时间：🕐🕐🕐

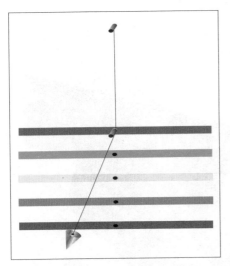

伽利略的钟摆——1600年

在过去很长一段时间里，钟摆一直让科学家们为之着迷。伽利略是第一位发现钟摆具有独特属性的科学家。他通过简单的观察，得出一个结论，即钟摆能够计算时间、测量地心引力并且检测相对运动状态。

他所设定的简单实验装置不需要多加说明。在钟摆处于摆动状态时，在左图中一个小洞里插入一根钉子。钉子的运用能够缩短钟摆的有效长度。这样的做法会如何影响钟摆的运动呢？如果连接钟摆的线变得更短，又会发生什么呢？钟摆摆动的速度是会变得更快还是更慢呢？

连接钟摆的线变短，是否会改变钟摆的摆动频率呢？

通过这样一个简单的实验与观察，伽利略得出了一个革命性的结论，并且在1642年发明了摆钟。

106　挑战难度：●●●●●○
解答所需东西：🧠 ✎ ✂
完成时间：⸿⸿⸿⸿

比萨大教堂圆顶，前面挂着伽利略吊灯，这些吊灯使伽利略发现了钟摆的等时性原理。

双锥体上坡—— 一个机械的反重力悖论

"向上滚动的双锥体悖论"是威廉·利伯恩(1626—1719)提出的。利伯恩是一位土地测量员，同时也是位多产的作家，他出版了《有趣有益》这本娱乐性数学书，里面包括了"向上滚动的双锥体悖论"这个巧妙的机械谜题——一个双锥体在两条倾斜的轨道上向上滑行。

这个模型的运转方式是违反直觉的，因为当我们将双锥体放在斜面的最低处时，它会向上滚动，这似乎违反了地心引力。你能解释这个双锥体的"奇怪表现"吗？

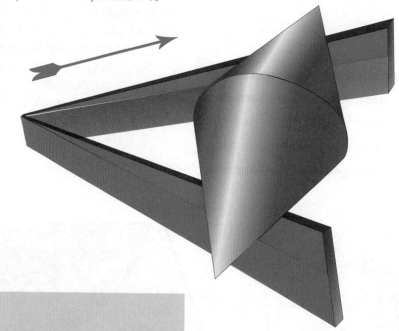

107　挑战难度：● ● ● ● ○
　　　解答所需东西：🧠 💊
　　　完成时间：⏱

反重力：从牛顿到爱因斯坦

反重力的概念与一个最宏大的科学论题——"宇宙的起源"——存在着联系。当爱因斯坦发现广义相对论时，他遇到了一个棘手的问题：为什么重力不会使宇宙中的物体向内坍塌呢？

艾萨克·牛顿（1642—1727）在研究万有引力时也面临着相似的问题。牛顿对此的解释是：上帝让物体处于分离状态。在这个问题上，爱因斯坦不愿意牵涉到上帝，他的解答方法就是在重力的基础上，加入一种反重力。在20世纪20年代，一切都发生了改变。宇宙学家们采用了一种全新的观点，即宇宙是在某个有限的时刻被创造出来的，从最初一个极小的超原子开始，通过大爆炸与膨胀的方式慢慢形成。这种观点逐渐演变成了现在的"大爆炸理论"，它不需要相信反重力的存在。这个理论看上去是正确的，爱因斯坦最终也认可了这一说法。但是，这个故事有了一点转折。让人感到惊讶的是，天文学家们后来发现，宇宙其实是在不断加速的，银河系中的星体则也在以越来越快的速度彼此分离。然而，由于重力的作用，宇宙大爆炸形成的扩张速度应该会减慢，这样就又出现了一个问题。对此最好的解释就是，宇宙中存在着一种反重力。因此，即便当爱因斯坦认为自己是错误的，并且准备承认这个事实的时候，他的理论最终还是被证明是正确的。

反重力铁路——1829年

伽利略发明的反重力双锥体让人着迷，激发了一位维多利亚时代的发明家的灵感——他于1829年提出了在遵循双锥体运动原理的基础上，建造一条反重力铁路的构想。

算额（Sangaku）——1603年

算额（日语意为"计算表"）是起源于日本江户时代的一种极具美感、上面刻有几何问题或数学定理的木板。它们通常会出现在神社或佛寺中，作为贡品或是对朝拜的人发出的一种挑战。

在江户时代，日本与其他西方国家的贸易往来是受到严格管控的，这也是算额上出现的日本数学与西方整体的数学发展相互孤立的原因。比如说，微分与积分的关系（微积分基本定理）就一直不为世人所了解。因此，算额在计算面积与体积等内容时，只能通过无穷级数的展开与逐项计算来解答。

日本著名数学家藤田嘉言（1765—1821）在1790年出版的《神壁算法》一书中首次收集并记载了算额问题，1806年这本书又出版了续集。

日本的算额定理

如下图所示，你可以看到左边是一个随意画出，并用三角形分开的凸面不规则八边形，每个三角形的内切圆如下图所示。

右边是同一个八边形用另一种方法进行的三角形划分。

你能计算出两种不同的三角形分割法中内切圆的大小关系吗？

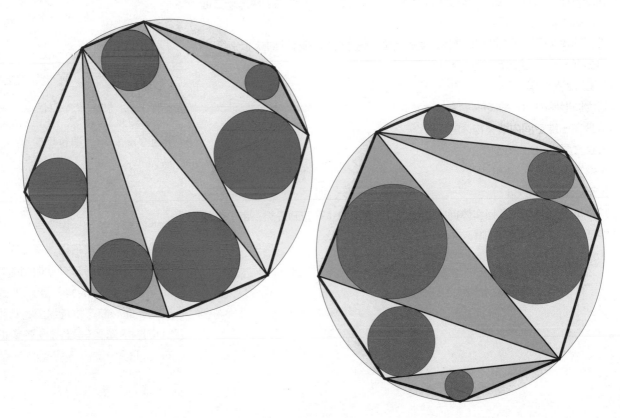

开普勒猜想——1600年

约翰尼斯·开普勒（Johannes Kepler）（1571—1630），德国天文学家。他发现了在一个平面内放置球体的两种方法：方块拼排与六方密堆积。

开普勒猜想是以约翰尼斯·开普勒的名字命名的，这是一个在三维的欧几里得空间内关于球体填充问题的数学猜想。这个猜想是这样阐述的：用大小完全相同的球体去填充一个空间，无论怎样填充，都不会比六方密堆积具有更大的平均密度。这种方法的堆砌密度要高于74%。

1998年，托马斯·黑尔斯在对费耶什·托特提出的一种观点进行研究时，宣布自己找到了证明开普勒猜想的证据。黑尔斯通过运用复杂的电脑计算去对多个单独的例子进行详细检查，从而得出这个证明。不少数学家都表示，他们"99%肯定"黑尔斯提出的证据是正确的，因此开普勒当年提出的猜想几乎可以被视为一个定理。

方块拼排是将球体一层层堆积起来，以一种彼此垂直的状态进行排列，或者将第一层的球体都嵌入它下方四个球体围成的空隙中。

在进行六方密堆积时，同样存在着两种可能性：对齐的方式或交错的方式。但是六方密堆积的交错层与对球体进行方块拼排的交错层达到的效果是一样的。如果球体排列可以扩展的话，那么就形成了一些三维空间的形状，包括立体晶格形状的立方体、六方晶格、六角棱镜以及面心立方晶格——开普勒的菱形十二面体，一种最为紧密的堆积方式。

堆积的效率可以通过堆积物体的密度去衡量（比如空间被球体填充的比例）。

这是在一个平面上填充物体的比例：

1.正方晶格　0.7854

2.六边形晶格　0.9069

这是在三维空间内填充物体的比例：

3.立方晶格　0.5236

4.六方密堆积 0.7404

5.无规密堆积 0.64

球体堆砌问题与用几何实体彻底填满空间密切相关。开普勒设想，每一个球体都能延伸，填满中间的空隙，进而获得这样的几何实体。

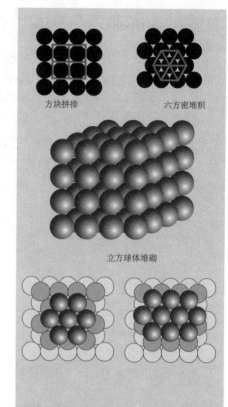

方块拼排　　　　　六方密堆积

立方球体堆砌

球体填充问题

如上图所示，在一个平面里，用球体填满空间的办法有两种。

立方球体堆砌：在正方形层，相应的球体可以通过垂直堆积的方法完成。

六方密堆积：有两种办法可以添加一个六面体堆砌层。这两种方法区别在于层与层之间是如何堆砌的。六方密堆积里，每隔两个堆层，球体的堆砌方式是相同的，刚好在第一个堆层里的球所处的位置。在面心立方密堆积里，每隔一个堆层，球体的堆砌方式是相同的。

装球的箱子——1600年

"从前，有一个国王将他的所有财富都做成大小完全相等的金球，他将这些金球紧密地堆放在一个大箱子里。他知道这个箱子是满的，因为箱子不会发出任何声响。很快王后就从箱子里拿走了一些金球，但箱子并没有发出声响；接着管理箱子的人又拿走了一些金球，箱子依然没有发出声响；接着首相又从箱子里拿走了一些金球，箱子依然没有发出声响。"

这个有关国王财宝的故事是否真实呢？在一个长方形的箱子里装着23个金球，这些金球都以一种紧密的方式被堆积起来。你能从箱子内拿走几个金球，并保证剩下的金球依然处于紧密的状态吗？当然，我们所说的"紧密"是指彼此接触的球体再也无法移动其位置。

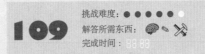

109
挑战难度：●●●●●○
解答所需东西：🧠🥄🔧
完成时间：

在一个正方形框里装入105个球

如果每个填充球体的直径是1个单位长度，你可以很容易地在一个边长10个单位长度的正方形框里装下100个球体。如果以一种六边形的方式去排列这些球体，你可以在同样大小的正方形里放下105个球体，如图所示。

但是，你能做得更好吗？

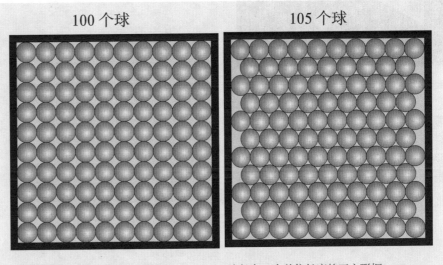

100 个球	105 个球

边长为10个单位长度的正方形框　　　　边长为10个单位长度的正方形框

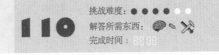

110
挑战难度：●●●●○○
解答所需东西：🥄🔧
完成时间：

梅齐里亚克的砝码问题——1612年

1612年，法国学者克劳德·加斯帕尔·巴谢·德·梅齐里亚克（Clauded Gaspar Bachet de Méziriac）（1581—1638）出版了一本名为《有趣且让人愉悦的数字问题》的数学谜题集。这本书后来成了消遣数学的经典书籍，迄今出版了五版。这本书强调的是算术层面而非几何层面上的谜题，其中包括这些经典问题：数的思考、过河问题、幻方、约瑟夫斯谜题、测重、倾倒流体以及其他谜题。

梅齐里亚克的书中包含着经典的测重问题。W.劳斯·鲍尔认为梅齐里亚克在17世纪早期对这一问题做了最早的记录，并将这一问题称为"梅齐里亚克砝码问题"。然而，这一问题可以追溯到1202年的斐波那契数学问题，使之有可能成为最早的整数分拆问题。

这是一个著名的问题：假设你需要在一个天平上称出1千克到40千克的任意整数重量。如果砝码只能放在天平的一端，至少需要多少个砝码？如果在天平的两端放置砝码，又需要多少个砝码？

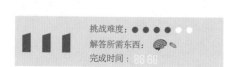

1 砝码只能放在天平的一边		2 砝码可以放在天平的两边	
1 =	21 =	1 =	21 =
2 =	22 =	2 =	22 =
3 =	23 =	3 =	23 =
4 =	24 =	4 =	24 =
5 =	25 =	5 =	25 =
6 =	26 =	6 =	26 =
7 =	27 =	7 =	27 =
8 =	28 =	8 =	28 =
9 =	29 =	9 =	29 =
10 =	30 =	10 =	30 =
11 =	31 =	11 =	31 =
12 =	32 =	12 =	32 =
13 =	33 =	13 =	33 =
14 =	34 =	14 =	34 =
15 =	35 =	15 =	35 =
16 =	36 =	16 =	36 =
17 =	37 =	17 =	37 =
18 =	38 =	18 =	38 =
19 =	39 =	19 =	39 =
20 =	40 =	20 =	40 =

测量3个砝码的重量

你有三个形状完全相同的盒子，里面分别装有重量不同的砝码。在只能使用一个天平的情况下，你需要对三个盒子进行多少次的测量，才能分清楚哪个最轻、哪个最重呢？

挑战难度：●●●●○○

112 解答所需东西：🧠 🌰 ⚒️

完成时间：

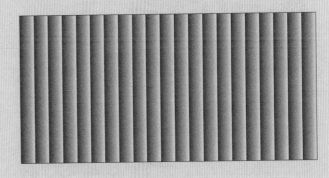

测量21个砝码的重量

你有21根形状完全一样的棍子，其中一根棍子的重量稍重于其他的棍子。在只有一个天平的情况下，你需要进行多少次测量才能知道哪根棍子是最重的？

挑战难度：●●●●●○

113 解答所需东西：🧠 🌰 ⚒️

完成时间：

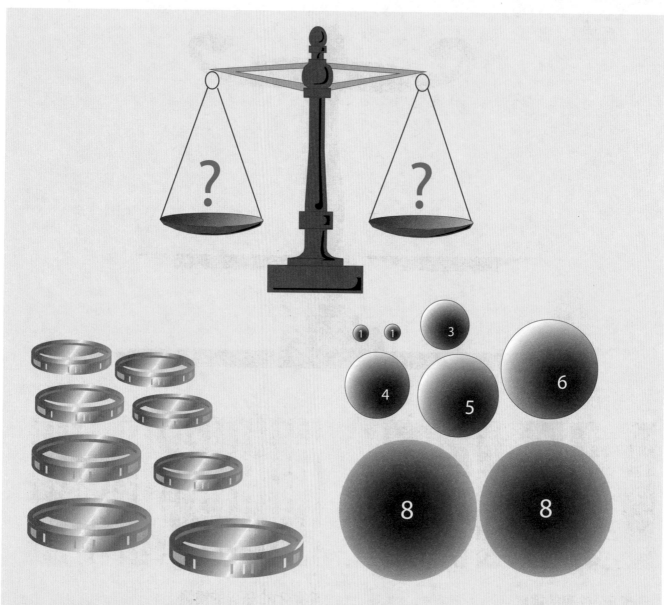

测量八枚金币的重量

假设你有八枚金币，其中一枚是假币，它的重量要轻于其他的金币，剩下七枚金币的重量是相等的。在不使用砝码的情况下，你至少要在天平上进行多少次测量，才能发现那枚假币？

114　挑战难度：●●●●○
解答所需东西：🧠 ✏️ ✂️
完成时间：⏱⏱

称重分拣

你有一组钢球，每个钢球的单位半径如上图所示。你能将这些钢球分在两个组里，并让每组钢球的总重量完全相等吗？

115　挑战难度：●●●●○○
解答所需东西：🧠 ✏️ ✂️
完成时间：⏱⏱

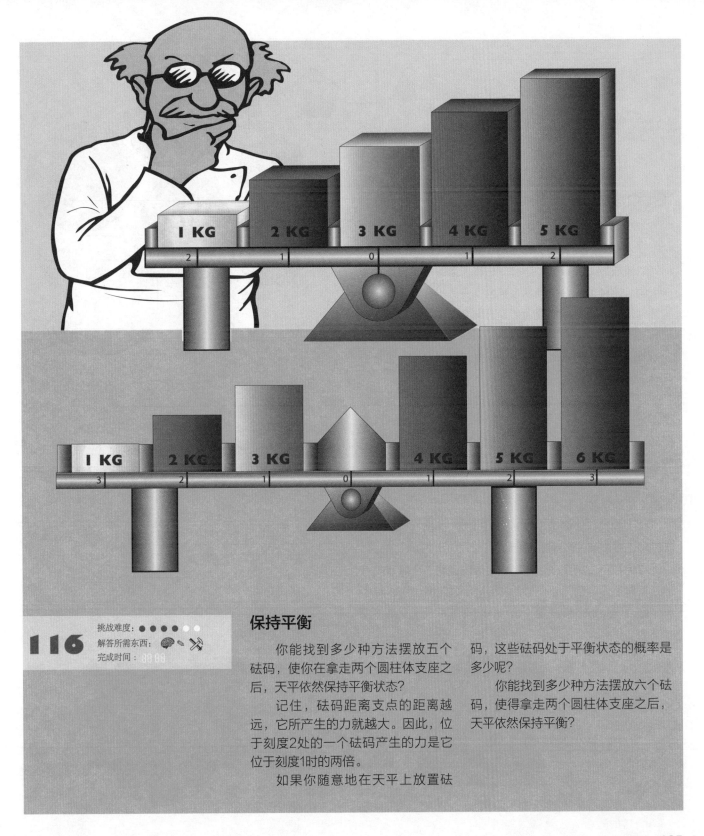

保持平衡

你能找到多少种方法摆放五个砝码，使你在拿走两个圆柱体支座之后，天平依然保持平衡状态？

记住，砝码距离支点的距离越远，它所产生的力就越大。因此，位于刻度2处的一个砝码产生的力是它位于刻度1时的两倍。

如果你随意地在天平上放置砝码，这些砝码处于平衡状态的概率是多少呢？

你能找到多少种方法摆放六个砝码，使得拿走两个圆柱体支座之后，天平依然保持平衡？

正多边形镶嵌——1618年

所谓的"镶嵌"，从一般意义上来说，就是将几何形状以马赛克的方式铺满整个平面。罗马时代的马赛克就被称为"镶嵌"。今天，"镶嵌"一词被用来描述可以覆盖一个面（这种覆盖是指技术上完全填充，不留任何死角）的任何形状的图案。平面镶嵌是三维多面体的一个基本元素。

一个正多边形镶嵌是由多个正多边形构成的，这与填充一个平面的方式是完全一致的。

存在无数个正多边形——从等边三角形开始，接着就是正方形、五边形、六边形、七边形、八边形等，一直到圆形，这些图形都被视为正多边形，其边数可以是无限多的。

几何学最令人震惊的一个违反直觉的事实就是，只存在着少量的正多边形镶嵌。

惊人的是，正多边形唯一的边对边的镶嵌方式只适用于三种正多边形，包括等边三角形、正方形和正六边形。

在为数不多的正多边形镶嵌背后隐藏着一个具有美感的几何学逻辑。因为它们的基本元素都是正多边形，其中一个必须满足的条件就是：这种多边形的每一个交点（顶点）所形成的角度之和都必须是360°。在一个正三角形（等边三角形）里，每个内角为60°，因此，六个这样的三角形必然能够在一个顶点汇聚。在一个正方形里，每个内角是90°，因此四个正方形也能够在一个顶点汇聚。在一个正六边形里，每个内角是120°，因此，三个这样的六边形能够在一个顶点汇聚。

除此之外，任何其他正多边形无论有多少条边，都无法在一个平面以正多边形的形式进行镶嵌——只存在三种正多边形的镶嵌方法。

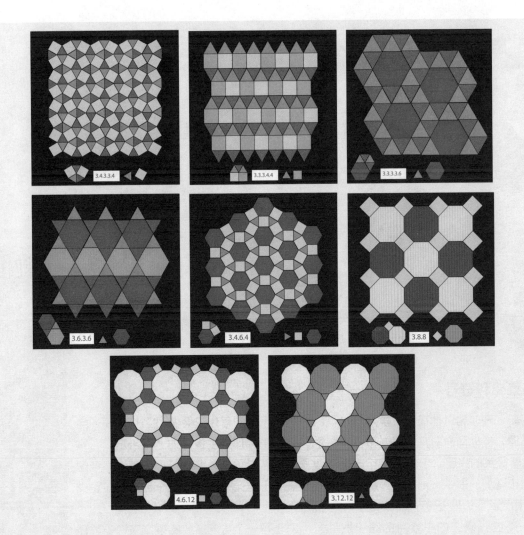

半正则镶嵌——1618年

一共有八种半正则镶嵌的方法。如上图所示，它们是由五种不同的正多边形组成的：三角形、正方形、六边形、八边形与十二边形。与正多边形镶嵌类似，这也是一个小得惊人的数字。约翰尼斯·开普勒与他的后继者们都在马赛克镶嵌问题上进行了先驱性的研究。它不仅是消遣数学方面的内容，也是结晶学、编码理论和元胞结构等方面的重要研究工具。

半正则镶嵌是指使用两种或两种以上的正多边形来镶嵌，并且在每个顶点周围都有相同的正多边形以相同的方式进行排列——用数学语言可以阐述为，每一个顶点都与另一个顶点全等。

这样的信息可以用施莱弗利符号轻而易举地表达出来。比如，{3,12,12}就是指每一个顶点上，按顺时针方向，连接着一个三角形与两个十二边形。

我们不得不在一个顶点上，找寻一种能够填满360°的正多边形的组合。每个角度的组合都符合这个条件的，就被称为"顶点图形"。这是创造任何形式的正多边形镶嵌的一个基本条件。

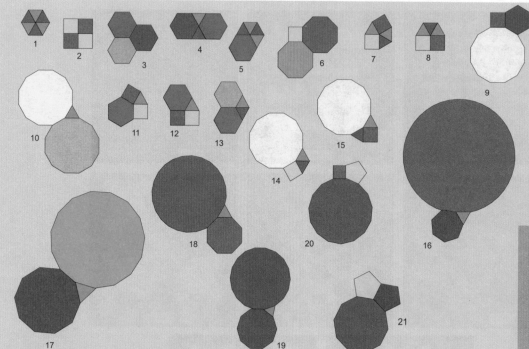

镶嵌与施莱弗利符号

约翰尼斯·开普勒以他在天文学方面的成就闻名于世，但他同时对几何镶嵌和多面体研究也有着极大的兴趣。在他1619年出版的《世界的和谐》一书中，记载了一系列关于正多边形和星状多边形瓷砖形状的内容。

"对外部世界研究的主要目的在于发现理性的秩序与和谐，这一切都是上帝创造的，并通过数学的语言向我们透露出来。"开普勒在书中这样写道。

如果我们将一致性的约束条件——每个顶点都必须等于其他顶点（在正多边形镶嵌中）省略掉的话，我们就可以创造出额外的镶嵌组合。要想做到这点，也需要满足一个基本要求：每个顶点上连接的正多边形都必须形成一个完整的顶点图形，即它们每个内角之和都必须等于360°。

那么我们能够找到多少个完整的顶点图形呢？

一个系统的程序只会做出21个不同的完整顶点图形或顶点图像（如上图所示），这些图形都可以用施莱弗利符号去表达。考虑到正多边形有无穷多个，这个数字实在是少得让人震惊。

对于每一个可能形成的镶嵌来说，都存在着一些基本的要求，但只满足这些基本的要求是不够的。

只有一些能够形成完整顶点图形的组合，才能扩展成镶嵌图形。图1、图2和图3中的顶点图形构成了三种正多边形镶嵌；图4至图11中的顶点图形则构成八种半正则镶嵌。两个或三个顶点图形的不同组合，至少会形成十四种非正则镶嵌图。拥有三个以上顶点图形的正多边形镶嵌，其数量是无限的。

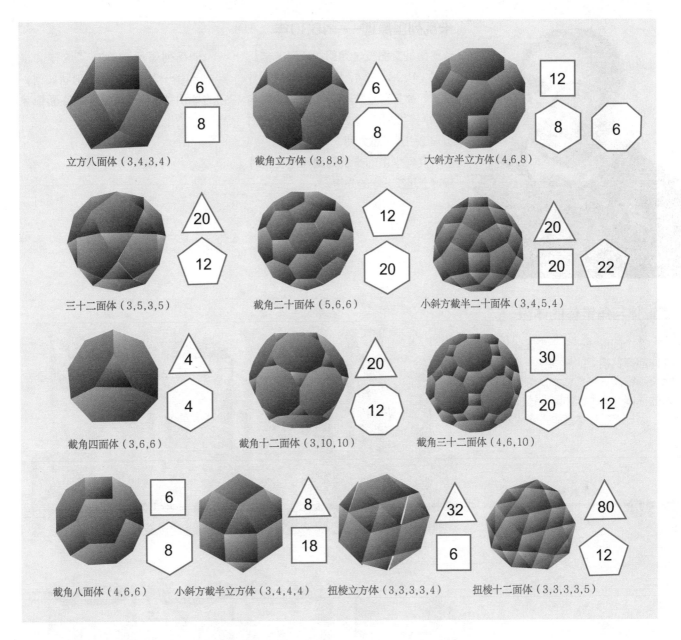

立方八面体（3,4,3,4）

截角立方体（3,8,8）

大斜方半立方体（4,6,8）

三十二面体（3,5,3,5）

截角二十面体（5,6,6）

小斜方截半二十面体（3,4,5,4）

截角四面体（3,6,6）

截角十二面体（3,10,10）

截角三十二面体（4,6,10）

截角八面体（4,6,6）

小斜方截半立方体（3,4,4,4）

扭棱立方体（3,3,3,3,4）

扭棱十二面体（3,3,3,3,5）

阿基米德多面体——半正则多面体

　　凸面半正则多面体，或者说阿基米德多面体，是由有着相同顶点的不同正多边形组成的。

　　一共有13个不同的半正则多面体。阿基米德最早对这些立体进行了描述。文艺复兴时期，这方面的知识重新被当时的数学家发现，并由开普勒在1619年构建了一个完整的体系。直到现在，在游戏或谜题领域，仍然存在着许多未被探索的可能性。比如对截角四面体（3,6,6）的记号法就意味着每一个顶点都包含着一个三角形、两个六边形，并且是以循环次序来排列的。在所有的立方体里，扭棱立方体与扭棱十二面体都是以两种镜像或是对映体的方式展现出来的。

卡瓦列里原理——1630年

博纳文图拉·弗朗切斯科·卡瓦列里（1598—1647）是一位意大利数学家、微积分学先驱，他以对光学与运动问题的研究闻名于世，他还将对数理论引入了意大利。

几何学中的卡瓦列里原理在某种程度上是积分学的先声。

卡瓦列里原理确立了这样的事实：无论一个棱锥底面的形状如何，它的体积都等于（1/3）×底面积×高。

圆锥体与角锥体的体积

三个圆锥体、三个角锥体与左侧柱体都有着相同的底面积与高度，用水填满锥体。然后将水从圆锥体里倒入圆柱体，从角锥体倒入棱柱体。

圆柱与棱柱体能装入多少水呢？

挑战难度：●●●○○○

解答所需东西：🧠🖊

完成时间：⏰

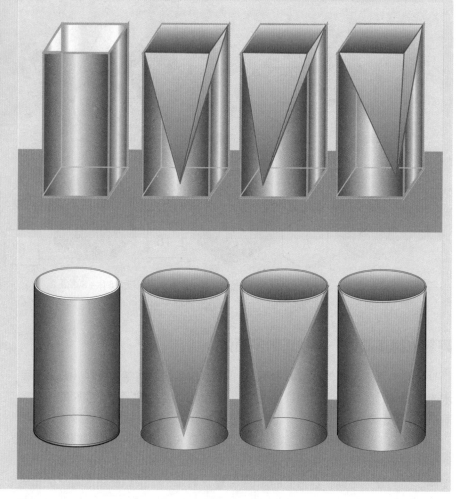

笛沙格定理——1641年

1641年，吉拉德·笛沙格，这位法国数学家（1591—1661）出版了一本书，这本书有一个充满美感与神秘色彩的书名——《影子游戏》。

书的主题是透视与投影之间的关系。今天，我们都知道这是简单却令人惊讶的笛沙格定理：三角形各边的延长线与其投影各边的延长线的交点位于一条直线上（当你去验证它的时候，会发现这简直就是一个奇迹）。

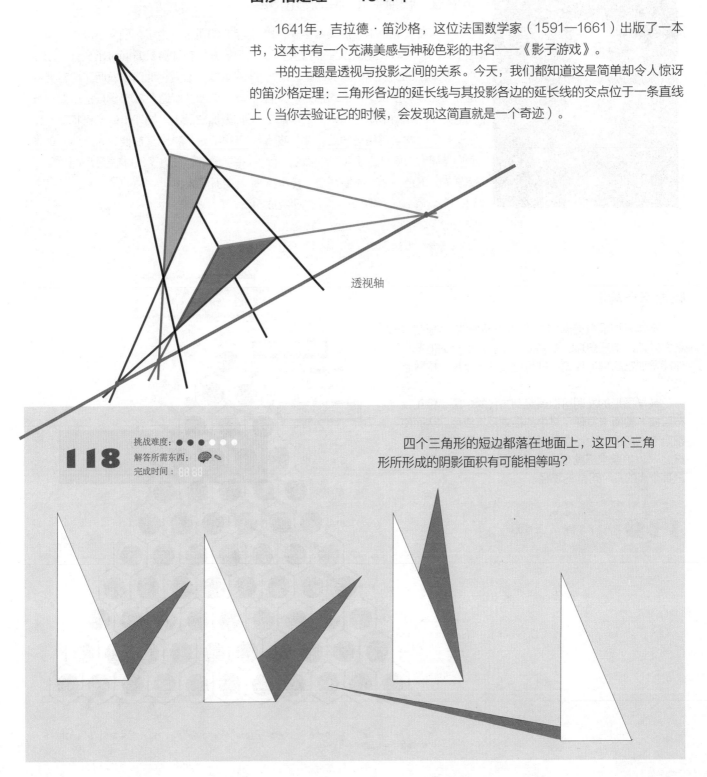

透视轴

118

挑战难度：● ● ● ○ ○ ○

解答所需东西：🧠 🖊️

完成时间：⏱️

四个三角形的短边都落在地面上，这四个三角形所形成的阴影面积有可能相等吗？

布莱兹·帕斯卡（1623—1662）

布莱兹·帕斯卡，法国数学家、物理学家、发明家、作家和天主教哲学家。

帕斯卡的父亲当时是鲁昂地区的一位收税员，他投入了极大的精力培养自己的儿子。帕斯卡早年的研究工作都专注于自然科学与应用科学上，并在液体静力学研究方面做出了重要的贡献。除此之外，他还对埃万杰斯利塔·托里拆利（Evangelista Torricelli）的研究成果进行了总结，进一步定义了压强与真空的概念。1642年，当时还是一位少

年的帕斯卡，为了帮助父亲改进工作，已经开始在计算机方面做出一些开创性的工作。最后，他终于发明了机械计算器。他一共制造了20个这样的机器（被称为加法器）。帕斯卡的健康状况一直不是很好，特别是在他成人之后，身体每况愈下。在过了39岁生日后两个月，他离开了人世。

帕斯卡三角形

数学领域最具美感与最实用的一种数字图形就是著名的帕斯卡三角形。右图显示了前面十排的情况。你能发现它的构造模式，并且继续往下添加多排数字吗？

数学图形的发明可以追溯到古代的中国，但正是布莱兹·帕斯卡发现了其中的模式及其应用，从而使帕斯卡三角形成为当今数学诸多领域最重要的研究工具之一。帕斯卡三角形中的数字显示了从0排开始到达某个点的几种可能的路径。

119

挑战难度：● ● ○ ○ ○ ○
解答所需东西：🧠 ✂️
完成时间：⏱

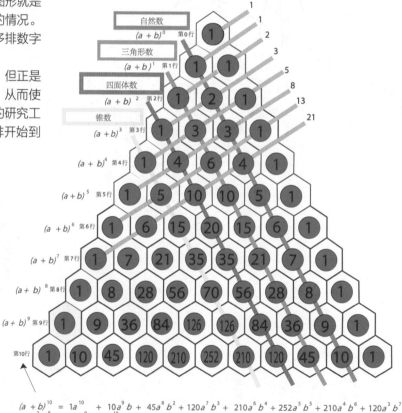

斐波那契数列就是通过将这些线上的数字相加得到的。

$$(a+b)^{10} = 1a^{10} + 10a^9b + 45a^8b^2 + 120a^7b^3 + 210a^6b^4 + 252a^5b^5 + 210a^4b^6 + 120a^3b^7 + 45a^2b^8 + 10ab^9 + 1b^{10}$$

鲁珀特王子问题——1650年

作为皇家学院的创始成员，莱茵地区的鲁珀特王子（1619—1682）提出了一个100多年来都无人能解的问题，这个问题现在被称为鲁珀特王子问题。问题是这样的：能否在一个立方体中穿一个洞，使与之体积相等或更大的立方体从中穿过呢？

约翰·沃利斯（John Wallis）首次对一个立方体穿过另一个立方体的数学问题进行了认真的研究。1816年，沃利斯死后，荷兰数学家彼得·纽兰（Pieter Nieuwland，1764—1794）在其出版的书中，提出了解答方法——找到能够通过单位棱长立方体的最大立方体。

纽兰通过寻找能够穿过单位棱长立方体的最大立方体回答了这个问题。若是我们从一个顶点去俯视的话，那么一个单位棱长立方体就会有一个正六边形的轮廓，边长的为√3/√2。

穿过一个立方体的最大正方形要有一个能够内接这个正六边形的面，这个正方形的边长大约是：

3√2/4=1.0606601…。

因此我们得出了有趣的结论：穿过另一个立方体的立方体，比被穿过的那个立方体还要大一些。

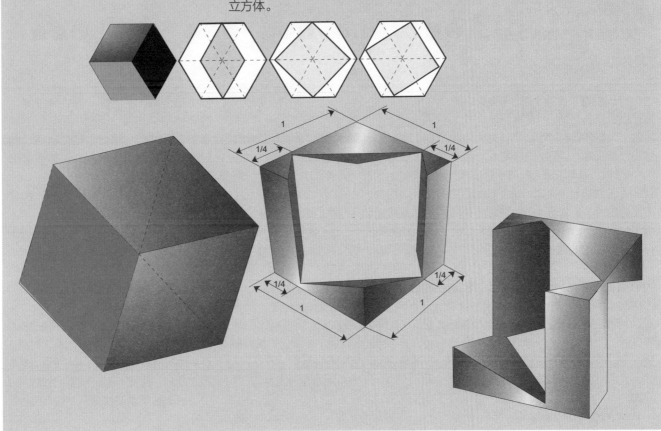

组合学——让计算变得更加容易

从古代开始，组合学问题就一直吸引着数学家关注的目光。公元前12世纪的中国古书《易经》中就提到过幻方。帕斯卡三角形（当然那时还不叫这个名字）也出现在13世纪的波斯王国。

在西方，组合学始于布莱兹·帕斯卡与皮埃尔·德·费马等人对概率论的研究，之后戈特弗里德·威廉·莱布尼茨进一步深化了这方面的研究。莱昂哈德·欧拉是18世纪推动组合学发展的主要人物。当欧拉解答了哥尼斯堡桥这个问题后，他就成了图论的创始人。很多组合学方面的问题在19世纪都是以消遣问题的方式呈现出来的（比如八皇后问题与科克曼女生问题）。

最早专门论述组合学问题的著作是珀西·亚历山大·麦克马洪1915年出版的《组合分析》一书。

组合学是现代数学的一个分支，研究的是数字与物体组合方式的问题，它的名字也由此而来。

概率问题、电脑理论以及其他很多日常生活中的问题，都需要运用到组合学的定理，特别是在组合与排列方面。在一个系统内可能进行的数字排列方式一开始看上去很少，但是随着元素的不断增多，这种可能性会迅速提高，最终大到根本无法计算。

下面有关组合学的几个基本的实例本身都是非常简单的：

· 一个物体本身只能以唯一一种方式去进行排列。 ●

· 两个物体（*a*与*b*）可以排列成*ab*或是*ba*两种不同的排列组合形式。 ●● ●●

· 三个物体*a,b,c*

可以有六种不同的方法去进行

排列： *abc*、*acb*、*bac*、*bca*、*cab*、*cba*。

一般而言，计算*n*个物体有多少种排列组合情况，我们只需要将一个物体接着一个物体处理就可以了。第一个物体可以出现在*n*个可能的位置上，而第二个物体则只能出现在*n*-1个可能的位置上（因为它无法占据第一个物体已占据的位置）。对于*n*(*n*-1)种组合中的每一个物体而言，第三个物体只能出现在*n*-2个可能的位置上，依此类推。

一般来说，*n*个物体可能出现的排列组合方式是*n*-1物体排列组合方式的*n*倍。比如说，4个物体的排列组合方式是3个物体的4倍。换言之，4个物体的排列组合方式多达24种。也就是说，我们可以用120种不同的方法排列5个物体，或用720种不同的方法去排列6个不同的物体。

这些数字就被称为阶乘，用*n*!来表示。比如6！表示6的阶乘，结果等于720。

因此，计算*n*个物体所有可能的排列方式可以用下面的公式表示：

$$p = n! = n \times (n-1) \times (n-2) \times (n-3) \times \cdots\cdots 3 \times 2 \times 1$$

这个数值会非常迅速地变大。对于*n*个物体来说，若是不需要处理与排序相关的问题，而只需要从*n*个物体中取出*n*个组成一组，求这*n*个物体能有多少种组合方式，那又该怎么办呢？

这个问题要更加棘手一些。假设你从5个不同元素中拿出3个（可以是颜色、文字或其他东西）。那么，求有多少种拿法就可以这样计算：

$$Pk= n!/(n-k)! = 5!/(5-3)=120/2=60$$

有时，我们并不关注物体的顺序（排列情况），而只需要关注某个具体样本中的组合问题（可选择的数量）。所谓一个组合，就是从某个特定小组里选择物体，同时不需要考虑物体的排列顺序。

因此，计算组合方式总数的一般公式是：

$$C= n!/k!(n-k)! = 5!/3!(5-3)! =10$$

在我们上面提到的这个具体例子里，一共可以对这些元素进行十组的组合（注意，不需要在意每个小组内各个元素的排列顺序）。

上面，我们已经对所有不同的物体进行了处理。有时，这些物体中可能涉及多种同一类型的物体，我们可以按类将之划分，比如，某一类型的物体为*a*个，另一种类型的物体有*b*个，依次此类推。

在这种情况下，组合的数量就是：$Pa,b,c=n!/a!b!c!$

大多数与游戏或谜题相关的概率，可以通过计算所有的可能性与满足某种特性的结果数得出来。这两个数字的比值就是所求的概率。排列与组合的公式有助于缩短计算的时间，使其变得更加容易。

求n个元素中k个元素有多少种组合方式，可以通过著名的帕斯卡三角形求得。

维维亚尼定理——1660年

维维亚尼定理是以温琴佐·维维亚尼（Vincenzo Vivian）的名字命名的。这一定理是这样阐述的：等边三角形内任意一点与三边的垂直距离之和等于三角形的高。

温琴佐·维维亚尼（1622—1703）是一位意大利数学家和科学家。他是托里拆利的学生。1639年，他17岁，那时候他就已经成为伽利略·加利莱伊的助手了。

1660年，维维亚尼与乔瓦尼·阿方索·博雷利（Giovanni Alfonso Borelli）合作进行了一次实验，研究声音的传播速度。他们分别记下了看到远处加农炮发出光亮的时间与听到炮声的时间，然后计算出了声音每秒传播的速度值为350米/秒。

1661年，他就钟摆的转动进行实验研究，这要比傅科那次著名的演示还早190年。

温琴佐·维维亚尼

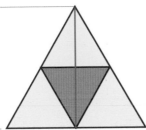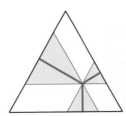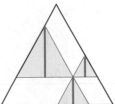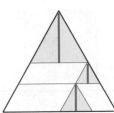

维维亚尼定理证明

断掉的木棍

如果一根木棍随机地断裂成三段，那么这三段木头组成一个三角形的概率有多大呢？

这个问题的背后就隐藏着等边三角形的一个明显的属性，这可以通过维维亚尼定理去表达。在一个等边三角形内的任意一个点到三边的距离加起来都等于这个三角形的高度。2005年，川崎（Kawasake）就利用转动方式证明了如上图所示的这个定理。等边三角形有助于解决这个经典的概率问题。这个等边三角形的高就等于这根木棍的长度。

120 挑战难度：● ● ● ● ○
解答所需东西：🧠 ✂ ✂
完成时间：

地球里的一个洞——餐巾环问题

玛丽莲·沃斯·莎凡特（Marilyn Vos savant）以她在《展示杂志》（*Parade magazine*）"问玛丽莲"专栏里提出的蒙提·霍尔问题闻名于世。她还提出了另一个具有挑战性的问题。这个问题就是在某个特定的球体内，挖掘一个6英寸长的洞。你能用一个直径6英寸的球体做到吗？

17世纪的日本数学家关孝和就已经对这个问题进行了早期研究。这个洞是一个空心的圆柱体，高度有6英寸。

我们已经得出了这样的结论：想通过一个直径为6英寸的球体去挖掘出一个6英寸长的洞是不可能做到的。

要想在一个面积更大的球体里挖掘一个6英寸长的洞，你必须要有一个很厚的挖掘工具，将球体上下两边的盖子以及中心大部分移走，只留下一个曲形环，就会形成如下图所示的高度为6英寸的餐巾环。

这个餐巾环的体积是多少呢？换句话说，这个球体剩下的那部分体积是多少呢？一个如地球这么大的球体的曲形环，它的体积又是多少呢？附图也许会给出一些视觉提示。

有趣的结果是，一个带环的体积并不取决于其半径，而取决于其高度。因为当一个球体的半径变小时，那么圆柱体的直径必然要变小，才能保持高度一致。随着体积的增加，带环会变厚。但是，这会使带环的周长变得更短，因此体积也会随之变小。两者的效果会相互抵消。在最为极端的情况下，假设一个体积最小的球体，那么这个球体的直径将会与洞的高度相等。在这种情况下，这个带环的体积就是整个球体的体积。

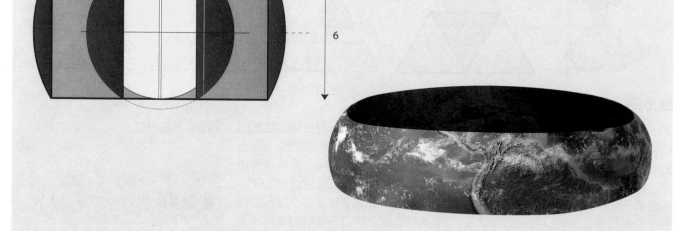

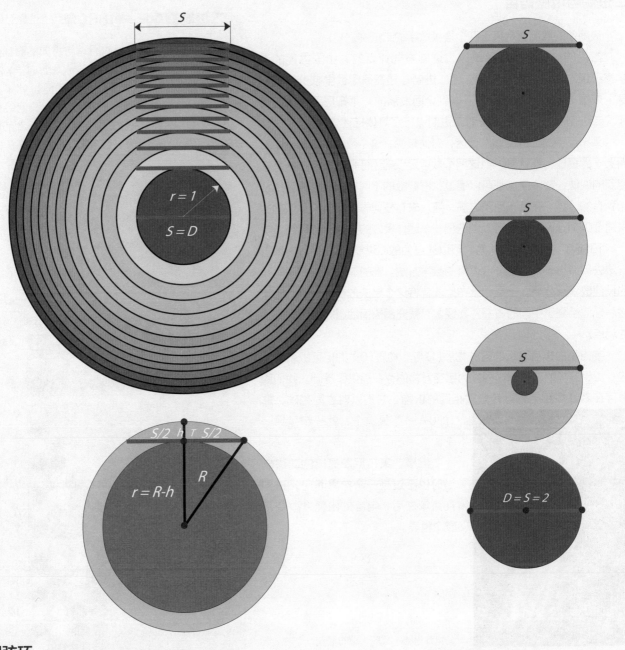

圆弦环

　　大圆的弦S与较小圆是正切关系，相交于 T 点。问题是要算出中间那个半径为1的圆形周围的12个圆环以及右边3个浅蓝色圆环的面积。

　　你认为自己有足够的信息去计算这些圆环的面积吗？提示：毕达哥拉斯定理可以帮到你。

二进制与电脑语言

最简单的数制就是基于两个连续数字的二进制。

古代的一些原始部落是以二进制方式计算的，中国古代的数学家已经对二进制有所了解。但二进制却是在德国数学家戈特弗里德·威廉·莱布尼茨的研究下得到全面发展的。莱布尼茨在他的著作《二进制数入门》一书里对二进制进行了具体描述。

莱布尼茨对二进制非常着迷，对他来说，这个数制象征着一个形而上学的真理：那就是0与1这两个数字足以描述任何数字。根据莱布尼茨的说法，整个宇宙都可以通过二进制数的不同排列组合去完成从无到有的过程。在莱布尼茨之前，还从未有任何一位数学家意识到，只需要0与1这两个数就可以创造出一个运作良好的按位计数系统。

1666年，莱布尼茨认为，可以通过他的二进制（0-假，1-真）方法去创造出一个完全符合逻辑的数学方法。他的这一思想被同时代的其他数学家忽略。于是，莱布尼茨就将这个想法放在了一边。十年之后，他读到了中国的古书《易经》，就充满热情地重新提出了之前的观点。

宇宙是由相互联系的各种物质(1)与非物质(0)的相互吸引组成的。正是这样的二进制排列才为宇宙万物的存在提供了基础。我们周遭存在着许多和电脑运转方式相同的事物，它们以对立为基础，非1即0——不是这个，就一定是另一个。

但是，莱布尼茨提出的二进制当时也不过是一个构思而已，直到几百年之后，电脑的出现才改变了整个世界。

戈特弗里德·威廉·莱布尼茨

> **"二进制如此之简单，即使电脑都能够明白。"**
> ——凯丽·雷德肖

二进制算盘——1680年

二进制算盘运算的原理与古典的算盘没有什么差别。数字0与1被写在一排的时候，每个位置上的0与1都代表着不同的值。如下图所示，用二进制表示的前16个数字都已经显示出来了。这些数字每加一个1时，它之前所占的位置就会空出来，数字1就会占据左边的空位。

下面给出了四个十进制数，你能够将这些数字转化成二进制数吗？

挑战难度：● ● ○ ○ ○ ○
解答所需东西：🧠 💊
完成时间：⏱ 88:88

123

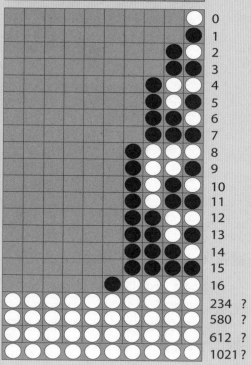

吻接球面——1694年

"吻接球面"的问题是1694年戴维·格雷戈里与艾萨克·牛顿在那次著名的对话之后被提出来的。

给定一个球，一共能有多少个相同大小的球与之同时接触呢？

在一维空间里，吻接球面的数量只有2个，在二维空间里，吻接球面的数量是6个。

牛顿认为三维空间中会有12个吻接球面，而格雷戈里则认为有13个吻接球面。

在接下来长达250多年的时间里，这个问题始终都无法得到解答。

1953年，库尔特·舒特与巴特尔·L.范·德·瓦尔登找到了最终答案。有趣的是，我们今天回过头来看就会发现，这个问题可以在一个非常高的维度上得到解答，比如在二十四维空间里，会产生196560个吻接球面。你知道在格雷戈里与牛顿之间，谁的答案是正确的吗？

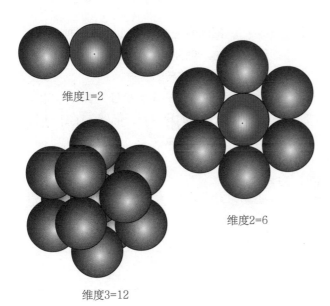

维度1=2

维度2=6

维度3=12

124 挑战难度：● ● ○ ○ ○
解答所需东西：🧠 ✂️
完成时间：🕐

最密堆积与立方八面体

围绕一个单独的球体，你最多能够堆积多少个与之体积相等的球体并使其相接触呢？这个数字就被数学家们称为"吻接数"。要是我们按照这一原理去堆积第二层或更多的层，那么我们就能在前面三层范围内做到最密堆积，如图所示。最密堆积会形成立方八面体，这是属于阿基米德多面体的一个类型。你能计算出前面三层堆积着多少个球体吗？

125 挑战难度：● ● ● ● ● ○
解答所需东西：🧠 🫘 ✂️
完成时间：🕐

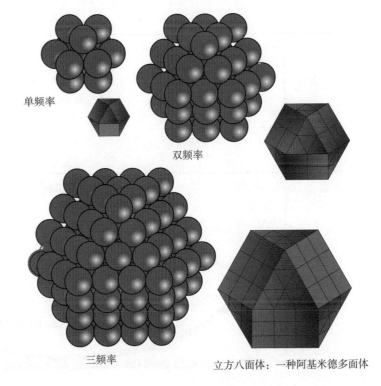

单频率

双频率

三频率

立方八面体：一种阿基米德多面体

最速降线与等时曲线问题

1696年，约翰·伯努利（Johann Bernoulli，1667—1748）向全世界的数学家提出自己已解决了最速降线的问题。最速降线指物体在两个点之间最快降落的路径。也就是说，当一个球以零速度开始滚动，在时刻受到地心引力作用并且假设没有任何外在摩擦力时，最快降落的路径。

伯努利并不是第一个解答最速降线这个问题的人。伽利略1638年就在倾斜的平面上进行了类似的实验，但是他却得出了错误的结论，认为最速降线应该是一段凹形的圆弧。

在经过莱布尼茨、牛顿与约翰·伯努利等人的辛勤研究之后，伯努利的哥哥雅各布找到了最终的答案。你能找到吗？

1659年，克里斯蒂安·惠更斯（Christian Huygens）解答了另一个问题——等时曲线问题。等时降落轨迹或等时曲线，都是指一个球在没有受到任何摩擦力，只受到重力影响的情况下，从高处落到低处所形成的曲线。这个过程与球所放的起点无关。他证明了摆线也是一种等时曲线。他的发现对于设计等时性的摆钟是至关重要的。

等时曲线上的四个球体在不同位置被同时释放，它们将会在同一时间落到最低点。

最速降落——1696年

若是按照如下四种不同的路径释放这些球体，你知道哪个球会最先到达斜坡的底部吗？换句话说，最速降线会形成怎样的曲线呢？在重力作用下，一个物体沿着哪条线降落会比其他路径要快一些呢？沿直线降落速度是不是最快呢？

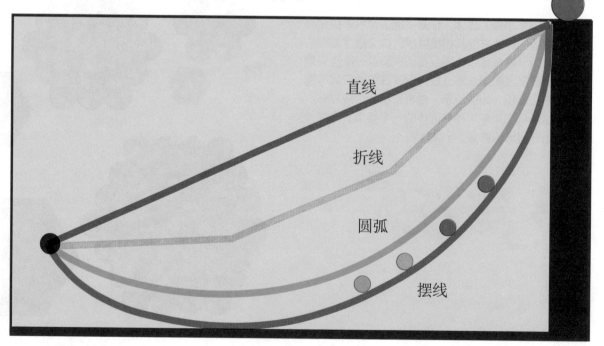

直线

折线

圆弧

摆线

佩格棋——1697年

这种游戏最早可以追溯到1697年路易十四的宫廷，当时，克洛德·奥古斯特·拜赖伊制作了一个苏比斯王子的妻子安妮·德·罗昂-沙博的雕版，在她肖像旁边刻上了这个游戏。从那时起，佩格棋游戏版被大量雕刻出来，表明这种游戏在那个时代是非常流行的。

标准的游戏规则是用棋子将整个棋盘填满，但是中间那个"洞"是不能填的。游戏的目的就是通过有效的走位，将除了中间那个位置之外的其他棋子全部清空。

这种游戏最流行的变体就是在一个33个棋格的棋盘里进行的游戏。如图所示，32个棋格都摆放着棋子，除了最中间的那一格（第17格）。更为简单的佩格棋形式就是使用棋格数量更少的棋盘，然后将中间位置以外的其他棋子都清空。

"走一步"既可以是移动一枚棋子到相邻棋子的位置上将它吃掉，也可以是将棋子挪到旁边的空位。可以沿垂直方向走，也可以沿水平方向走，但不可以斜着走。每走一步必须"跳"一次，连续跳几次也被视为一步。

没有人知道有多少种解法。显然，要想成功至少需要跳31次，但如果将连跳计算在内，那么步数可能就要少于31。

这个问题的世界纪录是18步，这个纪录是由数学家欧内斯特·贝霍尔特在1912年创造的。你需要走多少步才能成功呢？你走多远才会发现无路可走呢？

127

挑战难度：●●●●●○

解答所需东西：🧠✂️

完成时间：

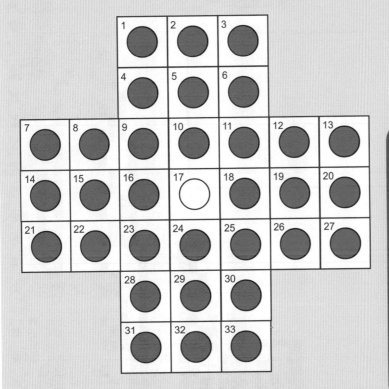

"佩格棋游戏给我带来了许多欢乐。我以相反的顺序来玩这种游戏，也就是说，我没有按照规则布局，没有跳到一个空位上，移走之前那枚已经跳过的棋子。我认为按照已经'摧毁'后的形态，在棋子所跳位置留下的空格上重建，是一个更好的做法。"

——戈特弗里德·威廉·莱布尼茨，1716年

二进制记忆轮

　　三比特（比特是二进制数字中的位）、四比特、五比特与六比特等二进制数都可以用相应的开关表示，如右图所示。

　　这些数字代表着二进制系统的前面64个数（包括0）。

　　24个开关对于同时表达三比特的二进制数来说是必需的，64个开关用来表示四比特的二进制数，160个开关用来表示五比特的二进制数，而六比特的二进制数则需要384个开关。

　　但是，如右图所示的二进制轮子里，同等数量的信息可以被分别压缩为8个、16个、32个以及64个开关，这是非常经济的一种计算方法，可以通过让开关重叠起来去完成。

　　你能找到一种方法将二进制数分布到二进制轮子上吗？这样，当你顺时针转动轮子时，所有的二进制数都用一套相邻的"开""关"转换器表示。

　　虽然代表每个数字的开关都必须是连续的，但是这些数字本身却不能按照连续的顺序分布。

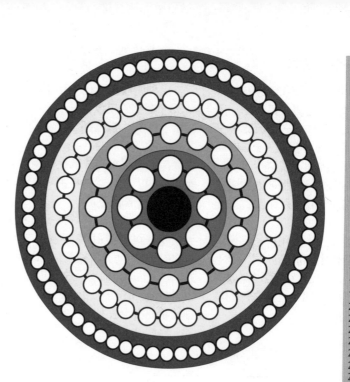

四个轮子
红色：三比特二进制数
绿色：四比特二进制数
黄色：五比特二进制数
蓝色：六比特二进制数

○ = 0
● = 1

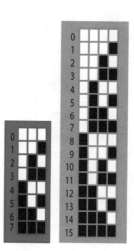
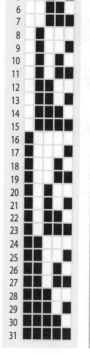
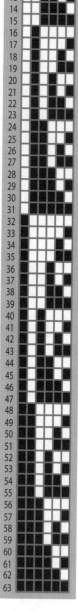

128

挑战难度：● ● ● ● ○

解答所需东西： 🧠 ✂️

完成时间： 🕑🕑

> "世界上有两种人，一种是理解二进制数学的人，另一种人则对此一无所知。"
>
> ——佚名

1米

?

乒乓球

1米

?

网球

绕地球一圈的绳索——1702年

最让人惊叹且违反直觉的悖论之一就是亨利·杜登尼提出的"绕地球一圈的绳索"问题。该问题在1702年威廉·惠斯顿（William Whiston, 1667—1752）出版的书中首次被记载。

解答这个问题，我们得假设地球是一个绝对意义上的圆球体，而且赤道的长度刚好是4万千米。

一条沿着赤道放置的绳索形成了一个封闭的圆，紧紧地围绕着地球表面。接着，你可以切开这条绳索，将它的长度加长1米，接着继续绕地球围成一个正圆。

你认为绳索与地球表面之间的距离是多少呢？如果我们不以地球为实验对象，而是对一个乒乓球、网球或其他球体进行相同的实验，又会出现什么结果呢？

129

挑战难度：●●●●●●
解答所需东西：🧠 ✂️ ⚔️
完成时间：⏱️

?

伐里农的平行四边形

假设你随意地画出五个四边形（有着四条边四个角的多边形）。下图左上方第一个四边形的每一边都被二等分，四个中点连在一起就形成了一个平行四边形。平行四边形的每条边都与这个四边形的两条对角线相平行，因此它们是成对地相等且平行的。

你能计算出这个平行四边形与它外部的四边形在面积与参数方面有何关系吗？

你能在剩下的四个四边形中以相同的方式做出一个平行四边形吗？你可以尝试一下。

130

挑战难度：●●○○○○
解答所需东西：🧠🫘
完成时间：

伐里农定理——1731年

伐里农定理是欧几里得几何学的一个陈述。1731年，皮埃尔·伐里农最早出版了与此相关的著作。这个定理是关于在任意四边形里建构一个特殊平行四边形（伐里农平行四边形）的方法。

任意四边形四条边的中点连在一起可以形成一个平行四边形。如果四边形是一个凸四边形或凹四边形（不交叉的四边形），那么这个平行四边形的面积就是整个四边形面积的一半。

力矩原理在机械学上又被称为伐里农定理。其内容是：对于同一点或同一轴而言，任何力的力矩等于各分力的力矩之和。这是一个非常重要的原理，通常会与传递性原理一起，用来决定作用于某一结构或结构内部的力或力学系统。

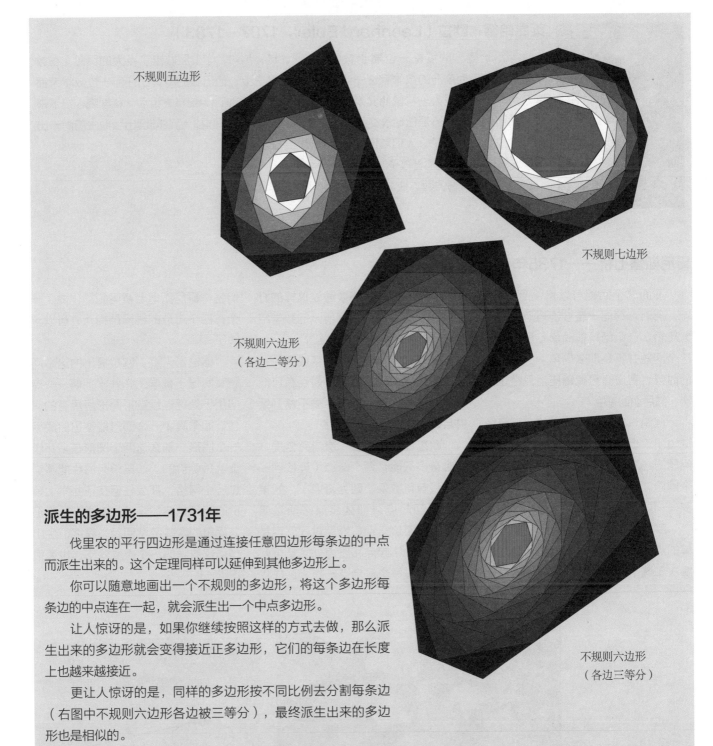

不规则五边形

不规则七边形

不规则六边形
（各边二等分）

不规则六边形
（各边三等分）

派生的多边形——1731年

伐里农的平行四边形是通过连接任意四边形每条边的中点而派生出来的。这个定理同样可以延伸到其他多边形上。

你可以随意地画出一个不规则的多边形，将这个多边形每条边的中点连在一起，就会派生出一个中点多边形。

让人惊讶的是，如果你继续按照这样的方式去做，那么派生出来的多边形就会变得接近正多边形，它们的每条边在长度上也越来越接近。

更让人惊讶的是，同样的多边形按不同比例去分割每条边（右图中不规则六边形各边被三等分），最终派生出来的多边形也是相似的。

莱昂哈德·欧拉（Leonhard Euler，1707—1783）

莱昂哈德·欧拉是一位瑞士数学家，也是历史上最为高产的数学家之一。他在巴塞尔大学学习，成为一名像他父亲那样的牧师，然而对数学的热爱让他改变了学习的方向。欧拉有13个孩子。人们常说他最伟大的数学发现就是在怀里抱着孩子时做出的。

他在数论、微分方程、变分法以及其他领域，都对数学发展做出了巨大的贡献。在数学史上，他出版的专著比任何一位数学家都要多。他于1783年去世后，科学院在接下来50年的时间里，仍在陆续出版他生前尚未出版的著作。

哥尼斯堡七桥——1735年

下面这个问题可以追溯到1735年，那时，德国一座城镇哥尼斯堡有七座桥。这个问题很简单（虽然解答这个问题并不是那么简单）：在散步的时候，有没有可能每座桥只经过一次，然后返回家呢？

据说，住在这座镇上的人们已经试过了，但始终都没有找到解答这个问题的方法。欧拉在1735年解答了这个问题，并且为数学一个最重要的分支——图论打下了基础。

欧拉将图形简化为看上去非常简单的点和线，从而以独创的抽象方式解决了这个问题。欧拉的方法就是只用点与线去进行解答。通过这样的方式，他创造出了如下图所示的数学结构，我们今天称之为"欧拉图"。

接下来，这个问题就变成了：一个由线与点构成的图形，是否有可能一笔画出来，使你的笔中途不离开纸并且每一条线都不重复呢？

欧拉证明，想要一次走完全程，那么最多只能有两个奇点（连接到一点的线有奇数条，则为奇点）；如果需要返回起点，那么起点必须是偶点。明白了这一点，推理过程就容易理解了：除了起点和终点外，整个旅程只会经过每个汇合点一次。这样我们就将哥尼斯堡七桥问题简化成了一个有四个奇点的线网结构，并可以求解了。

结论是无解。欧拉提出的这个问题其实属于数学的拓扑学范畴——专门用于处理连续变形图形所具有的属性。如果其中一个图形能够扭曲成另一个图形，那么这两个图形在拓扑学上就是等价的。如果单条曲线能够穿过一个网络，那么任何在拓扑学上等价的网络也会被穿过。这个开始看上去简单的趣味数学问题，最终衍生出了当代数学的一个重要分支，也算很不错啦！

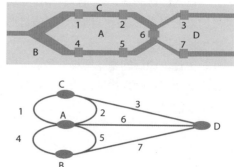

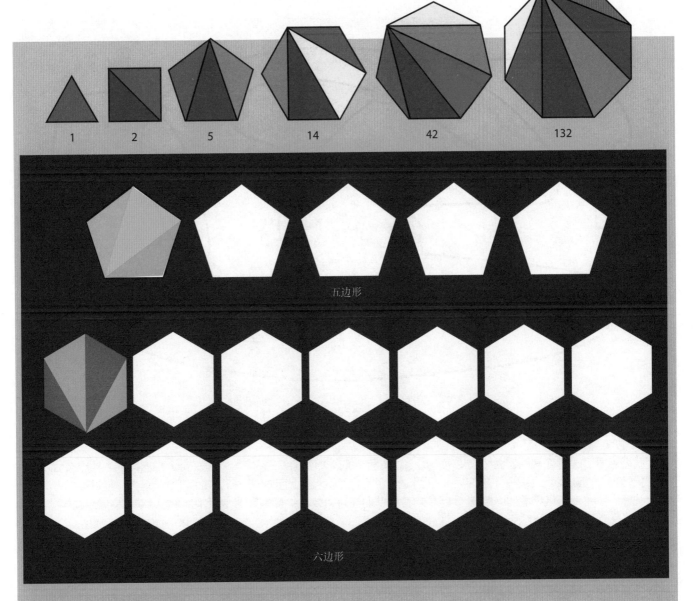

五边形

六边形

欧拉的多边形分割问题——1751年

三角形划分是将一个平面多边形划分为多个三角形。

其中一个基本的三角形划分问题就是"欧拉多边形分割"问题。欧拉在1751年向克里斯蒂安·哥德巴赫提出这个问题：将一个有 n 条边的平面凸正多边形通过对角线分割为 $n-2$ 个三角形（将旋转与镜像都计算在内），分割的时候不能与另外一个三角形相交，有多少种分割方式？

如上图所示，你能在五边形与六边形里找到多少种不同的三角形划分方法呢？问题并没有看上去那么简单，这已经引起了许多人的关注。你能计算出边数为 n 的凸多边形有多少条对角线和三角形吗？

挑战难度：●●●●○○

解答所需东西：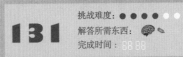

完成时间：

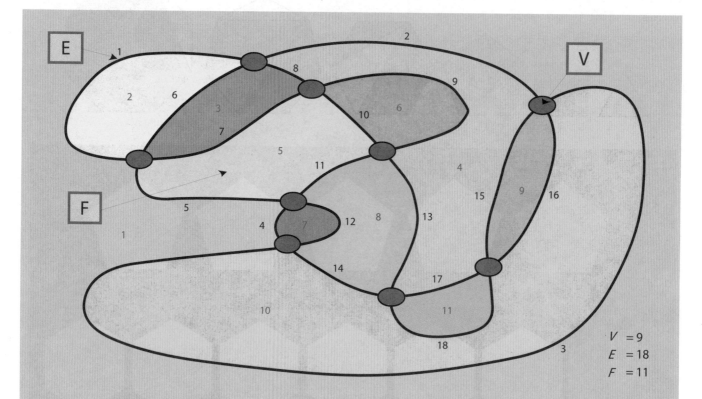

$V = 9$
$E = 18$
$F = 11$

欧拉公式——1752年

我随意画了一幅涂鸦画。为了使涂鸦更随机一些，我闭上眼睛，在白纸上乱画，手不离开纸，画出一条连续的线——注意不要超出这张纸的范围，然后睁开眼睛，将起点与终点连接起来。你可以按这样的方法去尝试一番。这样做是为了表明，即便是随机的涂鸦都可能隐藏着一些具有重大数学意义的模式。

你能够从中找到什么模式吗？你一定对涂鸦画背后隐藏的秘密充满兴趣：

1. 这幅涂鸦画有多少个交点(V)呢？

2. 这幅画有多少条边(E)呢？一条边指连接两个点的部分。

3. 这幅画有多少个区域(F)呢？

当然，我们能统计出上面这些问题的答案，但还有另外一种解题方法。如果你知道三个参数中的两个，那么第三个参数就自然会出现。

你能列出被称为欧拉公式或欧拉示性数的公式吗？

这是数学最具美感、最重要的表达，它对我们在平面上所做的任何相连接的涂鸦展现出了深刻洞察力。但事实还不止如此。

我们还可以看到，在所有的凸多面体里，每个顶点、边与面在欧拉公式里都有相同的关系。

虽然这个数学公式是以欧拉名字命名的，但完整的证明方法并不是欧拉一个人想出来的。这个公式的形成历时200年之久，经过许多数学领域里伟大的人物——包括勒内·笛卡儿（1596—1650）、欧拉（1707—1783）、阿德里恩·马里·勒让德（1752—1783），以及奥古斯丁·路易·柯西（1789—1857）的共同努力，才最终完成欧拉公式的证明。

132 挑战难度：●●●●○
解答所需东西：🧠 ✂
完成时间：⏱

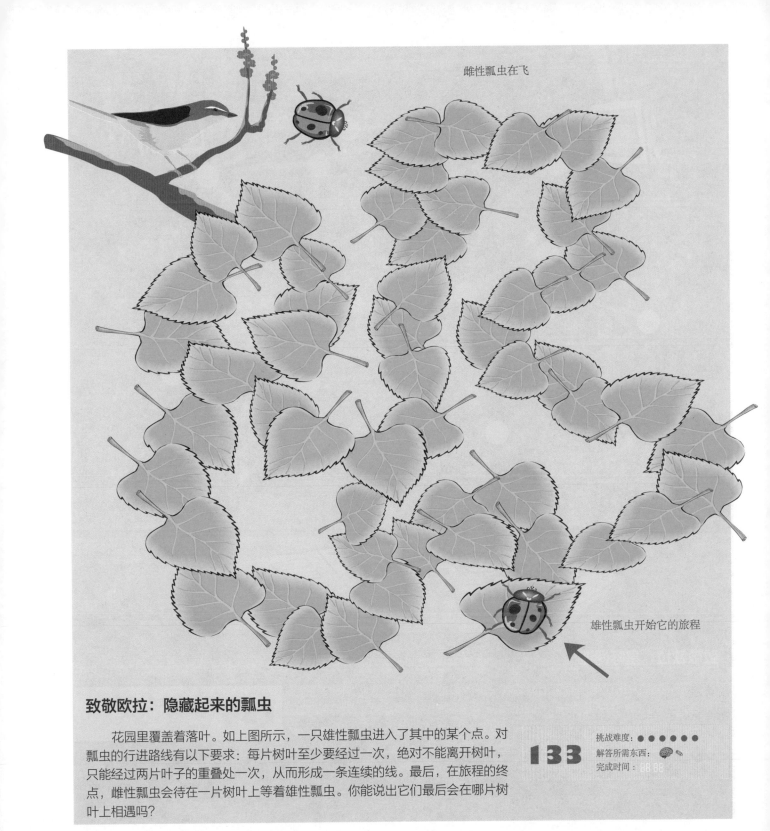

雌性瓢虫在飞

雄性瓢虫开始它的旅程

致敬欧拉：隐藏起来的瓢虫

花园里覆盖着落叶。如上图所示，一只雄性瓢虫进入了其中的某个点。对瓢虫的行进路线有以下要求：每片树叶至少要经过一次，绝对不能离开树叶，只能经过两片叶子的重叠处一次，从而形成一条连续的线。最后，在旅程的终点，雌性瓢虫会待在一片树叶上等着雄性瓢虫。你能说出它们最后会在哪片树叶上相遇吗？

133

挑战难度：● ● ● ● ● ●
解答所需东西：🧠
完成时间：

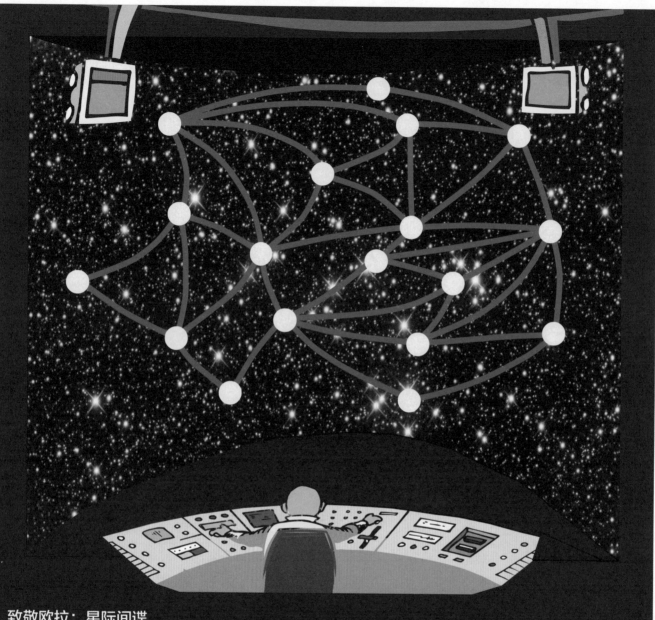

致敬欧拉：星际间谍

星际安保人员在电脑屏幕上追踪着一艘入侵的飞船。外星人的间谍飞船从北面进入了我们的行星系统，并且沿着一条连续的路径横穿行星间固有的路线，到其他行星收集秘密情报。它不会两次经过同一条路线，其明显的意图就是不希望被我们的安保系统发现，并尽可能快速地离开。

但是，我们的军事力量已经在它想要离开的地点等候多时，因此对方的飞船能逃脱的概率是非常小的。

你能够猜出我们的星际防御力量在哪个点进行了防御部署吗？

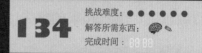

投针

如果将一根针或一根火柴从某个高度投下，使之落在一个棋盘上，这个棋盘表面画着许多条平行线，平行线之间的距离都与针的长度相等。那么这根针下落后碰到一条线的概率有多大呢？

投一根火柴100次，统计出火柴落在一条线上的次数。然后用200除以这个数字，你的结果有多接近π（3.14）呢？

135 挑战难度：● ● ● ● ● ●
解答所需东西：🧠 ✂️
完成时间：88:88

布丰投针实验——1750年

布丰的投针实验是几何概率领域内最古老的问题之一，也是在奇怪的地方意外展示出数学π的惊人例子。

乔治斯·路易斯·勒克莱尔（1707—1788）——布丰伯爵——将自然界的所有事物都写入了他那本厚达44卷的百科全书《自然史》里。

在这本书的附录里，布丰将投针实验写了进来（虽然这个问题与自然史没有任何关系）。忽然间，他成了那个时代最重要的博物学家。

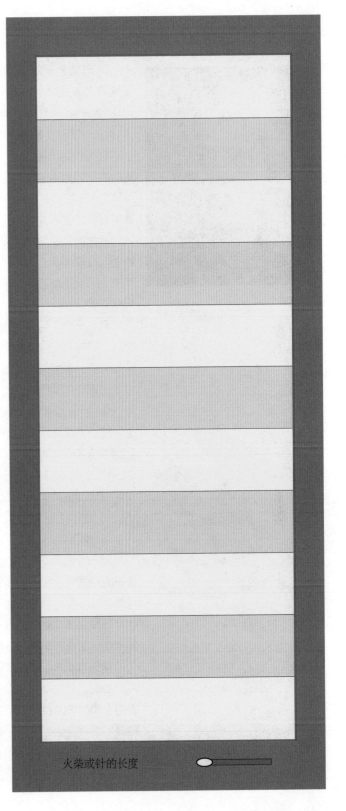

火柴或针的长度

投掷硬币：达朗贝尔的悖论——1760年

投币实验揭示了很多概率原理。早期有关概率的悖论之一被称为"达朗贝尔悖论"，是以让·勒朗·达朗贝尔（1717—1783）的名字命名的。

在投掷两个硬币时，会出现三种可能的结果。这是否能说明出现每一种结果的概率为1/3呢？事实上，这些结果出现的概率并不是相等的，这一事实是达朗贝尔和其他同时代数学家都没有注意到的。实际上，在投掷两个硬币（或投掷一个硬币两次）时会出现四种结果，今天一般人都会意识到。

要是一个幸运的人在了解了这一事实之后，穿越时空回到那个时代，他一定能够成为当时举世无双的赌博大王。

对硬币的两面进行着色或标上数字，可以使硬币的正面与反面一目了然。事实上，在投掷两次硬币的时候，会出现四种可能的结果：

1. 正面（1）—正面（2）
2. 反面（1）—反面（2）
3. 正面（1）—反面（2）
4. 反面（1）—正面（2）

当一个硬币被抛向空中时，谁也无法说清楚最终会出现哪个面。但如果我们投掷100万次，那么结果的变化会越来越小，正反面出现的次数几乎各占一半。事实上，这就是概率论的基础。

从根本上来说，概率论的背后存在着两个法则，一个是"兼容并蓄"，就是计算两个事件同时发生的概率；另一个法则则是"二者择一"，就是计算两个事件其中之一发生的概率。

"兼容并蓄"法则是指两个独立事件同时发生的概率，等于一个独立事件发生的概率乘以另一个独立事件发生的概率。

比如说，投掷一个硬币出现的正面结果是1/2,那么两次投掷硬币都出现正面的概率就是1/2 x 1/2 等于1/4。

"二者择一"法则是指两个相互独立的事件，其中一个或另一个事件发生的概率等于每一个事件发生的概率相加。比如说，投掷一个硬币出现正面或反面的概率就等于出现正面的概率加上出现反面的概率，也就是: $1/2 + 1/2 = 1$。

但是，如果进行三次或三次以上的投掷，又会出现什么情况呢？著名的帕斯卡三角形（参见第142页）就给了我们任何投掷次数可能出现的答案。在帕斯卡三角形中，每行的第一个数字代表着所有硬币都出现正面的次数，第二个数字就是除了一个硬币之外所有硬币中都出现正面的次数，依此类推。

比如说，在投掷四个硬币时，投掷结果都为正面的概率为1/16。参考帕斯卡三角形，你能计算出在投掷10个硬币的时候，出现五个正面的概率吗？

首先，你要计算出这种投掷结果出现的不同方式。对角线5与第10排上的数字的交点就提供了答案：252。现在，你可以将第10排的数字相加，就得出了投掷10个硬币出现的全部结果。这里有一个较快的方法：第 n 排的数字总和始终是 2^n。因此，出现五次正面结果的概率是252/1024。

扔四个硬币的实验

　　概率论是行之有效的。从下图中，你能看到四个硬币投掷100次的统计结果。在每次投掷时，出现正面结果的数量都被记录下来，形成了一个结果频次图。我们可以将依据概率法则算出的结果与这个图表进行对比。

　　如果我们增加投掷的次数，那么结果就会更加接近理论上的曲线。即便如此，从帕斯卡三角形的第四排可以看到，这个数字已经相当接近实际的概率了。你可以尝试一下，然后将得出来的结果与概率法则相对比，看看是否吻合。

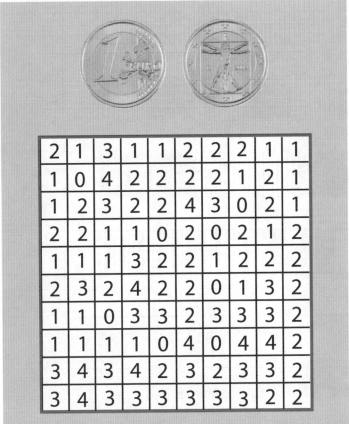

正面数值	出现次数	出现频率	帕斯卡概率
0 –	8	8%	6%
1 –	24	24%	25%
2 –	36	36%	37%
3 –	23	23%	25%
4 –	9	9%	6%

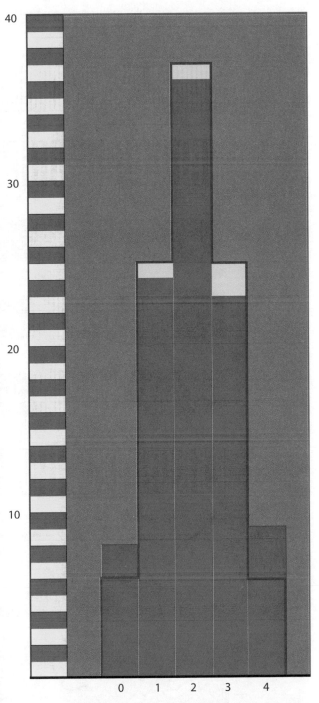

红色图表：统计结果

蓝色图表：根据帕斯卡三角形得出的概率

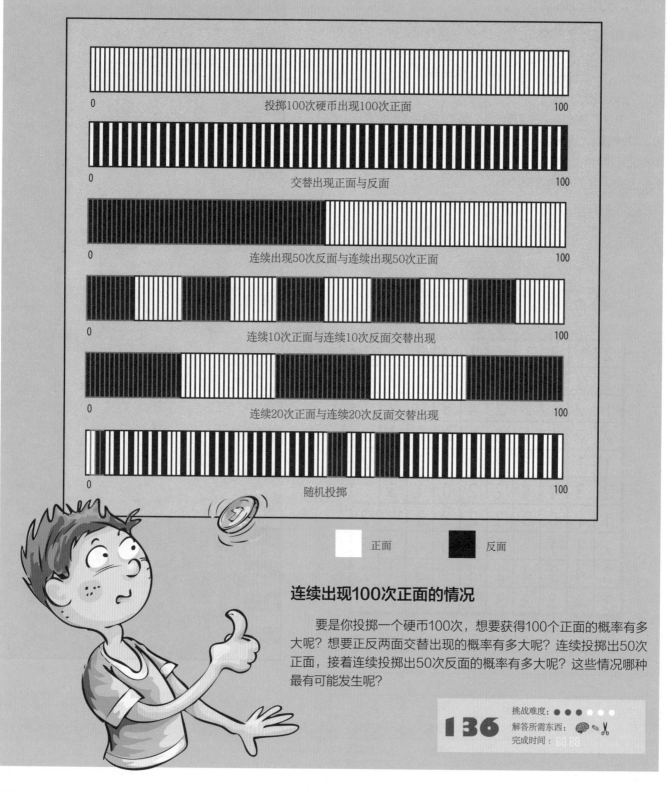

连续出现100次正面的情况

要是你投掷一个硬币100次，想要获得100个正面的概率有多大呢？想要正反两面交替出现的概率有多大呢？连续投掷出50次正面，接着连续投掷出50次反面的概率有多大呢？这些情况哪种最有可能发生呢？

136

挑战难度：●●●○○

解答所需东西：🧠✂️

完成时间：

最短路径

在许多点中找寻一个最短路径的问题是很难的。

比如，你能猜到连接两个、三个、四个、五个或六个点的最短路径是什么样子吗？这些点可能代表地图上的一座城镇或其他东西。

137

挑战难度：●●●○○○

解答所需东西：🧠 ✂️

完成时间：⏱

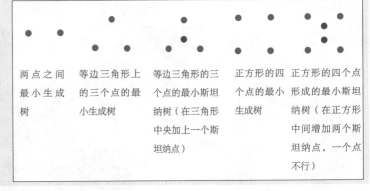

两点之间最小生成树

等边三角形上的三个点的最小生成树

等边三角形的三个点的最小斯坦纳树（在三角形中央加上一个斯坦纳点）

正方形的四个点的最小生成树

正方形的四个点形成的最小斯坦纳树（在正方形中间增加两个斯坦纳点，一个点不行）

雅各布·斯坦纳的最小生成树

如果在平面上有一定数量的点，一个显而易见的问题就出现了，那就是这些点如何通过最短距离的直线去相互连接。

在这些问题上，我们能够区分最小生成树与最小斯坦纳树之间的不同之处。后者就是通过加入一个或一个以上被称为斯坦纳点而形成的最短距离。

斯坦纳点与斯坦纳生成树都是以瑞士几何学家雅各布·斯坦纳（1796—1863）的名字命名的，他是第一个研究最短路径问题的几何学家。

肥皂泡与普拉托的问题

有另一种方法可以研究这类难题——通过肥皂泡。

肥皂泡似乎与严肃的科学和数学研究相距甚远。但是，不仅是小孩子会吹肥皂泡，科学家们也会利用肥皂泡设计空间站或寻找自然界一些最艰深问题的答案。

肥皂膜似乎"知道"一些法则——放入肥皂液的简单金属丝模型通常会在瞬间帮助科学家们找到复杂问题的解决方案。

在进行这些简单的实验时，我们都应该意识到，我们是在解答变分法这个数学领域内的问题。这样做背后的一个主要理念，就是要学会利用最少的建筑材料去建造一个结构。

为什么肥皂泡是圆的呢？因为表面张力会让肥皂泡表面尽可能地收缩。肥皂泡形成的形状会以最少的表面——也就是球面去囊括特定的体积。

普拉托问题就是要找寻特定范围内的最小表面，这个问题是约瑟夫·路易斯·拉格朗日（Joseph Louis Lagrange）在1760年首先提出的。

这个问题是以比利时的物理学家约瑟夫·普拉托（1801—1883）的名字命名的，他是第一个用肥皂膜进行实验的人。（1832年，他第一个使用被他称为转盘活动影像镜的仪器去演示移动画面景象。）

直到1930年，杰西·道格拉斯与蒂博尔·劳多才各自独立地找到了这个问题的一般性解法。他们两人的解法完全不同。

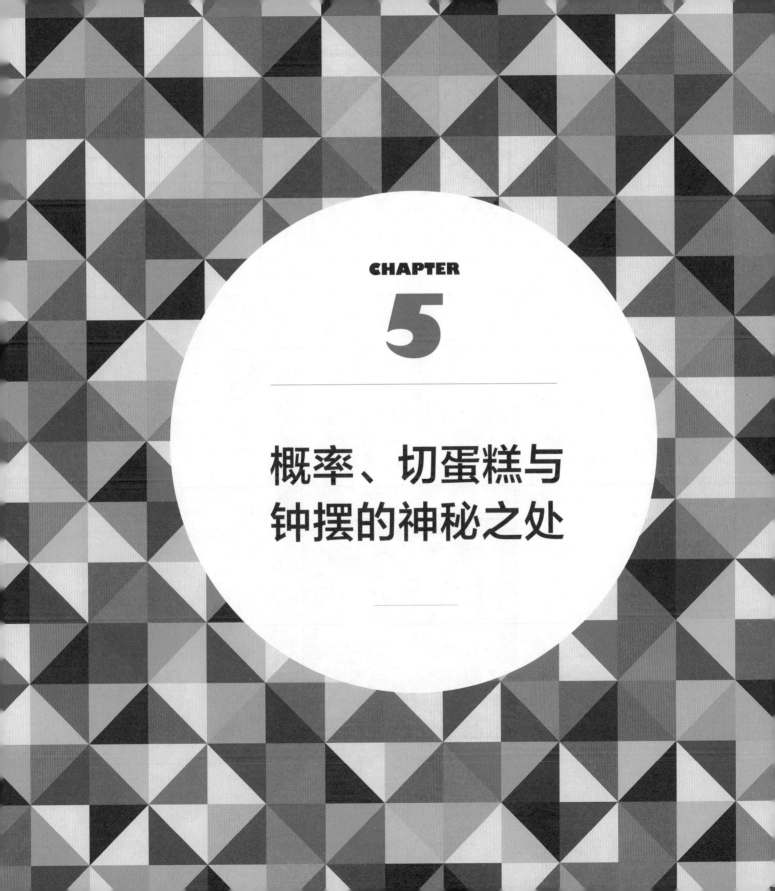

CHAPTER

5

概率、切蛋糕与钟摆的神秘之处

骑士遍历问题

在棋盘游戏里，"骑士"只能水平移动两个方格，垂直移动一个方格，或垂直移动两个方格，水平移动一个方格。

最古老最有趣的棋盘游戏就是骑士遍历，这个游戏可以追溯到6世纪的印度，但是莱昂哈德·欧拉（1707—1783）是第一个对这个问题进行认真分析的人。

这个"骑士"棋子是否能够走遍棋盘中所有的方格，且每个方格只走一次呢？

从数学角度去看，这是一个图形问题。找寻一条封闭的骑士遍历路线就是在图论里找寻哈密顿圈的一个例子（详见后文）。

封闭的遍历路线只有在双面棋盘上才能找到。欧拉从中发现了许多不同寻常的对称性，并且按照这种方式创造出了一些视觉模式，这些模式具有的美感让人愉悦。

你能在下一页的小棋盘里找到骑士的遍历路线吗？

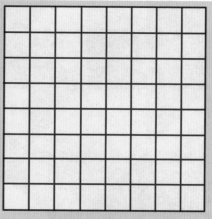

找寻一条封闭的骑士遍历路线就是在图论里找寻哈密顿圈的一个例子

在国际象棋中，有13 267 364 410 532条封闭的骑士遍历路线

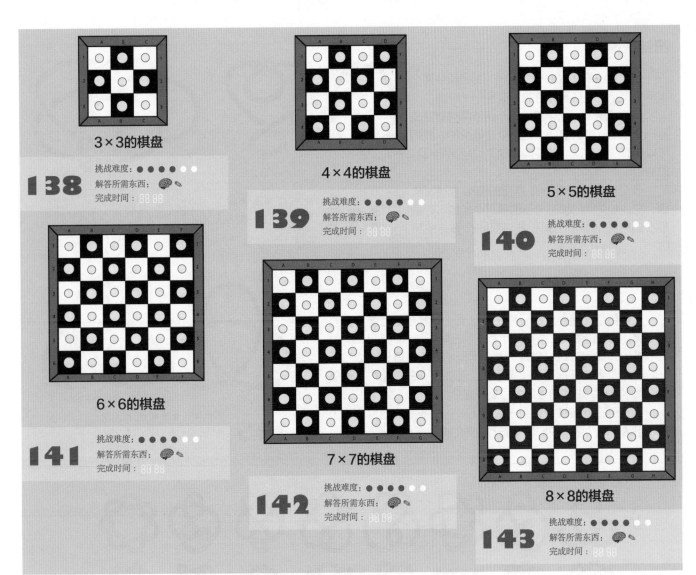

3×3的棋盘

138
挑战难度：●●●○○○
解答所需东西：🧠 ✏️
完成时间：88:88

4×4的棋盘

139
挑战难度：●●●●○○
解答所需东西：🧠 ✏️
完成时间：88:88

5×5的棋盘

140
挑战难度：●●●●○
解答所需东西：🧠 ✏️
完成时间：88:88

6×6的棋盘

141
挑战难度：●●●●○
解答所需东西：🧠 ✏️
完成时间：88:88

7×7的棋盘

142
挑战难度：●●●●○
解答所需东西：🧠 ✏️
完成时间：88:88

8×8的棋盘

143
挑战难度：●●●●○
解答所需东西：🧠 ✏️
完成时间：88:88

"骑士"跨越与不跨越的"遍历"

在1968年出版的《消遣数学期刊》里，L.D.亚伯勒（Yarbrough）提出了"骑士遍历"这个经典问题的一个变体。骑士棋子除了不能在同一个方格里经过两次之外（在封闭的"遍历"中除外，因为最后一步会回到一开始的方格，否则，这就是一个开放的"遍历"），还不能穿越自己所走的道路（这条道路是由每一步的始点与终点之间的直线构成的）。

衍生出来的这一变体叫做"不跨越的骑士遍历"。

马丁·加德纳在他的著作《数学循环》一书中就指出了这个问题，并且解释说，亚伯勒在6×6的棋盘里发现的遍历步数，能够从原先的16步提升到17步。

唐纳德·克努特（Donald Knuth）写了一个程序，主要是对3×3到8×8的所有棋盘进行研究。遍历一次需要的步数分别是2，5，10，17，24与35。

纽结理论

纽结理论最基本的一个问题，就是承认两个或两个以上的纽结是等价的。这是一个难题。

两个纽结中，如果其中一个纽结能够转变成另一个纽结，那么这两个纽结就是等价的。我们可以用算法去解这个题，但是这个过程是相当耗时的。

一个特例就是从一个真正的纽结中找出松结。左边与中间的图形显示的是两个松结。你猜最右边的图形显示的是松结还是一个真正的纽结？

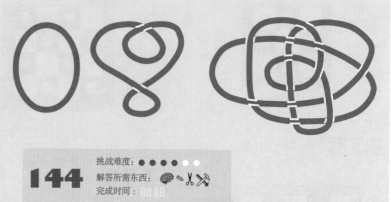

144

挑战难度：● ● ● ● ○ ○
解答所需东西：🧠 ✂️ 🔨
完成时间：

三叶纽结

三叶纽结是最简单的一种纽结形式，这种纽结有两种主要的形式，如右边的两个图形所示：左手三叶结与右手三叶结。

无论你如何去进行尝试，都不可能将左手三叶结变成右手三叶结。二者的区别在于一个是在上面交叉，一个是在下面交叉，而不是根据曲线所处的方位进行区分。

当一个三叶结被投射在一面墙上时，你能准确地指出这个三叶纽结是两个版本中的哪个吗？认对的概率有多大呢？

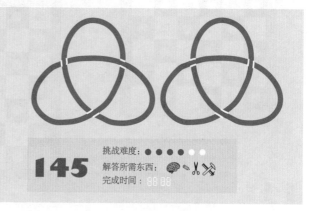

145

挑战难度：● ● ● ● ● ○
解答所需东西：🧠 ✂️ 🔨
完成时间：

纽结表

如上图所示，这些纽结都是按照复杂程度由简到繁排列的。衡量一个纽结的复杂程度通常就是看它的交点数量，或纽结在一个最简单的平面投影里显示的双点的数量。三叶结是唯一一种有3个交点数的纽结（不考虑镜像）。第八个图形的纽结是交点为4的唯一纽结。

交叉5次可以有2个结，交叉6次可以有3个结，交叉7次可以有7个结。再往后数字就会激增。在最小投影的情况下，交叉13次或更少可以造成12965个结，交叉16次或更少可以造成1701935个结。上图是16个最简单的纽结图形。

立方格子结与三叶纽结

在拓扑学领域里，三叶纽结是最简单的一种非平凡纽结。可以将一个普通的单线结松散的两端连接起来，形成一个三叶结，即打结的环。

三叶纽结作为最简单的纽结，是研究数学纽结理论的基础。这一理论在拓扑学、几何学、物理学以及化学方面得到了广泛的应用。

起点

立方格子结

想象一只苍蝇沿着立方格的边形成的封闭链条移动。

这根链条自身绝对不能接触或相交，在每个角上只能有两根线相交。右图显示的就是12条线形成的封闭链条。

在一个立方格子里，形成一个三维空间纽结的最短封闭链条是什么呢？

高斯的十七边形——1796年

欧几里得证明了可以通过圆规与直尺画出正多边形的方法，其中就包括等边三角形、正方形、五边形以及衍生出来的图形（正六边形、正八边形、正十边形、正十六边形、正二十边形、正二十四边形、正三十二边形、正四十边形、正四十八边形、正六十四边形，等等）。

19岁的时候，高斯（1777—1855）就找到了画出正十七边形的一种具有美感的方法，这让他深信自己应该将一生的精力投入到数学研究上。对于推动数学的发展，这确实是一个无比幸运与正确的决定。

高斯对他发现正十七边形的成就非常满意，甚至让人在他的墓碑上画上正十七边形。石匠对此表示反对，说正十七边形的形状与一个圆形非常像，因此很难雕刻。

高斯运用他的数学才华判断出，在希腊数学的限定之下，哪些建构是可行的，哪些是不可行的。他证明了一系列可构造的多边形都与费马质数存在联系。所谓费马质数就是指一个费马数，这是以第一个研究这个问题的人——皮埃尔·德·费马——的名字命名的，费马数是以正整数形式出现的数字，其形式是 $F_n=2^{2^n}+1$，其中，n 代表一个非负整数。排在前列的几个费马数是：3，5，17，257，65537…4294967297。

构造十七边形的方法有很多种，下面要说的这种方法是在1893年被发现的。

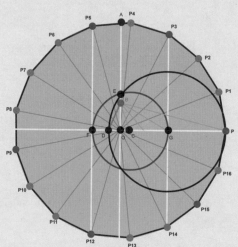

十七边形最具美感的构造方式——1893年

十七边形最具美感的构造方式是在1893年被发现的。

具体的操作方法如下：画一个圆，以 O 点为圆心，然后在圆上选择一个点 P。接着，在圆上找到另外一个点 A，让线段 OA 与线段 OP 垂直；在线段 OA 上选择一个点 B，让线段 OB 的长度为线段 OA 长度的1/4；在线段 OP 上找到一个点 C，让角 OBC 是角 OBP 的1/4；在线段 OP（延长线）上找一个点 D，让角 DBC 为45°；让 E 点表示圆 DP 与线段 OA 的交点。

此时，经过点 E 画一个以点 C 为圆心的圆，点 F 与点 G 表示该圆与线段 OP 相交的两个点。接着，如果从点 F、G 引出两条垂直于线段 OP 的线段，那么它们就会在大圆上形成 P5 与 P3 两个点，如上图所示。点 P、P3 与 P5 代表着正十七边形的第0个、第3个以及第5个顶点。通过对角 P3-O-P5 进行二等分可以确定点 P4 的位置，依此类推。

七巧板——1802年

七巧板最初是由中国人发明出来的，具体的发明时间不详。七巧板是人类已知的关于剖分问题的最古老的拼图游戏。七巧板又被称为中国七巧板，与十四巧板很类似。

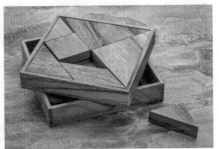

七巧板由七个被称为坦斯的部分组成。在《坦斯的第八本书》里，描述了有关七巧板的虚构的历史故事，据说它在4000多年前就已经被发明出来了。

七巧板最早的模型可以追溯到1802年。1815年，这个游戏传到了美国。1817年到1818年间，全世界范围内掀起了一股拼图游戏风潮，七巧板风靡一时。七巧板所具有的精妙性及各种可能的组合，人们只有在游戏中才会体验到。

在游戏史上，真正具有原创性的发明都必然会在世界各地形成全新的思想、催生各种版本的游戏变体与全新的游戏。先不谈拼图游戏具有的打发时间的消遣功能，很多变异版本的游戏不仅涉及正方形的剖分问题，而且还涉及长方形、圆形、蛋形、心形或其他图形的剖分。今天，依然还有十多种变异版本的七巧板，但是，也许七巧板原始版本才是这一类游戏中最好的。

七巧板拼图游戏促使人们创造出了许多让人着迷与具有挑战性的拼图游戏，比如，七巧板多边形、七巧板悖论（这有点像著名的杜登尼悖论游戏）以及其他游戏。如果你解答了这里所提出的问题，那么你就可以创造属于自己的七巧板游戏，这将会给你带来一段回报颇丰且有教育意义的消遣时光。喜欢玩七巧板游戏的名人包括埃德加·爱伦·坡、路易斯·卡罗尔等。拿破仑在流放期间，也花了许多时间发明新的七巧板游戏，并且解决了不少七巧板游戏难题。

经典的七巧板游戏

将七巧板的七个部分复制下来，给黑影涂上相应的颜色。

147

挑战难度：●●●●○

解答所需东西：

完成时间：

七巧板凸多边形

可以说，七巧板图形几乎存在着无限的可能性。但有趣的是，潜在的凸多边形数量却是非常有限的。

两位中国数学家证明，利用七巧板的七块板只能够形成十三种不同的凸多边形：一个三角形、六个四边形、两个五边形与四个六边形。你可以自己试一试。

七巧板悖论

如右图所示，这些图形都是用七巧板的七块板创造出来的。

你能解释这些拼图之间的细微差别吗？（七巧板悖论问题收录在杰瑞·斯洛克姆所著的《七巧板之书》里，该书汇集了山姆·劳埃德、亨利·杜登尼、詹尼·萨尔科内等人的著作）。

马尔法蒂的大理石问题——1803年

在数学领域里，一下子得出一个错误结论，实在是太容易了。这样的情况经常发生。

马尔法蒂问题就是一个兼具美感与说服力的例子。

1803年，意大利数学家吉安·弗朗西斯科·马尔法蒂（1731—1807）提出，三个大理石圆柱体（有必要的话，这三个圆柱体的大小不同），当它们从一个直角三棱柱中被雕刻出来时，它们的总截面最大。

这与在任意一个三角形内装入三个互不重叠的圆，求这三个圆最大总面积的问题是一样的。

现在，这个问题被称为大理石问题（马丁在1998年提出的）。马尔法蒂认为，他知道这个问题的答案。他提出，当三个圆（马尔法蒂圆）彼此相切，并且分别与这个三角形的两条边相切时，就可以得到问题的答案。

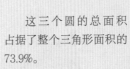

1930年，人们发现，截面是等边三角形时，马尔法蒂的"解决方法"并不奏效，这种情况下，一个大圆与三角形的三条边相切显然更好。

三个圆的总面积占据了整个三角形面积的72.9%。

这三个圆的总面积占据了整个三角形面积的73.9%。

因此，我们可以得出结论，等边三角形是马尔法蒂提出的解决方法的一个例外。但在1965年，霍华德·伊夫斯又发现，截面是又长又瘦的直角三角形时，马尔法蒂提出的解决方法也是错误的。

显然，第二个三角形能够给出比马尔法蒂三角形更好的解法。

最后，在1967年，迈克尔·戈尔德贝格证明马尔法蒂的解是完全错误的。正确的解决办法是三个圆中有一个圆与这个三角形的三条边相切。

椭圆形桌子——1821年

　　1821年，约翰·杰克逊在《冬夜里的理性娱乐》一书里，提出"将一张圆形桌子切割成两张完全一样的椭圆形桌子，使每一张桌子中间都有一个细长的洞"这个经典问题。他给出的解答方法如是将这张桌子分割为八个部分，右图所示。山姆·劳埃德在他的著作《5000个谜题的百科全书》里，将桌子按右边的方式分割为六个部分，就解决了这个问题。但是，他继续寻找片数最少的解答方法，很快就发现了四片式的解答方法。

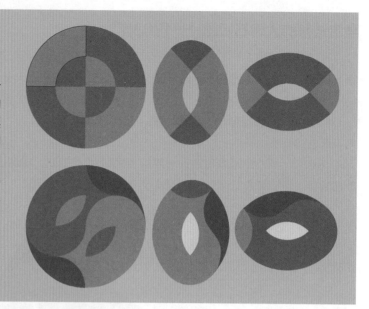

150

挑战难度：●●●○○

解答所需东西：🧠 ✂

完成时间：⏱

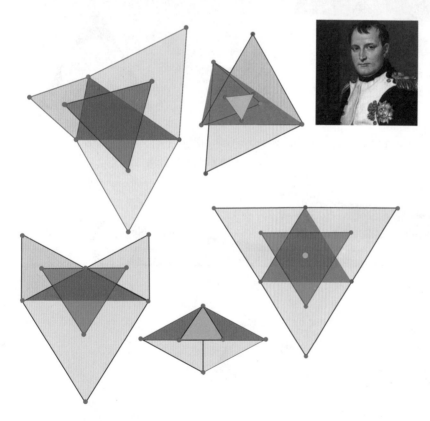

拿破仑定理——1825年

　　拿破仑定理是这样阐述的：如果以任何一个三角形的一条边为边长构建一个等边三角形，无论这个等边三角形是外接的还是内接的，这些等边三角形的中心本身就可以形成一个等边三角形。

　　这样形成的三角形就被称为拿破仑三角形（无论内接还是外接）。这两个三角形面积之差等于原始的那个三角形面积。

　　拿破仑定理通常归功于拿破仑·波拿巴（1769—1821）。拿破仑算得上是一位业余数学家，但他是否发现并解答了这个问题，至今仍没有定论。

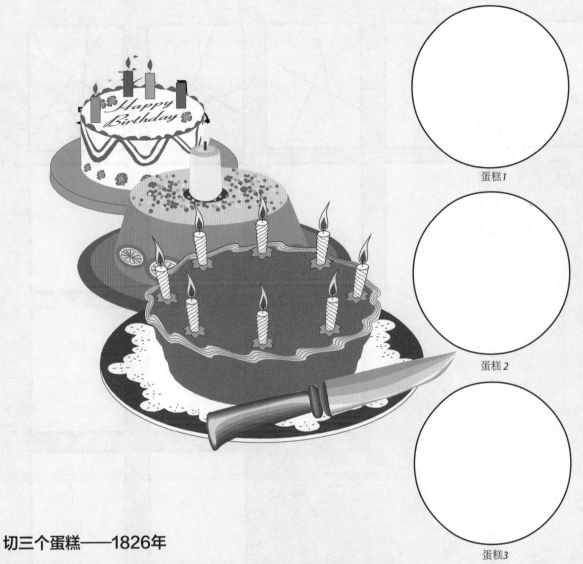

蛋糕1

蛋糕2

蛋糕3

切三个蛋糕——1826年

智力游戏有无数种。但也许没有比剖分游戏更古老的游戏了。古代的中国人解答的问题，就跟19世纪提出的这个切蛋糕问题很类似。

在一个生日聚会上，用一把直刀将三个蛋糕分成34份，然后分给34个小孩。这把直刀要在蛋糕上最少切多少刀，才能让每一个孩子都得到一份蛋糕呢（每个孩子不一定都得到分量一样的蛋糕）？

这种切割要满足一个条件：每个蛋糕至少要切两次。在此条件下，每个孩子都能得到一块蛋糕吗？如果我们要求每个孩子都得到分量相等的蛋糕，那么至少需要直线切多少次呢？

151

挑战难度：● ● ● ● ○ ○
解答所需东西：🧠 ✏️ ✂️ 📐
完成时间：⏱️

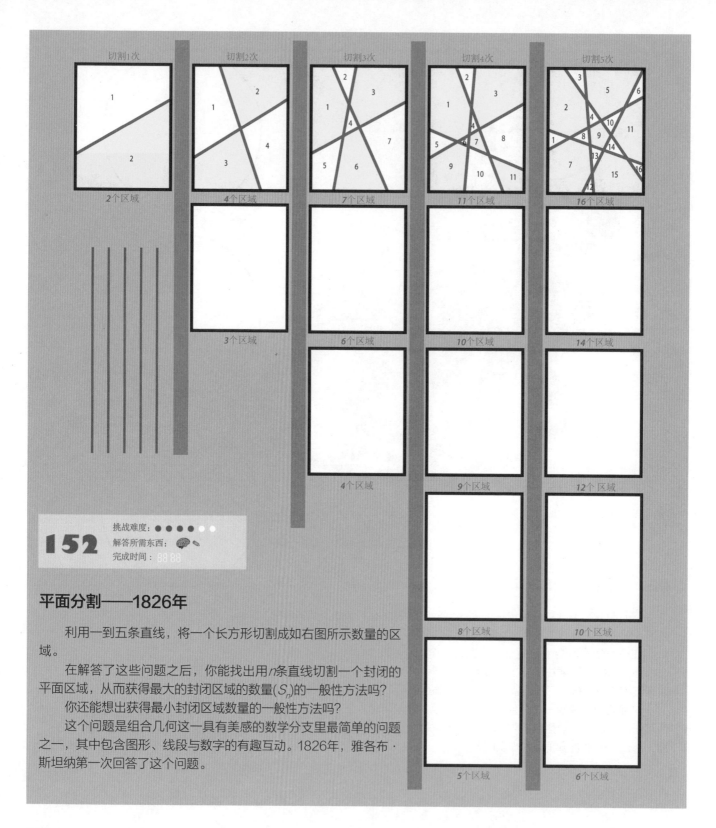

152

平面分割——1826年

利用一到五条直线,将一个长方形切割成如右图所示数量的区域。

在解答了这些问题之后,你能找出用n条直线切割一个封闭的平面区域,从而获得最大的封闭区域的数量(S_n)的一般性方法吗?

你还能想出获得最小封闭区域数量的一般性方法吗?

这个问题是组合几何这一具有美感的数学分支里最简单的问题之一,其中包含图形、线段与数字的有趣互动。1826年,雅各布·斯坦纳第一次回答了这个问题。

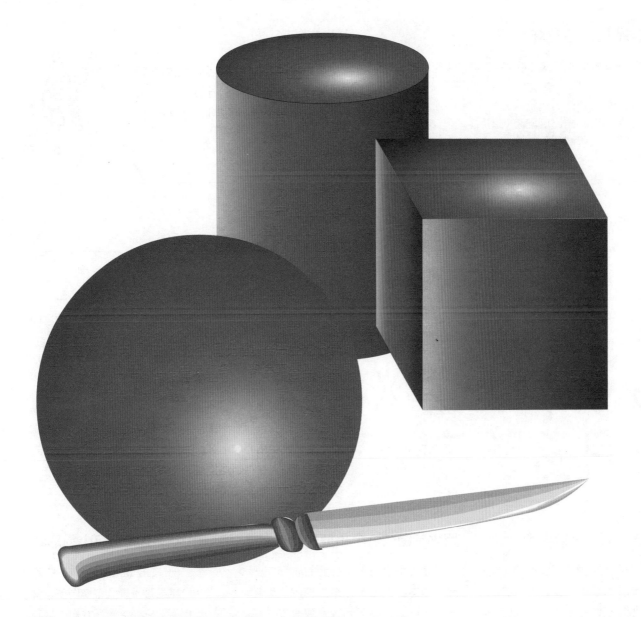

球体、立方体与圆柱体的空间分割——1826年

　　一个球体、立方体与圆柱体在被四个平面切割之后，最多能够分成多少部分呢？

　　对这个问题进行视觉化的想象，你能推导出被四个平面切分后球体、立方体与圆柱体能产生多少个独立的空间区域吗？

　　这种分割问题于1826年被雅各布·斯坦纳解答出来了。

　　与切割平面问题类似，要获得最多数量的分割空间，要求至多两个平面的交线平行，至多三个平面交于一点上。

　　你可能很容易想到：一次平面切割会产生两个空间区域，两次平面切割会产生四个空间区域，三次平面切割会产生八个空间区域。但是，你能计算出四次平面切割会产生多少个空间区域吗？

153

挑战难度：● ● ● ● ● ○

解答所需东西：🧠 ✂️ ✂️ ✂️

完成时间：⏱

火柴游戏——1827年

英国化学家约翰·沃克在1827年发明了火柴，火柴很快就取代了火绒箱，成为人们点火的第一选择。很快就产生了一种全新的消遣游戏——火柴游戏。火柴公司在火柴包装盒上印刷出这些游戏图后，这些游戏受到了广泛的欢迎。出版商利用公众对此的兴趣，开始出版与火柴游戏相关的书籍。

这里提出的游戏是以经典的火柴游戏为原型的。

154
挑战难度：●●●●●○
解答所需东西：🧠 ✂️
完成时间：

火柴三角形

首先移动四根火柴，创造出两个较小的等边三角形。接着，再移动四根火柴，创造出四个更小的等边三角形。你能做到吗？

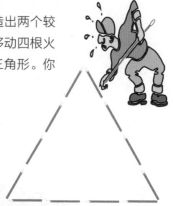

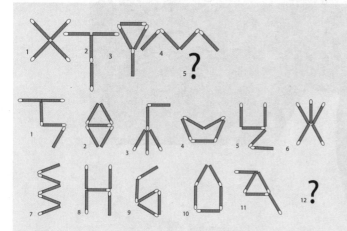

四根火柴与五根火柴

从拓扑学上来说，在满足下面两个条件的情况下，四根火柴能够形成五个不同的图形，五根火柴则能够形成十二个不同的图形：

1. 火柴只能在每个端点上接触。

2. 火柴都处在一个平面上。

请注意：一旦一个图形形成之后，那么这个图形就能演变成无数种拓扑学上等价的图形，并且不需要将其原先的节点分开。在每组图形里，都有一个图形缺失不完整，你能够将缺失部分找回来吗？

交汇在一点之上的火柴

从一组火柴里找寻图形的有趣问题涉及给定数量的火柴在没有彼此交叉的情况下汇集在一点上的问题。用三根火柴形成的等边三角形是最小的火柴图形，其中，每一个顶点都是由两根火柴汇集在一起形成的。

你能够找出三根火柴在每一个顶点上汇聚的最小图形吗？四根火柴呢？

用火柴围成一个小鹿斑比形状

某天早餐的一次会面时，马丁·加德纳向我提出了一个由梅尔·斯托弗创造出来的棘手问题：只改变一根火柴的位置，在不改变其形状的情况下，让这只"斑比"小鹿朝向相反的方向。

当然，镜像与旋转是允许的。

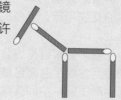

用火柴围成一只小狗形状

一只爱玩的小狗非常莽撞，结果被一辆汽车撞倒了。幸运的是，它还活着，并且被带到了兽医院去治疗。改变两根火柴的位置，想象这只小狗在兽医桌上会是怎样一副模样。

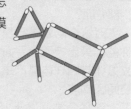

最大悬垂问题

19世纪早期的一个问题：一堆完全相同的积木悬垂在一张桌子的边缘，最多能够突出多远呢？

比方说，如果每一块积木的长度是一个单位，那么3块积木的最大悬垂距离就可以通过一块积木上摞一块的方式去堆积，这就被称为"和谐的堆积"。悬垂的距离大约是一个单位的长度。这样的模式还可以持续下去。在4块积木的"和谐的堆积"里，突出的最大悬垂距离刚刚超过一个单位长度。在有足够多积木供应的情况下，能获得多大的抵消力呢？比方说，在和谐的堆积里，用10块积木堆积后的最大悬垂距离是多少？

1955年，R.苏顿在寻求最大悬垂距离问题上，引入了最优堆积的方法。这种方法提升了和谐堆积方式，允许在连续的堆积层上放超过一块积木。

在最优堆积问题上，3块积木就能够取得悬垂距离为一个单位的结果。

你知道这是怎么做到的吗？在最优堆积问题上，使用4块积木能够让悬垂距离超过一个单位。如下图所示。

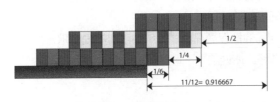

3块积木的和谐堆积

1/2
1/4
1/6
11/12= 0.916667

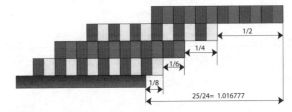

4块积木的和谐堆积

1/2
1/4
1/6
1/8
25/24= 1.016777

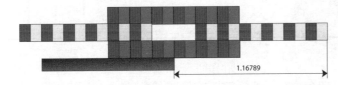

4块积木的最优堆积

1.16789

内克尔立方体——1832年

内克尔立方体是瑞士晶体学专家路易斯·阿尔贝特·内克尔（Louis Albert Necker）在1832年首次提出的一种视错觉现象。

这是有关知觉模糊的最早科学演示之一——当我们认真观察这个迷人的简单图形时，就会发现令人吃惊的现象。所谓的内克尔立方体是指等角透视时一个线框立方体呈现出来的线图。

这是三维的立方体里一个二维的框架，前面与后面无法区别。

内克尔立方体与很多之后出现的变相图都说明了一点：我们能够用两种（或两种以上）方式去"看到"某些东西，虽然我们所看到的东西并没有发生改变。

我们在观察一个内克尔立方体时，很难区分看到的是立方体的前面还是后面。你看到的到底是前面还是后面完全取决于你对此的看法。这样的反差并不在绘画本身，而在于你自身的视角。

你主观上首先会以一种方式去观察物体，接着会以其他的方式去进行观察。但奇怪的是，这样的反差暗示了你在空间里所处的位置。当你看到红色平板的方位是水平的时候（可以参看下面的图形），那么整个立方体都是在你的视线之下的，你就是在向下俯视这个立方体。如果你看到红色平板是以垂直方向竖立的，那么这个立方体就在你的视线之上。

因为你无法在同一时间身处两个位置，因此你不可能同时从两个方位去看内克尔立方体。因此，对内克尔立方体的视觉建构就要比我们一开始想象的更加复杂与模糊。我们绝对无法同时看到两个方位，因为我们的视觉系统取决于我们在空间里所处的位置。

相同的推理情况也能运用到所谓的埃舍尔、格里格尔与彭罗斯等人所说的"不可能图形"的绘制上。

隅角立方体

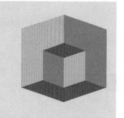

你能看到多少个不同的图形呢？小立方体是在大立方体前面还是在它的内部？又或是从大立方体上面被切割下来，使大立方体缺了一部分呢？

内克尔立方体里的瓢虫

如上图所示，你能看到瓢虫在立方体内处于多少个不同的位置吗？

156

挑战难度：● ● ● ● ● ●
解答所需东西：🧠 🌿
完成时间：

模棱两可的内克尔立方体

如下图所示，在你观察这些立方体时，这些立方体似乎会突然反转位置，之前看上去是前面突然变成了后面，反之亦然。内克尔立方体表明，我们所见到的任何东西都只不过是我们视觉系统的"最好的判断"而已。

红色平板会让内克尔立方体看上去不那么模糊，这样你就能清晰地看到每一次翻转与定位。

内克尔盒子

当你盯着看内克尔盒子的线框模型时，就会发现，缺掉部分盒壁的立方体，可以翻转成右图所示的任何一种盒子。

鸽舍原理——1834年

在数学领域，鸽舍原理是这样阐述的：如果 n 个物体被放入 m 个鸽舍，并且 $n>m$，那么至少有一个鸽舍存放的物体多于一个。

这个原理就像现实生活中"在三个手套里，必然至少有两只左手手套或右手手套"一样。

这个定理通过计算就可以证明，虽然看似不证自明，但它还是能够给出一些出人意料的结果。比方说，住在伦敦的两个人都有相同数量的头发（参见下文）。

约翰·狄利克雷（Johann Dirichlet）被认为是提出这种原理的第一人，1834年，他以抽屉原理来为它命名。正因为如此，鸽舍原理通常也被称为狄利克雷盒子原理，或简单地说成"狄利克雷原理"。

50个邮箱谜题

邮递员将151份邮件送到50个邮箱。在所有的信件都被派送之后，肯定有一个邮箱里的邮件要比其他邮箱里的邮件多出一份。

一个邮箱所能装的最少邮件数量是多少呢？

157 挑战难度：●●●●●○
解答所需东西：🧠✂️
完成时间：🕐

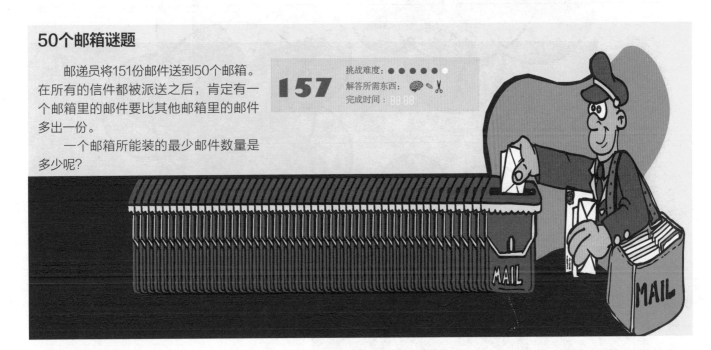

头发数量的谜题

在今天世界上所有活着的人中，有没有两个人的毛发数量是完全相等的呢？

158 挑战难度：●●●●●●
解答所需东西：🧠✂️
完成时间：🕐

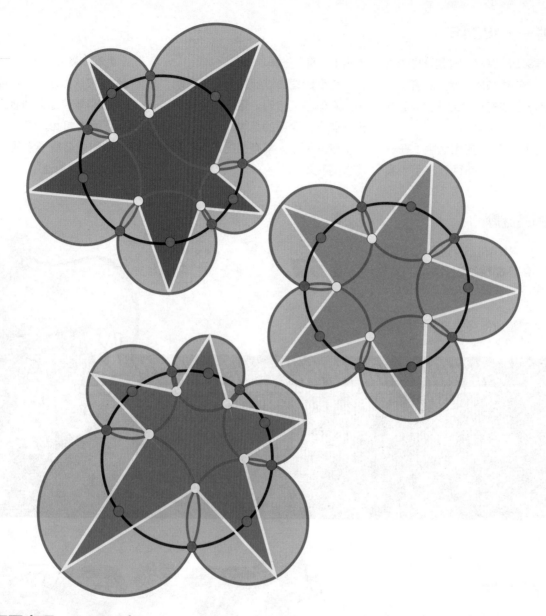

米克尔的五圆定理——1836年

　　如上图所示，五个红色圆的圆心都在一个固定的黑色圆上。每个圆都与相邻的圆在两点上相交，其中一个点在固定的黑色圆（绿色的点）上，另一个点在固定的黑色圆（黄色的点）内。将相邻的黄色点连接起来，一个不规则的五角星形就形成了，这个五角星形的五个顶点都在五个圆上面。请问，无论这五个圆的大小如何，这种情况总是会发生吗？你可以试试看。

　　奥古斯特·米克尔（Auguste Miquel）的五圆定理是这样阐述的：若是五个圆的圆心都在第六个普通的圆上，并且在相同的圆上链式相交，那么连接它们的第二个交点就会形成一个五角星形，而且这个五角星形的每个顶点都在这五个圆上面。

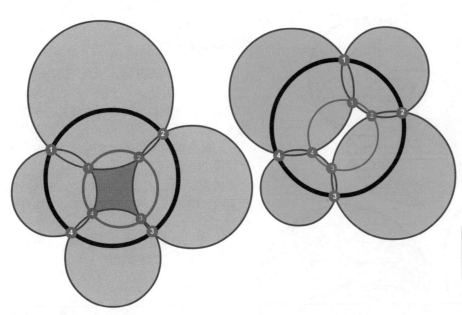

六圆定理（一）

另一个有趣的问题是米克尔的六圆定理：如果一个圆上的四个点与穿过这四个点的四个圆（如图所示）各有两个交点。那么，这四个圆的第二个交点也会落在这个圆上。

如果初始圆变成了一条直线，这样的情况还会出现吗？你不妨一试。

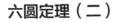

159 挑战难度：●●○○○○○
解答所需东西：🧠🖊
完成时间：⸍⸍ ⸍⸍

六圆定理（二）

在一个三角形里，画出一个与三角形两边相切的圆。

接着，画出另一个与之前那个圆相切，并且与这个三角形两边相切的圆。

接着，按照这样的方式继续进行。

结果令人惊讶：一连串相互正切的圆，当第六个圆与第一个圆正切的时候，这一过程就结束了，形成一条完全封闭的相切链条。

即便某些圆是在三角形之外，这样的情况也总会出现吗？你不妨一试。

160 挑战难度：●●○○○○○
解答所需东西：🧠🖊
完成时间：⸍⸍ ⸍⸍

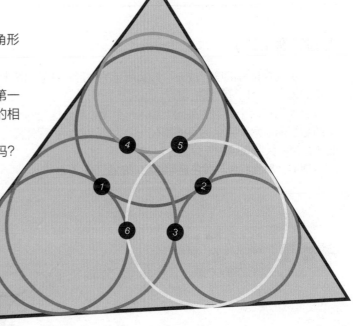

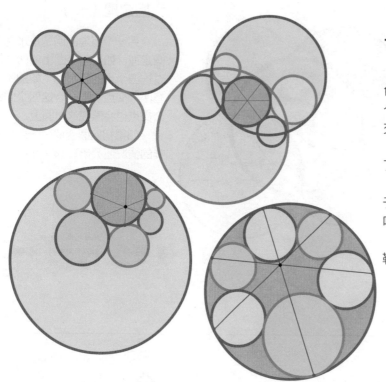

七圆定理（一）

从一个红色圆开始，让六个圆与这个红色圆相切，并且让这六个圆分别与相邻的两个圆相切。连接对面的切点形成的三条直线交于一点。

可能会存在不同的组合形式，左图给出了四种可能性。

如果三个圆（蓝色与绿色）的半径趋于无穷大的时候，你能想象出将会发生什么吗？

（这一定理是伊夫林、莫尼·库茨与蒂勒尔在1974年共同发现的。）

161　挑战难度：●●●●○○
解答所需东西：🧠 ✏️
完成时间：⏱

七圆定理（二）

六个完全相等的圆形成一个如图所示的图形，并且和第七个与它们大小完全相等的圆相切。

当我们在六个外圆的基础上加入一个圆，那么这些圆就形成了两组图形。六个完全相等的圆在一个大圆里面、小圆外面。小圆的直径是大圆直径的三分之一。

你能计算出红色与黄色这两组图形的面积吗？

162　挑战难度：●●●●○○
解答所需东西：🧠 ✏️
完成时间：⏱

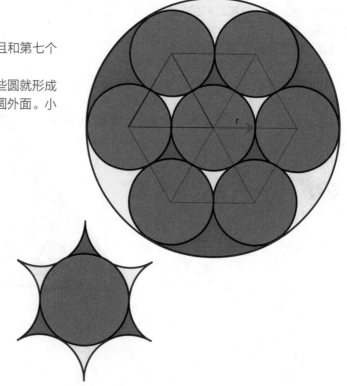

九圆定理

九个相切的圆能够出人意料地形成一个封闭的链条。

在一个平面上画出标记为1、2、3的三个圆，然后画出与圆2和圆3相切的第四个圆。接着，你可以画出八个与之前圆相切的圆，再加上初始三个圆中的两个圆。虽然一系列逐个相切的圆都有不少自由的选择，但第九个圆与最后一个圆仍然与链条上的第一个圆相切。你可以试试看。

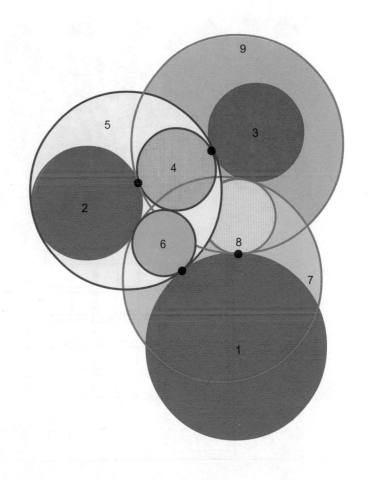

九点圆

对于任何给定的三角形来说，都可以做出一个九点圆。之所以会有九点圆的名称，是因为对于每个三角形来说，这个圆都会经过这个三角形的九个特殊点。这九个点是：

——三角形每条边的中点。

——每条垂线的垂足。

——从三角形的每个顶点到三条垂线的交点所形成的三条线段的中点。

九点圆又被称为费尔巴哈圆，这是以德国著名哲学家安德烈亚斯·冯·费尔巴哈（Andreas von Feuerbach, 1804—1872）的名字命名的。

对一个锐角三角形而言，九个点中的六个点（三条边的三个中点与垂足）都在三角形的边上。对一个钝角三角形而言，两条垂线的垂足都在三角形之外，但这些点依然属于九点圆。

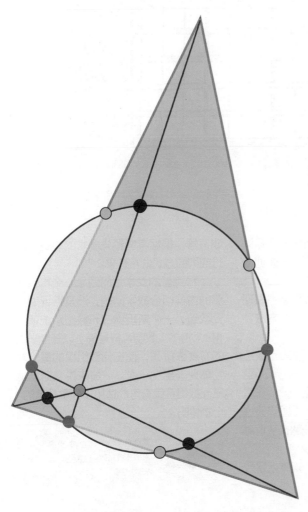

三元数组

第 1 天														
第 2 天														
第 3 天														
第 4 天														
第 5 天														
第 6 天														
第 7 天														

科克曼女学生问题——1848年

托马斯·P.科克曼（Thomas Penyngton Kirkman, 1806—1895）牧师是一位业余数学家。他在1848年提出了一个著名的组合数学问题。这个问题是这样的："十五名在校女生以三人为一组，她们要在七天内分五组去散步，规定任意两名女生出现在一组的次数不能超过一次，该怎么安排呢？"

这个问题可以用数学语言描述为：从1到15这十五个数字（每个数字都代表着一个女生），将它们分入七个矩阵，使每一个矩阵对应一个星期中的每一天，要求五组三元数组（三个女生分为一组）中任意两个数组在同一个矩阵里出现的次数不能超过一次。该如何分组？

上面的图形将七个矩阵形象地表现出来了。一共有七种独特的解决方法，你能找到吗？

数字1到15能组成多少种三元数组呢？在所有可能的组合里，一共有35组可以解答这个问题，这已经是一个非常大的数字了。正因为如此，要想解答这个谜题其实并不容易。科克曼的谜题对揭示矩阵理论有着重要的意义。

从数学角度去看，一个矩阵就是数或符号，根据某些预先要求的模式，以行或列的方式分布开来。

科克曼的女学生问题是一个具有美感的古典组合数学问题，涉及斯坦纳三元数组。一个斯坦纳三元数组系统就是将n个物体（数字、符号等）以三个一组的方式去排列，使三元数组里的每一对物体只能出现一次。一般来说，斯坦纳三元数组系统有可能适用于任意数量的n个物体吗？

163 挑战难度：●●●●●●
解答所需东西：🧠 🦴
完成时间：88:88

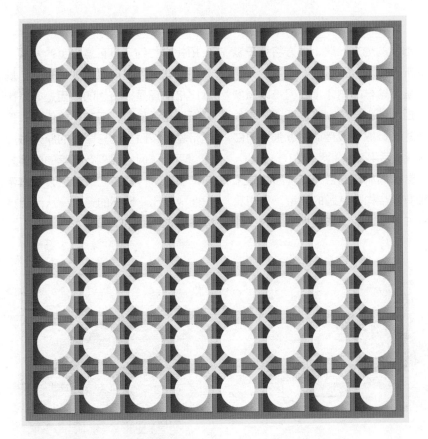

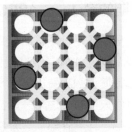

n=4

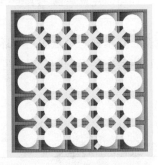

n=5

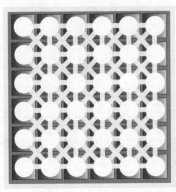

n=6

八皇后问题——1848年

与棋类游戏中棋子摆放相关的问题，几百年来一直让谜题专家乐此不疲。

你能在棋盘上摆放八个"皇后"棋子，使得任何一个"皇后"棋子都不会被另一个"皇后"棋子"吃掉"吗？（记住，"皇后"棋子可以按直线、垂线或对角线方向移动到棋盘上的任何空位。）

这个问题是马克斯·贝策尔（Max Bezzel）首先提出来的，这个问题曾被视为消遣数学中的一颗"珍珠"。

这个问题有十二种解答方法。你能想到多少种方法呢？当 n 取5到7时，你至少能找到一种解答这个问题的方法吗？

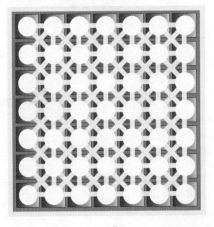

n=7

164

挑战难度：●●●●●○

解答所需东西：🧠💊

完成时间：⏲

默比乌斯的魔法——1850年

默比乌斯环是一个美丽而又神秘的扭曲状物体。19世纪德国数学家A.F.默比乌斯（1790—1868）发现，让一个平面只拥有一边与一角，并且没有"内部"与"外部"之分是可能做到的。你可以用一种颜色去描绘出来。

假设一支箭在一个默比乌斯环上前行，它将会在转了一圈之后又回到之前出发的地方，这个地方将处于默比乌斯环的"反面"。

虽然这样的物体是我们难以想象的，但制作出一个默比乌斯环却是很简单的：截取一段普通的纸张，扭曲一端，然后用胶水将两端粘在一起。

默比乌斯环的各种变异形状是无数种有趣结构与谜题的原型，它们具有的许多令人惊讶与自相矛盾的属性使拓扑学得到了真正意义上的发展。其中一些属性是可以展现出来的。玩默比乌斯环是很有趣的。但是，默比乌斯环是否具有任何实用价值呢？传送带就是按照默比乌斯环的原理做成的，两个"面"都具有相等的摩擦力与牵引力。一些盒式磁带也会让磁带扭曲成默比乌斯环的形状，从而让持续播放的时间增加一倍。

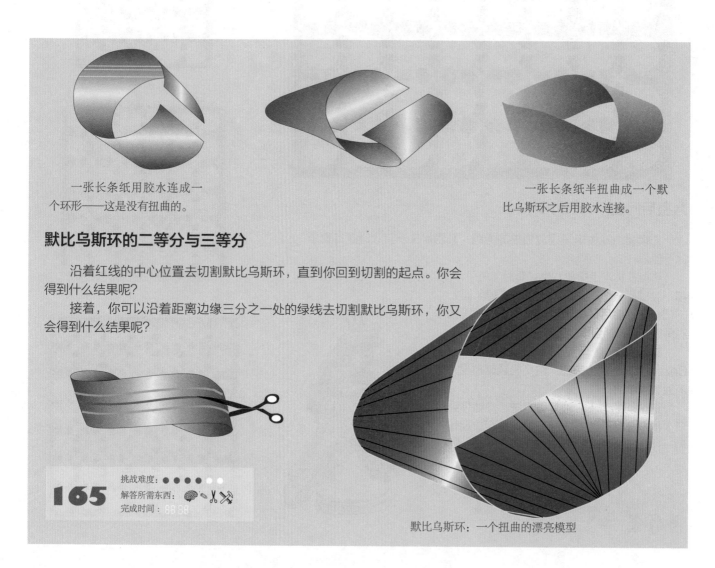

一张长条纸用胶水连成一个环形——这是没有扭曲的。

一张长条纸半扭曲成一个默比乌斯环之后用胶水连接。

默比乌斯环的二等分与三等分

沿着红线的中心位置去切割默比乌斯环，直到你回到切割的起点。你会得到什么结果呢？

接着，你可以沿着距离边缘三分之一处的绿线去切割默比乌斯环，你又会得到什么结果呢？

165 挑战难度：●●●●○
解答所需东西：🧠 ✂️ 🔪
完成时间：🕐🕐

默比乌斯环：一个扭曲的漂亮模型

克莱因瓶——1882年

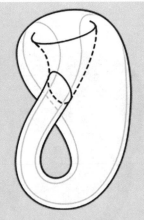

科学家们将克莱因瓶——最初由德国数学家菲立克斯·克莱因 (Felix Klein) 提出——定义为一种无定向性的平面，通俗来说，它就是一种二维形式呈现出来的平面，你无法对这种平面的左面与右面进行始终如一的定义。

如果一个平面有两个面，那么这个平面就是可定向的。我们可以将其中的一面定义为正面，将另一面定义为反面。

任何具有默比乌斯环属性的平面都是无定向性的。不过默比乌斯环有边界，克莱因瓶却没有边界。相比之下，球体具有可定向的面，但却没有边界。

克莱因的瓶子沿曲线切割形成两个默比乌斯环

默比乌斯环

直到你创造出了一个默比乌斯环，你才会明白，原来只具有一个面的表面是存在的。

默比乌斯环是最简单的只具有一面的表面。默比乌斯环有边界，而球体则是没有边界的。

一个只有一面的表面是否真的可以没有任何边界呢？答案是肯定的，但是这样的表面不可能存在于任何三维空间里，除非这个表面与自身相交。

如右图所示，你可以看到一个具有美感的克莱因玻璃瓶，这是艾伦·本内特制作的。这个克莱因玻璃瓶在一条较小的圆形曲线里与自身相交。拓扑学家在考虑一个理想状态下的克莱因瓶时，往往会忽略这样的相交情况。

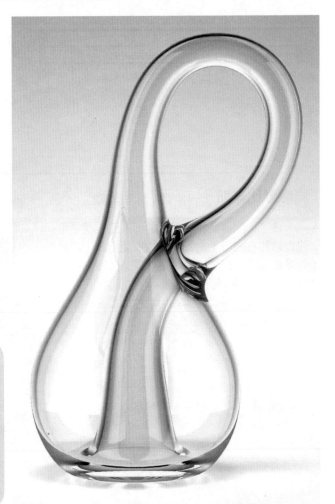

"一位名叫克莱因的数学家认为，默比乌斯环是具有神性的。他说：'如果你用胶水将两边粘合起来，那么你将会像我一样得到一个古怪的瓶子。'"

——莱奥·莫泽（1921—1970）

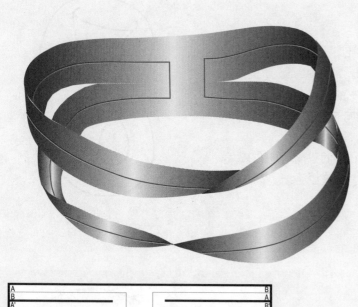

默比乌斯连体

如左图所示，将一张纸条切割出两个纵向的凹槽。

将纸条的上半部分以半扭曲的方式连在一起，从而让A点连接着A点，B点连接着B点。然后，再将纸条的下半部分连在一起，但是朝着相反的方向扭曲，将A'点与A'点连接在一起，B'点与B'点连接在一起。

你就会得到如左图所示的图形。

如果你沿着红线去切割这个结构，你能想象到会出现什么结果吗？

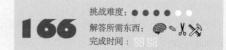

166

挑战难度：●●●●○○
解答所需东西：🧠✂️🔨
完成时间：⏱️

真假默比乌斯

马丁·加德纳将奥罗拉的乔塞亚·曼宁给他寄来如右图所示的纸张结构展现出来，向他的读者提问，这个表面在拓扑学上是否与一个默比乌斯环相等呢？

如果我们沿着红线去切割这个表面，你知道会出现什么结果吗？

167

挑战难度：●●●●○○
解答所需东西：🧠✂️🔨
完成时间：⏱️

傅科摆——1851年

我们是怎样知道地球在转动的？从柏拉图那个时代到16世纪的诸多天文学家都认为，地球是静止不动的，而其他星体则围绕着地球旋转。

与这样的观点相反的理论并不少，但问题就在于许多天文学家都无法找到反驳这个观点的令人信服的证据。我们当然感觉不到自己置身在一个移动的地球上，但是我们真的能够看到地球在转动吗？

我们是否真的有可能看到地球在转动呢？

1543年，哥白尼将他的著作《天体运行论》送给教皇保罗三世，同时还写了一句著名的谦逊之语："我可以很容易地想到，人们一看到这本书中描述的地球在转动的观点，一定会叫嚷起来；而我和我的理论立刻就会被他们所拒绝。"

在1851年举办的巴黎展览会上，法国物理学家让·贝尔纳·傅科（Jean Bernard Foucault）受邀前来，做了一番科学演示，可还是有不少人不愿意相信这一理论。

傅科在万神庙的拱顶上悬挂了一个钟摆，这个钟摆是由一根61米长的钢琴线与一个27千克重的加农球组成的。在加农球下面的地板上，傅科涂抹了一层细沙。在加农球的底部固定着一根铁笔，用来追踪球体在沙子上划过的痕迹，记录钟摆的运动过程。一小时之后，沙子上的线已经移动了11度18分。如果这个钟摆始终处于同一个平面，它怎么会在沙子上留下不同的轨迹呢？

傅科的钟摆演示肯定是有史以来最具美感与震撼力的科学演示之一。到目前为止，在世界各地的科学博物馆与科学展览馆里，经常还可以看到这一演示模型。傅科对科学的巨大贡献就在于他制造的钟摆，让每个人都能很好地理解地球是转动的这一复杂的思想。

巴黎万神庙的傅科摆

四色定理——1852年

1852年，21岁的弗朗西斯·格恩里（Francis Guthriee）阐述了直到最近才被称为"四色定理"的法则。这个定理阐述起来很简单，但要想加以证明却并不容易。

要想对地图上的每个部分都进行着色，从而让相邻的区域（相邻区域是边接触，而不只是点接触）都没有相同的颜色，共需要多少种颜色呢？

显然，我们不难想到至少需要四种颜色。19世纪，一位名叫肯普的数学家证明，任何一张地图都不需要五种颜色去着色。十年之后，人们发现肯普犯了一个不易察觉但致命的错误，那就是他在证明过程中只得出了任何地图都不需要六种颜色来着色。从那以后，这个问题就留下了一个诱人的缺口。

在接下来的100年里，不少数学家都在研究这个问题。没有人找到一张需要五种颜色着色的地图，但是也没有人能够充分证明这样的地图不存在。这个问题作为最简单的悬而未决的经典数学问题而声名狼藉。更糟糕的是，更复杂表面上类似的问题都已经得到了充分的证明。比方说，一个圆环图上的地图始终都可以用七种颜色着色，也存在着只用六种颜色就能做到的圆环图。要给一个名为克莱因瓶的只有一个表面的古怪形状分区涂色，六种颜色就足够了。

20世纪70年代末期，伊利诺伊大学的两位数学家利用超级计算机解答了这个问题，最终回答了四色定理的问题。因此，我们现在可以将之称为"四色定理"了，其他很多具有美感的拼图都是基于这个定理的。

在为地图着色的时候，我们就预见到这个过程会面临许多死胡同，看上去需要第五种颜色，从而让这个问题与拼图游戏变得更具挑战性。肯尼恩·阿佩尔与沃尔夫冈·哈肯（Wolfgang Haken）首次运用电脑具有的超级运算能力工作数千小时，

挑战难度： ●●●●○

解答所需东西： 🧠 ✂️ ⚪

完成时间：

169

着色的图案

对这些图案进行着色，让两个相邻的区域没有相同的颜色。你需要使用多少种颜色呢？

从而很好地解出了四色定理。

这是第一个无法通过手工计算加以证明的数学定理。

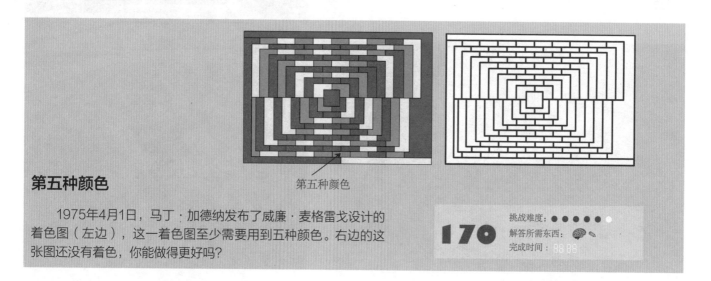

第五种颜色

第五种颜色

1975年4月1日，马丁·加德纳发布了威廉·麦格雷戈设计的着色图（左边），这一着色图至少需要用到五种颜色。右边的这张图还没有着色，你能做得更好吗？

170

挑战难度： ●●●●○

解答所需东西： 🧠

完成时间：

鸡尾酒杯

三个鸡尾酒杯放在一个水平位置上，下面是三个形状的东西，其中一个是圆形，另外两个则是不规则的图形。

要是这三个图形可以转动，会出现什么情况呢？鸡尾酒会洒出来吗？

171

挑战难度：● ● ● ● ● ●
解答所需东西：🧠 ✏️
完成时间：⏱

勒洛三角形与勒洛多边形——1854年

圆就是最简单的"等宽"封闭曲线——这条等宽曲线就是这个圆的直径。正因为如此，多年前使用的圆柱滚子才是将重物从一个点移动到另一个点的理想形状。

除了圆之外，是否还有其他的曲线也具有相似的属性——也就是等宽的曲线呢？可以说，这样的曲线是数不尽的。

最简单的一种等宽非圆曲线就是勒洛三角形，它是以德国工程师弗朗茨·勒洛（Franz Reuleaux，1829—1905年）的名字命名的，虽然莱昂哈德·欧拉在18世纪已经知道了这个形状。勒洛三角形形状也可以在建于13世纪的布鲁日圣母大教堂的窗户上找到。

这种曲线在每个方向上的宽度都等于等边三角形的边或三角形顶点到对面弧形的垂直距离。这也是两条与图形相切的平行线之间的距离。即便这样的曲线转动起来，这个距离也是一样的。

勒洛三角形及其具有的机械属性可以在汪克尔1957年对内燃机的初始设计里找到实际的应用。

这样的图形是很容易建构出来的。你可以画出一个等边三角形，然后以三角形的每个角为中心，画出一条经过另外两个角的圆弧线。在勒洛三角形具有的诸多惊人属性里，有一个属性就是它的周长与宽度的比例也等于圆周率 π 的数值。

勒洛三角形是最简单与最著名的等宽勒洛多边形，勒洛多边形的数量是无限的。

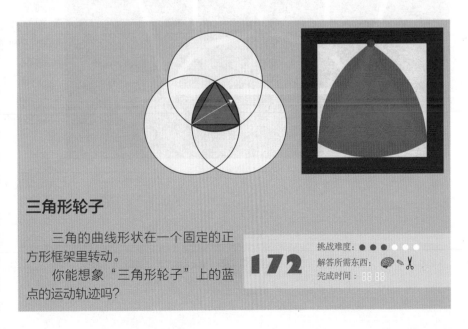

三角形轮子

三角的曲线形状在一个固定的正方形框架里转动。

你能想象"三角形轮子"上的蓝点的运动轨迹吗？

172

挑战难度：● ● ● ○ ○ ○
解答所需东西：🧠 ✂️
完成时间：⏱

威廉·罗恩·哈密顿（1805—1865）

威廉·罗恩·哈密顿（William Rowan Hamilton）是爱尔兰物理学家、天文学家与数学家，他是一个神童，在经典力学、光学与代数学方面做出了重要的贡献，发现了许多新的数学概念与技术。他最伟大的贡献也许就是对牛顿力学的重新定义，现在被称为哈密顿力学。他的研究成果奠定了现代电磁学的核心理论，也大大推动了量子力学的发展。在数学上，他最为世人称道的也许是他发现了四元数。

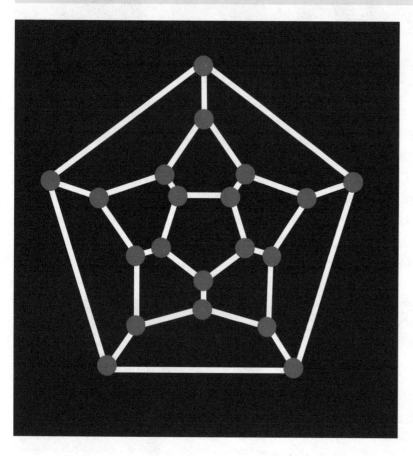

环绕十二面体的"旅行"——1859年

我们已经做过平面上的遍历题，但更难的是在三维物体上寻找遍历路线。其中一个经典的例子就是威廉·罗恩·哈密顿在1859年发明的。这个例子与十二面体有关。哈密顿提出的问题是，是否存在一条遍历各边的路线，这条路线在经过20个顶点之后，会重新回到起点（这条路线被称为哈密顿回路），且路线中并无折返。

请注意：在哈密顿路或哈密顿回路里，所有的顶点都是必须要经过的，虽然其中一些边可能没有经过。为了更加容易地解决这个三维问题，哈密顿利用了一个十二面体的二维图表（这就是所谓的施莱格尔图表），从拓扑学层面来看，这与三维的物体是等价的。哈密顿发现了数学的一个分支，从而解决了三维物体上与回溯路线相关的问题，这就被我们称为顶点微积分学。他的顶点游戏拼图已经得到了商业应用，就是将一个十二面体图形的节点打成洞形成的一个拼板游戏，这种游戏发明后不久就以多种形式在欧洲多个国家里销售。

173

挑战难度：● ● ● ● ● ●
解答所需东西：
完成时间：

有向图剖分——1857年

如果在一个图形的每条线上加上一个箭头，让每条线都有一个方向的话，那么这个图形就变成了有向图。一个完整的有向图就是指一个图形里的每两个点都用箭头连接。如右图所示，这就是一个七点完全图。

这个游戏的目的就是通过在每条线上添加"一个箭头"，使之转变成一个完整的有向图，让任何两个点都只需一步就能与任意的第三个点连在一起。比方说，我们给三条线加上箭头，对于点1与点2而言，我们可以看到，只需要一步就可以从点7到达它们。

你能在这个图形剩下的线上加上其他的箭头，完成上述目标吗？

有向图的概念是图论里最丰富的一个部分，主要是因为这个概念能够用来解决物理学上的问题。

174 挑战难度：●●●●○○
解答所需东西：🧠🥄
完成时间：⏱⏱

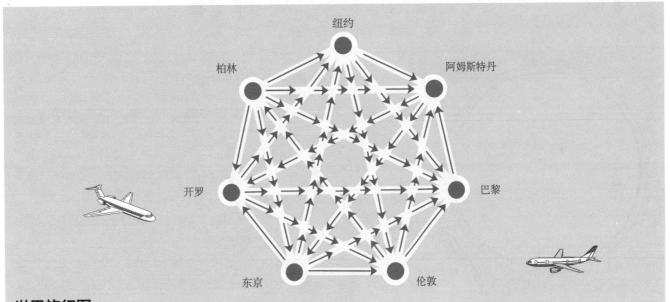

世界旅行图

如上图所示，选择到任意一个城市去游玩，并且按照每条线上所指的方向到每座城市旅行，要求到达每座城市的路线不能重复，你可以做到吗？比方说，要想从柏林出发，最终到达伦敦，且在这个旅行途中游览了所有其他城市，你能做到吗？

一个完整的有向图，如我们在七个点上构建的图形，被称为一个巡回。

完整有向图具有一个惊人的属性，那就是无论这个箭头的方向如何，每一个巡回都会形成一条哈密顿路，这条路只能经过每个顶点一次。

我们应该注意到，要想完成一条哈密顿路，我们在这个旅程中可能就不会经过某些边。

175 挑战难度：●●●●●○
解答所需东西：🧠🥄
完成时间：⏱⏱

流动推销员的问题——1859年

与哈密顿回路相关的一个问题，就是流动推销员问题。

流动推销员问题实际上就是要在一个加权完全图里找寻一条哈密顿回路，让所有边的权值之和最小。

完全图是指图中每两个顶点都由一条边连接起来。

加权图是这样一种图形，图中每条边都添加了一个被称为权值的数字（可以是距离或另一个数值）。所有加权值的总和被称为回路的加权值。流动推销员这个问题就是要找到加权值最小的回路。在绝大多数问题中，一个特定的顶点已经被设为起点。

如右图所示，你能在五点加权图上找到加权值最小的回路吗？

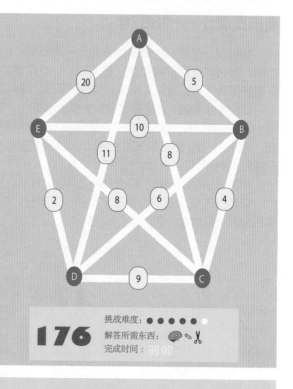

176

挑战难度：●●●●●○
解答所需东西：🧠 ✂️
完成时间：

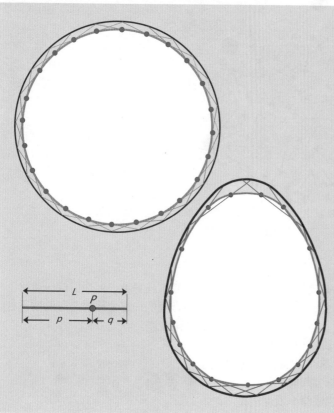

霍迪克定理——1858年

长度固定的一条弦被点 P 分为两段，长度分别是 p 与 q，沿着凸状的曲线滑行，滑行曲线的两端始终接触到曲线。给出两个例子：一个圆与一个鸡蛋形状的曲线。点 P 将会在这两个原始的曲线里分别绘制出一个全新的曲线。圆内部的曲线将是另外一个圆。

问题就是要寻找原始曲线与衍生出来的曲线之间的面积（如蓝色区域所示）。

哈姆内特·霍迪克牧师（1800—1867）于1858年发表了他发现的定理。这条定理阐述了两条曲线之间的面积是 πpq，这是一个让人惊讶的结果，因为这个区域的面积与曲线的形状没有任何关系。

哈密顿路与哈密顿回路

欧拉路与欧拉回路关注的是找寻能够覆盖一个图形每条边的路线。哈密顿路与哈密顿回路则主要解答经过一个图形每个顶点的问题，而不需要关注是否经过了图形的所有边。

这类问题是爱尔兰数学家威廉·罗恩·哈密顿爵士首先进行研究的，他对于找寻一个只能经过图形每个顶点一次，然后返回到起点的回路这种问题非常感兴趣，这个回路就是我们今天所说的哈密顿回路。

经过了图形每个顶点，最终却没有回到起点的路线，就被称为哈密顿路。与欧拉路以及欧拉回路不同的是，判断一个图形是否有哈密顿回路，并没有一个快速的方法。

哈密顿回路

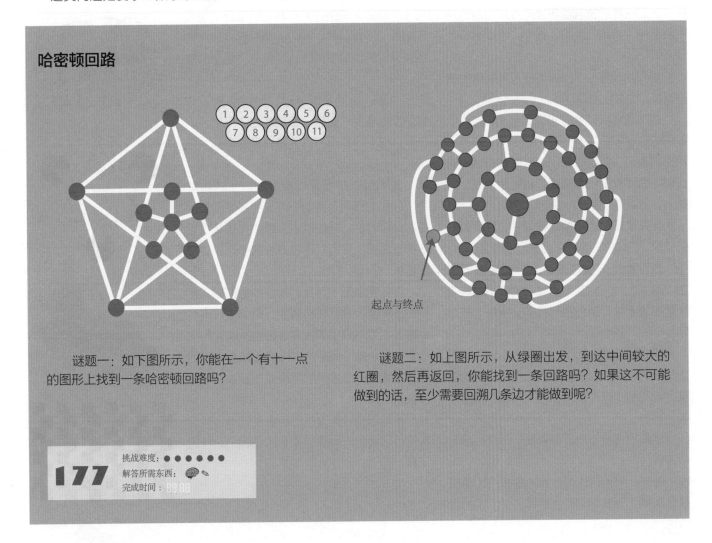

谜题一：如下图所示，你能在一个有十一点的图形上找到一条哈密顿回路吗？

谜题二：如上图所示，从绿圈出发，到达中间较大的红圈，然后再返回，你能找到一条回路吗？如果这不可能做到的话，至少需要回溯几条边才能做到呢？

起点与终点

177

挑战难度：●●●●●●
解答所需东西：🧠
完成时间：⏱

令人困惑的错觉世界——1860年

在视觉现象中最有趣的就是视错觉，有时也被称为"几何悖论"。

在视错觉情况上，我们看到的事物是我们认为的样子，而不是事物的真实面貌，因为我们之前的人生经验与受到的各种影响都会影响我们看待事物的方式。我们感知系统所具有的这种视觉属性可以广泛应用到日常生活当中，应用在科学、数学、艺术与设计等方面。

我们的观察与感知能力在可靠程度上值得警惕，尤其在测量方面。

视错觉会以其他方式呈现出来，使我们看到的形状似乎能发生变化，也确实如此。用更精确的语言说，我们对所看到的事物的理解，同样基于一套规则。这些是不成文的规则，但却可以通过人生经验习得。

正如逻辑层面上的规则似乎会分解为多个悖论，感知的法则似乎也会出现错误。

当这种情况发生的时候，就会出现错觉。明白这一点，有助于我们清楚了解这些规则的重要性，明白我们是多么依赖这些规则。

我们可以相信：事物可能要比它们看上去更大一些；我们能看到二维平面上的深度，能看到不存在的颜色与不存在的运动形态。

感知的许多方面，都像是一门需要学习的语言。

每天，我们与这个世界的接触，90%都是靠眼睛，除非我们闭上眼睛，关上了解世界的心灵窗户。人的视觉系统并不单纯像摄像机那样，只是直接接收信息，并且对这样的信息加以记录。

眼睛与大脑协同合作，就像一个处理装置，能够对来自外部世界的海量信息进行分析与处理。视觉器官不仅能够排除许多不相关的信息，识别许多不熟悉的信息，而且正如我们所看到的，我们的视觉器官还能在信息有限的情况下运转，"填补"信息的空白。

也许，这就是所谓的"附加原则"，意思是指当我们看到一系列事物的局部，以及剩余部分的暗示时，就可以呈现事物的全貌。

艺术创作在很大程度上就基于这种填补、补充与组织，我们一般人的视觉系统也是这样运转的。一般说来，感知系统具有更多神奇之处，你可以通过研究这个问题去发现更多。

在任何情形下，我们都应该意识到，我们的感知系统是存在局限的，无论进行多少训练，视觉系统都无法完全适应某些特殊的任务。解决这个问题的方法就是拓展我们的感知系统——去发明能够帮助提升我们感知系统的工具。

幸运的是，在过往的历史里，每当有现实的需求时，人类总能成功地发明出这样的工具。

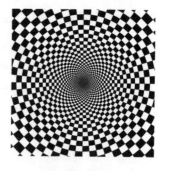

措尔纳错觉——1860年

措尔纳错觉是一个经典的视错觉现象，这是以它的发现者，德国天体物理学家卡尔·弗里德里希·措尔纳（1834—1882）的名字命名的。1860年，措尔纳以信件的方式将他的发现成果寄给物理学家兼学者约翰·克里斯蒂安·波根多夫。之后，波根多夫发现了与此相关的波根多夫错觉现象。

如右图所示，黑色的线似乎是不平行的，但实际上它们是平行的。较短的线与较长的线形成一个角度。这个角度会给人留下这样一种印象，那就是，较长的线的一端要比另一端离我们更近一些。

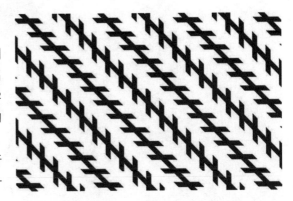

波根多夫错觉

波根多夫错觉是一种几何光学错觉，一条横线被一个遮蔽结构（在这里是一个长方形）的轮廓所打断，让我们对其中一个部分所处的位置产生错误的认知。

178

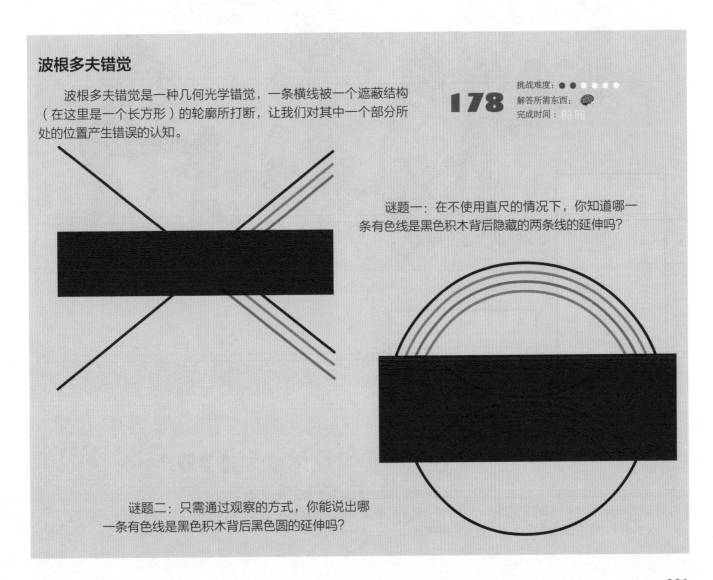

谜题一：在不使用直尺的情况下，你知道哪一条有色线是黑色积木背后隐藏的两条线的延伸吗？

谜题二：只需通过观察的方式，你能说出哪一条有色线是黑色积木背后黑色圆的延伸吗？

第1天	
第2天	
第3天	
第4天	
第5天	
第6天	
第7天	
第8天	
第9天	
第10天	
第11天	
第12天	

第1天			
第2天			
第3天			
第4天			

三只狗为一组——1863年

谜题一：六个女孩与三个男孩按照三只狗为一组的方式，在十二天里轮流遛狗，每一对都只能出现一次，你能找到问题的解吗？

谜题二：这个问题的一个变种同样是斯坦纳提出的。假设九个孩子在四天时间里按照三只狗为一组的方式遛狗，同样每一对都只能出现一次。在这种情况下，又会形成怎样的组合呢？请填在上面的表格里。

179

挑战难度：● ● ● ● ● ●
解答所需东西：🧠 💊
完成时间：⏱

线与连杆——点与线

连杆的运动存在着某些让人着迷的地方。你可以利用纽扣或金属圈轻而易举地将纸片连接起来，做成一个简单的连杆装置。平面上的连杆就是一个通过各个可移动的点去连接其他滚轴的系统，或是通过枢轴将杆固定在平面上，使它们成为能够自由移动的系统。

那么，可以通过点与线的运动，制造出一个连杆吗？早先，人们认为这样的问题是无解的。

将一根木棍一端固定，自由的一端会怎样运动呢？对连杆来说，做圆周运动是很容易的，也是非常自然的。关键就在于如何在没有一条固定直线的情况下，建构一个直线的运动。

这在几何学上不只是一个理论问题。蒸汽机产生的自然运动方式就是转动，虽然它可以通过活塞的直线运动转化而产生，但是活塞需要轴承，而轴承必然磨损。

连杆提供了一个更加令人满意的解决方案。连杆的第一个实用的解决方案是詹姆斯·瓦特（1736—1819）设计的，他发明的蒸汽机也只是近似于连杆而已。

波塞利耶－利普金与瓦特的连杆——1864年

波塞利耶-利普金连杆发明于1864年，这是第一个能够将旋转运动转变为一种完美直线运动的平面连杆。这种连杆是以法国陆军军官查尔斯·尼古拉斯·波塞利耶（1832—1913）与著名的立陶宛拉比犹太人撒兰特的儿子利普曼·利普金（1846—1876）的名字命名的。

在这种连杆发明之前，人们在没有相关指引的情况下，根本找不到一种方法能在平面上产生直线运动。因此，作为一种机器构件，这种连杆就显得特别重要，对制造业来说也是如此。

以传动轴有效密封来维持驱动介质的活塞头就是一个特例。可以说，波塞利耶连杆对蒸汽机的发展至关重要。

波塞利耶连杆体现的数学知识与圆反演直接相关。

萨鲁斯连杆是稍早一点的直线机构（straight-line mechanism），尽管它在当时少为人所关注。在波塞利耶-利普金连杆出现前11年，皮埃尔·萨鲁斯就已经发明了这种连杆。这种连杆包括一系列的铰链式矩形板，其中两个矩形板处于平衡状态，但能够相互关联运动。波塞利耶-利普金连杆是一种平面机构，而萨鲁斯连杆则是三维的，被称为空间曲柄。

观察下面两种连杆装置，你能猜出当蓝色连杆沿着圆形路径旋转时，白色的点所要经过的路线是什么样子的吗？

180

挑战难度：● ● ● ● ○

解答所需东西：🧠 ✂️ 🛠️

完成时间：⏱️

波塞利耶连杆

瓦特连杆

181

挑战难度：● ● ● ● ○

解答所需东西：🧠 ✂️ 🛠️

完成时间：⏱️

穿过地球的旅行——1864年

好吧，假设我们已经在地球上钻了一个洞。

这只是一个思维实验。假设一个人掉进了这个洞——如果上帝允许的话，那会出现什么情况呢？

在你的这趟旅行里，我们假设地球的密度是均匀的，而且忽视空气阻力以及地球内部极高温度等因素。

182 挑战难度：● ● ● ● ● ●
解答所需东西：🧠 ✎
完成时间：88:88

解决问题与谜题游戏

马塞尔·达内西在他那两本著名书籍《骗子悖论》与《河内塔：有史以来最著名的十个谜题》里，就提到了山姆·劳埃德的"逗马"谜题，认为它是展现洞察思维的最好例子，而洞察思维对于解答此类问题是如此之重要。

一般来说，在解决这类问题的时候，有三种不同的策略可以选择：

1. 演绎推演：这种策略要求我们之前就要对解答问题所需的知识有所掌握。

2. 归纳法：观察问题所包含的诸多事实，通过逻辑推理方式找到解决问题的办法。

3. 洞察思维：这种方法可能首先是以反复试验的方式进行的，然后通过猜想与直觉的方式，凭借直觉获得被隐藏起来的答案。洞察思维是人类在数学领域取得重要进步的基础。很多数学方面的问题最初都是被设计成具有挑战性的谜题游戏，其中的数学定理就隐藏在这些谜题游戏里。

"逗马"谜题

"逗马"谜题基于原始的"逗骡子"谜题，这个谜题是美国著名谜题专家山姆·劳埃德发明的。

劳埃德少年时期就发明了这个谜题，该谜题可以说是有史以来最具美感的谜题之一，也可以说是横向思维的一次视觉杰作。

只运用你的想象力，你能以正确的方式把骑手和马鞍放在马背上吗？

如果你无法通过想象回答这个问题，可以将这两位骑手及马鞍剪下来，然后以恰当的方式将马鞍放在马匹的后背上。

提示：这个问题看上去极为简单，只有当你尝试去解答这个问题时，才会发现它并不简单。当你以正确的方式将马鞍放置好了之后，之前看上去疲惫不堪的马匹就会奇迹般地飞奔起来了。

不准要任何把戏，不能弯曲，允许折叠或剪切。

面对这个谜题时，很多人的大脑都会产生概念性的"积木"，导致无法将骑手放在正确的位置上。但是，解决这个谜题的方法其实非常简单。

劳埃德将"逗马"谜题卖给了P.T.巴纳姆，巴纳姆卖出了数百万份这样的商品，而劳埃德也在几个星期内就得到了一笔超过一万美元的版权费——在那个时候，这可是一笔不小的数目。从此以后，这个游戏的数以百计的衍生版本纷纷面世。山姆·劳埃德的这种"逗马"游戏可能是受到17世纪的墨水画《波斯马》的影响。

> **"他们找不到解决的方法，是因为他们看不到真正的问题。"**
>
> ——G.K.切斯特顿

> **" 一个问题如果能被充分地阐述，其实就解决大半了。"**
>
> ——巴克敏斯特·富勒

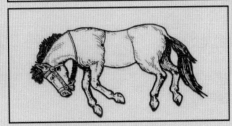

183 挑战难度：●●●●●●
解答所需东西：🧠
完成时间：88:88

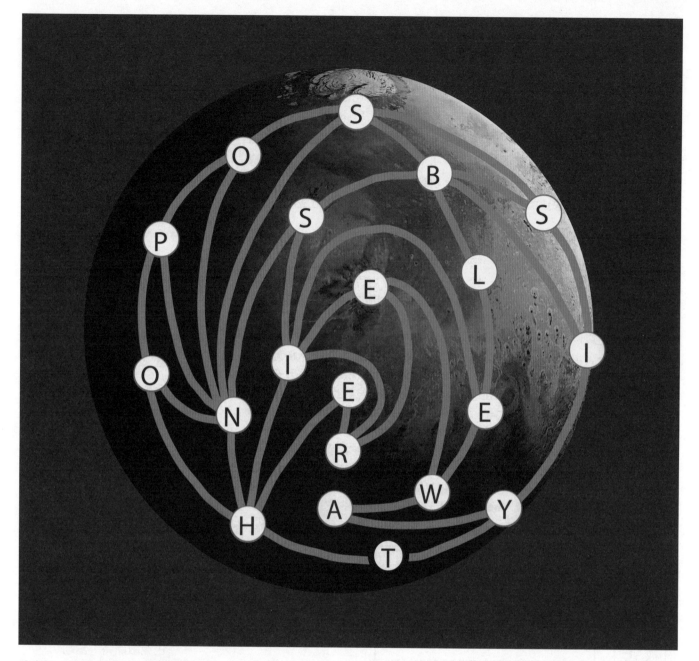

山姆·劳埃德的火星谜题

从"T"点出发，拜访火星上20个站点，然后拼写出一个完整的英文句子。你必须沿着"隧道"前进，并且不能两次经过同一个站点。

当山姆·劳埃德第一次发布他的"火星谜题"时，他收到了超过一万封回信，很多人都在信中说："这是不可能做到的。"你能解答这个谜题吗？

184 挑战难度：● ● ● ● ● ●
解答所需东西：🧠
完成时间：⊞⊞:⊞⊞

几何消失——1871年

"几何悖论"或"几何消失"的神奇图像非常微妙，直到如今仍然让人着迷，令人惊讶，成为人们谈论的焦点。即便在对几何消失的原理进行解释之后，我们依然会对感知系统产生怀疑。

美国谜题发明者山姆·劳埃德是这类游戏最著名的开发者，其中一个著名的游戏就是"离开地球"。

梅尔·斯托弗（Mel Stover,1912—1999）与其他人完善了这种艺术，创造出了一个微妙的变异版本，继续完善这个原理。几何悖论涉及对总长度或总面积的拆分与重组。在重组之后，其中一部分图形就会莫名其妙地消失不见。这背后的解释就是马丁·加德纳所谓的隐藏分布原理，这取决于我们的眼睛对重组之后的版本的容忍程度。我们的眼睛经常会忽视各个部分或重新组装部分之间的细小差别，认为这两个部分都拥有相同的长度或面积。

比方说，如下面左图所示，当下半部分往右平移时，12条垂直的线就变成了11条。

如下面右图所示，当内部的轮子沿着逆时针的方向转动一个刻度，12条轴射线就会变成11条。显然，在这两种情况下，并没有任何东西真正消失。

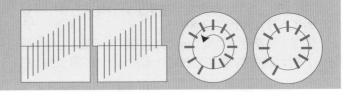

神奇的铅笔（一）

在下图中，当内部的轮子以顺时针方向转动三个空间位置，那么这幅图中的7支蓝色铅笔与6支红色铅笔就会转变成6支蓝色铅笔与7支红色铅笔，如下图所示。你能说出哪一支铅笔的颜色发生了改变吗？这个游戏是梅尔·斯托弗经典谜题的一个全新设计版本。

185 挑战难度：●● ○ ○ ○ ○
解答所需东西：🧠 ✂️ ✈️
完成时间：⏲️

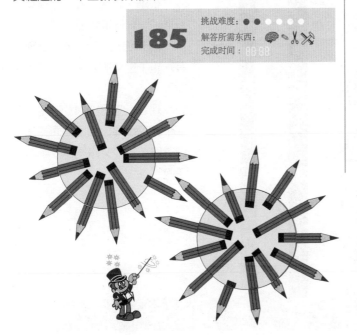

神奇的铅笔（二）

7支红色的铅笔与6支蓝色的铅笔。想象一下，交换图形下面两个较低部分的位置。你猜会出现什么情况呢？

186 挑战难度：●● ○ ○ ○ ○
解答所需东西：🧠 ✂️ ✈️
完成时间：⏲️

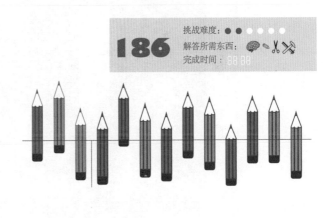

装箱问题——1873年

装箱问题无论在工业里还是技术上都是很重要的。装箱的目的就是将一组物体装入一定数量的箱子里，让总数（总长度或总体积）不会超过某个特定的数值（也就是打包箱子的体积大小）。

按任意顺序将物体装入首次适合其大小的箱子里，这就被称为"首次适应装箱"，这样做并不是很高效。简单的生活经验与逻辑学将大幅度提升装箱效率。我们可以采用所谓的"首次适应，从最重到最轻"的方法：按照从最重到最轻的顺序对物体进行排列，然后将物体放入箱子里。这种算法的误差绝对不会超过22%。

1973年，戴维·约翰逊在美国电话电报公司任职时，就证明了不可能做到比22%更好。

罗恩·格雷厄姆发现了一个有趣的装箱问题，这个问题与一个违反直觉的悖论存在着联系。这个悖论是这样说的：利用"首次适应，从最重到最轻"的算法，在每个箱子可以装载524千克物体的情况下，需要多少个箱子才能装入如下重量的33个砝码呢？这些砝码的重量（千克）分别是442，252，252，252，252，252，252，252，127，127，127，127，127，106，106，106，106，85，84，46，37，37，12，12，12，10，10，10，10，10，10，9，9。

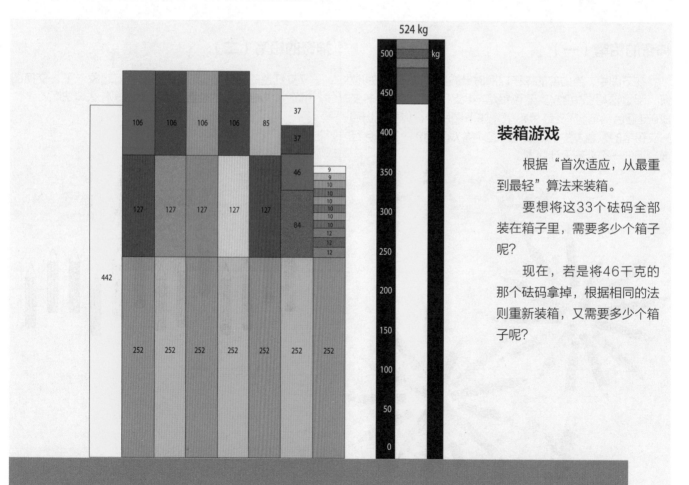

装箱游戏

根据"首次适应，从最重到最轻"算法来装箱。

要想将这33个砝码全部装在箱子里，需要多少个箱子呢？

现在，若是将46千克的那个砝码拿掉，根据相同的法则重新装箱，又需要多少个箱子呢？

著名的滑块游戏及其背后的故事——1880年

滑动1到15的方块，你能通过将15-14这样的顺序改为14-15这样正确的顺序，使每个数字的方位按顺序排列吗？

滑块游戏的鼻祖，无疑就是著名的"十五格拼图"。直到现在，这个游戏依然以不同的形态与其他版本在市场上销售。

如果你试图破解14-15谜题，可能就会失望地发现，你无法做到。千万不要对此感到气馁！这个14-15谜题多年前就已经被山姆·劳埃德思考过。这个谜题是无解的。

消遣数学历史上有两个拼图游戏曾在世界范围内引发狂热，一个是14-15谜题（这已经是120多年前的谜题了），另一个则是最近出现的鲁比克魔方（参见第9章）。

山姆·劳埃德曾悬赏1000美元，奖给任何能够解决这个谜题的人。他肯定是深信没有人能够获得这笔奖金的。在14-15谜题里有超过6000亿种可能的组合，其中有一半的组合无法将数字恢复到顺序的状态。劳埃德的拼图只不过是其中的一种而已。劳埃德知道，要想将这些积木按顺序排列，只在交换次数为偶数时才有可能。

因此，一个简单的奇偶校验就会让你明白能否找到解答的方法。我们可以将一对数字变换位置，计算变换的次数，直到获得满意的结果。如果变换次数是偶数的话，那么通过滑动方块做出的变换就是有可能的，否则就是不可能的。在电脑语言里，十五格拼图与相似的滑块游戏都是时序机模型。每一个滑块的移动都代表着一种输入，代表着滑块的每一种排列状态。解答这个问题的人很快就会发现，他们深深

着迷于找寻能达成目标的最小输入链条。这绝不全是试错！我们很快就会"看到"某些线路会引领我们走向一条死胡同，而其他的线路看上去则很有希望，而且你的直觉最终会带领你找到解答。

山姆·劳埃德宣称他发明了十五格拼图。事实上，这个游戏是诺伊斯·帕尔默·查普曼（Noyes Palmer Chapman）这位纽约加纳斯托塔地区的邮政局长于1874年发明的，被冠以"宝石拼图"的名字。1880年3月，他申请专利，但遭到了拒绝，因为专利局的人认为这与欧内斯特·U.金西在1878年发明的"拼图块"专利（US207124）并没有明显的区别。

想了解十五格拼图的真实故事，可以查阅斯洛克姆与松内维德有关十五格拼图的有趣书籍。

维度、随机性
与河内塔游戏

卢卡斯的谜题——1883年

在我九岁生日的那天，我得到了人生中的第一个游戏装置。这个游戏装置有一个木质的底座，上面有七个木桩与两组放在木桩上的圆环（每组三个）：一组是红色的，另一组则是蓝色的，如下图所示。游戏的目标就是根据一些简单的原则，将两组圆环位置互换。在当时的我看来，这是非常简单的。但在玩了一小时之后，我放弃了。我得出了结论：这是不可能做到的。

但在几天之后，我又重新去玩这个游戏，并且深深沉浸其中。这个游戏

必然是有解的，因为这个游戏的说明书上是这样写的。于是，我下定决心去解开这个谜题。我顽强地面对解答过程中面临的各种困难。一小时后，我突然找到了解开谜题的方法。我感到非常高兴，为自己感到无比骄傲。

从那时起，我觉得自己是喜欢谜题的。我那个时候不知道的是，这是谜题进入我生活的开始。在解答谜题的过程中，我使用了一种名为"暴力算法"的方法。

我遇到的第一个谜题就是所谓的"卢卡斯谜题"，它是法国著名数学家爱德华·卢卡斯（1842—1891）发明的。他还发明了其他一些著名的消遣数学游戏。卢卡斯的谜题是最早的需要重组筹码，形成某种特殊队列结构的谜题与游戏之一。

之后，当我开始设计与发明谜题与游戏时，我最早的一个发明就是"棘手的按钮"这个游戏。它受到了卢卡斯谜题的基本组合概念的影响，并且扩展到了任意数量的游戏组合。这里的四个谜题都是对卢卡斯谜题的拓展。下一页的游戏板就是为了能在这本书中直接玩这个游戏而设计的。

棘手的按钮游戏

下面一页中四个游戏的目标，就是根据下面的简单规则，通过交换两组筹码（数量分别是3,4,5与6），使之交换位置。

在初始图形里，两组筹码分别是放在左边的红色硬币与放在右边的蓝色硬币，如图所示，要完成交换，需要八步。

规则如下：

1. 一次只能移动一枚硬币。

2. 硬币可以移动到相邻的空位置。

3. 硬币可以跳过与其颜色相反的位置，移动到它相邻的空位置。

4. 硬币不可以跳过与其有着相同颜色的硬币。

5. 红色的硬币只能向右移动，而蓝色硬币只能向左移动。

要解答每一个谜题，至少需要多少个步骤呢？你能找到一般规律，使其适用于两组任意数量的筹码吗？比方说，要将两组硬币，每组十枚位置互换，至少需要多少步呢？

两组筹码：硬币或是相似物。

两枚硬币交换

两枚硬币交换

一枚红色的硬币

两枚硬币交换

两枚蓝色的硬币

两枚硬币交换

两枚红色的硬币

两枚硬币交换

两枚蓝色的硬币

两枚硬币交换

一枚红色的硬币

卢卡斯谜题两组中每组有八枚硬币的解答方法，需要八个步骤。

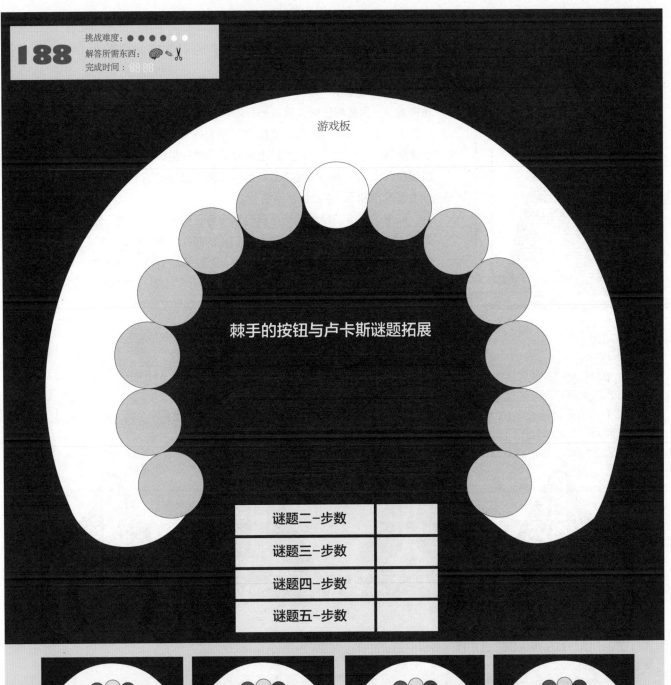

挑战难度：●●●●○○
解答所需东西：🧠✂️
完成时间：88:88

游戏板

棘手的按钮与卢卡斯谜题拓展

谜题二-步数	
谜题三-步数	
谜题四-步数	
谜题五-步数	

谜题二
三枚硬币交换

1-2-3-3-3-2-1

谜题三
四枚硬币交换

1-2-3-4-4-4-3-2-1

谜题四
五枚硬币交换

1-2-3-4-5-5-5-4-3-2-1

谜题五
六枚硬币交换

1-2-3-4-5-6-6-6-5-4-3-2-1

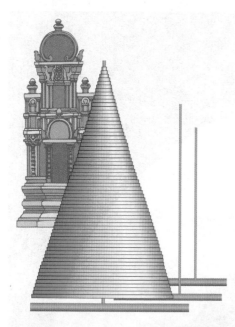

河内塔——1883年

河内塔游戏是最具美感的游戏之一，是法国数学家爱德华·卢卡斯于1883年发明的。

这个游戏源于一个传说：在贝纳尔斯有一座雄伟的宫殿，宫殿里面有一个黄铜盘，上面插着三根大针。一开始，64个黄铜圆盘按照由大到小的顺序套在一根大针上，最大的圆盘放在底部。无论白天还是黑夜，一位祭师都会以相同的速度将一个圆盘从一根大针上转移到另外一根大针上，且不允许任何一个圆盘放在一个比它小的圆盘之上。当这座由圆盘搭建的塔在另外两根大针中的一根上重建的时候，宇宙就会终结。

即便这个传说是真实的，我们也没有任何担心的理由。即使每秒移动一个圆盘，完成这项工作也要花费6000亿年的时间，这个时间大约是太阳寿命的60多倍。在某个较小数量的圆盘上完成河内塔所需的必要步骤为$2^n - 1$。因此，两个圆盘就需要三个步骤，而三个圆盘则需要七个步骤，依此类推。

巴比伦

这个游戏是经典的河内塔游戏的一个衍生版本。

你可以选择不同的难度级别，下面给出了几个样板。

如下图所示，左边的卡槽里码放着一些圆盘，每个游戏的目标就是将这些圆盘按照相同的顺序转移到右边，数字最大的圆盘要放在卡槽底部。

这四个游戏的目标就是要分别将3、4、5、6个圆盘按照相同的顺序转移

189

挑战难度：●●●●○○
解答所需东西：🧠 ✏️ ✂️
完成时间：⏱

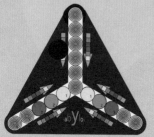

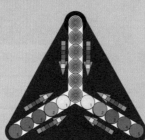

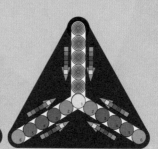

n=3 步数=?　　　n=4 步数=?　　　n=5 步数=?　　　n=6 步数=?

到右边的卡槽，数字最大的圆盘放在最底部，越往顶部，圆盘数字越小。记住要遵循下面的规则：

1. 一次只能移动一个圆盘。
2. 不要将任何圆盘放在一个比它数字小的圆盘之上。
3. 可以利用中间的卡槽，但需要遵循第一条与第二条规定。

要想完成这样的转移，你需要走多少步呢？你可以试着完成第一个游戏，然后再去尝试难度更高的游戏。

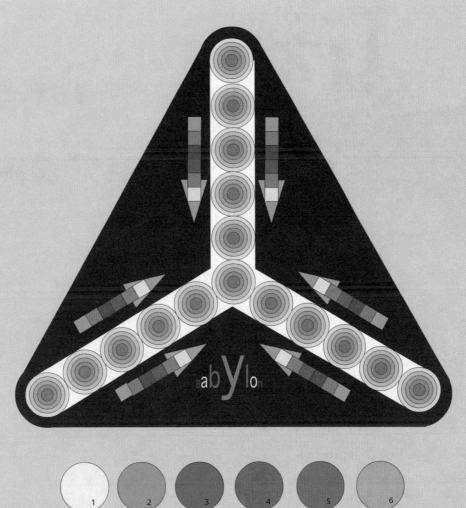

河内塔游戏板

用圆盘或两组小硬币来玩，试着解答上一页的四个谜题。

190 挑战难度：● ● ● ● ○ ○
解答所需东西：🧠 ✂️
完成时间：⏱ 88:88

挑战难度：● ● ● ● ○ ○
解答所需东西：
完成时间：

船只相遇

　　这一具有美感的问题是19世纪法国著名数学家爱德华·卢卡斯提出来的。这个问题是这样的：在每天中午时分，一艘船离开勒阿弗尔港口，前往纽约；另一艘船则在同一时间离开纽约，前往勒阿弗尔港口。这趟旅程要持续七天七夜。往返于纽约与勒阿弗尔港口之间的船会在这趟旅程中相遇多少次呢？

平面国与二维世界——1884年

天体物理学家们认为，宇宙是由四维空间组成的——其中三维是空间，剩下一维则是时间——学界最近的一些理论则认为，甚至还可能存在着更高的维度。

我们该怎样去理解这种假想的更高维度呢？要解答这个问题可以通过类比的方式，从我们日常的世界中抽离出来，想象一个二维的世界。

1884年，英国牧师兼科学传播者埃德温·A.艾勃特进行了一次激动人心的尝试，描绘了一个二维的世界。在他那本名为《平面国》的讽刺小说里，里面的人物基本都是几何图形，在一个无限伸展的二维平面上不断滑动。除了这个平面所具有的微不足道的厚度之外，生活在这个平面上的人对三维空间或三维以上的空间都缺乏认知。

虽然艾勃特并没有在书中描述平面国的任何物理法则与科技创新，但这本书却催生了许多解答这些问题的方法。与此相关的一本书名为《平面国的一个章节》，是查尔斯·霍华德·欣顿在1907年写的，这本书巧妙地拓展了艾勃特之前的想象。

欣顿书中的一切动作，显然都发生在一个名为阿斯特里的二维星球上。阿斯特里星球只是一个巨大的圆，上面的居住者都住在圆周上，并且始终面对着同一个方向。所有的男性都面对着东方，所有的女性都面朝着西方。每个人要想看到背后的东西，就必须向后弯曲、倒立，或利用一面镜子。

阿斯特里星球上有两个国家，尤纳尼安是一个文明国家，位于这个星球的东方；而野蛮的国家塞西亚则位于星球的西方。这两个国家爆发了战争，赛西亚人拥有巨大的优势，能够从背后袭击尤纳尼安。无助的尤纳尼安人民被迫退回到一片临海的狭小区域。

在种族灭绝的危险时刻，一项科技发明拯救了尤纳尼安人民。他们的天文学家发现这个星球是圆的。于是，一队尤纳尼安士兵穿越大海，对塞西亚军队发动了突然袭击，结果打了塞西亚军队一个措手不及，因为他们根本想不到对方会从后方发动袭击。就这样，尤纳尼安人民击败了他们的敌人。

阿斯特里星球上的房子只有一个大门，管道与水管都是不存在的。绳索也无法系在一起，只有杠杆、钩子与钟摆能够使用。

平原地区的等级制度

艾勃特在他的《平面国》一书里呈现了一个二维的数学世界。

· 女性是一条锋利的直线。

· 士兵与工人是等腰三角形。

· 中产阶级是等边三角形。

· 专业人士是正方形与五边形。

· 上层人士从六边形开始，一直到圆形，这些人是平原地区的高级牧师。

若是从后面看的话，是根本看不见女性的，而且存在着相互碰撞的高度危险。因此，法律规定女性只能永远扭曲蠕动，好让别人能够看到她们。

平面国的灾难

想象一下，生活在二维世界里具有智慧的外星人被限制在一个叫"平面国"的二维表面上。这些外星人不仅身体被限制在平面国，就连感官上也是如此。他们没有任何能力感觉二维世界之外的其他东西。

每隔一万年，一个三维的巨大陨石立方体就会撞上这个二维表面，并将之击穿。生活在平面国的外星人将会经历怎样的天文灾难呢？

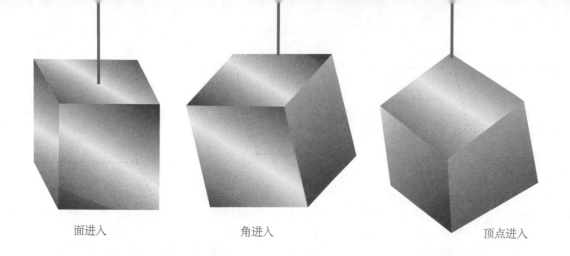

面进入　　　　　　　　角进入　　　　　　　　顶点进入

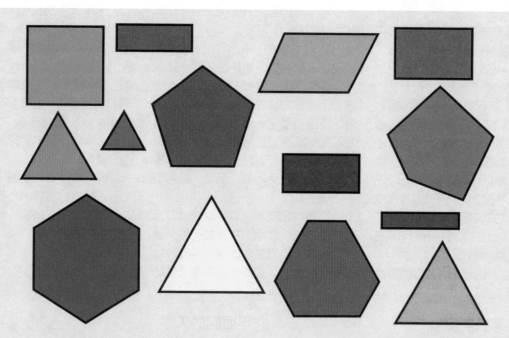

立方体切割——1885年

1880年，历史上第一个提出幼儿园概念的发明家弗德里希·福禄贝尔（Friedrich Froebel）强调了让幼儿玩几何游戏的重要性。

当一个球体穿过一个平面，就像艾勃特提到的平面国一样，我们很容易就能想象到这样的穿透次序：点，不断增大到极限的圆形，接着又回归到之前的状况，不管是从哪一点切入的。

但如果面对的是一个立方体，又会出现怎样的情形呢？当一个立方体穿过一个平面时，又会创造出什么形状呢？上面所示的图形都可以通过立方体切割一个平面得到吗？

附加题：你该怎样切割一个四面体，才能获得一个方形截面呢？

193

挑战难度：● ● ● ○ ○
解答所需东西：🧠 ✏️ ✂️
完成时间：

约当曲线定理——1887年

所谓的约当曲线就是在一个平面上，一条非自相交的连续线圈，这是一个简单的封闭曲线的别称。

约当曲线定理认为，每一条约当曲线可以将平面分为一个被曲线围起来的"内在"区域与一个能够包含附近或远处外在点的"外在"区域，因此，任何一条连接不同区域中两个点的连续路径都会与约当曲线在某处相交。

约当曲线定理认为，如果一个点在任意一个方向上形成的直线交叉数都是奇数的话，那么这个点就在简单封闭曲线内部。虽然这一定理的阐述看上去是不证自明的，但是要想通过基本的数学方法去进行证明却并不容易。更为明晰的证据依赖于代数拓扑学工具，利用这些工具可以让我们对更多维度的空间进行概括总结。

约当曲线定理是以数学家卡米耶·约当（Camille Jordan，1838—1922）的名字命名的，他是第一个证明这个定理的人。长期以来，他的证明都被认为是不成立的，不过，这种观点近年来已受到了挑战。

对于光滑曲线来说，显然如此。但是，曲线也可以是非常复杂的。在这种情况下，这一定理就不适用于科赫雪花那样的曲线了。

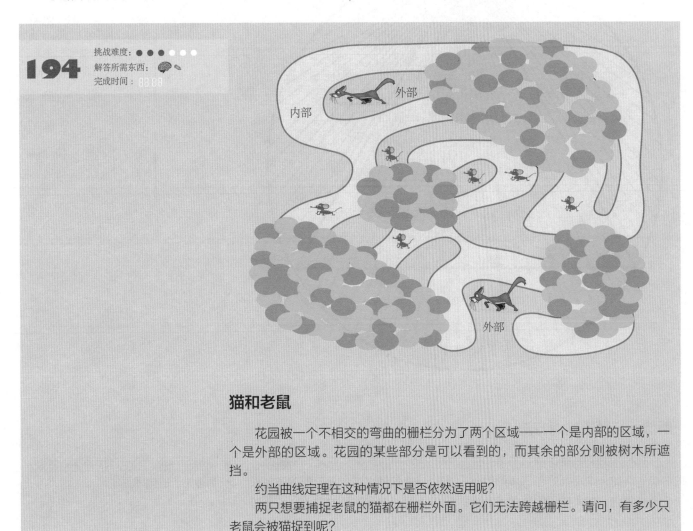

猫和老鼠

花园被一个不相交的弯曲的栅栏分为了两个区域——一个是内部的区域，一个是外部的区域。花园的某些部分是可以看到的，而其余的部分则被树木所遮挡。

约当曲线定理在这种情况下是否依然适用呢？

两只想要捕捉老鼠的猫都在栅栏外面。它们无法跨越栅栏。请问，有多少只老鼠会被猫捉到呢？

贝特朗悖论——1888年

1888年，约瑟夫·贝特朗（Joseph Bertrand,1822—1900）在他的著作《概率计算》一书里提出了一个关于概率论的经典而重要的问题：如果产生随机变量的方法不明确，那么概率也不可能明确。

他提出的问题是这样的：以一个圆的内切等边三角形为例，如果我们随机选择一条弦，那么这条弦比三角形的一条边更长的概率是多少呢？

贝特朗就选择随机弦提出了三个论点，这三个论点都是合理的，但却会推导出不同的结果，这就产生了一个以他名字命名的悖论。因为并不是什么独一无二的选择，因此当然也不可能找到独一无二的解决方案。只有当随机选择的方法被明确规定之后，我们才能找到解决这个问题的方法。我们可以对三种不同的选择方法进行解释，也可以进行视觉化的呈现。

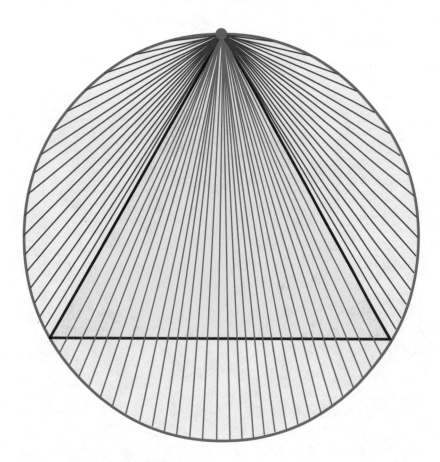

红色弦比三角形的边更长的概率是33%。

蓝色弦比三角形的边短。

解法一：随机端点方法

在一个圆的圆周上随机地选择两个点，其中一个点刚好与三角形的一个顶点重合。如果弦上的其他点都落在三角形另外两个顶点之间的弧上，那么这条弦就比这个三角形的边更长一些。弧长是圆周长的三分之一，所以随机选择的一条弦的长度比三角形一条边更长的概率是33%。

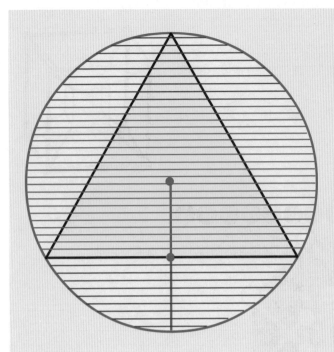

解法二：随机半径方法

　　选择一条半径将三角形的一条边二等分。在半径上选择一个点，以此作一条经过该点的弦，使它与这条半径垂直。

　　如果选择的点比三角形一边与半径相交的点更接近圆心，那么弦的长度就要长于三角形的边长。因此，随机选择一条弦比三角形一条边更长的概率是50%。

| 红色弦比三角形的边更长的概率是50%。 | 蓝色弦要比三角形的边短一些。 |

解法三：随机中点方法

　　在圆内随机选择一个点，以这个点作为中点，作出一条弦。

　　如果选择的点落在一个半径为大圆半径二分之一的同心圆上，那么这条弦的长度就要比三角形的边更长一些。较小圆的面积是较大圆面积的四分之一，因此概率就是25%。

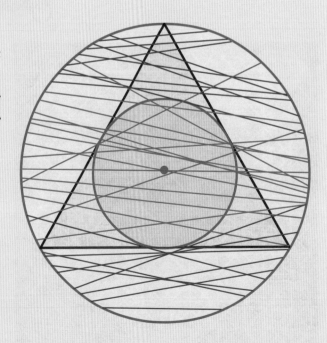

| 红色弦比三角形的边更长的概率是25%。 | 蓝色弦比三角形的边短一些。 |

超正方体与超立方体——1888年

在几何学上，超正方体是立方体在四维空间里的模型。超正方体之于立方体，就好比立方体之于正方形。正如立方体的表面是由六个正方表面组成的，超正方体的超级表面则是由八个立方体组成的。

超正方体是六凸正则四胞形。超过三个维度的立方体被称为"超立方体"，或"n立方体"。

超正方体是四维的超立方体，又称为四立方体。

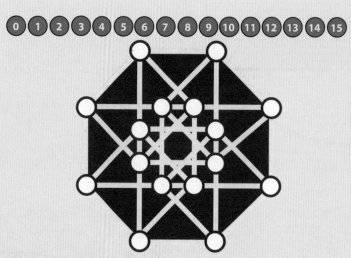

超正方体谜题

谜题一：在一个超正方体里，一共有多少个角、多少条边、多少个面与多少个立方体呢？

谜题二：将0到15的数字填入上面的超正方体的顶点圆内，使骨架立方体上正方形面的数量能够达到30个。

谜题三：如左图第一个超正方体所示，你能从左边的二维图形里找到多少个骨架立方体？

195

挑战难度：● ● ● ● ○ ○

解答所需东西：🧠

完成时间：🕗🕗

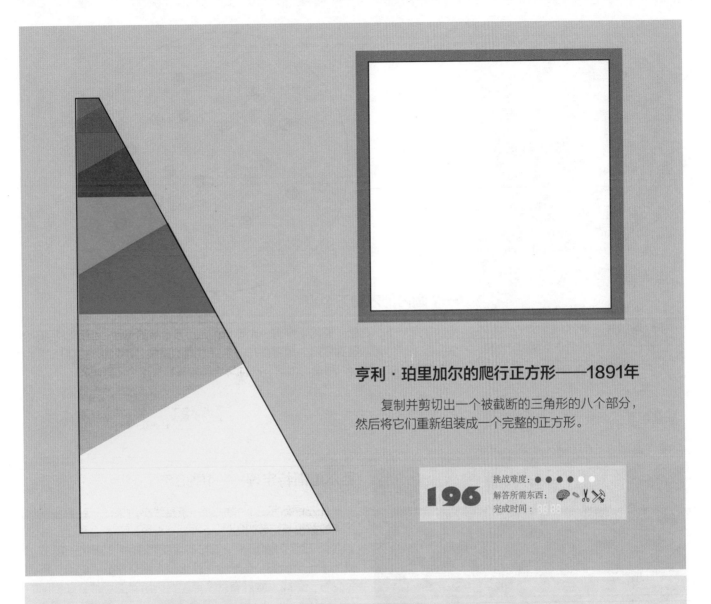

亨利·珀里加尔的爬行正方形——1891年

复制并剪切出一个被截断的三角形的八个部分，然后将它们重新组装成一个完整的正方形。

196 挑战难度：●●●●○○
解答所需东西：🧠📄✂️🛠️
完成时间：⏱️

亨利·珀里加尔（1801—1898）

亨利·珀里加尔是一位英国业余数学家，伦敦数学协会1868年到1897年的会员，因他对毕达哥拉斯定理进行的基于剖分的证明而闻名于世。在他的《几何剖分与移项》（*Geometric Dissections and Transpositions*）一书里，珀里加尔通过对两个较小正方

形进行剖分，使之变成一个较大的正方形，从而证明了毕达哥拉斯定理。他发现的五块式剖分可以通过重叠一块方砖的方式，用两个较小正方形组成的毕达哥拉斯瓷砖铺成一个较大的正方形。

珀里加尔在同一本书里也表达了

这样的希望，即基于剖分的思想同样能够解决化圆为方这个古老问题，然而，在1882年，林德曼-魏尔斯特拉斯定理已经证明，这个问题是不可能解决的。

点肖像

需要多少个点才能做出一幅神似玛丽莲·梦露的画像？粗略估计一下，然后看你是否能用不多于25个点做到。

197　挑战难度：●●●○○
解答所需东西：🧠 ✂️ 🔨
完成时间：88:88

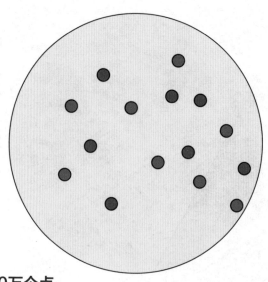

一个圆内的200万个点

想象一下，在这个圆内刚好有一个随机的200万个点的集合，但是以目前的放大程度，你无法看到它们。是否存在一条经过圆的直线，刚好将这200万个点二等分呢？你能找到一种理论依据、一种思维实验来解决这个问题吗？

198　挑战难度：●●●○○
解答所需东西：🧠 ✂️ 🔨
完成时间：88:88

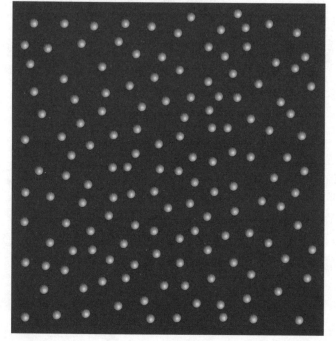

西尔维斯特定理——1893年

如左图所示，你能找到一条直线穿过该图，让直线两边的点的数量都相等吗？

1893年，詹姆斯·约瑟夫·西尔维斯特（1814—1897）提出了一个猜想：在一个平面上分布着有限数量的点，那么至少有一条线上刚好有两个点（否则所有的点都会在相同的一条直线上）。1944年，这个猜想被匈牙利数学家蒂博尔·加莱证明。

西尔维斯特定理就是今天著名的以证明形式呈现出来的西尔维斯特–加莱定理，这条定理是这样阐述的：给定有限数目的点，如果过任意两点的直线都经过第三点，则所有点共线。

199　挑战难度：●●●●○
解答所需东西：🧠 ✂️ 🔨
完成时间：88:88

六角幻方

有关幻方的内容已经有很多了，但是幻方不仅与正方形相关，而且还与其他多边形相关，比如，三角形、六边形、圆形、五角星形以及其他多边形。

谜题一：二阶六角幻方有可能存在吗？换句话说，将1到7的数字分别填入六角图中所示的圆圈里，使两层的六角图中任意一条直线上的数字之和都等于同一个数，能否做到？可以告诉你们，无论你以怎样的方式去安排这些数字，这个问题都是无解的。二阶六角幻方显然是不可能存在的。你能找到它不可能存在的证据吗？

谜题二：另一方面，三阶六角幻方则如下图所示。

200
挑战难度：●●●●○○
解答所需东西：🧠🖊
完成时间：⏱

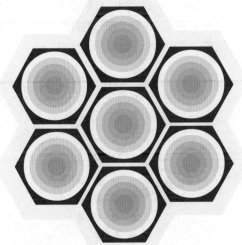

六角幻方谜题——1895 年

1895年，威廉·拉德克利夫在经过大量的试错之后，终于发现：将数字1到19分别填入由19个六角形组成的图形中，让每一行中三个、四个或五个六角形中的数字之和都等于38，这是可以做到的。1963年，查尔斯·特里格证明了，这是唯一一种可以是任何尺寸的六角幻方。

拉德克利夫的六角幻方是一个独特且让人惊讶的数字模型谜题。你能将从1到19的数字填入六边形的棋盘里，使任意一条直线上的数字总和都等于38吗？

201
挑战难度：●●●●○
解答所需东西：🧠🖊
完成时间：⏱

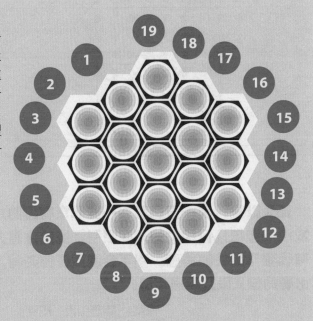

皮克定理——1899年

假设你有一个简单的格点多边形（这是指没有自相交也没有"洞"的多边形），并且多边形的每个顶点都在一个正方网格里，如下图所示。

我们的目标就是要计算出被多边形包围的区域的面积。我们可以先将多边形划分为多个部分，将每个部分的面积相加，就可以得到整个多边形的总面积（我用这种方法得到了84.5平方单位的面积）。

但是，还有一种具有美感的简单方法可以计算出这个多边形的面积，即利用皮克的精彩公式。皮克定理提供了一种优雅的捷径，可以得到一个简单格点多边形的面积。

皮克定理——格点多边形的面积：$A = i + b/2 - 1$，这里，$i =$ 内点（蓝色点）的数量，而 $b =$ 边界点（红色点）的数量。利用皮克的公式，可以得到这个区域的面积是84.5平方单位，这与我们之前的计算结果是一样的。

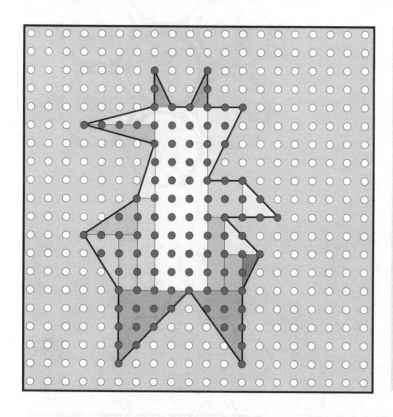

乔治·亚历山大·皮克（1859—1942）

乔治·亚历山大·皮克是一位奥地利数学家，作为纳粹政权的受害者，皮克于1942年死于特来西恩斯塔德集中营里。皮克以计算格点多边形面积的公式而闻名于世。他在1899年的一篇文章里发表了这个理论，但这个理论是在雨果·斯坦豪斯将其收录到他的《数学速览》一书中之后，才逐渐为世人所了解的。

> "长久以来，我一直想发表一些非常有趣的东西。最后，我发现一些与几何相关的问题吸引了我的注意力，因为其中具有优雅与简朴的美感。我不会浪费任何时间，而是直接探寻必要的定义以及定理本身。"
>
> ——乔治·亚历山大·皮克

> "像三角形这么简单的图形，竟然拥有数之不尽的属性，这实在非常奇妙。"
>
> ——乔治·亚历山大·皮克

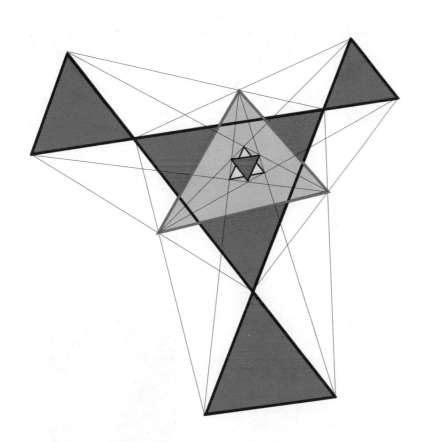

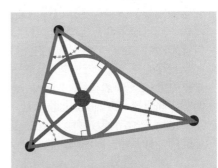

三角形的内等分角

欧几里得证明了，在一个三角形内，任意两个角的二等分线的交点，距离三条边的距离都是相等的。这一点就是三角形内切圆的中心，叫做内心。

一个相关的问题就是，一个三角形的三等分线是如何相交的呢？但是，这个问题要等上两千多年，直到莫利提出了三等分线定理才找到解决办法。

莫利定理——1899年

1899年，英国数学教授弗兰克·莫利（Frank Morley,1860—1937）发现了一个具有美感的定理，该定理揭示了几何学上一个让人感到震惊的关系。

他的定理是这样阐述的：将三角形的每个角三等分，相邻两个角的三等分线的交点连在一起，就能生成一个等边三角形。

以任意一个三角形（绿色）为例，将每个角三等分，然后将相邻两个角的三等分线的交点连接起来，那么你将会得到一个等边三角形（红色）。

情况总是如此吗？

你可以用任意形状的三角形去尝试。请注意，六个三等分点会形成六个内交点。将另外三个交点连接起来，另一个三角形就形成了。这一次形成的三角形不是等边三角形。这是第二个莫利三角形（黄色）。

总的来说，莫利定理是指，将内角的三等分线都考虑在内的话，会再生成四个等边三角形，如上图所示。

地图着色问题——1890年

著名的四色定理直到最近才被电脑解答。来自南加州大学的赫伯特·泰勒注意到，地图着色这个问题推而广之就是对地图上 m 个彼此分割的国家或区域进行着色的问题。

当一个国家的所有区域都必须用同一种颜色去着色时，那么至少需要多少种颜色对这张地图进行着色，才能使两个有共同边界的区域不会有相同的颜色呢？按照上述说法，四色问题其实是 $m=1$ 时的一个特例。此时正好需要四种颜色。

有趣的是，当 $m=2$ 的时候，这个问题其实在1890年就已经被数学家珀西·约翰·希伍德（Percy John Heawood, 1861—1955）证明了。他是第一个证明对地图着色不需要6种以上颜色的人，他还做了一份 $m=2$ 时用12种颜色着色的地图。右图就是希伍德制作的地图。你能用12种颜色去着色吗？这个地图已经部分着色，你可以接着涂色。

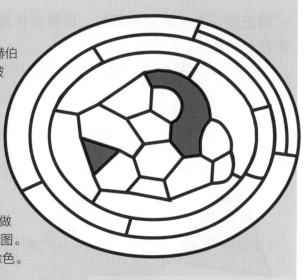

202 挑战难度：●●●○○
解答所需东西：🧠 ✂️ 🖊️
完成时间：⏲️

珀西·约翰·希伍德（1861—1955）

珀西·约翰·希伍德是一位英国数学家，曾在牛津大学接受教育。他几乎将自己的一生都投入到对四色定理的研究当中。1890年，他发现艾尔弗雷德·肯普（Alfred Kempe）的证明方法存在着一个漏洞。在这之前的11年里，肯普的证明方法被认为是正确的。既然四色定理备受争议，他于是选择了研究五色定理。1976年，通过电脑计算，人们终于找到了四色定理的证明方法。

G.A.狄拉克在《伦敦数学协会期刊》上发表的一篇文章里这样写道："从他（希伍德）的形象、举止与思维习惯上看，他是一位极不寻常的人。他留着浓密的胡须，身体消瘦，有点驼背。他经常披着一条古怪的具有复古气息的披肩，提着一个古典的手提包。他的步伐是优雅且匆忙的。他的身边经常会有一只狗相伴，甚至在他发表演说时也是如此。他为人非常坦率、虔诚、充满善意。他那糅合着天真质朴与精明古怪而有趣的性格，不仅让他吸引了很多人的兴趣，还赢得了同事的敬仰与尊重。

他喜欢到乡村玩耍，他的一个兴趣爱好是希伯来语，这对数学家来说并不常见。他的绰号是'猫咪'。杜

伦大学每年都会向那些取得优异数学成绩的毕业生颁发希伍德奖。"

多米诺组

三角形、正方形与立方体的边、顶点、面与角都分别用两种、三种、四种与六种颜色去着色——创造出颜色完全不同的广义多米诺组。这个游戏的目的就是找出每组中不同的多米诺骨牌的数量，然后将完整的多米诺组放入不同形状与大小的游戏盘上，并且要符合多米诺的基本原则——每一对接触面都必须有相同的颜色。

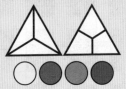

彩色三角形

如上图所示，一个三角形被划分为三个部分。用四种颜色对三角形的边或顶点进行着色，你能够创造出多少个不同的三角形呢？

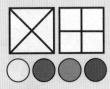

彩色正方形

如上图所示，一个正方形被划分为四个部分。用四种颜色对正方形的边或顶点进行着色，你能够创造出多少个不同的正方形呢？

彩色六边形

如上图所示，一个六边形被划分为六个部分，用三种颜色对每条边进行着色，你能创造出多少个不同的六边形呢？

彩色立方体

你有多少种放置立方体的方法，从而让这个立方体占据相同的三维空间呢？

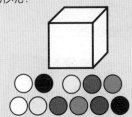

二色、三色与六色立方体

一个立方体的每个面都用两种、三种或六种颜色去着色。你能够创造出多少个二色、三色与六色立方体呢？

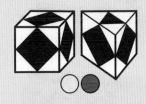

二色角锥与棱柱

若是只用红黄这两种颜色给一个立方体与三棱柱的角着色，有多少种不同的着色方式呢？

麦克马洪的广义多米诺
——1900年

经典的多米诺游戏其实就是一个线性的数字游戏。添加颜色或更为复杂的形状（包括三维的立方体），就能够创造出有趣的组合游戏（有关组合数学的美感问题，可以参考第4章的内容）。

亚历山大·麦克马洪（Alexander MacMahon，1854—1929）发明了多种类型的多米诺游戏，其方法就是将多边形瓷砖平铺在平面上，并且以对称的方式去着色。

麦克马洪的瓷砖组并不是任意摆放的：相同形状的瓷砖被以各种可能的方式去着色，形成一个完整的瓷砖组，保证没有任何两块瓷砖是一样的。镜像被认为是不同的，但是旋转则被视为是相同的。这是一种很自然的假设，因为瓷砖通常都只是一边着色，因此它们不可能翻转，但在平面上却可以没有任何难度地转动。这个游戏的目的就是根据多米诺原则，按照已有的几何或对称模式，摆放好一组完整的瓷砖。

麦克马洪的数学工作基于对称函数理论，即使其中的字母发生置换，代数表达式也不会发生改变。比方说，$a \times b \times c$ 与 $ab \times bc \times ca$ 都是 a, b, c 的对称函数。如果一个完整的麦克马洪多米诺组的颜色发生了置换，我们还是会得到与之前颜色完全相同的瓷砖。这些多米诺组合所具有的美感是从这种深层次的置换对称中衍生出来的。直到如今，麦克马洪提出的思想依然为我们发明全新的拼图游戏提供了许多探索的空间。

30个彩色立方体

珀西·亚历山大·麦克马洪引入了广义的多米诺骨牌的概念，将标准的多米诺骨牌延伸到镶嵌平面的多边形上，通过添加颜色与限制多米诺骨牌的数量，从而完成一个组合的形态。

他的经典多米诺组合包括30种颜色的立方体，这是他在1893年提出的，可以说是消遣数学领域里的一颗明珠。它基于以下这个问题：如果你给一个立方体的六个面都涂上不同的颜色，对所有的立方体都使用同一组颜色，你能够得到多少种不同的立方体呢？

旋转并不被视为不同，但是镜像却被视为不同。右图是30个立方体形成的网状结构。你能够利用6个颜色（或从数字1到6）创造出30个有颜色的立方体吗？

一种单调枯燥的方法就是找到这6种不同颜色或数字的720种可能的排列置换。因为你能够把立方体放在24个不同的方向上，因此每个立方体就有24种外观，这样，不同立方体的数量能达到30。但是，一个更好的方法就是通过系统的方式对立方体进行着色。

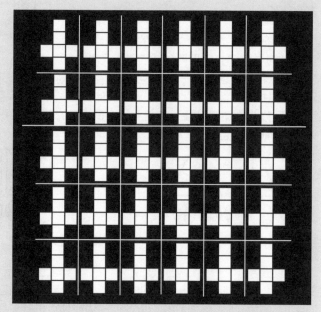

204

挑战难度：● ● ● ● ● ●
解答所需东西：
完成时间：

伊凡的立方体

麦克马洪具有原创性的立方体可以进行改良，拓展该游戏使其适合所有年龄段的人玩，甚至很小的孩子都能玩。

铰接多边形——1902年

　　将一个等边三角形切割成四个部分，然后将这四个部分重新组装起来，形成一个正方形。这就是亨利·杜登尼于1902年首次发表的"杂货商拼图"游戏。

　　这个游戏的解答方法有一个显著特征，就是三角形的每一个部分都以铰链的形式固定在一个顶点上，按顺时针方向能够组装成原来的三角形，按逆时针方向能够组装成正方形。

205

挑战难度：● ● ● ● ● ●
解答所需东西：
完成时间：

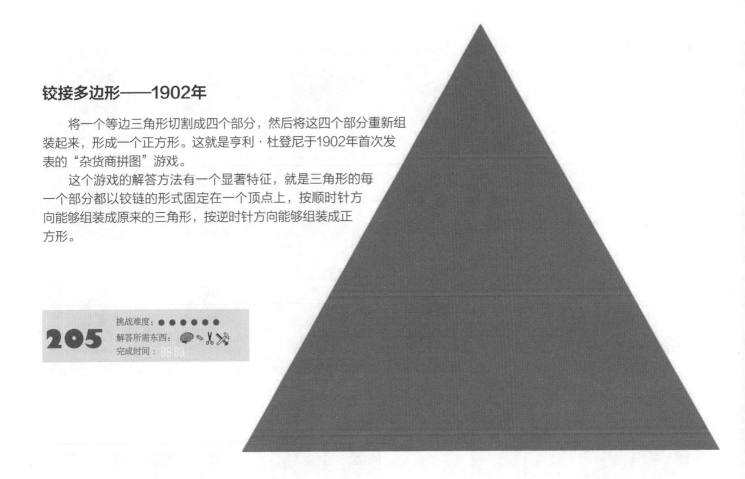

亨利·欧内斯特·杜登尼
（Henry Ernest Dudeney,1857—1930）

　　亨利·欧内斯特·杜登尼是一位作家兼数学家，英国最伟大的发明家与谜题创作者。杜登尼认为，解答谜题是一种创造性的活动，对于提升人类的思考与逻辑判断能力具有极为重要的意义。他最重要的数学成就是发现了被称为"杂货商拼图"的剖分谜题，即用几条直线将一个等边三角形切割成四个部分。

杜登尼的邮票问题——1903年

　　亨利·欧内斯特·杜登尼的经典邮票问题是与多联骨牌,特别是五个四联骨牌相关的最早问题之一。购进一批邮票,这些邮票有三排,每排四枚,组成如右图所示的长方形。这个游戏的目的就是将四枚邮票撕下来,然后沿着它们的边拼接起来。按下图几种拼法去拼,各有多少种不同的拼接方法?将不同拼法的数值填入下面的空格中。

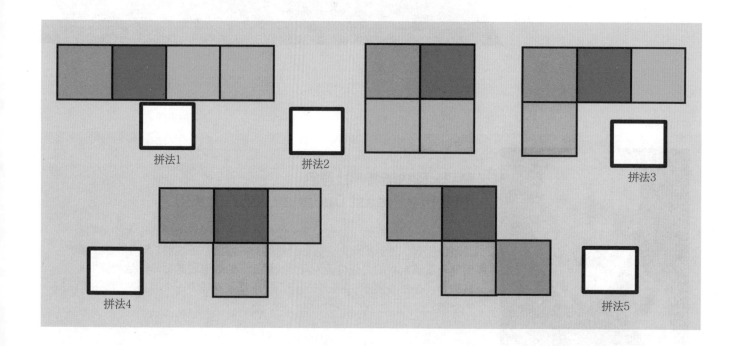

拼法1　　拼法2　　拼法3

拼法4　　拼法5

自作聪明的家伙——1903年

移走一个等腰三角形、一个正方形四分之一的部分，就形成了一个凹面五边形，这个凹面五边形可以分割为四个部分，重新组装成一个正方形。山姆·劳埃德提供了一个存在缺陷的解答方法——这样的"正方形"其实是一个长方形。到目前为止，我们还没有找到四个部分重组的解答方法。杜登尼找到了五片重组法，很好地解答了这个问题。

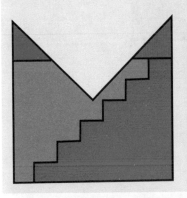 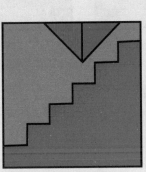 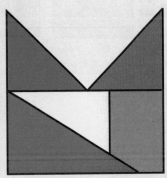 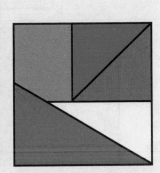

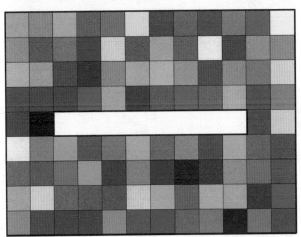

杜登尼的棉被

好看的棉被一开始是由许多大小相同的方块缝制而成的。中间八个方块损坏了，必须裁掉，留下一条长长的洞口。你能够沿着方格网将其切分为两个部分，使这条棉被可以缝合在一起而不会留下任何洞口，实现修复的目的吗？

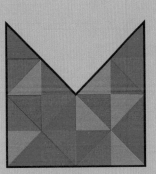 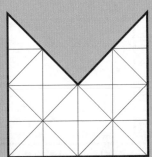

斜方拼图

在斜方拼图里，劳埃德用四种颜色将凹面五边形分为24个大小完全相等的三角形，如上图所示。

你能对五边形内的三角形进行重组，从而做出四个完全相同的拼接图形吗？要求：四个图形中的每一个图形都必须涂与其他图形不同的颜色，这些图形也必须是全等的，即便它们是彼此进行镜像或旋转的结果。

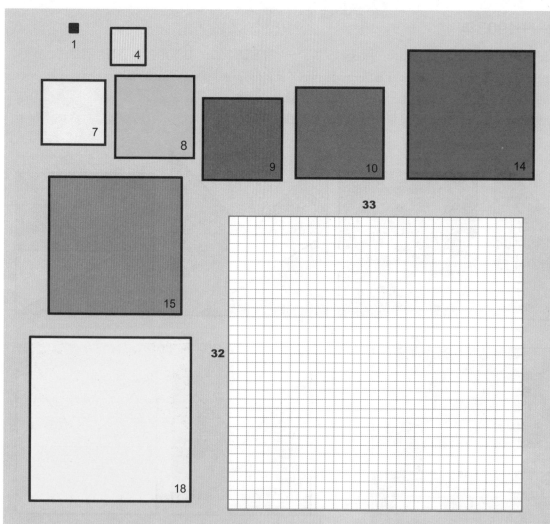

最小的完美长方形——1903年

一个长方形能被细分成若干个更小的正方形，且没有任何两个正方形的大小是完全相同的吗？1903年，马克斯·德恩（Max Dehn）证明了这个定理，即如果一个长方形被分割成若干尺寸不等的正方形，那么这个长方形本身就具有可公度性——即某个数字的整数倍。

选择一个测量单位，使基础正方形的每条边的长度都是整数。

1909年，Z.莫伦发现一个长方形可以切割成九个大小不同的正方形。1940年，图特、布鲁克斯、史密斯与斯通等数学家证明这个长方形是"最小"的，就是指没有更小的长方形能够被分割为九个大小不同的正方形了，而且也根本不存在能够被切割为八个或八个以下大小不同的正方形的长方形。

最小的完美长方形由边长为下列数字的正方形组成：1-4-7-8-9-10-14-15-18。

这是一个32×33的长方形。你能用九个不相互重叠的正方形组成一个最小的完美长方形吗？

209

挑战难度：● ● ● ○ ○ ○

解答所需东西：🧠 ✏️ ✂️

完成时间：⏱

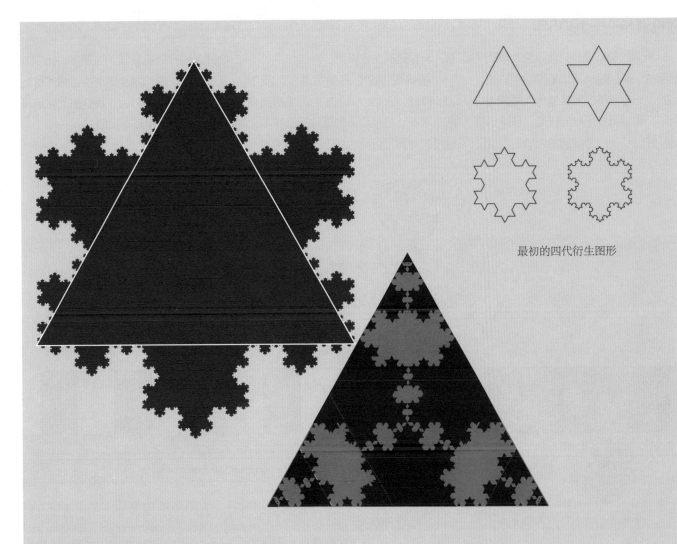

最初的四代衍生图形

雪花曲线与反雪花曲线——1904年

　　黑色与红色的图形显示了著名的雪花曲线与反雪花曲线最初的四代衍生图形，这些雪花曲线又被称为科赫分形。假设有一个等边三角形，每条边的长度都是单位长度。在每条边中间的三分之一处都添加（或减去）一个边长为其三分之一的等边三角形，然后重复这个过程。

　　当这个过程无限延续下去的时候，你能计算出这条曲线的长度以及这条曲线所包围的面积吗？这些曲线基本呈成长模式，创造出一系列多边形。是否存在类似雪花曲线的三维物体呢？

　　雪花曲线以及与此相似的所谓病理曲线证明了一个重要的原则：那就是复杂的图形是可以通过对非常简单的规则的重复运用得到的。

　　这样的形状就称为分形图。雪花曲线是数学家黑尔格·冯·科赫（Helge von Koch）于1904年发现的，这种曲线是最早发现的分形图之一。

210

挑战难度：● ● ● ● ● ○
解答所需东西：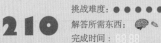
完成时间：

随机漫步——1905年

所谓的随机漫步，就是用数学形式展示由一系列随机步伐所形成的轨迹。比如，一个分子在液体或气体里前进的路线，动物觅食所走的线路，股票价格的升降以及一位赌徒的金融状况都可以视为一种随机漫步模型。

随机漫步这个名词是卡尔·皮尔逊（Karl Pearson）在1905年提出来的。现在，随机漫步的理论已经在多个领域内得到了运用：生态学、经济学、心理学、计算机科学、物理学、化学以及生物学。随机漫步理论能够解释这些领域内观察到的行为过程，因此是记录随机活动的一个基本模型。

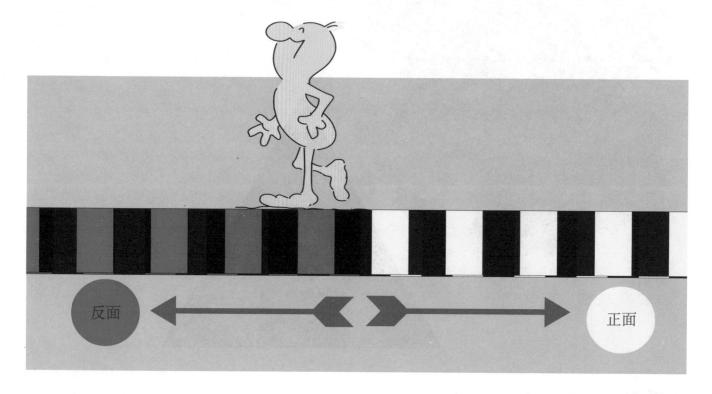

投掷硬币

在这个游戏里，你需要多次投掷硬币。如果落下的硬币是正面朝上，那么走路的人就朝右走一步，如果落下的硬币是反面朝上，那么他就要向左走一步。

在投掷36次硬币之后，你能猜到这个人离他出发的位置有多远吗？在猜想之后，你再投掷36次硬币，然后检查自己的预测是否正确。

你能计算出这个人走到某个点上再回到出发点的概率是多少吗？（假设这种走路方式无限地持续下去。）

211

挑战难度：● ● ● ○ ○ ○

解答所需东西：🧠 ✂️

完成时间：⏱️

> **"自然界没有任何一样事物是随机的……事物之所以看上去是随机的，这是因为我们的知识结构还不够完善。"**
>
> ——巴鲁赫·斯宾诺莎

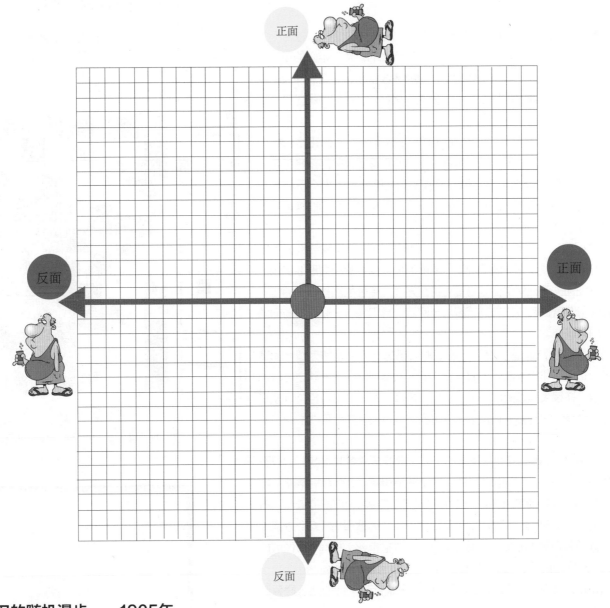

正面

反面

正面

反面

醉汉的随机漫步——1905年

一名醉汉在进行随机漫步，他从位于中央位置的灯柱出发，他要前进的方向受制于两枚硬币的投掷结果（一枚硬币是红色的，一枚是黄色的），如上图所示。这是对随机过程的一次最简单的演示，也是对布朗运动的很好模拟：在布朗运动中，悬浮在液体或气体中的微小粒子总是被其周围的分子"推动"着。

在投掷了一定次数的硬币之后，你觉得醉汉会停留在哪个位置呢？你能计算出在某个点上这名醉汉回到原先出发点的概率吗？你可以将网格大小视为界限，那么这种漫步就是有限的。

五联骨牌——1907年

多米诺骨牌是可以玩耍的棋子或瓷砖，这是一种流行了数百年的游戏。瓷砖是由两个有着公共边的方格单元组成的。两个相同的正方形只能以一种方式镶嵌（多米诺骨牌）。但很多数学家出于娱乐消遣的需求或其他目的，都通过持续地添加更多的方格单元，详细地阐述了基本的多米诺形状。

这样做的结果是出现了三个正方形的三联骨牌、四个正方形的四联骨牌，以及五个正方形的五联骨牌等，这些骨牌都被称为多联骨牌。

如果我们现在有三个正方形，那么我们能够做出多少个三联骨牌呢？如果我们手里有四个或五个正方形，又能做出多少个四联骨牌或五联骨牌呢？

与此相应的一般性问题就是：一定数量的方格单元能够构成多少种不同的形状？或者在一般情况下，能够形成多少个等积异形的多边形呢？没有任何关于几何组合学与智力拼图方面的专著能回答这个问题，也没有任何专著提及或研究过等积异形问题，特别是将多联骨牌的问题单独拿出来研究。

第一块多联骨牌是在1907年出现的。但是，无论是作为数学消遣的全新形式还是作为丰富学校教学资料的形式出现，这些形状之所以那么受欢迎，在很大程度上取决于所罗门·哥隆、唐纳德·克努特以及马丁·加德纳等人的努力。正是他们以拼图游戏以及谜题等形式推介了这些图形。

一块多米诺骨牌（2个方格单元）就是最简单的多联骨牌。它只有1种可能的形状——多米诺长方形。一个三联骨牌（3个方格单元）拥有2种可能的形状，四联骨牌（4个方格单元）拥有5种可能的形状，五联骨牌（5个方格单元）拥有12种可能的形状，六联骨牌（6个方格单元）拥有12种可能的形状，七联骨牌（7个方格单元）拥有108种可能的形状，八联骨牌（8个方格单元）拥有369种可能的形状。

现在已经出版了大量有关等积异形与多联骨牌，特别是五联骨牌等方面的书籍。

等积异形问题是对哥隆多联骨牌问题的总结，其中正方形被其他多边形所取代。多面方块是以等边三角形为基础的，而六面方块则是以正六边形为基础的，依此类推。

最小的五格骨牌游戏

在8×8的游戏棋盘上，最少需要摆放多少个五联骨牌，才能让棋盘上无法再多摆放一个五联骨牌呢？

五联骨牌颜色字谜

在8×8的游戏棋盘里，你能将12块着色的五联骨牌分别拼入这六个拼图里，从而让四个正方形不会彼此覆盖吗？

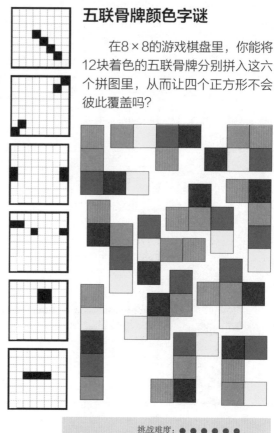

214

挑战难度：● ● ● ● ● ●
解答所需东西：
完成时间：

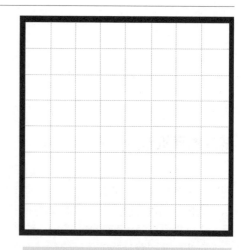

213

挑战难度：● ● ● ● ● ○
解答所需东西：
完成时间：

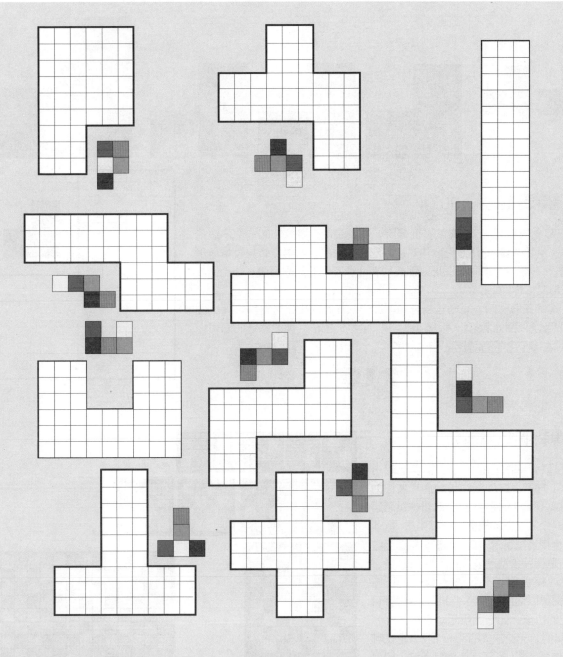

三倍五联骨牌——1907年

一种让人着迷的五联骨牌拼图涉及三倍复制问题。已有了一块五联骨牌，使用另外九块五联骨牌按比例拼出一个复制品，这个复制品是原先那个五联骨牌的三倍宽与三倍高。所有十一块五联骨牌都能够三倍复制。你该如何进行三倍复制呢？

215

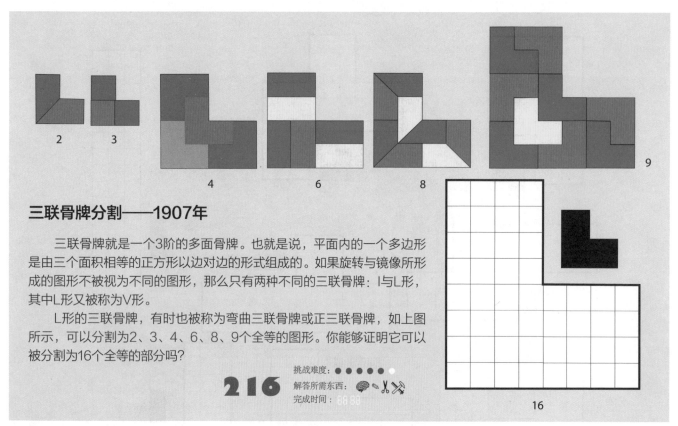

三联骨牌分割——1907年

三联骨牌就是一个3阶的多面骨牌。也就是说，平面内的一个多边形是由三个面积相等的正方形以边对边的形式组成的。如果旋转与镜像所形成的图形不被视为不同的图形，那么只有两种不同的三联骨牌：I与L形，其中L形又被称为V形。

L形的三联骨牌，有时也被称为弯曲三联骨牌或正三联骨牌，如上图所示，可以分割为2、3、4、6、8、9个全等的图形。你能够证明它可以被分割为16个全等的部分吗？

216

挑战难度：●●●●●○
解答所需东西：🧠 ✂️ ✏️
完成时间：⏱️

16

三联骨牌装箱

L形三联骨牌在任意大小的棋盘上都占据着三个正方形。这种三联骨牌通常被称为正三联骨牌。我们准备将L形三联骨牌包装起来，放入一个$2^n \times 2^n$的棋盘里，其中$n > 1$。

从这个棋盘里拿走一个正方形，用适当数量的L形三联骨牌去覆盖棋盘的其他位置。

在上述棋盘里，无论移走哪一个正方形，任务都可以达成吗？当$n=1$时，我们会有一个2×2的棋盘，如右图所示。当$n=2$，$n=3$，$n=4$时，无论缺失的那一个正方形在哪个位置，你都能将L形三格骨牌装入这个棋盘吗？

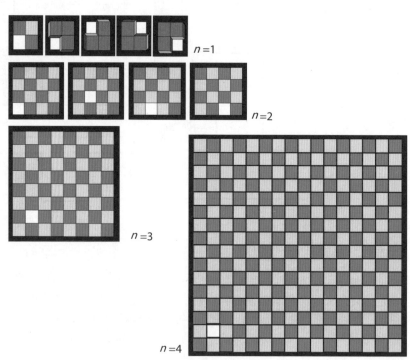

217

挑战难度：●●●●●○
解答所需东西：🧠 ✂️ ✏️
完成时间：⏱️

爬行图——1907年

你知道吗？一些图形若是以一定数量的复本组合起来，就能创造出更大的复本。与此对应的是，当这些图形以恰当的方式进行细分，是否同样能够获得比自身更小的复本呢？

爬行图就是指那些具有较大复本或较小复本的多边形。所罗门·哥隆给这些图形起了这个名字。通过对这些图形的研究，他为多边形复制的一般性理论打下了坚实的基础。

下面提到的鱼、小鸟与纪念碑等拼图都属于爬行图。在下面的图形中，有多少个图形是自身图形的复制版本呢？

渔网

你能在不相互重叠的情况下，将18条鱼放入这个渔网吗？

218
挑战难度：●●●○○○
解答所需东西：🧠 🍪
完成时间：98:88

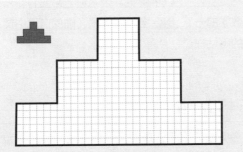

纪念碑

这座纪念碑是以一定数量、形状大小完全相同的较小图形建构起来的，每一个图形都是这个较大的纪念碑图形的一个较小复制品。

你能计算出较小复制品的图形数量是多少，以及它们在网络中的摆放方向吗？

219
挑战难度：●●●●○
解答所需东西：🧠 🍪
完成时间：86:88

猫与鸟

九只较小的鸟存在着被一只较大的饿猫吃掉的危险。这只猫能够吃掉多少只小鸟呢？或者说，在猫的轮廓之内，在不相互重叠的情况下，能够摆放多少只小鸟呢？

220
挑战难度：●●●●○
解答所需东西：🧠 🍪
完成时间：88:88

无限猴子定理与概率——1909年

有关无限性最有趣的一个思想实验是"无限的猴子定理"，这个想法可以追溯到埃米耶·博雷尔在1909年出版的一本有关概率的书。无限的猴子定理是这样阐述的：一只猴子在一部打字机的键盘上随意打字，打字时间是无限的，那么它必然能够打出一个完整的文本，比如莎士比亚的一部完整作品。

即使这种实验可以实施，这只猴子以准确的方式打印出一个文本的概率也是极小的。它需要有宇宙那样大的年龄才有可能完成，而这种情况是不存在的。

无限的猴子定理及相关的图像被认为是对概率数学的一种流行的例证。一个名为"猴子莎士比亚模拟器"的网站在2003年上线，网站上有一个很小的程序模拟大量的猴子随机地打字，目的是要计算出从头到尾准确打印莎士比亚一本剧本所需的时间。比方说，要想让猴子打印出莎士比亚剧本《亨利四世》下篇里的一个片段，据说即使打出24个符合要求的字母，也需要"2 737 850千万兆亿个猴年"，而这已经是一个不错的结果了。

或许，思考这个问题的一种较为简单的方法，就是彩票数字的选择。想象一下你非常富有，决定买下一大堆彩票，以求中奖。因为你非常富有，所以你可以将所有可能的彩票组合全部买下来，确保自己中奖。

用骰子摇出一个"6"

思考无限的猴子定理的另一种方法，就是想象你投掷一个六面的骰子，等待着摇出"6"这个数字。你可能在第一次就摇出了"6"，但你也可能在摇了很长一段时间都无法将"6"摇出来。当然，你最终还是会摇出一个"6"的。如果你摇骰子的次数只有6次，那么你至少摇出一次数字"6"的概率是多少呢？

221

挑战难度：●●●●●○
解答所需东西：🧠 ✂️
完成时间：⏱️

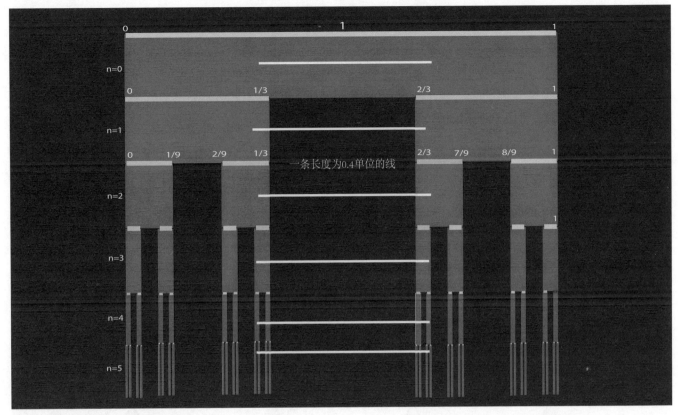

一条长度为0.4单位的线

n=0
0   1   1

n=1
0   1/3   2/3   1

n=2
0   1/9   2/9   1/3   2/3   7/9   8/9   1

n=3

1

n=4

n=5

康托尔的梳子——1910年

已知一条长度为1个单位的线（蓝色），移走这条线中间的三分之一。现在，移走剩下部分中间的三分之一，无限重复这样的过程。最后剩下的就是康托尔的梳子。第五代图形如上图所示。经过第n次这样的过程之后，你能找到计算康托尔梳子总长度的公式吗？

康托尔集具有一个惊人的属性：无论你走多远，总能够从剩下的康托尔集里找到两个点，它们之间的距离必然是从0到1之间的任何一个数，尽管一开始的线已经被移走了一大部分。如上图所示，一条长度为0.4单位的线出现在康托尔梳子上（黄色的部分）。你可以尝试其他长度的线段。

222   挑战难度：●●●●○
解答所需东西：🧠✏️✂️
完成时间：⏱️

格奥尔格·康托尔（Georg Cantor,1845—1918）

格奥尔格·费迪南德·路德维希·康托尔是一位德国数学家，他最著名的成果是创立了集合论，这是数学领域内的一个基本理论。康托尔证实了两个集合内元素之间存在一一对应关系的重要性，定义了无限有序集，证明了实数比自然数"更多"。事实上，康托尔证明这种定理的方法表明了"无穷大"的存在。

康托尔提出的超限数理论，一开始被人们认为是违反直觉与不可思议的，遭到了那个时代许多数学家的猛烈抨击。从1884年直到他生命的尽头，他饱受抑郁症的折磨。据说，这是因为他的同行都对他持有敌意造成的。

万幸的是，他晚年时终于时来运转了。1904年，英国皇家学会向康托尔颁发了西尔维斯特奖章，这是当时的数学家所能获得的最高奖项。达维德·希耳伯特为康托尔进行了一番著名的辩护，他说："任何人都无法将我们从康托尔创造的伊甸园里赶走。"

谢尔宾斯基分形——1915年

谢尔宾斯基三角形又被称为"谢尔宾斯基密封垫"或"谢尔宾斯基筛子"。这是一个分形图，是以波兰数学家瓦茨瓦夫·谢尔宾斯基（Waclaw Sierpinski）的名字命名的有趣的固定组合，谢尔宾斯基在1915年对此进行了

描述。但是，相似的图形模式早在13世纪就在意大利阿纳尼教堂（柯斯马蒂马赛克）以及其他地方出现了。位于罗马科斯梅丁的圣母教堂里也曾出现过。

谢尔宾斯基地毯分形

将一个单位的正方形的每条边三等分，形成九个正方形，将中间的那个正方形涂上金色。在接下来衍生的图形里，剩下的蓝色正方形都以同样的方式进行分割，将中间的那个正方形涂成金色，依此类推。如果这个过程无限次进行下去，你能够计算出涂成金色区域的面积与原始的蓝色正方形面积之间的比例关系吗？

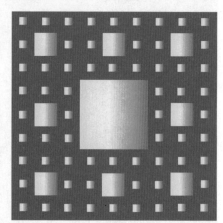

223
挑战难度：●●●●○○
解答所需东西：🧠✏️
完成时间：⏱

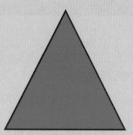
初始三角形

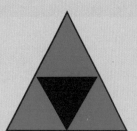
第一代衍生图形
1/4=0.25

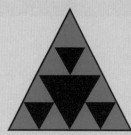
第二代衍生图形
7/16=0.44

第三代衍生图形
37/64=0.58

谢尔宾斯基三角形分形

谢尔宾斯基三角形的三代衍生形式如上图所示。你能在给出的三角形网格里画出第四个衍生图形吗？你能够在每代衍生图形里，找到展现黑色区域面积与大三角形面积之间的比例关系的数字系列吗？这个三角形首先是从等边三角形开始的，然后被划分为四个较小的等边三角形，其中间的部分被拿走了——形成了一个黑色的三角形洞。这三个剩下的三角形接着也以相同的方式进行分割，这个过程也是无限次地进行的。以这种方式得到的图形模式就被称为谢尔宾斯基分形图。

224
挑战难度：●●●●○○
解答所需东西：🧠✏️
完成时间：⏱

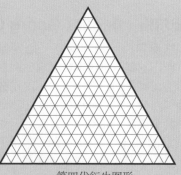
第四代衍生图形

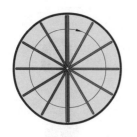

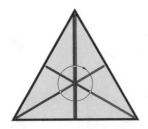

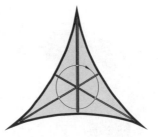

| 圆形 | 三角形 | 三个尖点的星形三角形 | 五个尖点的星形五角形 |

挂谷宗一的转针问题——1917年

著名的挂谷宗一转针问题是这样阐述的：在一个平面上，至少需要多大的面积才能让一根大头针（一个单位长度的线段）转成180°。这个问题首先是日本数学家挂谷宗一（1886—1947）在1917年提出来的。

显然，大头针会在一个圆里旋转（直径为1时面积为0.78），或在一个等边三角形里（高为1时面积为0.58）旋

转。但是，挂谷宗一提出了一个更好的解答办法：最小的面积应该是一个三角肌的形状，这是由三个尖点组成的圆内旋轮线（面积为0.39）。在很长一段时间里，这都被认为是最佳的解答办法。在这个阶段，我要求你们去想是否还存在更好的解答方法，但这样的要求可能不是很公平，因为的确是没有更好的解答方法了。

数学家贝西科维奇在1928年给予的结论无疑像是一枚炸弹，让整个数学界都为之轰动。因为这实在是太违反人类的直觉了。贝西科维奇证明了三角肌形状曲线可以拥有许多个尖点，而最小的面积可以要多小有多小，甚至零面积都是可能的。

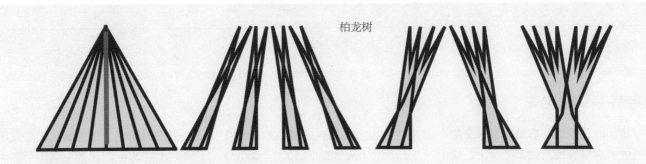

柏龙树

贝西科维奇的证明

贝西科维奇（1891—1970）证明，挂谷宗一的转针问题是没有答案的。用更准确的话来说，他证明，答案就是不存在最小的面积，因为这个面积要多小有多小，但没有最小。这到底是怎么一回事呢？可以将等边三角形的底部截成一半，然后再切一

半。将相邻的三角形朝彼此移动，直到它们稍微重叠，重复这一过程直到这些三角形的面积达到让你满意的大小。这种迭代的建构方式就被称为柏龙树（如上图所示）。一般来说，当图形被限制为凸面的时候，挂谷宗一证明了最小的凸面区域是单位高度的

等边三角形。

贝西科维奇证明了，对一般图形来说，不存在最小面积。如果你转动一个三角形、五角星形或七边形里的一条线段，就会发现这点。

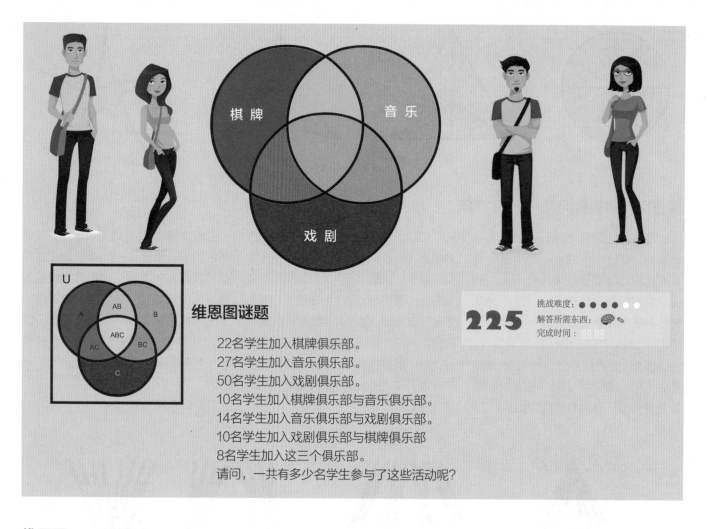

维恩图谜题

22名学生加入棋牌俱乐部。
27名学生加入音乐俱乐部。
50名学生加入戏剧俱乐部。
10名学生加入棋牌俱乐部与音乐俱乐部。
14名学生加入音乐俱乐部与戏剧俱乐部。
10名学生加入戏剧俱乐部与棋牌俱乐部
8名学生加入这三个俱乐部。
请问，一共有多少名学生参与了这些活动呢？

维恩图——1920年

　　数学推理建立在具有精确意义的逻辑的符号与思想系统基础之上。我们每个人对许多重要的逻辑原理都具有一种直觉性的把握能力。数学家们通常能够运用这些逻辑思想，从一些更为复杂的前提（从一连串符合逻辑的点出发）去总结出一些结论，而这些结论本身是无法通过直觉得到的。

　　我们可以运用"维恩图"，简化两个或两个以上组合的关系，从而更加轻易地得出结论。维恩图是约翰·维恩（John Venn，1834—1923）这位在剑桥大学执教的逻辑学家与牧师首先提出来的。

　　维恩图是一种能够以视觉方式将多个组合之间的关系展现出来的模型。维恩图有助于描述与比较任何数量的对象的元素与特征。在面对一个已有的维恩图时，你必须从一个普遍性的组合出发，这可以用"U"和一个长方形来表示。任何组合都可以用一个长方形内的封闭圆来表示。圆内部的区域与组合里的元素是存在联系的。相互重叠的部分则意味着属性共享的情形出现了。

　　利用维恩图有助于挖掘潜在的逻辑关系，这可以通过上面的维恩图谜题呈现出来。你知道如何解答吗？

无穷、不可能图形、混在一起的帽子与茶混奶谜题

弗兰克·普伦普顿·拉姆齐（Frank Plumpton Ramsey，1903—1930）

弗兰克·普伦普顿·拉姆齐是一位英国数学家。除了在数学方面做出成就之外，他还在哲学与经济学等领域做出了重要的贡献。他在26岁的时候就去世了。

他提出的理论认为，任何结构都必然包含一个有序的次结构。拉姆齐的理论旨在解答一个结构要处于怎样复杂的程度，才能够确保其拥有一定数量的次结构。

天文学家们已经验证了拉姆齐理论的合理性。他们从宇宙中发现了许多这样的结构模式。已知一定数量的星星，自然就会形成一种结构模式，如一个完美的长方形，又如北斗七星或其他结构模式。失序的情况其实只是量级的问题而已。

拉姆齐理论的一个经典例子就是著名的"派对谜题"。拉姆齐想知道，要确保某集合中一些对象共享某些属性，最少需要多少个这样的对象。比方说，至少包括两个同性别的最少人数是3。如果一共只有两个人，那么其中就可能会有一个男的，一个女的。不管第三个人是男是女，若将此人加进去，那么至少存在着两个同性别的人。

或者我们可以提出这样的问题：可以只用两种颜色对一个完全图的每条边着色，使形成的三角形每条边的颜色都不一样吗？拉姆齐就这个问题证明了一个一般性的定理。但有4个、5个或6个节点的例子，其实简单到用铅笔与纸张就可以证明了。派对谜题就是基于拉姆齐的理论提出的。

为了更好地感受优雅的图形在解答这类问题时呈现出来的美感，你可以想象一下，将六个人中所有相识的人可能的组合列举出来，一共可以列举出37768种组合，然后逐一检查每一个组合是否包括你想要得到的关系组合。

一个更高级的拉姆齐问题则需要我们想象一下：假设在一个派对上，四个人分在一组，他们彼此都是朋友，或者说他们相互之间都不认识；换句话说，他们要么彼此喜欢，要么彼此厌恶，那么这个派对至少需要多少人呢？拉姆齐证明需要18个人。如果你画出一个有18个节点的完全图，无论你怎么用两种颜色去对线段进行着色，你最终不可避免地会用其中一种颜色去连接四个点（也就是四个人），从而形成一个四边形。

要是让五个相互认识的人或五个相互不认识的人组成一组，派对至少需要多少人？这个问题至今仍没有答案。这个问题的答案大约在43到49之间。拉姆齐定理所具有的美感就在于其展现出来的简朴，事实上，它是可以通过直觉理解的。

> "完全的失序是不可能出现的。"
> ——弗兰克·拉姆齐与保罗·埃尔德什

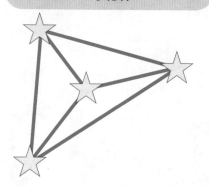

幸福结局问题

在仰望天空的繁星时，你需要选择多少颗星星，才能确保你在使用直线连接的时候，能够形成一个凸四边形呢？如图所示，选择四颗星星是做不到的。

在某个方向的平面上，至少需要多少个点 n，才能够始终确保形成一个 n 边的凸多边形呢？

E.克莱因与G.塞凯赖什证明了与凸四边形相关的定理。他们俩共同进行研究，并在之后结为伉俪。因此，埃尔德什把这个问题命名为"幸福结局"（happy ending）。

226

挑战难度：●●●●○
解答所需东西：🧠✂️
完成时间：⏱️

拉姆齐的游戏

15条白线在六个点上形成了一个完整的六角图。在我们的这个游戏里，15条线要么涂红色，要么涂蓝色。

两位选手轮流使用红色与蓝色对每条线进行着色。第一名选手必须用一种颜色创造一个三角形，将图形上的三个点连在一起，否则算输。在这个游戏里，必然会出现一位赢家。如右图所示，一共能够对多少个不同的三角形进行着色呢？在一名选手获胜之前，需要对多少条线进行着色呢？这种游戏一共能够玩多少步呢？

227

挑战难度：●●●●○○

解答所需东西：🧠✂️🔧

完成时间：⏱

六人派对谜题——1930年

当你邀请五位朋友去参加一个派对时，你能避免让三人组成的一组全部喜欢或全部讨厌对方的情况出现吗？

我们可以将六个人（你与你的五位朋友）简化为六个点，创造一个有六个点的完整图形，从而简化这个问题。在这样的图形里，我们可以清楚地将所有可能的三人一组的组合区分开来，形成相互连接的三角形，其中就包括点与点连结而成的有相互联系的一对。如果我们作出一个图形，其中相互喜欢用红线表示，相互讨厌的一组用蓝线表示，那么我们就能按照保罗·埃尔德什提出的美妙方法去解答这个问题。

你可以用红蓝两种颜色对图形中的线段进行着色。如果你能够选择你的颜色，避免作出由三个连接的点形成的单色三角形，这样你就避免了让三个彼此喜欢或彼此讨厌的人组成一组。你能对这六个人进行组合，从而获得你想要的结果吗？

228

挑战难度：●●●●○○

解答所需东西：🧠✂️🔧

完成时间：⏱

爱恨交织的关系

你可以避免在四人或五人小组中，有三人彼此喜欢或彼此讨厌。你可以用两种颜色中的一种对图形的每条线进行着色，避免作出一个三个点都用同一种颜色相连的三角形，如右图所示。

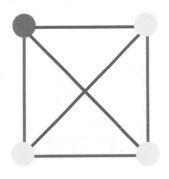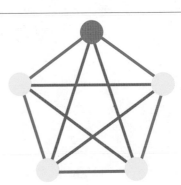

拉姆齐理论

拉姆齐理论其实是对派对问题的一个总结。

拉姆齐数字R(n,m)是保证出现N个红色节点或M个蓝色节点的最小的节点总数。注意，派对问题表明$R(3,3)= 6$。

现在，我们已经知道了：

$R(3,4)= 9$（在我们提到的游戏里）

$R(5,3)= 14$

$R(4,4)= 18$

$R(6,3)= 18$

$R(7,3)= 23$

$R(5,4)= 25$

$R(5,5)= 43$或是49

聚会问题（一）

用蓝色或红色这两种颜色逐一对图形上的线着色。分别连接三个或四个外在的数字点，在不得不画出一个红色三角形或蓝色四边形之前，你能对多少条线着色呢？换言之，你能对所有的线段着色，避免画出一个红色三角形或蓝色四边形吗？

挑战难度： ● ● ● ○ ○ ○

229

解答所需东西：🧠

完成时间： 88:88

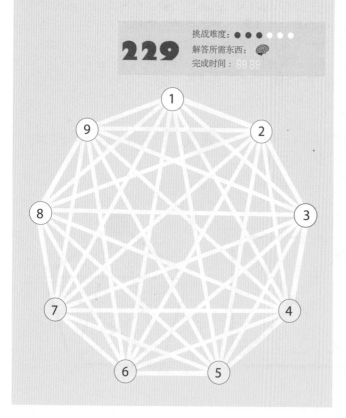

聚会问题（二）

在这个示例游戏里，三条线是没有着色的。用两种颜色中任何一种对它们着色，最终都会不可避免地画出一个红色三角形或一个蓝色的四边形。

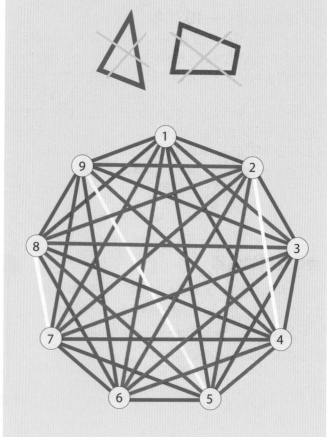

公共设施问题——1930年

三座房子都需要三样设施：电话、电力与自来水。因此，每一座房子都需要三个连接点。你能在连接点上画出连接线，将每一个公共设施与每座房子连接，使这些线不会相交吗？

回家路线

在一片住宅区里住着三户人家，他们想用栅栏创造出三条不同的路线，使他们在出门或回家的时候都能够从他们自家的大门穿过（各家大门的颜色与他们房子的颜色一致），要求他们的路线不能相互交叉。右图所示的路线并不能解决这个问题，因为他们的路线在一个红点上相交了。

你能帮他们想出更好的路线，使他们在出门或回家的时候都能够走在自家的道路上吗？

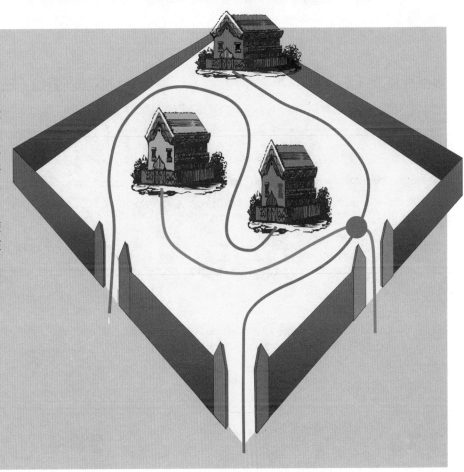

多部图游戏（一）

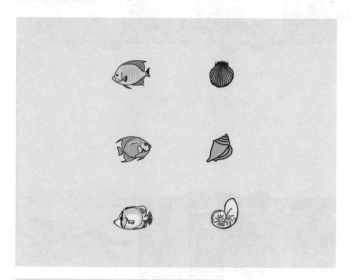

232
挑战难度：●●●●●○
解答所需东西：🧠 🌱
完成时间：88:88

多部图——1930年

　　在每个游戏里，将不同颜色的动物连接起来，但是不能将那些相同类型或组别的动物连接起来。比方说，在第一个游戏里，红色的鱼不能与红色的贝壳或其他的鱼类连接在一起，当然绿色的鱼也不能与绿色的贝壳连接在一起，黄色的鱼也不能与黄色的贝壳连接在一起。

　　允许用曲线连接，你能够在不出现交叉的情况下画出多少条相互连接的线段呢？

　　这组游戏不仅是基于二部图的两组间点的连接游戏（如之前提到的那个公共设施问题），更多是基于由三组点构成的多部图（K3）或三部图。

多部图游戏（二）

233
挑战难度：●●●●●○
解答所需东西：🧠
完成时间：88:88

多部图游戏（三）

234
挑战难度：●●●●●○
解答所需东西：🧠 🌱
完成时间：88:88

皮亚特·海恩的超椭圆——1931年

你可能知道，绘制一个单位圆的公式是$x^2+y^2=1$。你可以将这个公式变成适用于椭圆的公式，只需要通过添加另外两个常量a与b即可。那么这个公式就变成了$(x/a)^2+(y/b)^2=1$。

法国数学家加布里埃尔·拉梅（Gabrie Lame，1795—1879）想知道，如果我们将数值2变成数值n,那么$(x/a)^n+(y/b)^n=1$这个等式会出现什么变化呢？

如果$n=0$，我们就能得到两条正交的直线。如果$n<1$，那么我们就能得到一个由四点组成的星。如果$n=1$，我们就能得到一个钻石形状的图形，如果$n=2$,我们就又重新得到一个椭圆。

如果$n>2$，那么这个椭圆就变得越来越像长方形。以$n=2.5$为例，皮亚特·海恩将得到的图形称为"超椭圆"，并将它应用在很多方面。比方说，他利用超椭圆去重新设计斯德哥尔摩塞尔格尔广场的交通路线，避免出现长方形这种较为古板的形状，也避免了圆环式道路占据太多空间。椭圆会在角落的位置浪费许多空间，容易造成交通隐患。长方形则会减缓交通的流速。他的超椭圆就能解决这个问题。因为超椭圆既不是圆形，又不是长方形，因此刚刚好。

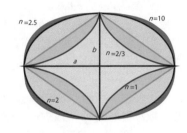

皮亚特·海恩（1905—1996）

皮亚特·海恩是一位很有才干的人：他是科学家、数学家，又是发明家、设计师，还是作家与诗人。他的短诗《格鲁克斯》是在纳粹德国占领丹麦结束之后发表的。在第二次世界大战期间，他一直是一位地下战斗者。除了创作诗歌外，他还发明了诸如Hex、Tangloids、Morra、Tower、Polytaire、Tatic、Nimbi、Qrazy Qube、Pyramystery与索玛魔方等游戏。他在城市规划、家具设计以及其他方面都运用了超椭圆的概念。

我曾与皮亚特有过多次会面。我非常尊敬他。能与他成为朋友是一件多么荣幸的事情。在我心目中，他是一位与列奥纳多·达·芬奇一样的天才。

超级鸡蛋

当一个超椭圆沿着它的长轴旋转，那么我们就能得到一个旋转曲面——一个超级蛋——这是一个非常有趣的三维立方体，两端都能在平面上保持平衡。

索玛魔方

皮亚特发明索玛魔方时只有26岁。该魔方是由七个可以拼在一起的图形组装而成的一个立方体或巨量的结构。索玛魔方所呈现出来的概念并不单纯是一种游戏。这是具有拓扑学美感的一种复杂的表现形式。皮亚特对他发明的索玛魔方是这样评价的："七个简单的不规则立方体的组合能够再次组成一个立方体，这实在是自然界里一件充满美感的事情。许多从统一中衍生出来的事物最终都会回归到统一当中。这就是世界最小的哲学系统。"

马丁·加德纳与约翰·霍尔顿·康威对索玛魔方进行了详细的分析。康威发现，索玛魔方这种游戏有240种不同的解答方法，前提是将旋转与镜像的情况排除在外。

保罗·埃尔德什（Paul Erdos，1913—1996）

保罗·埃尔德什是来自匈牙利的著名数学家，他研究的领域包括组合学、图论、数论、经典分析、近似值以及概率论。他是数学最伟大的推广者之一，被同时代的数学家视为他所在领域内最具才华的数学家。他对世俗的成功以及个人的舒适漠不关心。他身无长物，只有两个手提箱。他将许多奖项的奖金都捐助给了其他更窘困的数学家。"财产是个麻烦。"他说。

也许是因为他古怪的性格，很多数学家都很尊敬他，觉得与他一起工作让人感到无比兴奋。很多数学家将他视为数学界的天才，在其他数学家耗尽心力通过几页的计算去找寻一个等式时，他总能找到一个聪明且简洁的解答。

他与很多数学家进行过合作，最终诞生了埃尔德什数。要获得埃尔德什数1，一个数学家必须与埃尔德什合作发表论文。为了得到埃尔德什数2，他或她必须与某个曾与埃尔德什合作过的数学家进行合作，依此类推。得到过埃尔德什数2的数学家，总人数多达4500名。

保罗的幽默感与特质可以从下面的词语中得到体现：

—— 他称孩子为"爱普西隆"（即希腊语第5个字母 ϵ。因为在数学领域，特别是在计算方面，一个任意小的正量都可以用希腊字母去指代）。

—— 称女人为"老板"。

—— 称男人为"奴隶"。

—— 称那些不再从事数学研究的人为"死人"。

—— 称那些生理上已经死亡的人为"被遗弃的"。

——称酒精为"毒药"。

——称音乐为"噪音"。

——称那些已经结婚的人为"俘虏"。

——称那些离了婚的人为"自由人"。

——称上数学课为"布道"。

——称给学生布置口头作业为"折磨"他／她。

埃尔德什与上帝之间存在着非常私人的关系。他经常会谈到《圣经》与他充满想象力的发明，认为它们都是上帝让这些数学定理与思想以最具美感与优雅的姿态呈现出来的证据。

1985年，他说："你并不一定要相信上帝的存在，但是你必须相信《圣经》。"

关于他的墓志铭，他是这样建议的："我终于停止变笨了。"

1996年，埃尔德什在华沙参加一次会议时，因心脏病突发而去世，当时他还在计算一个方程式。

埃尔德什－切比雪夫定理

每一个大于1的数，在这个数以及这个数翻倍后的数之间，必然存在着一个质数。比方说，质数3就是2与4之间的一个质数。

这就是所谓的埃尔德什－切比雪夫定理，这是以埃尔德什与俄罗斯数学家帕夫努季·切比雪夫（1821—1894）两人的名字命名的，因为切比雪夫在19世纪就证明了这个定理，之后，保罗·埃尔德什同样证明了这个定理，但他的证明过程更加简捷。

埃尔德什加一减一的序列

将 n 个 +1 与 -1 排成一排。比方说，当 $n=2$ 与 3 时：+1+1-1-1 与 +1+1+1-1-1-1 等。你能用多少种不同的方式去写下这两个序列呢？

235
挑战难度：● ●
解答所需东西：🧠 🖊
完成时间：⏱

不可能图形

不可能图形又称不可能的物体，它是某种二维图形造成的一种幻觉，让我们的大脑潜意识误认为是某种三维物体投射的影像。虽然在几何层面上，这样的物体是不可能存在的。

瑞典艺术家奥斯卡·雷乌特斯瓦德（1915—2002）最早有意识地设计出了许多不可能的物体。他被称为"不可能图形之父"。他创造了超过2500个不可能图形，所有这些图形都是以等距投影的方式完成的。他的作品已经被翻译成多种语言。

通常情况下，我们长时间地盯着这种图像，不可能性就会呈现出来，虽然它一开始给人的感觉是一个三维的物体。还有些不可能的物体，其不可能性并不会明显地呈现出来。因此，我们有必要先分析这种形状所具有的几何属性，然后才能判断它是不可能的。如果不可能物体造成的幻觉不是最大的幻觉，那什么才是呢？

可能还是不可能

这三道门表现出了简单平面和多重平面，而多重平面则是很多不可能图形的基础。从一个点观察的话，多重平面看起来就像一个平面。可是从另一个点去看的话，可能就会看到两个或多个平面。若是从这个平面的底部去看，我们很容易就会发现哪一道门是不可能存在的。

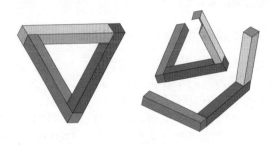

不可能三角形——1934年

彭罗斯三角形，又称彭罗斯三杆，是由奥斯卡·雷乌特斯瓦德于1934年最早创建出来的。这是不可能图形的一个最好范例。

罗杰·彭罗斯于20世纪50年代独立地设计出了这种三角形，并将之推广开来。他将之称为"以绝对纯粹的形态展现出来的不可能"。这种不可能性在艺术家M.C.埃舍尔的作品里得到了鲜明的呈现。埃舍尔用一些不可能的物体建造出了一个可居住的世界，而雷乌特斯瓦德的设计一般都是由纯粹意义上的几何图形构成的。

长久以来，数学家们一直认为，著名的不可能三角形是不存在的。然而，上面的那张图片就是理查德·格雷戈里创造出来的。之后，约翰·贝勒斯通（John Beetlestone），这位英国布里斯托实验科学中心的技术总监，也将它重新创造了出来。他创造的不可能三角形非常庞大，大到足以让游客在科技馆的大门口穿过它。

但是，格雷戈里教授真的创造出了一个不可能的三角形吗？当你认真观察上面的图形，就会发现事实不是这样的。他只是建造了一个简单的结构，从某个特殊的位置观察的话，你才会发现它与不可能三角形非常相似。从这个方向去看，当两端完全重叠时，大脑的感知系统就会认为它们是置身于同一个平面的。这样错误的印象从一开始就创造出了一个相悖的感知。

洛塔尔·科拉茨（Lothar Collatz，1910—1990）

　　洛塔尔·科拉茨教授是一位德国数学家，他在数字分析的所有领域都做出了基础性贡献。科拉茨教授所展现出来的数学创造力与原创力是每个了解他的人都能明显感受到的。

　　G.迈纳尔杜斯与G.尼恩贝格尔在《纪念洛塔尔·科拉茨》一书中写道："他深信数学与数学家都有责任将他们的结果运用到现实生活中去。他从不曾动摇自己的这个信念。"

科拉茨问题与冰雹数——1937年

　　今天，很多人之所以知道科拉茨这个名字，都是因为"科拉茨问题"。这个问题是科拉茨在1937年提出来的，被称为"科拉茨猜想"。该问题中的数列被称为冰雹数列或冰雹数，或称为神奇数字。他提出的这个问题一直让许多数学家为之着迷。

　　科拉茨问题可以非常简单地表述为：假设有一个正整数 x，如果这个数是偶数的话，那么就让这个数除以2，也就是 $x/2$。

　　如果这个数字是奇数的话，那么就将这个数乘以3，然后再加上1。利用最后得到的整数，重新开始一遍这个运算过程，直到得到数字1，就会出现"4,2,1，…"这样一个永无止尽的循环。科拉茨惊讶地发现，这样的情况总是会出现，但他却无法加以证明，也找不到一个最终不会以数字1结束的例子。

　　科拉茨猜想提出了这样的问题，那就是对于所有正整数，是否最终都会以数字1结束。右图给出了前面14个正整数，表明前面14个冰雹数最后是以相对简短的序列结束的。正如我们所看到的，在无穷尽的4-2-1循环出现之前，每种情形下的数列迟早都会以数1结束。但是，如果你以数15去试的话，将会出现什么情形呢？

　　科拉茨问题所提出的数列同样被称为冰雹数，因为它们的数值的升降，就像是从云层里落下来的冰雹一样。

　　康威证明，这个问题很难给出一个明确的回答，因为得到的结果既不是完全可以证明的，也不是完全不可以证明的。埃尔德什注意到，现在的数学研究还不能解答这个问题。

　　当代的超级电脑检验了从1到27万兆亿的所有数字，谁也没有发现冰雹数最后不是以数字1结束的。到目前为止，数位最长的冰雹数是一个15位的数，它的冰雹数包含 1820 个数。

236

挑战难度：● ● ○ ○ ○ ○
解答所需东西：🧠
完成时间：⏱

								1					
								2					
								4					1
					1		8					2	
					2		16					4	
					4		5		1			8	
					8		10		2			16	
					16		20		4			5	
					5		40		8			10	
					10		13		16			20	
					20		26		5	1	1	40	
				1	40		52		10	2	2	13	
		1		2	13		17		20	4	4	26	
		2		4	26		34	1	40	8	8	52	
		4	1	8	52		11	2	13	16	16	17	
		8	2	16	17		22	4	26	5	5	34	
		16	4	5	34	1	7	8	52	10	10	11	
		5	8	10	11	2	14	16	17	3	20	22	
	1	10	16	3	22	4	28	5	34	6	40	7	
1	2	3	4	5	6	7	8	9	10	11	12	13	14

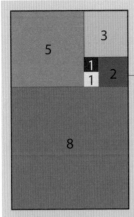

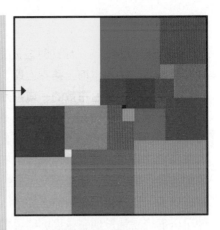

第一个长方形是由六个斐波那契正方形组成的。

完美正方形——1938年

数学家无时无刻不在找寻秩序。当他们似乎发现一种模式时，就会用完美、不完美等词来对数字、正方形、长方形、三角形或平行四边形进行定义，以表达他们的激动。

化圆为方这个问题可以追溯到古希腊时期，但是，化方为方这个问题，则是近代才出现的。1934年，著名的匈牙利数学家保罗·埃尔德什提出了下面这个剖分问题：一个正方形是否能够剖分为较小的正方形，并使任意两个正方形的面积都不相等？这样的正方形就被称为"完美"正方形或"化方为方"的正方形。

埃尔德什得出了一个错误的结论，即这样的正方形是不可能存在的。这也许是因为他受到之前所证明的事实的影响（任何人都无法将一个立方体剖分成多个较小的立方体，使得任意两个立方体都不相同）。由此，他得出了一个结论，认为数学家所能得到的最好结果，就是将一个长方形剖分为多个较小的正方形，使得任意两个正方形的面积都不相等。

在过去很长一段时间里，人们一直不知道是否有一个可化方为方的完美正方形存在。但在1938年，R.斯普拉格发现了一个55平方的完美正方形。1948年，一个24平方的完美正方形则被威尔科克斯发现。多年来，数学家们一直以为，这个需要24个正方形（每个正方形的面积都是不同的）的正方形是最小的完美正方形。但在1978年，荷兰数学家A.J.W.杜伊威斯丁找到了一个更好的解决办法，他只需要21个基本正方形就能够做到。从目前来看，这是我们所知道的用剖分法能求出的最小完美正方形了，而这个正方形的模式也是独一无二的。如果允许剖分出的正方形大小相等的话，那么这些正方形或长方形就被认为"不完美"或被称为"珀金斯夫人的棉被"。

最小的完美正方形

通过用完美正方形去替换斐波那契长方形里的第一个斐波那契正方形，我们还能够解决用不相等的正方形去镶嵌无限平面这个古老问题。

将一个正方形剖分成多个正方形，这是没有问题的，但是附加的条件则让这个问题变成了一个具有美感却又非常困难的问题，这在很长一段时间内困扰着数学家。因为这个附加条件要求所有正方形的面积都是不相等的。最小的完美正方形，是杜伊威斯丁发现的，它包括21个面积不相等的正方形，这些正方形的面积分别是：2-4-6-7-8-9-11-15-16-17-18-19-24-25-27-29-33-35-37-42-50。

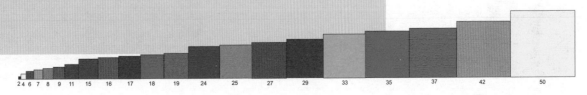

本福特定律

1998年8月4日，《纽约时报》报道了西奥多·P.希尔博士给乔治理工学院数学专业的学生布置的一道家庭作业：回家之后，要么投掷200次硬币，并将投掷的结果记录下来；要么假装投掷了硬币，然后编造200个不同的结果。第二天，他查看学生们的家庭作业。让学生们感到惊讶的是，他可以很轻易地发现哪些投掷结果是编造出来的。他在一次访谈时这样说："事实上，绝大多数人都不知道这种做法的真实概率，因此他们编造不出让人信服的结果。"这并不单纯是一次有趣的家庭作业。

希尔博士是一名统计学家、会计师与数学家，他相信本福特定律，认为这一定律是一种强大而又相对简单的工具，能够指出欺骗、贪污、逃税、账目作假或电脑故障等方面的问题。

本福特定律是以已故物理学家、曾任职于通用电气公司的弗兰克·本福特博士的名字命名的。1938年，本福特博士注意到对数表前面几页被翻得很脏，而后面却不是这样。虽然本福德定律适用于不同种类的数据集，但对这一现象的解释绝对没有那么简单。

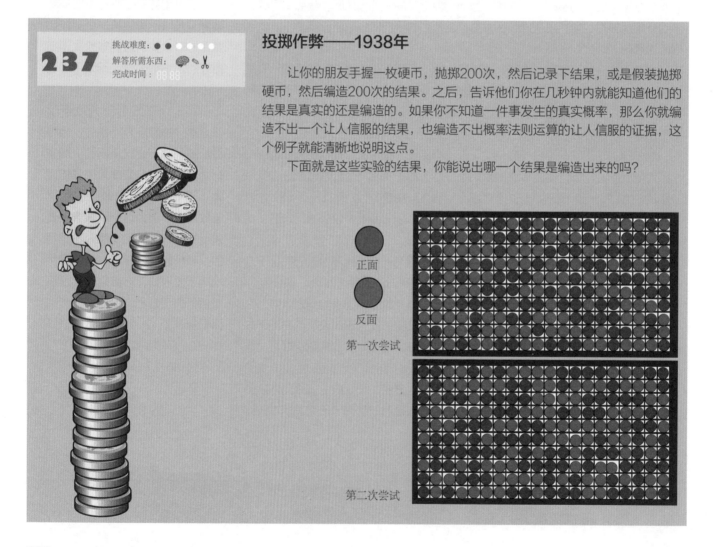

237

挑战难度：●●○○○
解答所需东西：🧠✂️
完成时间：⏱️

投掷作弊——1938年

让你的朋友手握一枚硬币，抛掷200次，然后记录下结果，或是假装抛掷硬币，然后编造200次的结果。之后，告诉他们你在几秒钟内就能知道他们的结果是真实的还是编造的。如果你不知道一件事发生的真实概率，那么你就编造不出一个让人信服的结果，也编造不出概率法则运算的让人信服的证据，这个例子就能清晰地说明这点。

下面就是这些实验的结果，你能说出哪一个结果是编造出来的吗？

正面

反面

第一次尝试

第二次尝试

折纸人像——1939年

折纸人像是平面上的一种拓扑学结构，通常通过折叠或某种方式去展现原先在背后与前面的两个面。折纸人像通常是正方形、长方形（四边折纸），或六边形（六边折纸）。

1939年，阿瑟·哈罗斯·斯通发现了第一个折纸人像，这是一种三角六边形折纸人像。据说，他在玩纸的时候，剪下大号书写纸，使之变成信封大小的尺寸，误打误撞发现了这种折纸方式。斯通的同学布赖恩特·塔克曼、理查德·P.范曼与约翰·W.图基都对这个想法非常感兴趣，于是组成了普林斯顿折纸人像协会。塔克曼找到了一种被称

为"塔克曼遍历"的拓扑学方法，使折纸人像的每个面都可以展现出来。折纸人像很快就在大学校园里流行起来了。

1959年，在《科学美国人》杂志里，马丁·加德纳首次介绍了折纸人像，折纸人像很快就风靡全世界。

折纸人像本质上是一种数学的好奇心，虽然其概念已应用到商业产品当中，比如应用到杯垫、问候卡片或玩具等产品的设计上。从20世纪60年代开始，我就一直对折纸人像与纸张折叠非常感兴趣，发明了多种与折纸相关的原创游戏与玩具。

阿瑟·哈罗德·斯通（Arthur Harold Stone，1916—2000）

阿瑟·哈罗德·斯通是他那个时代最具前瞻性的拓扑学家，在一般拓扑学的不同领域里做出了诸多贡献。他的父母是从罗马尼亚移民到美国的犹太人。从1948年开始，他就一直是伦敦数学协会的会员。

1935年，他在剑桥大学的三一学院获得了一项专业奖学金。他不仅在学业上极为出色，还是一位优秀的小提琴家及强大的棋手。他在1938年获得学士学位之后就前往美国的普林斯顿大学深造，在莱夫谢茨的指导下获得了博士学位。

虽然他是一位非常专注的数学家，但他的兴趣爱好非常广泛，这样的组合通常会以人们意想不到的方式展现出来，比如他发现了著名的折纸人像。他双手灵巧，又具有创造力。他发挥自己的才华，制造出了一座逆时针转动的落地式大摆钟。

另一个令他感兴趣的问题就是，如何将一个正方形剖分为多个较小的互不相等的正方形（参见完美正方形的内容）。他的纪录是69个正方形，之后这个数字被其他人打破了。

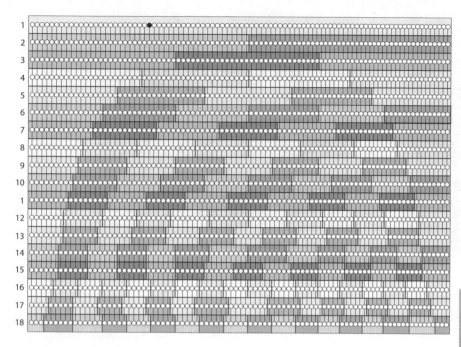

1	
2	
3	
4	
5	
6	
7	
8	
9	
10	
1	
12	
13	
14	
15	
16	
17	
18	

18点布置的问题

想象你有一片土地，土地上有一棵树，这棵树用一个可以放置在任何地方的点（第一排）来表示。将这块土地分为两个部分，你在第二个空白部分里（第二排）种下第二棵树。

接着，你决定将你的土地分为三个面积相等的部分，并且再种植一棵树（在空白的第三块），接着继续这样的做法。之前种植的树刚好都是在不同的地块上。

你是否具有足够长远的眼光，当地块越分越多时，仍保证每棵树都种在独立的地块上？在两棵树置身于同一个地块之前，你能放置多少个点呢？到此，游戏结束。

在本书最后的答案部分，你将会得到一个到第六代才结束的答案。记住，世代的序列代表着相同长度的土地被分割为越来越多的等份。在解答这个问题时，可以试试两人对战。选手们可以轮流放置这些树木。最终失败的一方，就是那些不得不在之前已经种植过树的地方再种植树的选手。

238

挑战难度：● ● ○ ○ ○ ○
解答所需东西：🧠 ✏️ ✂️
完成时间：⏱

18点的问题

18点放置的游戏是著名的18点问题的一个简化版本。在一条有着无数个点的线上，按照相同的方式对这条线进行分割，目的就是让18个点同处于这条线上。

你们可能会认为，可以将无数个点放在一条线上，但是这样的想法是错误的。无论以怎样的方式放置这些点，人们都无法将17个以上的点放在一条线上，第18点终究会结束这个游戏。

这一具有美感的问题于1939年首次出现在波兰数学家雨果·斯坦豪斯（Hugo Steinhaus）的《基础数学的100个问题》一书里。之后，加德纳、康威、瓦尔穆斯、博尔勒坎普、巴克斯特与其他人都对此进行了广泛深入的研究。

关于17点的放置，一共有768种不同的方法。

生日悖论——1939年

你想要举办一个生日聚会，希望至少有两个人的生日是在同一天。他们的出生日期可能是在同一个月的同一天，但并不一定是在同一年。如果你不知道参加聚会的每个朋友的生日，你至少需要邀请多少名朋友，才能确保至少有两个人的生日在同一天的概率超过50%呢？你至少需要邀请多少人参加聚会，才能确保至少有两个人的生日在同一天？

有趣的是，至少有两个人的生日在同一天的概率要想超过50%，那么参加聚会的人数只需要23人。要解答这个问题，你必须要计算每个人的生日都是不同日期的概率。对只有两人组成的一组，这样的概率是极高的，大约是364/365。而三人一组的情况依然包含着两人一组的情况，那么这两个概率就需要相乘。

沿着这样的思路继续前进，直到小组内每个人拥有不同生日的概率降到低于0.5，这就意味着两个人是在同一月同一天生日的概率是超过50%的。

这一现象通常被称为"生日悖论"，因为对于大于或等于57人的情况，这个概率将接近99%，而不需要像我们的直觉告诉我们的那样，需要366人才能确保100%的概率。

得出这些结论的前提是：参加聚会的每个人在某一年任何一天出生的概率都是相等的（2月29日除外）。

理查德·冯·米泽斯
（Richard von Mises，
1883—1953）

理查德·冯·米泽斯是一位犹太科学家与数学家，出生于奥地利。他研究的领域包括固体力学、流体力学、空气动力学、航空学、统计学以及概率论。

冯·米泽斯出生于奥地利，1933年纳粹党掌权后，冯·米泽斯觉得自己的处境很危险，于是逃到了土耳其。1939年，他移居美国。1944年，他被任命为哈佛大学空气动力学与应用数学系的戈登-麦凯教授。

他第一个提出了我们今天称之为"生日悖论"的著名概率论问题。生日悖论其实是从一个群体里随机选择两个有着相同值的样本的问题，如参加聚会的人们的生日。这个悖论表明，两个人同一天生日的概率要比人们想象的高很多。

大理石混合，茶混奶

我遇到的一个最违反直觉的有趣谜题，就是茶混奶这个经典的问题：将一勺牛奶加入茶水中，然后从混了一勺牛奶的茶水中舀一勺出来加入之前的牛奶杯里。

问：茶水里的牛奶含量是否要比牛奶杯里的茶的含量更高，还是相反？

这个问题看上去非常棘手，而违反直觉的答案就是，茶水里的牛奶与牛奶里的茶水是一样多的。对这个问题的解释就是，每个杯子里的液体总量是不会因为转移的过程而发生改变

的，而从A杯子转移到B杯子的净容量抵消了之前从B杯子转移到A杯子的净容量。

一开始，我对这个问题抱着怀疑的态度。多年之后，我进行了一个类似的大理石弹子实验，就是用两种颜色的大理石弹子代替茶水与牛奶，你不妨一试。

用大理石弹子将两个箱子填满，假设每个箱子里有50个大理石弹子，一个箱子里装着红色的大理石弹子，而另一个箱子则装着绿色的大理石弹子，如下图所示。

从红色的箱子里取出5个大理石弹子，并将这些大理石弹子放到绿色的箱子里。将绿色箱子里的大理石弹子混好之后，随机地取5个大理石弹子放回红色箱子。哪一个箱子将会包含错误颜色的大理石弹子呢？

这个实验是可以用视觉化的方式呈现出来的。将大理石弹子放回红色箱子有6种不同的方式。在每一种情形下，都会有相同数量不同颜色的大理石弹子放入每个箱子里。无论对多少个大理石弹子进行转移，都会发生同样的情况。

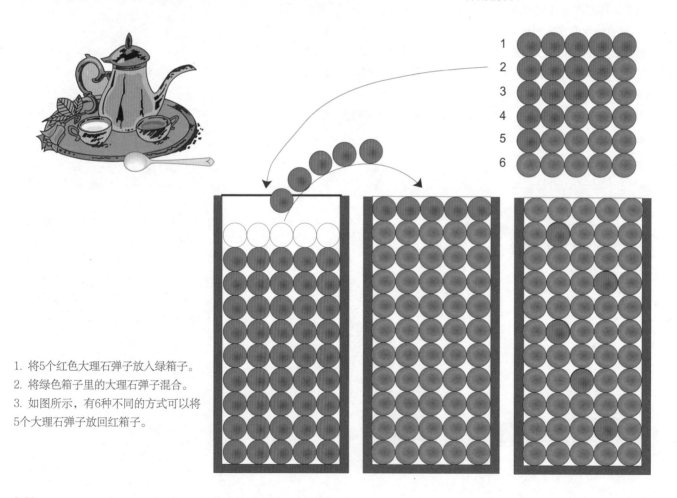

1. 将5个红色大理石弹子放入绿箱子。
2. 将绿色箱子里的大理石弹子混合。
3. 如图所示，有6种不同的方式可以将5个大理石弹子放回红箱子。

六角游戏——1942年

六角游戏是最具美感的拓扑学游戏之一,这是皮亚特·海恩——著名的丹麦发明家与自由斗士——在1942年发明的。他在分析拓扑学的四色问题时发明了这个游戏。

1948年,约翰·F.纳什(John F.Nash),这位在麻省理工学院工作时获得诺贝尔奖的人,重新独立地发明了这个游戏。这个游戏最早引入了连接与交叉原则,后来的许多游戏,

诸如Twixt、Bridge-It以及其他游戏都是在这个游戏基础上衍生出来的。这虽然是一个非常易学的简单游戏,却隐藏着令人惊讶的数学微妙性。

六角游戏是在11×11的六角形棋盘上进行的(如下一页所示),但是棋盘的大小会根据之后的衍生版本而出现不同的情况。一名选手使用红色的棋子,另一名选手则使用绿色的棋子。同样可以像纸笔游戏那样玩耍,

使用不同颜色或简单的"O""X"符号,或使用一组小硬币,以猜正面或反面的方式去玩。选手们需要轮流将棋子放置在尚未被占据的六角形空格里。这个游戏的目的就是从棋盘的一边到另一边形成一条纯色的完整链条。六角形的每个角都可能只涂有一种颜色或标有一种记号。记住,不可能出现平局,总会有人赢。

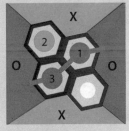

在一个2×2的棋盘里,先走第一步的棋手很容易获胜。

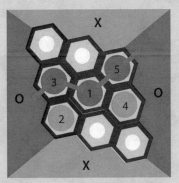

在一个3×3的棋盘里,当棋手第一步将棋子放在中间位置,就很容易获胜。

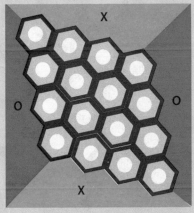

在一个4×4的棋盘里,棋手要以怎样的方式以及走多少步才能获胜呢?

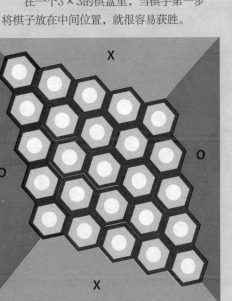

在一个5×5的棋盘里,先走的棋手怎样才能获胜?

239

挑战难度:●●●●●○
解答所需东西:🧠 ✂
完成时间:

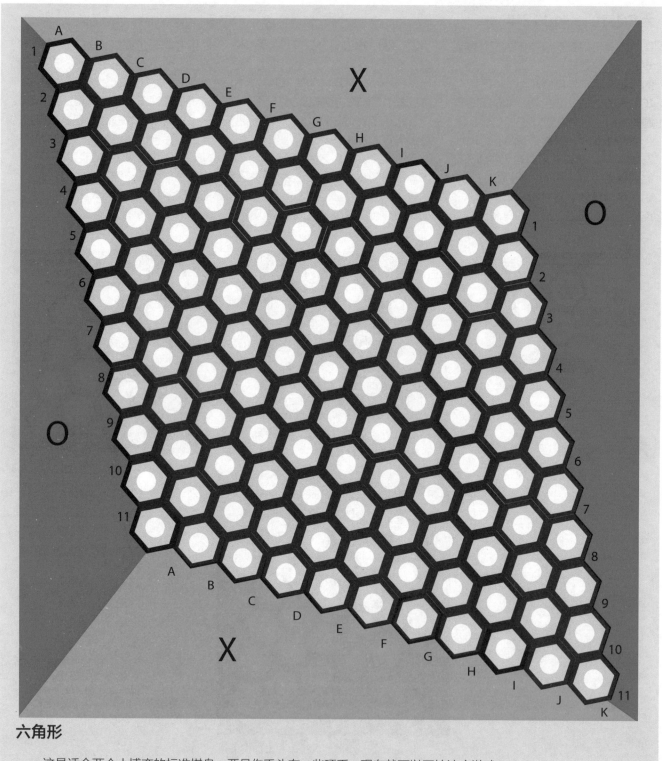

六角形

这是适合两个人博弈的标准棋盘，要是你手头有一些硬币，现在就可以开始这个游戏。

哈罗德·斯科特·麦克唐纳·考克斯特（1907—2003）

哈罗德·斯科特·麦克唐纳·考克斯特是一位出生在英国的加拿大几何学家。他生于伦敦，但一生绝大部分时间都是在加拿大度过的。考克斯特被认为是 20 世纪最伟大的几何学家之一。他通常被称为"几何学之王"。他对几何学的贡献是巨大的。

1936年，考克斯特得到了多伦多大学的一个职位。他在多伦多大学工作长达60年，出版了12本书。他最著名的研究就是在正多面体以及更高维几何学方面的研究。当时用代数学去研究几何学成为一种流行趋势，而他不盲从潮流，倡导以古典方式研究几何学。

正多边形与星形——1950年

我们已经知道，如果一个多边形有以下两个属性，那么就可以成为正多边形：

——每条边的长度都是相等的。

——每个角都是相等的。

一个圆形可以被视为一个拥有无数条边的正多边形。

也有无数的正多边形可以细分到下面几个次组合里：

——简单的正多边形（红色所示）

——正星形多边形

——复合正多边形

前七个正多边形里的星形正多边形（蓝色）与复合正多边形（绿色）如图所示。

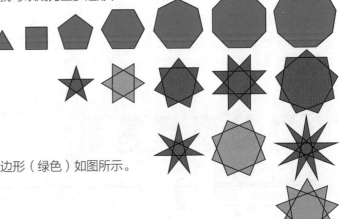

星形与复合形

正十边形、正十一边形、正十二边形拥有多少种星形与复合形？

240

挑战难度：●●●●○

解答所需东西：🧠 ✂️

完成时间：

正十边形

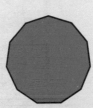

正十一边形

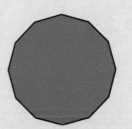

正十二边形

哥隆尺：完美与最优哥隆尺——1952年

哥隆尺是一种不同寻常的测量方法。它是W.C.巴布科克在1952年首先提出的。

今天，人们所称的哥隆尺是以所罗门·W.哥隆这位南加州大学数学教授与电力工程师的名字命名的。哥隆对这种测量方法进行了深入的分析，并且将之拓展到一个全新的意想不到的方向。

哥隆尺是这样建构的：任何两个刻度都无法测量相同的距离。哥隆尺上的刻度都是按照整数乘以固定空间距离得出来的。这样做是为了记录下刻度，从而尽可能用有限的刻度去测量多个距离。为了达到这个目的，必须以高效的方式标记刻度，以避免刻度间进行重复的测量。

在一把长度为n的完美哥隆尺上，所有的距离都是从1-2-3-…n为止，而且这些距离都只需要测量一次即可。完美哥隆尺只有四个长度的刻度。最优哥隆尺——换言之，刻度数量尽可能少的哥隆尺，需要满足这样的条件：任意两个刻度间都不可能测出相同的距离。但是，从零到尺子长度之间不可能总有连续的距离。

随着尺子的刻度越来越多，找到并且证明最优哥隆尺也变得越来越难。今天，最优哥隆尺有24个刻度。现在，不少数学家都在寻找有25个刻度或26个刻度的尺子。

哥隆尺问题是消遣数学领域内最具美感的问题之一，在多个科学与技术学科领域，这样的尺子也是需要的。它始终走在数学研究的前列，证明消遣数学与纯粹数学之间是有关联的。哥隆尺提供了一般间距原则，可以被应用到天文学（天线的放置）、X线感应装置（感应装置的放置）以及其他领域。

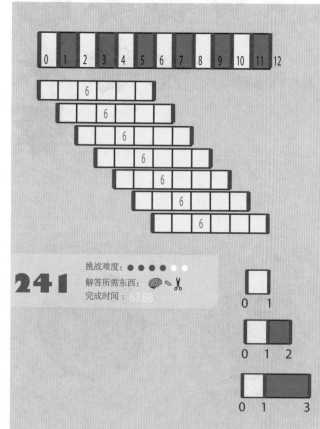

一把12个单位长度的尺子有13个刻度

如左图所示，一把12个单位长度的尺子有13个刻度，这能让我们测量正整数1到12个单位长度之间的任何距离。从数学的角度去看，这并不是一种非常经济的布局。利用13个刻度去测量从1到12个单位长度的做法并不是非常高效的。比方说，我们能够用12种不同的方式去测量单位长度，用7种不同的方式去测量6个单位长度（如图所示）。显然，这并不是一把哥隆尺。我们能够减去多余的部分，创造出一把有不同数量刻度的最优哥隆尺吗？

完美哥隆尺

一把1个单位长度的尺子有2个刻度，这是"完美"却毫无价值的。

一把2个单位长度的尺子有3个刻度，这是"不完美"的，因为它能够用两种方式去测量一个单位长度。

一把3个单位长度的尺子有3个刻度，它其实就是第一把"完美"的尺子。

单位长度为n的完美尺子可以被定义为这样一把尺子:它只能够以一种方式，对从1到n的所有整数距离进行测量。你能找到下一把完美哥隆尺吗？

最优哥隆尺

你能在尺子上放置6个刻度，从而创造出一把"最优"的哥隆尺，并用这把尺子的两个刻度测量最大数量的距离，且只测量一次吗？哪些距离是无法进行测量的呢？

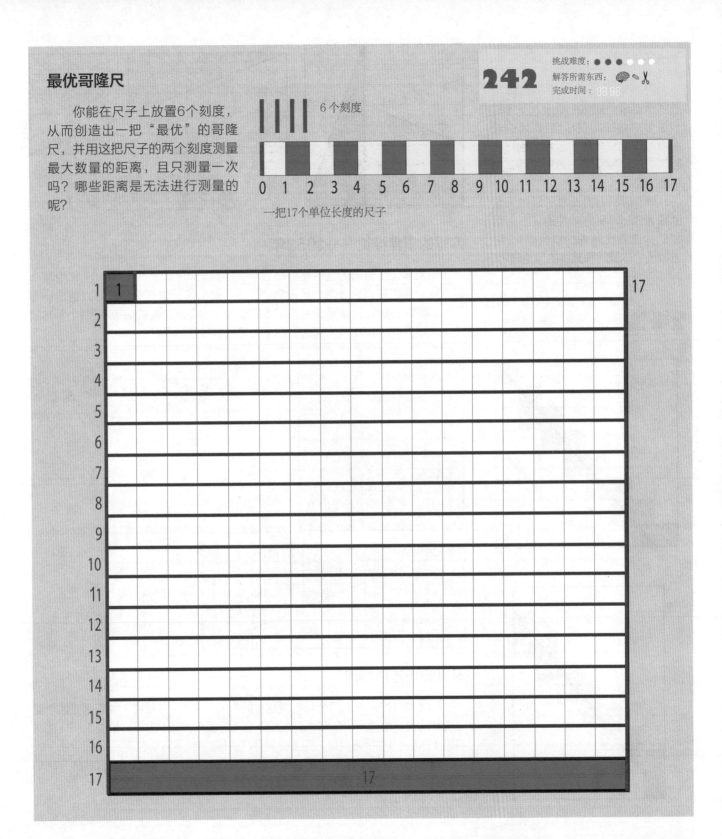

6个刻度

一把17个单位长度的尺子

消失的方格

　　沿着对角线将一个棋盘切割成两个部分，如下图所示。下半部分沿着对角线向左移动1个单位长度，剩下的三角形（蓝色）刚好能够填充左边底部的三角形空间，如下图所示。

　　一个 7×9 的长方形是由一个面积为63个1平方单位的正方形组成的，这要比原先的棋盘少1个平方单位。你能解释其中的悖论吗？

243　挑战难度：●●●●●○
解答所需东西：🧠✂️📐
完成时间：🕗🕗

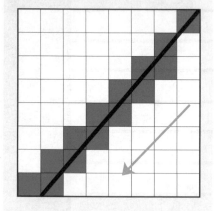

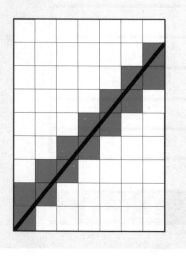

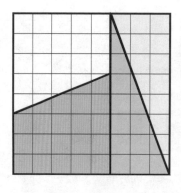

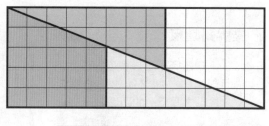

244　挑战难度：●●●●●○
解答所需东西：🧠✂️📐
完成时间：🕗🕗

库里的棋盘悖论——1953年

　　沿着单位正方形的网格将这个 8×8 的棋盘切割成四个部分——其中两个是不规则四边形，另外两个是三角形，如上图所示。这四个部分可以组成一个 5×13 的长方形，包含65个平方单位的面积（这要比之前的棋盘多出1个平方单位）。对于多出来的1平方单位，你又会做出怎样的解释呢？

245　挑战难度：●●●●●○
解答所需东西：🧠✂️📐
完成时间：🕗🕗

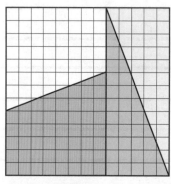

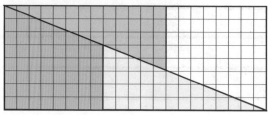

库里的正方形悖论

　　与此类似的，一个13×13的棋盘（面积为169个平方单位）被切割成四个部分，然后重新组成一个8×21的长方形（其总面积为168个平方单位）——比之前的正方形少1个平方单位。你怎样解释这少掉的1个平方单位呢？

　　有关剖分悖论的最早问题，通常被称为"几何消失"，这可以在威廉·胡珀1774年的著作《理性娱乐》（*Rational Recreations*）一书里找到。

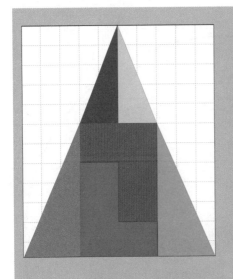

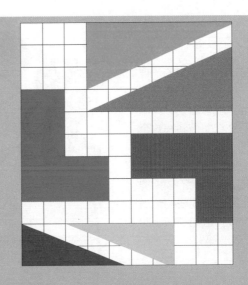

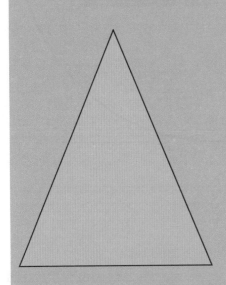

库里的三角形悖论——1953年

库里三角形，有时又被称为消失的正方形，这是美国神经精神病学家L.沃斯伯勒·利翁提出来的一个剖分缺陷问题，能够对来自纽约的魔术师保罗·库里在1953年发现的现象进行例证。组装之后的三角形面积是60平方单位，六个部分加起来的面积同样是60平方单位。

将这六个部分复制下来，将它们重新拼到三角形的灰色轮廓内，这个图形的面积同样是60平方单位。但这一次，图形的中间出现了一个洞。这是怎么做到的呢？你怎么可能将某个东西变没呢？因为库里是一位魔术师，你可能会认为其中会有一些魔术戏法。其实根本就不需要任何魔术手法，请看下面的图形。

显然，这个图形展现了一个面积为60平方单位的三角形、一个包含着洞的面积为58平方单位的三角形，以及一个面积为59平方单位的破碎长方形，它们都是用同样的六个部分拼成的。

对此现象的解释是，初始的细分行为其实并不精细，较大的三角形与较小的三角形组合起来的图形都是弯曲的，从而造成了这样的悖论。

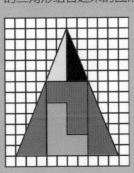
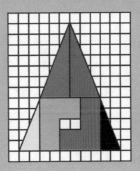
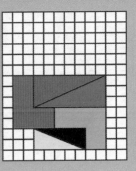

被拴住的狗

斐多是被拴在直径为 2 米的一棵大树上的一条狗，拴它的绳子长度是 20 米，它的跑动范围能够覆盖一个半径为21米的圆，但是它却被建在这个圆形范围内的一间小屋所阻挡，这大大减少了斐多活动的面积。

相比于它之前所能活动的较大的圆形面积，你能计算出它现在的活动范围吗？它是否能够到达如图所示的骨头位置？

246

挑战难度：●●●○○○
解答所需东西：🧠✂️
完成时间：

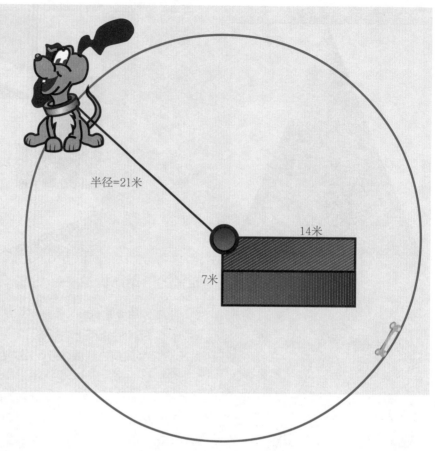

半径=21米

14米

7米

正八角形

你确定这个红色八边形的面积就是正八边形的面积吗？

247

挑战难度：●●●○○○
解答所需东西：🧠✂️
完成时间：

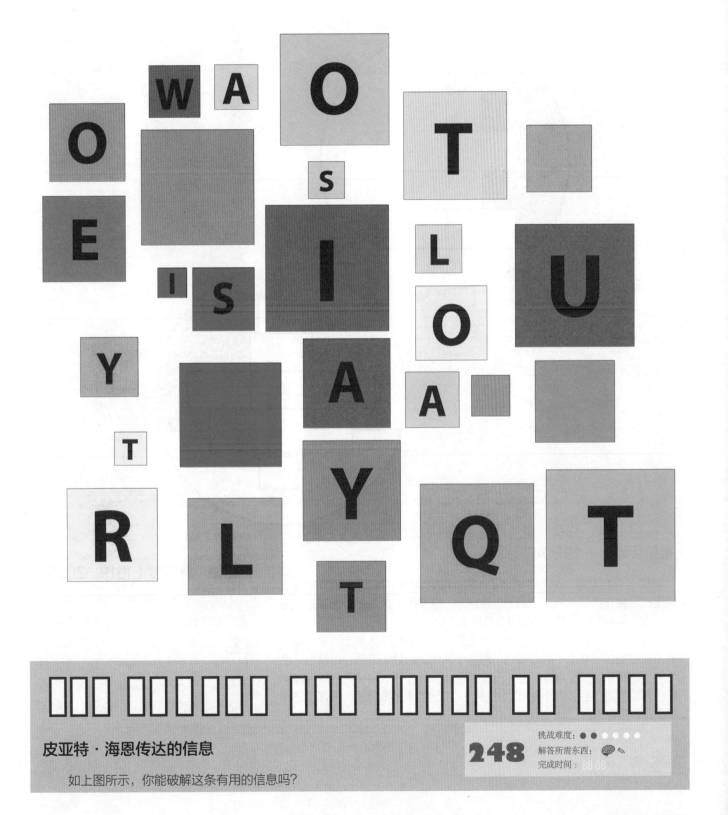

皮亚特·海恩传达的信息

248

挑战难度：● ● ○ ○ ○ ○
解答所需东西：🧠 ✎
完成时间：

如上图所示，你能破解这条有用的信息吗？

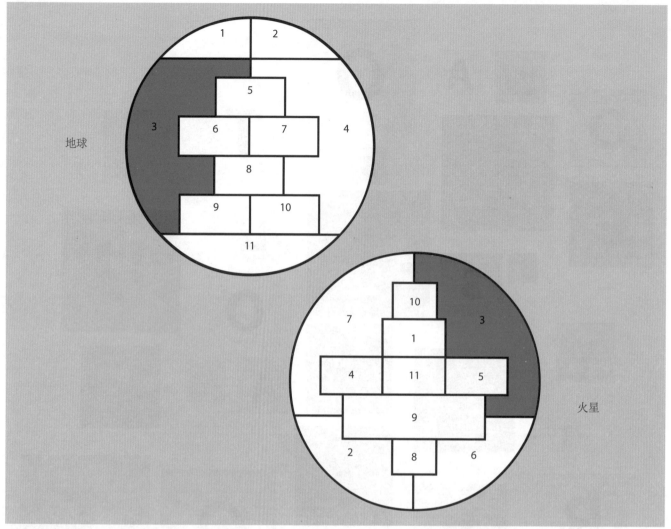

火星殖民地——1959年

　　1959年，格哈德·林格尔提出了一个有趣的地图着色问题。假设地球上某些国家已经在火星上开拓了自己的殖民地，这些国家中每一个国家只能在每个星球上拥有一块区域（本国及其殖民地）。

　　这些国家会很自然地认为，绘制火星地图时，它们在火星上的殖民地应该使用与它们在地球上一样的颜色。对两个球体上的11个区域进行着色，使两个有着相同数字的区域都涂上相同的颜色。当然，任意两个相邻的区域都不能使用相同的颜色。两个星球上的一个区域已经涂上颜色了，你最少还需要多少种颜色呢？

249

挑战难度：● ● ● ● ● ○
解答所需东西：🧠 ✂️
完成时间：

格哈德·林格尔（1919—2008）

　　格哈德·林格尔是德国数学家，曾在柏林的自由大学任教，他是图论研究的先驱者。他为希伍德猜想提供了证据，做出了巨大的贡献（现在这个猜想被称为林格尔-杨格定理）。这个问题与四色定理存在着紧密的联系。之后，他受邀到加州大学执教。

最小生成树问题——1956年

在图论里，一个生成树就是一个没有回路（闭环）的图的子集，它包含所有的顶点，但通常不包含所有的边。如果这些边是加权的，那么问题就是要找寻权重最小的生成树。

克鲁斯卡尔的运算方法解决了这个问题。步骤是按由小到大的顺序列出加权值，然后按照顺序进行选择，避开那些能够形成一个圆环的情况。

如右图所示，你能为这个拥有10个顶点与21条加权边的图形找到最小生成树吗？

利用克鲁斯卡尔的运算方法，我们给出了下面这种解法。

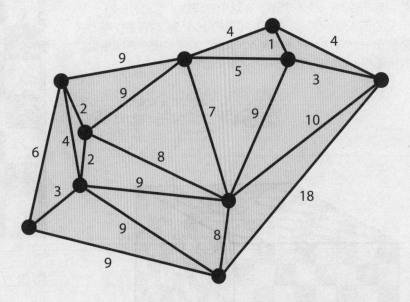

1 – 2 – 2 – 3 – 3 – 4 – 4 – 4 – 5 – 6 – 7 – 8 – 8 – 9 – 9 – 9 – 9 – 9 – 9 – 10 – 18

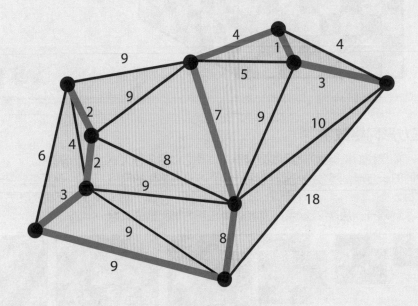

解法: 1 – 2 – 2 – 3 – 3 – 4 – 4 – 4 – 5 – 6 – 7 – 8 – 8 – 9 – 9 – 9 – 9 – 9 – 9 – 10 – 18 = 39

棋盘方格——1956年

沿着棋盘的网格，你能找到多少个面积不等的正方形呢？你可能会随口说有64个。但是，在这个方阵里，不止有64个一平方单位的正方形。你能弄清面积不同的正方形总数有多少吗？你能总结出一种方法，在一边有*n*个单位正方形的正方形网格里，计算出面积不等的正方形总共有多少个吗？

250
挑战难度：● ● ● ● ● ○
解答所需东西：🧠 ✂️ 📐
完成时间：⏱️

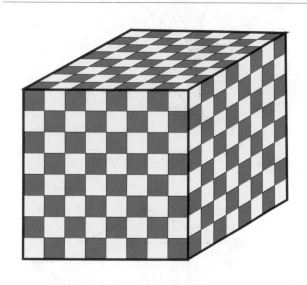

棋盘立方体

在一个三维的立方体棋盘里，有多少个由单位立方体组成的不同大小的立方体呢？

251
挑战难度：● ● ● ● ● ○
解答所需东西：🧠 ✂️ 📐
完成时间：⏱️

正方形网格数字

如果我们将棋盘方格问题延伸开来，使之包括各种大小不同的长方形，那么我们就能得到一个正方形网格里的网格数目。

谜题一：从*n*=2到*n*=8，你能计算出正方形网格的数量

L(*n*)吗？

谜题二：在一个 8 × 8 的正方形网格棋盘里，有多少个大小不同的正方形与长方形呢？

252
挑战难度：● ● ● ● ● ○
解答所需东西：🧠 ✂️ 📐
完成时间：⏱️

阁楼里的灯

谜题一：有一座古老的城堡，城堡上的窗户都用黑色的窗帘布遮住，阁楼上只有一盏灯。大门上有三个电灯开关，其中一个开关能够打开阁楼里的电灯。你的任务就是从三个开关中找到这个开关，让这盏灯亮起来。但是，你只能到阁楼上走一趟，检查电灯是否亮了。你怎样才能知道真正让电灯亮起来的是哪个开关呢？

谜题二：在之前提到的谜题里，有两个开关是没有用处的。现在，我们阁楼里有三个开关与三盏灯，每一盏灯都只对应其中的一个开关。如之前的规则，你只能进入城堡一次以检查电灯的情况。你怎样才能知道哪一个开关控制哪一盏灯呢？

253　挑战难度：● ● ● ● ● ○
解答所需东西：🧠 ✂️ 🛠️
完成时间：🕐🕐

老朋友见面

两位俄国数学家在一架飞机上相遇。伊凡说："如果我记得没错的话，你有三个儿子，他们现在的年龄是多少啊？"

"他们三人的年龄相乘是36，"伊戈尔回答说，"他们的年龄相加之和刚好是今天的日期13号。"

"我很抱歉，伊戈尔，"伊凡等了一会儿说，"但是，你根本就没有告诉我你孩子的年龄啊！"

"哦，我忘记告诉你了，我最小的儿子有红色的头发。"

"啊，现在我知道了。"伊凡回答说，"我知道你三个儿子的确切年龄了。"

伊凡是怎么计算出伊戈尔三个儿子的确切年龄的呢？

254

挑战难度：● ● ● ● ● ●
解答所需东西：🧠
完成时间：🕐

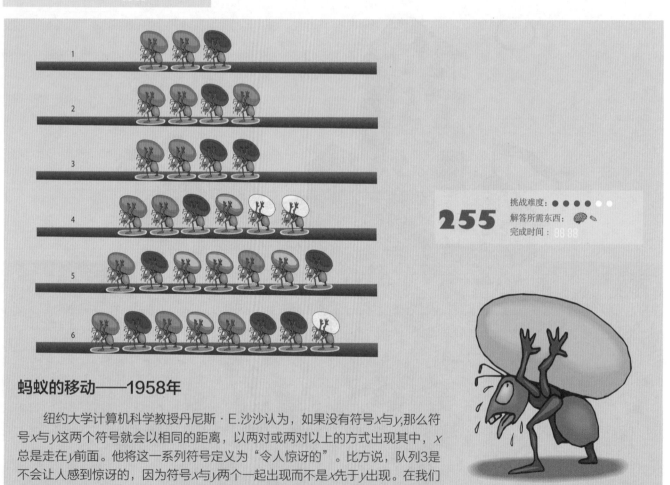

255

挑战难度：● ● ● ● ● ○ ○
解答所需东西：🧠
完成时间：🕐

蚂蚁的移动——1958年

纽约大学计算机科学教授丹尼斯·E.沙沙认为，如果没有符号x与y，那么符号x与y这两个符号就会以相同的距离，以两对或两对以上的方式出现其中，x总是走在y前面。他将这一系列符号定义为"令人惊讶的"。比方说，队列3是不会让人感到惊讶的，因为符号x与y两个一起出现而不是x先于y出现。在我们的游戏中，这些符号就是搬着不同颜色鸡蛋的蚂蚁。你能计算出六个蚂蚁队列当中，哪一队是让人感到惊讶的，哪一队则不是吗？

兰福德问题——1958年

兰福德问题是1958年苏格兰数学家C.达德利·兰福德在观看他的小儿子玩彩色积木之后提出的：这个小男孩将三对积木排成一列，让两块红色积木之间有一块积木，两块蓝色积木之间有两块积木，两块黄色积木之间有三块积木。他还成功地在两块绿色积木中间放入了四块积木，在多次调整之后，依然能够保持上面的属性。

在组合学里，兰福德配对，又称为兰福德序列，是成对的相同数字的排列如1,1,2,2, …,n,n序列的一种排列，其中两个1之间隔一个单位，两个2之间隔两个单位。数字k之间隔k个单位。兰福德问题就是要寻找已知值的兰福德配对。

赛跑选手谜题

谜题一：我们有四个赛跑团队，每个团队有两名赛跑运动员，如右边的图形所示。在终点线上，他们所处位置形成的图形结构发生了变化：一位运动员在两位穿红色运动衫的运动员之间，两位赛跑者在两位穿蓝色运动衫的运动员之间，三位赛跑者在两位穿绿色运动衫的运动员之间，四位赛跑者在两位穿黄色运动衫的运动员之间。我们可以肯定的是，一位穿黄色运动衫的运动员是最后一个冲过终点的。你能计算出前三名运动员所穿运动衫的颜色吗？

谜题二：我们有九个赛跑团队，每个团队有三名赛跑运动员。每一个团队都用数字1到9的连续数字来编号，并且以九种颜色区别开来。在终点线上，他们所处位置形成的图形结构发生了变化：三人组中每一个处于中间位置的选手都被他左右两边的同组队友所抛离。你能计算出在终点线时运动员所组成的图形结构吗？

挑战难度：● ● ● ● ● ●

256

解答所需东西：

完成时间：

混在一起的帽子——1959年

许多谜题都涉及巧合。其中最著名的一个问题应该是混在一起的帽子或混在一起的信件问题。有时，这又被称为"蒙特福特问题"。

假设有n个人参加一个派对，负责衣帽存放的女生专门登记并保管客人的帽子，然后将他们的帽子混在一起。混在一起之后，在所有参加派对的客人当中，至少有一人正确拿到自己帽子的概率是多少呢？你认为他们中任意一人找到自己帽子的概率是否能超过50%呢？

一个让人震惊的结论是，随着n的数值不断增大，任意一个特定的人找到自己帽子的概率会变得越来越小。但从另一方面去看，至少有一个人找到自己帽子的概率却越来越大。这两种效应会相互抵消。至少有一个人找到自己帽子的概率大约是63%。

你可以用一副纸牌去验证这个事实。洗牌，一次只翻看一张纸牌，嘴里同时念出所猜的牌面，例如数出："A，2，3，4，…，10，J，Q，K，A，2，3，…"你念出来的牌面与实际牌面至少有一张相同的概率是多少呢？事实上，这是一个与混在一起的帽子类似的问题。你至少能够碰对一次的概率是相当高的。不信的话，你不妨试一试。

混在一起的帽子（一）

三个人登记存放他们的帽子。衣帽存放处的女生在将帽子递给客人之前，不小心将所有的帽子都混在一起了。之后，这三个人过来要他们的帽子。你认为三个人都能拿到自己的帽子的概率是多少呢？

257
挑战难度：●●●●●○○
解答所需东西：🫘🥜
完成时间：⏱

混在一起的帽子（二）

六个人像以往那样去拿回他们的帽子，那么至少有一个人拿回自己的帽子的概率是多少呢？

258
挑战难度：●●●●○○○
解答所需东西：🫘🥜
完成时间：⏱

早期的电脑艺术

第一次电脑绘图展览是在1965年举办的，之后陆续出现了多次这样的展览。最著名的一次展览要数1968年伦敦举办的神经机械意外发现艺术展。这次展览的目录也已成书，并出版发行，直到现在依然是有关全新艺术形式的一个最综合全面的展示。我们现在处在一个信息科技时代，人类的劳动正逐渐被电脑所取代，当然这并不是纯粹出于功利主义。最早的电脑绘图一般都是那些数学曲线与图形，是从人类历史初期就已经开始探寻的艺术形式。

使科学变为艺术的机器——1951年

法国物理学家朱尔·安托万·利萨如（1822—1880）发现了以他名字命名的利萨如图形。他利用不同频率的声音去振动连接着音叉的多面镜子，一束光从镜子里反射出来，形成了一张基于声音频率的美丽模型。今天，在激光放映中使用的就是一种相似的装置。

维多利亚时代经典的谐波记录仪玩具所描绘出来的利萨如图形，通常都是两个大摆钟彼此呈直角方式摆动着，其中一个摆钟上携带着一支笔，而另一个摆钟则携带着一些纸。由于摆钟受到摩擦阻力，利萨如曲线最后会停在一点上。早期的许多谐波记录仪都申请了专利。其设计方式限制了图画的大小以及质量，因此根本就没有任何艺术上的美感可言，但却是早期非常受欢迎的科学玩具。

在20世纪50年代末，我申请了一个冠以"谐波记录仪"之名的专利，这是一个基于全新设计理念的产品，能够创造出巨幅的具有美感的图画。这就是所谓的"莫斯科维奇谐波记录仪"，后来在世界各国获得了专利权。这个产品在1968年伦敦举办的神经机械意外发现艺术展上激发了许多人的极大兴趣。

因为我的这个发明在伦敦的那次艺术展上收获了诸多好评，并且在20世纪七八十年代的日内瓦发明大会上获得了金奖，因而受邀参加了许多艺术展览以及多个世界巡回展览（包括位于柏林的国际设计中心、墨西哥城的现代艺术博物馆、巴塞尔与汉诺威的迪达科塔展览馆以及耶路撒冷的以色列博物馆）。

1980年，英国一家名为彼得潘的玩具公司发布了一个以谐波记录仪为模型的游戏，这款游戏在20世纪80年代取得了巨大的成功。今天，莫斯科维奇版本的谐波记录仪依然是瑞士温特图尔科学中心馆里主要的交互式展品。我的女儿茜拉现在研发出了一个独特的谐波记录仪，受到了全世界艺术爱好者与收藏者的广泛好评。

利萨如的视觉装置

利萨如的装置投影通过振动音叉，让镜子对一束光进行反射，从而了解曲线移动情况以及模式。

维多利亚时代的谐波记录仪

维多利亚时代以来，这就是谐波记录仪的基本设计，直到莫斯科维奇在1951年做了改进。

莫斯科维奇谐波记录仪

世界上第一台申请专利的谐波记录仪的原型是在1951年发明的，这个记录仪上有一个可以旋转的面板。

谐波记录仪

1968年在伦敦举办的神经机械意外发现艺术展上展出的莫斯科维奇谐波记录仪所绘出的图形。

奥贝恩的多等腰直角形——1959年

多等腰直角形类似于多联骨牌，它们都是由 n 个等腰直角三角形（半正方形）沿着相同长度的边连接而成的。如果它们有着相同的边界，那么它们就是全等的。三角形的内部结构并不会让它们有什么不同。

只有一种单等腰直角形，三种双等腰直角三角形和四种三等腰直角三角形。

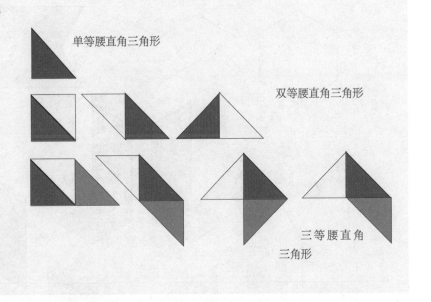

单等腰直角三角形

双等腰直角三角形

三 等 腰 直 角
三角形

奥贝恩的四等腰直角形

如右图所示，你可以看到14个四等腰直角形。由 n 个三角形组成的多等腰直角形的数量形成下面的数列：1, 3, 4, 14, 30, 107, 318, 1106, …。

奥贝恩的六钻形问题——1959年

1959年，托马斯·奥贝恩注意到，多联骨牌可以通过6个等边三角形连接而成，5个等边三角形会形成对称的多联骨牌，而7个等边三角形则无法形成。如果我们将非对称的六钻形的镜像计算在内，就可以得到19种形状，这与一个正六边形覆盖的3×3的棋盘面积是一样的。奥贝恩提出了下面这个问题：这19种形状能否覆盖由19个正六边形组成的棋盘呢？

奥贝恩的六钻形问题是二维空间谜题中最具挑战性的一个问题。

奥贝恩的解答方法

　　奥贝恩耗费了数月才找到解答的方法。他的第一个解法如右图所示。

　　理查德·K.盖伊对这些解答方法进行了分类。根据他的估算，大约有50000种不同的解答方法，而他所收录的解答方法已经超过4200种。你能找到一个不同的解答方法吗？

六钻形游戏棋盘

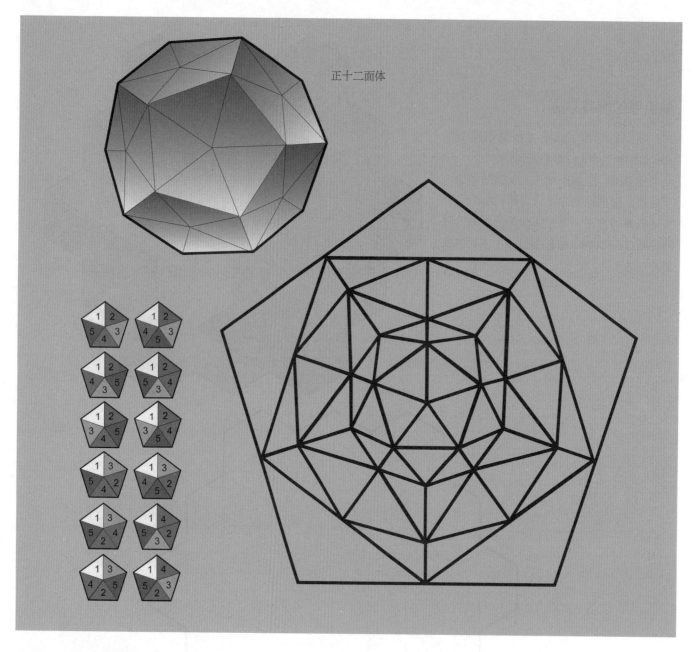

正十二面体

由五联骨牌组成的十二面体

正十二面体是一个拥有12个正五边形面的三维立方体。英国数学家约翰·霍尔顿·康威想知道的是，是否有可能对十二面体的每条边进行着色，从而让12个五联骨牌的每个都显示在十二面体的面上？

你能找到将12个五联骨牌放到一个十二面体上的方法吗？你可以通过建构一个三维立方体或通过绘制十二面体的施莱格尔图表，在平面上做出一个与三维立体等价的拓扑图形，更方便地解答这个问题。

在扭曲的图表里，请注意，每一个背面被拉伸后变成了图表的外缘。

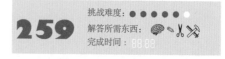

259

挑战难度：● ● ● ● ● ○
解答所需东西：🧠 ✂️ ✏️ 📐
完成时间：🕐

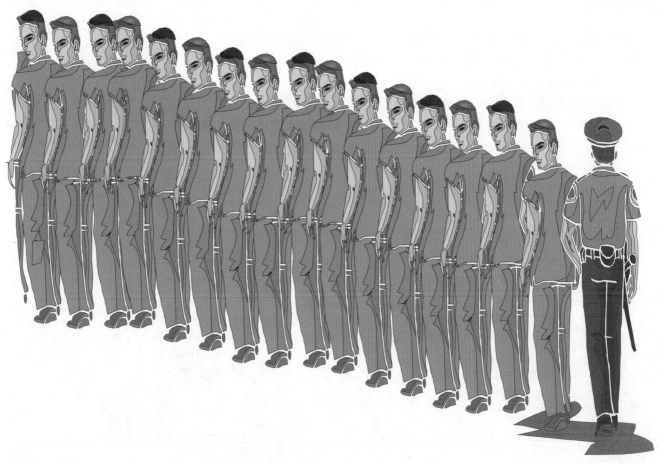

帽子与囚犯

与帽子问题这一经典问题相关的最新版本，其实就是从原先版本中衍生出来的一个逻辑性问题：在第一次世界大战期间，有100名被俘的士兵被关在战俘营。战俘营的守卫士兵想要休假，他们就想枪决掉所有俘虏。但是，战俘营的指挥官稍微公平一点，尽管他同意这样做，他还是决定先告诉所有战俘他们将被射杀，除非他们能回答一个问题。

于是，所有的战俘都被集中起来。这位指挥官大声地说："你们这些肮脏的狗，我应该将你们全部枪毙掉。但是，作为一名公正的猎人，我要给你们最后一个机会。你们将会被

带到食堂，喝下桌子上最后一杯酒。而我则要准备一个装着相同数量红色与黑色帽子的板条箱，将之放在食堂的前面。你们需要逐一离开。然后，我们会随机从板条箱里抽出一顶帽子戴到你们的头上。你们不能看到自己头顶上帽子的颜色，但是能够看到其他人帽子的颜色。你们要排成一列，如果你们说话或以任何方式与别人交流，就将被立即枪决。之后，我将会从你们中某个位置开始，询问你们每个人所戴帽子的颜色。如果回答正确的话，就会被释放；如果回答错误的话，就会被枪决。"

这些被俘的士兵被带到了一个

大厅，他们开始讨论所面临的局势，想出了某种应对这种情形的策略。之后，每名被俘的士兵都被戴上了一顶帽子。战俘营指挥官原本预想着至少要枪决50%的战俘，于是就开始询问每名战俘头顶上帽子的颜色。

你认为这名战俘营指挥官必须释放多少名被俘的士兵呢？

最短路问题

如右图所示，这是一个有七个点（包含顶点、结点）的加权图。我们的目标就是找到所谓的最短路径，就是要找寻顶点A与顶点G之间的一条路径，让相互连接的边的加权值是最小的。

在这幅简单的图中，你可以通过试错找到答案16。但是，在更复杂的图里，你必须要给出数学证明才能确定你的答案正确，就如下面将要提到的代克斯托演算法。

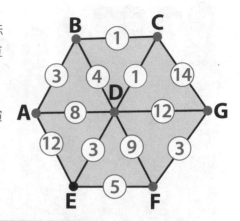

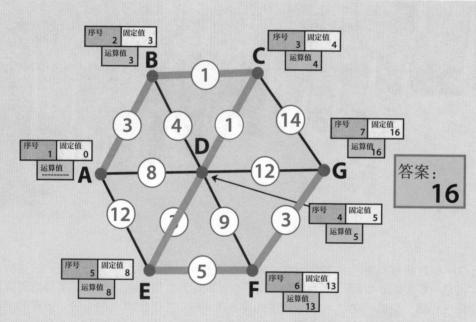

代克斯托演算法

如上图所示，你能运用代克斯托演算法，找出A点与G点间的最短路径吗？

代克斯托演算法需要你为每个点分配以下3个标签：序号、固定值、运算值。分配方式如下：

1．对起点来说，固定值为0，序号为1。

2．直接与给定的最终顶点相连接的顶点，其固定值等于其运算值，而运算值等于上一个固定值加上连线的权重。如果该点已经有一个运算值，比较一下数值的大小，用更小的那个值替换原有的。

3．在网络里选择运算值最小的那个结点，使它成为那个点的固定值。

4．如果终点拿到了固定值，就可以直接进入第五步，否则重复第二步。

5．将终点与起点连起来，然后逆着顺序往回走。选择路径的标准是，结点的固定值之差刚好等于连线的权重。这条路就是最短路径。

连续正方形包装问题——1960年

连续正方形包装问题可以说是消遣数学领域内一颗迷人的明珠。它涉及边长1到一个特定值的连续的正方形。这些连续的较小正方形能否在不重叠的状态下完整地覆盖一个较大的正方形呢？

让我们做个实验：边长为1与2的正方形无法形成一个正方形，我们能做到的，就是将这两个正方形装入一个边长为3的正方形。与此类似的，边长为1,2,3的正方形也不能在填充到其他正方形时不留下空隙，边长为1,2,3,4的正方形也是如此。

要解答这个问题，首先要将连续正方形的面积相加，直到最后的结果是一个平方数。

但是，$1^2 + 2^2 = 5$

$1^2 + 2^2 + 3^2 = 14$

$1^2 + 2^2 + 3^2 + 4^2 = 30$

上面这些都不是完全平方数。

如果我们继续计算这些数字系列，并且进行的次数比较多，最终就能发现$1^2 + 2^2 + 3^2 + 4^2 + \cdots + 24^2 = 4900 = 70^2$。这就是一个完全平方数。事实上，让人惊讶的是，这不仅是第一种，而且是唯一一种将连续的平方数相加，并且得到一个总的平方数的方法。（这样的演示在数论中是比较困难的，因此这在相当长的一段时间内都是一个悬而未决的问题）。

假设已知前面连续24个正方形的面积等于一个70×70的正方形，下面是一个具有美感的几何谜题：能否将从1个平方开始的连续24个正方形包装起来，放入一个70×70的正方形中？面积的相等是一个必要条件——但是，这样的条件也许并不充分。事实上，我们还没有找到一个完整的包装方法，不过，没找到并不证明就没有。因此，这个问题就可以重新进行阐述。前24个正方形里有多少个能被装入70×70的正方形呢？

到目前为止，这个问题最好的已知答案就是"除了一个以外的所有正方形"。在我们已知的所有例子里，只有7×7的正方形是需要排除在外的，如右图所示，你还能做到更好吗？

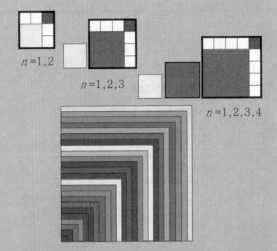

$n = 1,2$

$n = 1,2,3$

$n = 1,2,3,4$

边长从1到24的24个连续正方形。

在70×70的正方形游戏板上，放入边长从1到24的连续正方形，将正方形7排除在外，你能做得更好吗？

261

挑战难度：●●○○○○

解答所需东西：

完成时间：

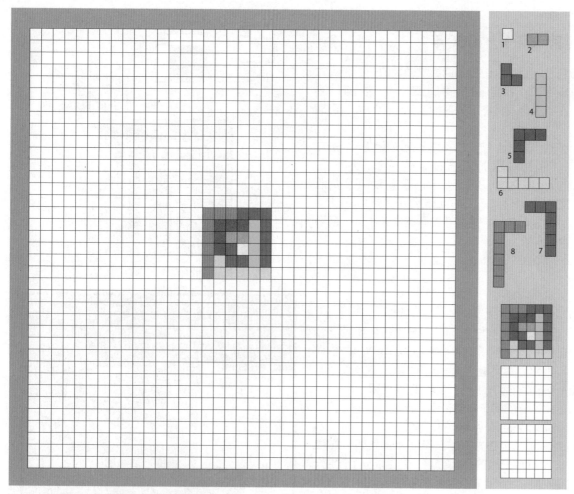

连续多面方形螺线——1960年

　　三角形数能够形成平方数吗？显然，第一个三角形数1是一个平方数，第八个三角形数36，如上图所示，也是一个平方数。下一个平方数是什么呢？我们可以看到，从中间位置的单方块开始连续添加多联骨牌，就形成了如上图所示的逆时针方形螺线。

　　最初的八个连续多联骨牌能够形成一个多联骨牌螺线，从而镶嵌一个6×6的立方体，如上图所示。

　　遵照上面所提的这些原则，我们可以提出下面这些有趣的问题：

　　1.你能够对组成6×6的正方形的方块进行重组，使之变成另一种不同的正方形模式吗？

　　2.继续之前的螺线构成方式，进一步选择连续多联骨牌，那么下一个长方形会出现在什么阶段呢？面积多大呢？

　　3.接下来会在什么阶段出现下一个正方形呢？这个正方形的面积又会是多少呢？

挑战难度：● ● ● ● ○ ○
解答所需东西：
完成时间：

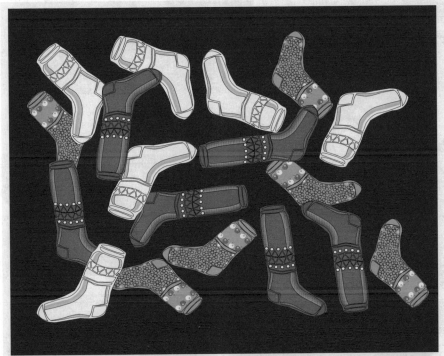

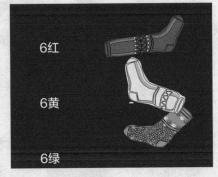

6红

6黄

6绿

黑暗里找袜子

我在一个抽屉里放了六只红色的袜子、六只黄色的袜子以及六只绿色的袜子。在伸手不见五指的情况下，要想找到一对任意颜色的袜子，我至少需要抽出多少只袜子呢？要想找到每种颜色的一对袜子，我至少需要抽出多少只袜子呢？

263 挑战难度：●●●●○
解答所需东西：🧠 💊
完成时间：88:88

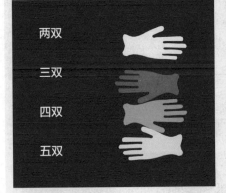

两双

三双

四双

五双

265 挑战难度：●●●●○
解答所需东西：🧠 💊
完成时间：88:88

黑暗里找手套

我在抽屉里放了两双黄色的手套、三双红色的手套、四双绿色的手套、五双蓝色的手套。在伸手不见五指的情况下，要想找到一双颜色完全相同的手套，我需要抽出多少只手套呢？

264 挑战难度：●●●●○
解答所需东西：🧠 💊
完成时间：88:88

找不到的袜子与墨菲定律

想象一下，在你洗了五双袜子之后，发现有两只不见了。下面哪种情形最有可能发生呢？

1. 两只丢失的袜子是一双完整的袜子，那么你只剩下四双完整的袜子了。

2. 你只剩下三双完整的袜子，以及两只不配对的袜子。

爱德华·A.墨菲曾说："任何差错都会出现，并且是在最糟糕的时候出现。"墨菲定律是否适用于抽屉里找袜子的情况呢？

CHAPTER

8

悖论、元胞自动机、
空心立方体与夜间过
桥谜题

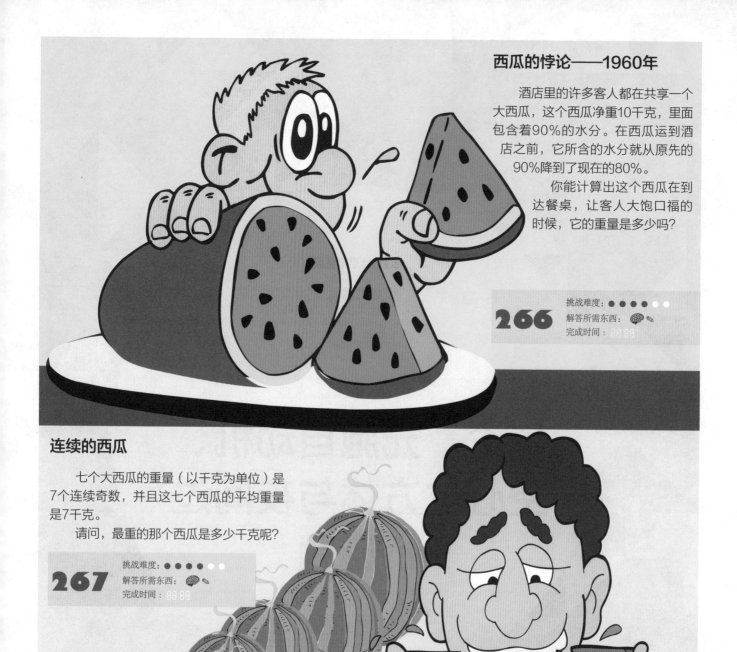

西瓜的悖论——1960年

酒店里的许多客人都在共享一个大西瓜,这个西瓜净重10千克,里面包含着90%的水分。在西瓜运到酒店之前,它所含的水分就从原先的90%降到了现在的80%。

你能计算出这个西瓜在到达餐桌,让客人大饱口福的时候,它的重量是多少吗?

266
挑战难度:●●●●●○○
解答所需东西:🧠 🌱
完成时间:⏰

连续的西瓜

七个大西瓜的重量(以千克为单位)是7个连续奇数,并且这七个西瓜的平均重量是7千克。

请问,最重的那个西瓜是多少千克呢?

267
挑战难度:●●●●○○○
解答所需东西:🧠 🌱
完成时间:⏰

弗雷德金的元胞自动机——1960年

爱德华·弗雷德金（1934—）是卡内基－梅隆大学的一名教授，同时也是麻省理工学院的客座教授，他是数字物理学方面的先驱之一。他的重要贡献就包括元胞自动机，这是他在20世纪60年代发明的最早与最简单的自我复制系统。在这个二进制系统里，每一个元胞都有两种可能的状态：生或是死。弗雷德金认为，有关一切万物的终极理论是可以计算的，而整个宇宙就是一台电脑。

五个具有生命的元胞（红色正方形）的原始图形及其相邻的部分，将根据下面的简单原则，世代转换。

一个元胞的命运取决于其四邻元胞的数量（既可以水平相邻，也可以垂直相邻）。

1.如果相邻元胞的数量是偶数，那么这个元胞下一代就会处于死的状态（白色的部分）。

2.如果相邻元胞的数量是奇数的话，那么这个元胞下一代就会处于活的状态（红色的部分）。

认真观察下面五代的变化，结果让人惊讶：第一代中具有生命的五个元胞的原始组合结构，经过五代，生成了四组完全相同的副本。

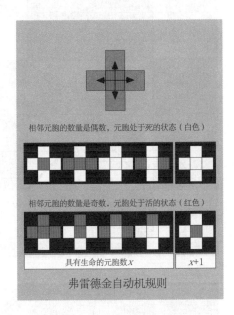

相邻元胞的数量是偶数，元胞处于死的状态（白色）

相邻元胞的数量是奇数，元胞处于活的状态（红色）

具有生命的元胞数 x	$x+1$

弗雷德金自动机规则

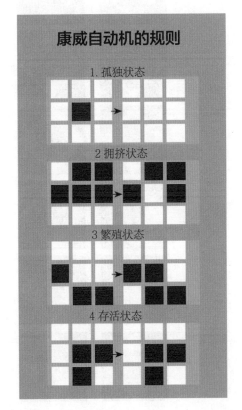

康威自动机的规则

1. 孤独状态

2 拥挤状态

3 繁殖状态

4 存活状态

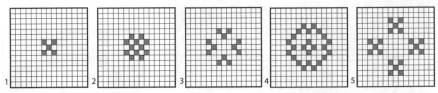

1　　2　　3　　4　　5

康威生命游戏

生命游戏是英国数学家约翰·霍尔顿·康威于1970年发明的一种元胞自动机。生命游戏不是竞技游戏，你一个人就可以玩。你不会赢，也不会输。其设计的初衷仅仅是为了创造一个原始结构，看它如何成长。

生命游戏的宇宙就是一个无限的二维正交方块阵列网格，每一个网格都处于两种的可能状态，非生即死。每一个元胞都与其在水平方向、垂直方向以及对角线方向相邻的八个元胞进行互动。每按步骤互动一次，下面的变化就会出现：

1.孤独状态：一个少于两个相邻元胞的元胞会死去。

2.拥挤状态：一个元胞有超过三个相邻的具有生命的元胞，就会死去。

3.繁殖状态：一个有三个相邻元胞的空元胞，就会诞生一个元胞。

4.存活状态：一个元胞拥有两个或三个相邻元胞的话，它会保持不变。

正面

折纸

很多有趣的谜题与拓扑学上的发现只需通过对一张方形纸的折叠就可以表现出来。无论对孩子还是对成年人来说，这些方法都是对平面几何的一种很好的介绍。古代流传下来的折纸就是很好的例子。

所谓的折纸，就是将一张纸折叠成多个面的结构。亚当·沃尔什就将其定义为拥有两个或两个以上面的平面纸张。

在20世纪50年代，马丁·加德纳将折纸推广开来。受其影响，我对折纸很着迷，发明了两个原创折纸游戏。其中一个就是弯扭（Flexi-Twist），这是我给自己强加的一个用于创造全新折纸结构的挑战任务，如古典折纸要求的一样，不能事先折叠和粘贴，但依然保留了多个让人印象深刻的面与具有挑战性的折痕。

另一个折纸游戏是"伊凡的铰链"，这是全新类型的琴式铰链中第一个获得专利的折纸游戏，折叠游戏与结构的世界级权威格雷格·弗雷德里克森在他那本激动人心的著作《琴式铰链剖分》里将这个折纸游戏命名为"伊凡的铰链"。

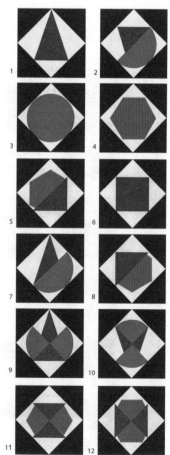

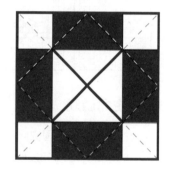

背面

弯扭折纸游戏

弯扭折纸游戏是获得专利的原创折纸游戏。复制两边都印有图案的正方形，沿着虚线折叠，然后沿着中间黄色正方形的两条对角线剪下去。接着，沿着虚线折叠正方形，创造出一个如右图所示的带有图案的，只有原来正方形一半大的正方形。

268

挑战难度：● ● ○ ○ ○ ○

解答所需东西：🧠 ✂️ ✏️

完成时间：⏱ 88:88

夜间过桥

这座桥将在17分钟后准时倒塌。四位步行者必须在黑暗中走过这座桥。他们只有一个手电筒，这个手电筒是每次过桥时都需要的。

一次最多只能有两人带着手电筒过桥，每次过桥之后，必须有一人将手电筒带回来。每一位步行者都以不同的速度过桥：第一位过桥需要1分钟，第二位需要2分钟，第三位需要5分钟，第四位需要10分钟。因此，每两人一起过桥的时间都以速度最慢的那个人为准（比方说，第一个过桥者与第三个过桥者一起过桥，那么他们过桥的时间将是5分钟）。这个过程中不允许耍任何花样，不可以将手电筒扔回来，也不能背着人过桥。这个问题只有两种解答的方法，你能够找到这两种解答方法吗？

269

挑战难度：●●●●○

解答所需东西：🌰🍂

完成时间：

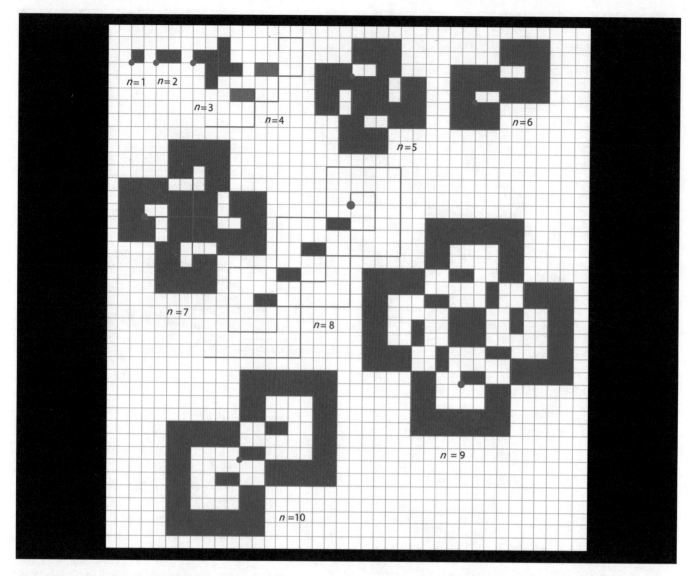

画中 n=1，n=2，n=3，n=4，n=5，n=6，n=7，n=8，n=9，n=10

弗兰克·厄德斯的螺旋侧面——1962年

阿伯丁大学医学研究院的微生物学家弗兰克·奥德教授在1962年提出了螺旋侧面的概念，据说，当时他正在上一堂"并不是很有趣的高中化学课"，这是他在一张图形纸上胡乱涂鸦之后发现的。他提出了一个能够衍生出充满惊喜的具有美感的模式的简单法则，他将之称为螺旋侧面。

从一个非常简单的衍生过程中，我们可以看到螺旋侧面的生成基于这样的思想：将几何图形定义为通过一个运动的点形成的路线图。奥德教授将螺旋侧面视为一只蠕虫依据下面的法则行进时形成的路线。

蠕虫移动1个单位后右转90°，移动2个单位后再右转90°，再移动3个单位，然后再右转90°，依此类推，直到到达某一个特定的极限"n"。这就形成了一个螺旋侧面的纵横格，接着重复这样的过程。

在一个正方形网格的纸上，你可以非常轻松地用纸与笔去玩这个螺旋侧面的游戏。

上图已经给出了前10个螺旋侧面。当 n =11以及 n =13时，你能继续给出这两个阶数更高的螺旋侧面吗？

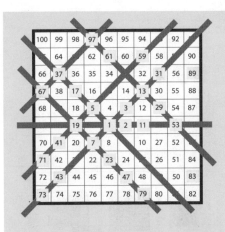

质数螺旋——1963年

1963年，著名的波兰数学家斯塔尼斯拉夫·乌拉姆（Stanislaw Ulam）听一次无聊的演说时，在一张纸上漫无目的地写着数字。他在一个正方矩阵里草草地写下了一些连续的数字：首先在中间位置写下1，然后按照下图所示的方式，一系列数字以螺旋的方式在网格里呈现了出来。

让他感到无比震惊的是，质数基本上都落在对角线与直线上。

在他的矩阵里，前面26个质数都落到了直线上，每条直线上至少包括3个质数，而一些对角线则包含着更多的质数。同样神秘的线段模式还出现在更大的矩阵上，数以百万计的质数呈螺旋状分布，形成了与此相似的图形。

这是自然的法则还是一种偶然呢？到目前为止，人们还没有弄清楚。

乌拉姆还研究了起点不是1的整数矩阵的螺旋，如左边的这个矩阵，它是从中间的数字17开始的。他惊讶地发现，在这种螺旋图形里，质数呈现出一种奇怪的分布模式。你可以尝试一下。

地图与邮票折叠——1963年

折叠邮票是一般的地图折叠问题的特殊情况。在你展开一张大地图，试图重新将其折叠成原先的形状时，你可能会遇到一些困难。波兰数学家斯塔尼斯拉夫·乌拉姆是第一个提出以下问题的人：可以用多少种不同的方法去折叠一张地图呢？

从那时起，这个问题就一直让当代研究组合理论的研究人员感到头疼。事实上，关于折叠地图的一般性问题至今仍未得到解答。

有一句古语放在这里也是适合的："重新折叠一张地图的最简单方法，就是用不同的方法去进行折叠。"

折叠三枚连成 一条的邮票

折叠三枚连成一条的邮票，有多少种方法？你可能只能沿着齿孔进行折叠，而这三枚邮票最终的折叠结果就是彼此重叠在一起。这些邮票是正面朝上还是背面朝上，这些都不是我们需要考虑的问题。正如我们之前所了解的，三种颜色的邮票有六种不同的组合方式（也就是3×2×1）。通过折叠你能够得到多少种不同的结果呢？此时，我们应该注意到，折叠邮票的问题有下面几种不同的可能性。

1.无铭记的（U）——对于无铭记的邮票，在不需要考虑邮票方向的情况下，沿齿孔处折叠是唯一一种可能的折叠方式。

2.有铭记的（N）——如果邮票贴上了标签，那么就需要考虑它们的方向。

3.对称性（S）——对称性的折叠。

在这三种不同的情况下，你能找到多少种不同的折叠方法呢？

折叠四枚连成一条的邮票

折叠四枚连成一条的邮票有多少种方法？你可能只是沿着齿孔去进行折叠，那么最终的折叠结果肯定是四枚邮票彼此重叠。这些邮票是正面朝上还是背面朝上都是不需要考虑的。

折叠一个四枚邮票组成的正方形

折叠一个四枚邮票组成的正方形有多少种方法呢？你可能只是沿着齿孔去进行折叠，那么最终的折叠结果必然是四枚邮票重叠在一起。这些邮票是正面朝上还是背面朝上都是不需要考虑的。正如我们之前所看到的，四种颜色的邮票一共有24种不同的组合方法（也就是4×3×2×1）。你能想出多少种不同的折叠方法呢？

折叠一个六枚邮票组成的长方形

六枚邮票组成的一个2×3的长方形，我们可以沿着齿孔，想出多种不同的折叠方式。如上图所示，我们已经按照颜色的序列给出了四种不同的折叠方法。你能想出哪一种折叠方法是不可能的吗？在最终的折叠结果里，邮票是正面朝上还是背面朝上，都是不需要考虑的。

折叠一个八枚邮票组成的长方形

你能将八枚邮票沿着齿孔折叠，使这些邮票按从1到8的顺序重叠在一起吗？

在棋盘上滚动骰子——1963年

1963年，马丁·加德纳提出了在不同大小的棋盘上掷骰子的问题。

骰子的尺寸与棋盘的单元格大小是一样的，而骰子是通过向相邻的正方格滚动来实现移动的，每滚动一次，都会出现不同的点数。

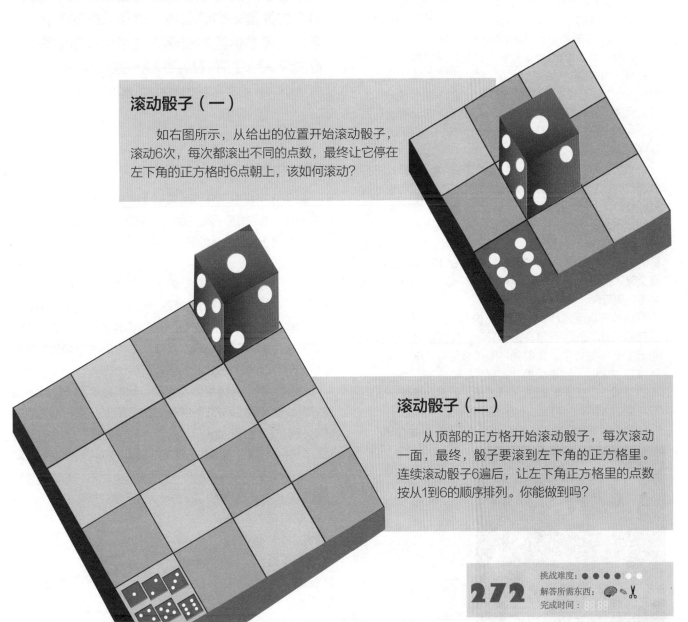

滚动骰子（一）

如右图所示，从给出的位置开始滚动骰子，滚动6次，每次都滚出不同的点数，最终让它停在左下角的正方格时6点朝上，该如何滚动？

滚动骰子（二）

从顶部的正方格开始滚动骰子，每次滚动一面，最终，骰子要滚到左下角的正方格里。连续滚动骰子6遍后，让左下角正方格里的点数按从1到6的顺序排列。你能做到吗？

272
挑战难度：● ● ● ● ○ ○
解答所需东西：🧠 ✂
完成时间：

巴克敏斯特·富勒
（Buckminster Fuller,1895—1983）

巴克敏斯特·富勒被他的朋友们称为"巴克"，他是20世纪重要的创新者之一，他的发明数量达到了让人震惊的程度。他成功地设计了圆顶建筑、最大限度利用能量的住宅、"巴克球"以及其他诸多发明。

他认为协同配合是交互式系统的基本原则，提出了一种被称为"协同学：思维的几何学探索"的重大课题。他称自己为"B号试验品"，表明自己的人生就是一场试验。他通过制作模型与搭建蓝图展示自己的设计理念与思想，将他"以复杂换精简"的设计哲学用符号表现，用以解释协同配合的原则。

我与富勒见过两次面。第一次是在20世纪60年代左右参加他在以色列特拉维夫举办的讲座。在他演说结束后的提问环节里，我向他展示了我新发明的米勒卡尔的第一款原型。这是受到他的思想启发而制作出来的一种全新模式的镜子万花筒。一旦解谜成功，万花筒最终就会呈现出富勒的肖像。他非常愉快地接受了我设计的万花筒，并且与我交流了几句，说他非常喜欢我的这个有趣的游戏，这让我感到很高兴。

另外一次就是在20年后的纽约，当时我正在爱迪生酒店等电梯。此时，电梯门打开了，我直接撞上了那位刚走出电梯的先生。我们俩当时都感到有点疼痛，当我俩恢复过来时，我发现撞到的就是富勒先生。当他见到我的时候，就大声地喊道："哎呀，你不就是那个发明万花筒的人吗？"可见，他也是一眼就认出了我。

富勒邀请我喝咖啡，我与他度过了人生中最愉悦的一段时光。他在喝咖啡的两小时里所展现出来的魅力我将永生难忘。

富勒的协同作用——1964年

协同作用是指两件或两件以上的事情同时作用，从而产生一种无法独立获得的结果。协同作用一词的提出很大程度上要归功于富勒，他的许多研究工作都涉及探索与创造协同作用。

富勒非常擅长通过创造模型去证明自己的观点。他的骨架四面体就以非常具有美感的方式展现了他协同作用的思想。两根弯曲的钢丝形成的三角形可以用某种完美的方式构建出一个完美的四面体模型，这是一个由四个三角形组成的三维图形。因此，1加1似乎能够等于4。

梅尔·斯托弗是富勒的朋友，他本身也是一位著名的魔术师。他利用富勒发明的钢丝三角形创造出了一个近景魔术。梅尔向他的观众展示了用钢丝制成的有四个面的四面体，然后举起这个四面体，让离他最近的人用两个钢丝三角形（没有弯曲）重新创造出一个四面体。当然，谁也没有办法成功地做到。梅尔的巧妙之处就在于他在举起由两个由钢丝做成的弯曲三角形时，将这些弯曲的钢丝弄直了，使之变成了两个平面的三角形。

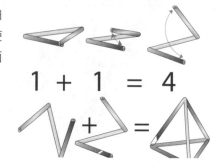

$$1 + 1 = 4$$

富勒的协同学——1964年

维姆·富勒在其著作《太阳与能量间的协同学》一书里提到，协同学是对转变中的系统进行的实验研究，重点强调整个系统的运行情况，光凭每个单独部件的行为无法对其进行预测，其中也包括人类作为参与者与观察者所扮演的角色。

人类作为系统的一个组成部分，既可以识别小到微观量子、大到宏观宇宙的系统，又可以清楚地表达它们的行为方式。这使得协同学成为一门非常宽泛的学科，囊括了许多科学与哲学层面上的研究，其中就包括四面体与紧密堆积球体几何学。

巴克敏斯特·富勒发明了协同学这个术语，并试图用两卷本的著作来界定其范围。然而，协同学依然是一个非常规的，甚至有点激进的研究课题，未能获得主流科学界的支持。绝大多数传统院校对此都很少理会。

富勒的工作激励着许多研究人员投入协同学的研究当中。赫尔曼·哈肯对开放系统具有的自组织结构展开了研究；艾米·埃蒙德森对四面体与二十面体进行了几何学的研究；斯坦福·比尔研究了社会动力学范围内的测地线问题。

直到现在，还有许多研究人员仍然不懈地进行着协同学方面的研究，尽管他们都有意识地与富勒当年提出的包罗万象的定义保持一定的距离。

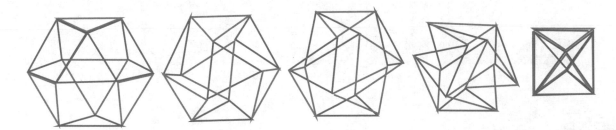

巴克敏斯特·富勒的吉特巴舞系统

巴克敏斯特·富勒的吉特巴舞系统是最具美感的多面变形之一。在半正则的阿基米德多面体里，我们已经谈到了立方体，富勒将之称为"矢量平衡"。吉特巴舞系统是富勒对在四个显著位置连续变形的系统的一种称呼，它会从立方八面体依次变形为八面体、二十面体、十二面体（反之亦然）。

富勒运用棍子与具有柔韧性的橡胶顶点成功地做出了这样的可变形系统。吉特巴舞系统的运动能让富勒将立方八面体变成八面体，而相反的步骤则是将八面体变成立方八面体。

要是没看到这个系统运转的慢动作，就很难理解吉特巴舞这一系统所具有的美感。当你制造出这样的模型时，就能有这样的感受。右图的照片就是在1991年瑞士苏黎世举办的欧利卡展览会上展出的吉特巴舞系统模型。吉特巴舞系统有八个三角形的面，当这些面转动时，它们就会迅速沿着四个旋转的轴心向内收缩或向外扩张。

现在市面上有许多以吉特巴舞系统为原型的玩具与游戏，多数是用纸、钢铁或塑胶做成的，最近还新出了一款用磁石做成的玩具。

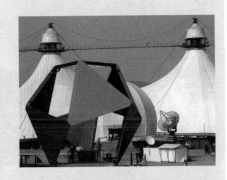

瑞士苏黎世举办的欧利卡展览会上展出的吉特巴舞系统模型

滚动的肖像立方体——1964年

　　滚动立方体游戏是在1971年出版的《趣味数学》一书中由杜登尼首先提出来的。后来，经过马丁·加德纳和约翰·哈里斯的大力推广而大受欢迎。这种立方体有六个面，每个面上都有一位著名人物的头像。将这种立方体在一个棋盘上滚动，游戏规则与玩法如下：

　　游戏一：首先将爱因斯坦头像面朝上放在棋盘左下角的方格里。游戏规则是：让这个立方体从一个格翻滚到另外一个格，直到遍历棋盘的每个方格，最终停留在棋盘右下角，并且爱因斯坦头像依然是正面朝上的（当然，不一定非得选择爱因斯坦头像，也可以选别的人物头像）。这听上去可能很简单，但爱因斯坦头像除了在起点和终点面朝上外，在整个"旅程"中绝对不能面朝上。

　　游戏二：将爱因斯坦头像放在棋盘第二排的第四个方格，以此作为起点，遍历棋盘的每个方格，最后再回到起点位置，形成一个封闭的回路。在此期间不能让斯大林头像正面朝上。你能做到吗？

爱因斯坦　　　贝多芬　　　斯大林　　　牛顿　　　伊丽莎白女王　　　莎士比亚

273

挑战难度：●●●●●○
解答所需东西：🧠 ✂️ ✏️
完成时间：⌛

滚动肖像与展开图

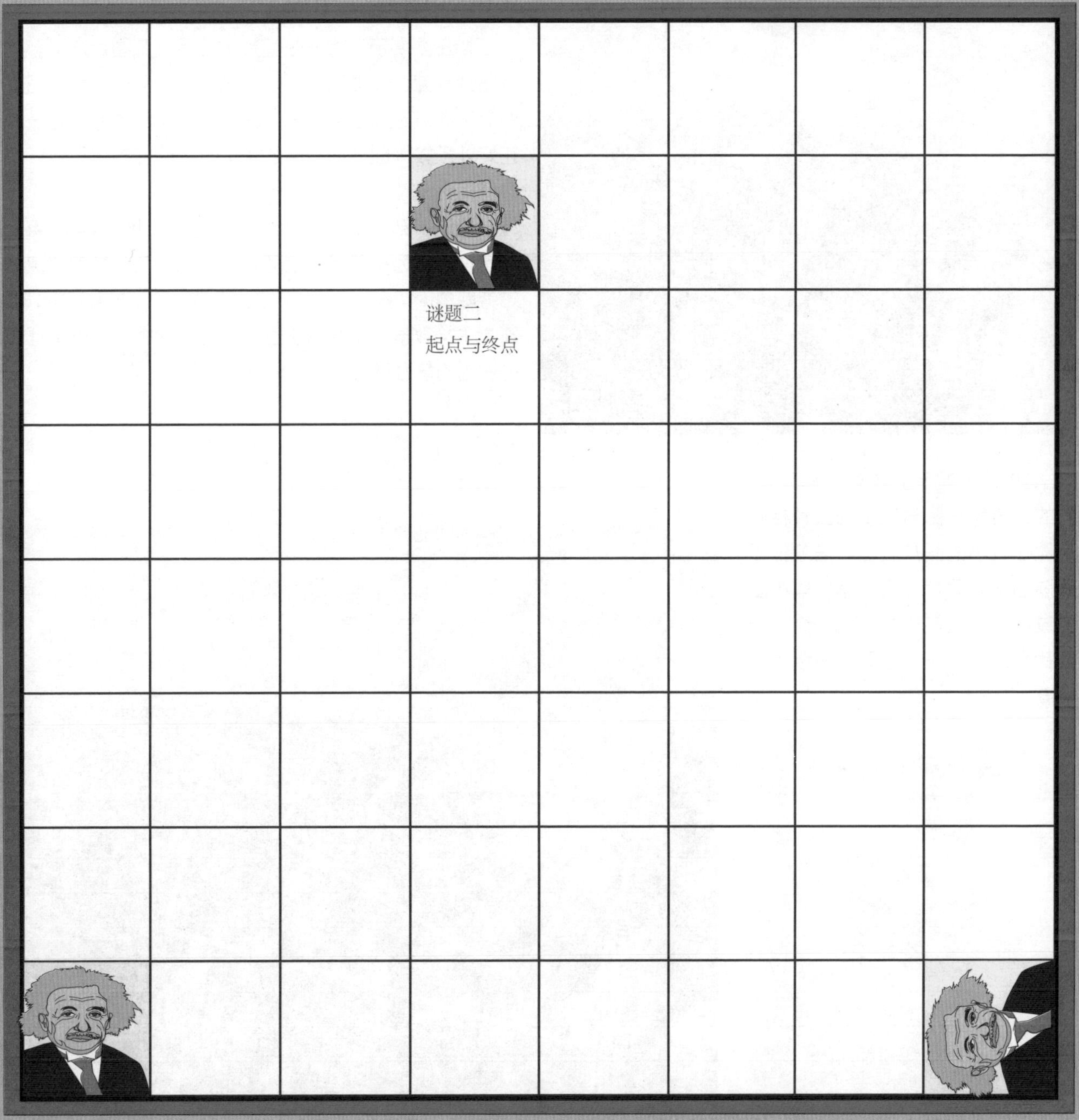

谜题二
起点与终点

谜题一
起点

谜题一
终点

不动点定理——1964年

如左图所示,将一张图片放在另一张图片之上,这两张图片是完全一样的,但是一张图片比另一张图片更大一些。不动点定理是这样阐述的:在较小的图片上有一个点正好处于较大图片相同点的正上方,这样的点只有一个。你能找到吗?

通过不动点定理还可以找到数以百计个这样的点,这种定理被称为布劳威尔定理,它是以荷兰数学家鲁伊兹·布劳威尔(1881—1966)的名字命名的。布劳威尔以他的直觉主义数学哲学闻名于世,他将数学视为基于不证自明的法则的智力建构。

右边的图形演示了这个点是如何被找到的。将第三张与较小的图片相同图片放在较小的图片之上,摆放位置参照前面两张图片,重复添加较小图片的过程,那么最终会出现一个我们想要找寻的点,正如右图的黄色点,去检查一下吧!

有趣的是,即便是在较小的图片出现褶皱时,这个定理依然是适用的。

僧侣与高山——1966年

　　僧侣沿着一条狭窄的山路攀登高山。他早上七点出发，晚上七点到达山顶。他会以不同的速度前进，并且要进行多次休息。第二天，他要在同一时间出发，并于同一时间到达山脚。在他两天的往返过程中，僧侣有没有可能在同一时间经过同一个地点呢？

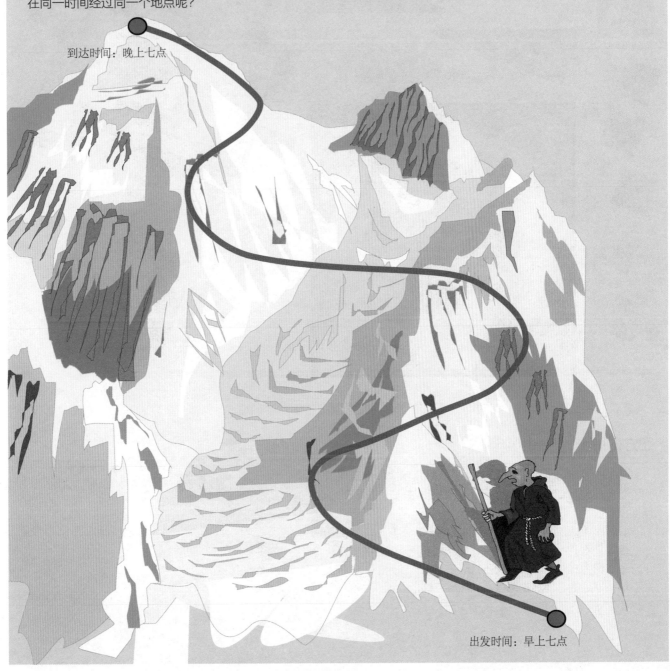

到达时间：晚上七点

出发时间：早上七点

正方形拼凑——1974年

另一个起源于俄罗斯的具有挑战性的几何消失游戏出现在我的著作《绞尽脑汁的游戏》系列丛书里，由美泰公司于1967年推出。

18块着色后的形状刚好能够拼凑成一个正方形，如上图所示。但是，在这18块形状当中，只需要17块同样能拼凑出一个正方形，因为其中一块较小的正方形是可以不使用的。这听上去是不可能做到的，但其实可以。你能解答这个问题，并解释背后的神秘之处吗？

回旋陀螺玩具——1969年

回旋陀螺是一个神秘的物体，能够沿着一个方向不断旋转，然后以相反的方向旋转回来。回旋陀螺是考古学家们在研究史前石器时代的斧头时发现的。回旋陀螺之所以看起来很神秘，是因为人们认为某些东西既然沿着一个方向旋转，那它就会继续沿着这个方向旋转，直到某种外力的干预使其停下来。在物理学上，这被定义为角动量守恒。

回旋陀螺有着特殊的形状，能够只沿着一个方向不断旋转。当回旋陀螺沿着一个非首选方向旋转的时候，它的旋转速度就会渐渐地降下来，并且开始从一端晃到另一端。接着，回旋陀螺便会沿首选方向转动。简而言之，要是以错误的方式使其旋转起来，那么它就会停止之前的旋转方向，以相反的方向旋转起来。

原始的回旋陀螺是用木头做成的，并且上面有各种装饰的雕刻与图案。回旋陀螺现在通常都是以塑胶玩具的形式出现在市面上。

为了了解回旋陀螺的运转方式，我们就需要认真观察其形状。回旋陀螺的顶部是扁平的，并且有一个非对称的椭圆底部。椭圆体上的长轴与其扁平顶部的长轴做了特殊的校准设计，使得回旋陀螺具有优选的方向。换言之，两个长轴并不平行，因此回旋陀螺被设定为沿着某个方向旋转。

今天，回旋陀螺的多个衍生版本都可以在市面上看到，作为具有科学趣味的玩具而广受欢迎。一个较大版本的回旋陀螺大到足以让小孩子骑在上面，这是拉斯基科学技术博物馆在20世纪60年代末制造出来的一个展览品。

直到现在，有关回旋陀螺的种种奇怪表现，有许多不同的解释，不过，我们仍在等待一个更加符合物理法则的解释。在对这个玩具进行了长达100年的研究之后，尚未找到答案的科学家们不大可能就此停下研究的脚步。剑桥大学教授布莱恩·皮帕德说："其实，科学家们真的很喜欢玩具，他们对任何看上去古怪的东西都充满了兴趣。除非他们找到了能够解释这些东西运转的原理，否则他们是不会感到高兴的。"

单向稳定多面体——1969年

　　所谓的单向稳定多面体就是一个n维度的物体，这样的立方体只能以一个面站立起来，并且其密度是均匀的。1969年，约翰·康威、理查德·盖伊与M.戈尔德贝格建构了一个单向稳定多面体，这是一个有17条边、19个面的棱柱，如下图所示，它有着对称的横截面。这样建构的图形已经是一个记录了，因为少于19个面的这样的物体现在还没有被发现。

　　与不倒翁玩具一样，盖伊建构的棱柱一旦倾斜之后，就会往另一边自动地摆正。一些乌龟，比如印度星斑陆龟也有这样的单向稳定形状。平面上的任何凸多边形都不是单向稳定的。V.阿诺尔德通过缩减到四顶点定理证明了这一点。

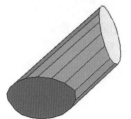 

平衡状态

　　三个着色的珠子能够自动地沿着直立的管道移动。这些珠子的分布方式展现了三种不同的平衡状态：

　　顶部：稳定的。

　　中间：中立的。

　　底部：不稳定的。

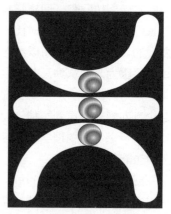

不倒翁

　　这个不倒翁玩具在被外力压倒时，会自动归正。不倒翁玩具有一个圆形底座，近似半球。它的重心就在这个半球的中心位置之下，因此任何使其倾斜的做法都会让这个不倒翁的重心恢复到之前的位置。推动不倒翁玩具时，它会左右摇晃一下子，然后回到直立。在这个平衡状态下，势能最小。

印度星斑陆龟

　　这只乌龟的形状使它的背翻过去之后能翻回来。来自布达佩斯科技与经济大学的数学家加博尔·多莫科什与来自普林斯顿大学的数学家彼得·瓦尔科尼设计了一个冈布茨（Gomboc）——只有一个不稳定平衡点和一个稳定平衡点的同质物体。正如重心位于底部（非同质的重量分布）的球体始终都会恢复到直立位置一样。他们注意到星斑陆龟也与之相似，通过对30只乌龟翻面进行实验，他们发现很多乌龟都能够自己翻正（详细内容参见第9章冈布茨的内容）。

非传递性的悖论——1970年

绝大多数关系都具有传递性，这种二元关系是这样阐述的：如果A大于B，而B大于C，那么A就肯定大于C。另一方面，某些关系可能就不具备这样的传递关系（如果A是B的父亲，而B是C的父亲，那么说A也是C的父亲，这绝对是不正确的）。

著名的石头剪刀布游戏就是一种非传递性的游戏。在这种游戏里，石头能够赢剪刀，剪刀能够赢布，而布又能赢石头。中国古代的哲学家们就将事物分为五种类型，形成了一个非传递性的循环：木生火，火生土，土生金，金生水，水生木。

在概率论里，有些关系看似具有传递性，其实并非如此。如果这种非传递性违反直觉，我们就会感到无比困惑。这样的关系就被称为非传递性的悖论或游戏。

很多天才都想创造出这样的悖论与游戏，这其实是很糟糕的做法。这种游戏最简单且最让人震惊的版本就是非传递性的骰子游戏，如下图所示。这样的骰子是斯坦福大学的统计学家布拉德利·埃夫伦1970年首先设计的，之后经过马丁·加德纳在《科学美国人》专栏里的推广，广受欢迎。

非传递性的骰子游戏

如果你用骰子玩游戏，你会认为自己投掷出来的点数是随机的。这个游戏的目的就是找到这个游戏里四个骰子的特殊之处。

按照下面的方式去玩：

1.要求你的游戏伙伴从四个骰子里选一个骰子，然后你再从剩下的三个骰子里进行选择。

2.轮流投掷出一个骰子，掷出的数字越大的一方为获胜的一方。

该怎样选择骰子，才能让你取得最终的胜利呢？

276

挑战难度：● ● ● ● ● ○

解答所需东西：🧠 ✂ ⚒

完成时间：⏱

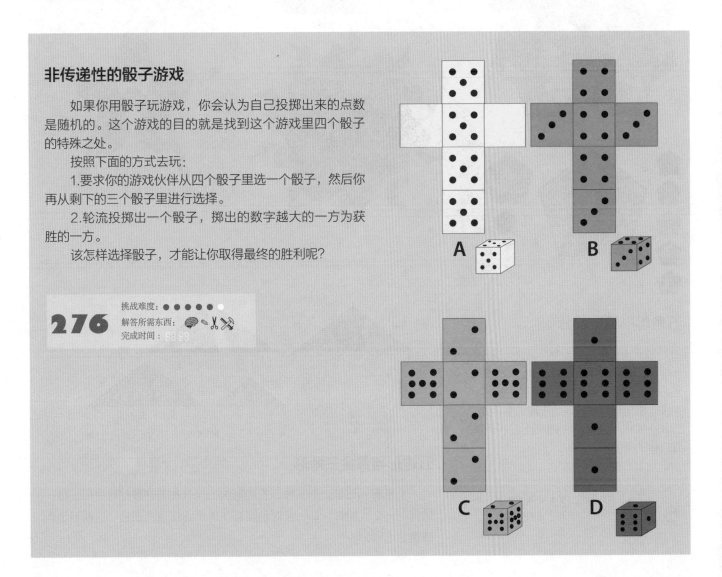

五角星形——1970年

基于黄金比例（参见第2章）而设计出来的一个具有美感的剖分游戏是由瑞士特里加姆的让·鲍尔发明的。它是由三个形状组成的：两个等腰黄金三角形，一个正五边形，如下图所示。

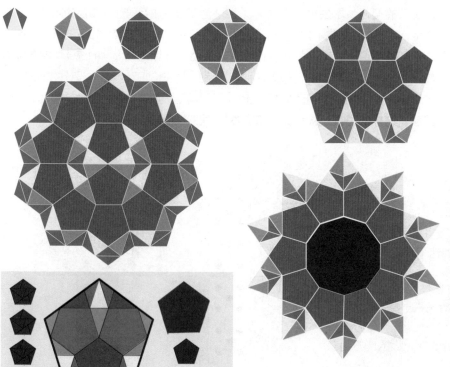

五角星形组成部分

在五角星形系列当中，最具挑战性的一个拼图游戏，就是拼砌一个大的剖分正五边形。这个正五边形由三组不同的形状构成（五边形与两种等腰三角形），共计17块。要求用这17块分别拼出游戏一和游戏二中的拼图。

277

挑战难度：●●●●●●
解答所需东西：🧠 ✂️ 🔨
完成时间：⏱

黄金比例的五角星形

五角星形是指有五个点的五角星形状，这是黄金分割原理的终极展现形式。这种图形也是毕达哥拉斯及其追随者的秘密符号，他们将这个秘密隐藏在黄金比例中，然后据此创造出黄金三角形。五角星形可以用23个三角形与五个五边形拼砌而成。

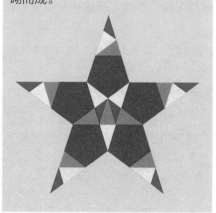

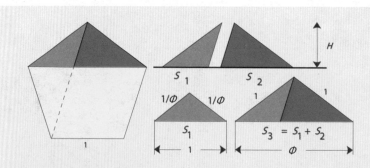

五边形与黄金三角形

与所有的正多边形一样，五边形内部也存在着许多相互关系。每一边都与一个点相对，每一条对角线都在内部连接着两条边，这两条边构成黄金比例。

空心立方体——1970年

想象一下，你正在从不同的角度与方位去窥探一个空心的立方体。在这个立方体的底部，有一个8×8的正方网格形成的一幅图。每一次，你都只能看到这幅图的一部分。但若从六个不同的视角去看，就可找到足够多的信息在右边的空隙网格里重构整幅图。

278

挑战难度：●●●●○○
解答所需东西：🧠🥖
完成时间：⏱️

史洛夫贝尔－格拉特斯马拼装立方体游戏

你能将六个1×2×2的方块与三个1×1×1的立方体放入一个3×3×3的立方体里吗？

279

挑战难度：●●●●●○
解答所需东西：🧠✂️
完成时间：⏱️

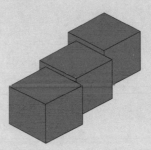
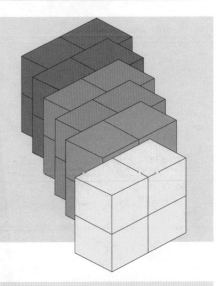

拼装立方体游戏

最早有关立方体拼装游戏的内容出现在1970年出版的一本书里，这本书的作者是詹·史洛夫贝尔（Jan Slothouber）与威廉·格拉特斯马（Williams Graatsma）。你可以用纸板制作出九个方块，但是要想解答这个看似容易的问题，其实并不是那么容易的。后来康威在这个游戏的基础上，创造了一些更难的游戏，如右图所示。当这两个游戏的秘密被人们发现之后，解答它们就变得相当容易了。

康威的5×5×5拼装立方体游戏

与之前提到的3×3×3的立方体一样，游戏的目的就是将十三个1×2×4的方块、三个1×1×3的方块、一个1×2×2的方块以及一个2×2×2的立方体放入一个5×5×5的立方体里。

280

挑战难度：●●●●○○
解答所需东西：🧠🥖
完成时间：⏱️

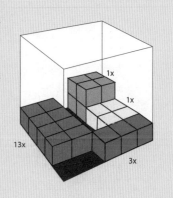

珠玑妙算——1970年

珠玑妙算这款棋盘游戏有着非常有趣的历史。它是以色列通信专家与发明家麦迪凯·梅罗维茨于1970年发明的。梅罗维茨在遭到多家著名的玩具公司拒绝之后，找到我帮忙设计他早期的纸板游戏原型。那时，我正在积极参与研发英国莱斯特Invicta Plastics公司的玩具，于是成功地将这款游戏纳入其中。在这个公司的罗尼·桑普森的帮助下，我参与了珠玑妙算这款游戏的最终设计工作。这款游戏在销售了5000万份之后，至今依然在市场上进行销售。这是20世纪70年代最成功的一款游戏。遗憾的是，梅罗维茨于1995年在巴黎逝世。

这款游戏的基本思想与最初被称为"公牛与母牛"的纸板游戏差不多，其历史可以追溯到一个世纪之前。这个游戏需要玩家破译密码，猜出那个设计密码的人所设定的密码。

密码是从6种可选颜色的木钉中选择4种，按照一定顺序排列的。解密者需要进行一系列的模式猜想。在每次猜想之后，设计密码的人都会反馈两个数字，一个代表颜色正确位置也正确的木钉数量，一个代表颜色正确而位置错误的木钉数量。如果解密者在10次或少于10次的转动中就找到了正确的模式，那么他就赢了，否则就是设计密码的人赢了。

赫瓦塔尔艺术画廊定理——1973年

赫瓦塔尔艺术画廊定理是蒙特利尔大学年轻的数学家瓦茨拉夫·赫瓦塔尔对一个有趣的几何问题求解的结果。

1973年，维克多·科利向赫瓦塔尔提出了这样一个艺术画廊问题：对于一个 n 边形结构的艺术画廊，至少需要在里面安排多少警卫，才能让他们的视野覆盖这个多边形的每个角落？这样的多边形顶点数最少是多少？

如果一个多边形不存在自相交的情况，那么这个多边形就是简单的。

更为准确地说，这样的多边形的边可能只会在它们的端点相交，并且一次绝对不会有两个以上的交点。

显然，如果这个多边形是凸多边形，那么它的整个内部从任何顶点都可以看到。一般来说，情况并非如此。对于每一个能够成形的 n 边形而言，至少需要多少个顶点呢？

赫瓦塔尔的解答方法在概念上是非常简单的，就是列举出一些特殊的例子。之后，鲍登学院的数学家史蒂夫·菲斯克找到了一个简单得多的证明方法。他从赫瓦塔尔的论文里知道了科利提出的问题，但却发现这个问题的证明并不能说服人。接着，他开始思考这个问题，最终在阿富汗的一次旅行途中，乘坐公交车打瞌睡时突然想到了解答的办法。

281 挑战难度：●●●●○○
解答所需东西：🧠✂️
完成时间：

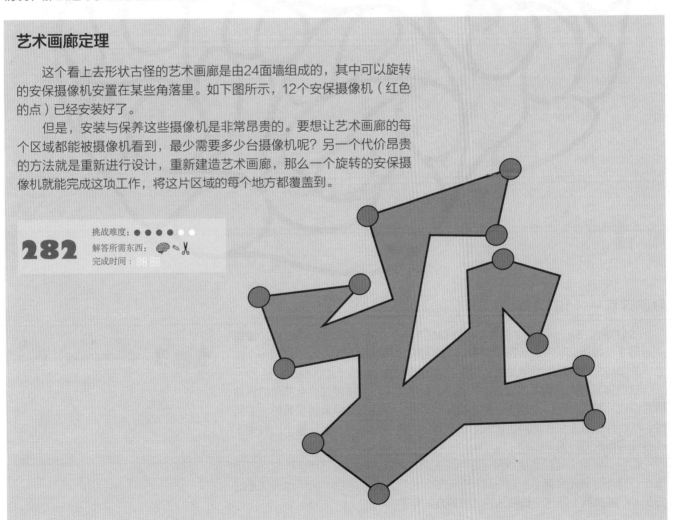

艺术画廊定理

这个看上去形状古怪的艺术画廊是由24面墙组成的，其中可以旋转的安保摄像机安置在某些角落里。如下图所示，12个安保摄像机（红色的点）已经安装好了。

但是，安装与保养这些摄像机是非常昂贵的。要想让艺术画廊的每个区域都能被摄像机看到，最少需要多少台摄像机呢？另一个代价昂贵的方法就是重新进行设计，重新建造艺术画廊，那么一个旋转的安保摄像机就能完成这项工作，将这片区域的每个地方都覆盖到。

282 挑战难度：●●●●○○
解答所需东西：🧠✂️
完成时间：

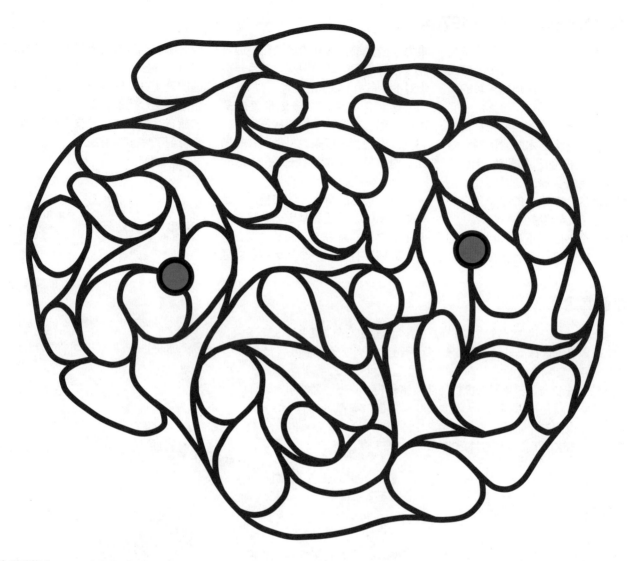

铁路迷宫——1974年

《谜题人生——马丁·加德纳一生追忆》一书的编者汤姆·罗杰斯、埃里克与马丁·德迈纳、罗杰·彭罗斯在这本书里描述了铁路迷宫游戏，这是一个古老、简单却充满智慧的纸笔游戏，这个游戏的基本概念就源于加德纳的父亲。

铁路迷宫游戏是圆滑曲线连成的网络，如上图所示。即便是这么简单的铁路迷宫游戏，解答方法似乎也不是那么容易找到的。游戏的目标就是沿着给出的路径，从起点位置（红色的点）出发，最后到达终点（蓝色的点），整个过程中不能有任何折返的行为。

你可以将这个问题当成铁路迷宫问题去解决。很多路径最终都会让你回到出发点，其间甚至还会有"旋涡"这样的陷阱。一旦你进入之后，就再也无法走出去了。你能找到上图这个铁路迷宫的解答方法吗？

283 挑战难度：● ● ● ○ ○
解答所需东西：🧠 ✂️
完成时间：⏰

非周期性拼砌与彭罗斯拼图——1974年

正如我们早前所谈到的，所谓的周期性拼砌是指在一个区域内画出一部分轮廓，然后通过转换的方式对平面进行拼砌，就像我们在第4章所谈到的镶嵌那样。非周期性拼砌是非周期性的拼砌组合所形成的。这样的组合只允许非周期性拼砌。在很长一段时间里，专家们都认为，非周期性拼砌是不存在的。但在1964年，罗伯特·伯杰建构出了一个超过两万块拼砌部分的组合，之后将之减少到了104个部分。

各种各样的彭罗斯拼图就是非周期性拼砌最著名的情况。彭罗斯原型所具有的非周期性表明，彭罗斯拼图的变形复本是绝对无法与原始的组合相匹配的。

1974年，罗杰·彭罗斯爵士提出了三组拼砌方式，它们只能被用于非周期性的拼砌。他的第一个组合（P1）是由六个基于五边形的拼砌部分组成的，这受到了开普勒的影响。他的第三个组合（P3）则只使用了两种形状，这是一对菱形，如下图所示。但是，最激动人心的是，他的第二个组合（P2）却只用了两种形状，就完成了非周期性的部分。约翰·霍尔顿·康威将这两种形状分别取名为"风筝"与"飞镖"，这样的图案能够创造出数不尽的美丽图案，这些都统称为彭罗斯宇宙（详细情况可以参看下一页的内容）。让人震惊的是，这样的模式之后在准晶体的原子排列中被发现。

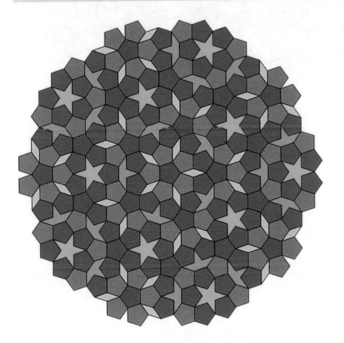

彭罗斯P1拼图

左图的彭罗斯拼图是利用一组四个形状拼成的：五边形、五角星形，还有被称为"船"与"钻石"的部分。

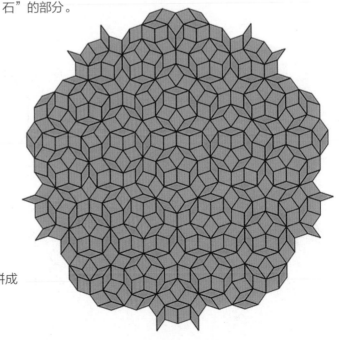

彭罗斯P3拼图

右图的彭罗斯拼图是只用两种形状拼成的，是一对菱形，一"胖"一"瘦"。

彭罗斯P2拼图：车轮

1974年，彭罗斯发现了一个只用两种形状组成的非周期性拼砌，并给这两个形状分别取名为"风筝"与"飞镖"。

彭罗斯的"风筝"与"飞镖"要如何在平面上进行拼砌，才能避免出现周期性的情况，而只形成非周期性的拼砌呢？

彭罗斯通过使用H与T两个符号对两个拼片的角进行标记，如下图所示，解答了这个问题。要想做出非周期性拼砌，我们就需要将拼砌的部分排列好，从而让相同字母的角可以拼砌在一起。彭罗斯证明，这种非周期性的拼砌是基于这样一个事实，那就是两种形状的数量之比符合黄金比例1.618，它是一个无理数。这的确是非常有趣的。

我们给出的这个车轮模型就是最重要的彭罗斯拼图。中间区域的紫色部分是由一个"风筝"与"飞镖"组成的十边形。这种图形的外围部分是由两个部分组成的，也就是10个黄色扇形与10个蓝色的辐条。这些辐条由"蝴蝶结"元件构成，在倒转180°后依然能够镶嵌到邻近的扇形位置。

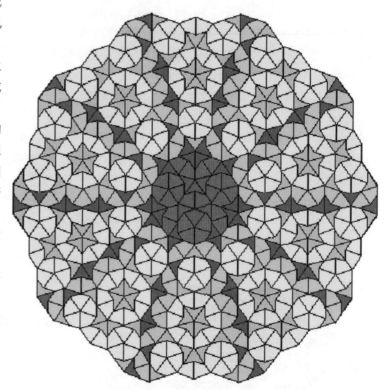

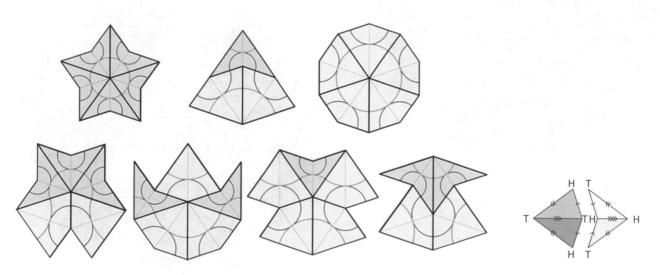

"风筝"与"飞镖"拼片与拼砌规则，形成7个顶点的图形

鲁比克魔方——1974年

1974年，匈牙利的建筑学教授艾尔诺·鲁比克发明了一种三维机械魔方，这种魔方就是现在众所周知的鲁比克魔方。在获得鲁比克的授权之后，1980年，这种魔方被理想玩具公司公开发售。

经典的鲁比克魔方六个面中每一个面都贴有九块贴纸，每一块贴纸的颜色都属于六种固定颜色中的一种。这个充满天才想象力的魔方每一个面都能独立地转动，使各种颜色混在一起。

玩这种魔方需要将每一个面恢复到原来的一种颜色。鲁比克魔方可能的组合数高达惊人的43 252 003 274 489 856 000种。

1979年9月，理想玩具公司获得授权，开始在世界范围内发售鲁比克魔方。1980年1月到2月间，这种魔方第一次在伦敦、巴黎、纽伦堡、纽约等地举办的玩具展览会上展出。

1970年，拉里·尼克尔斯发明了一种2×2×2的魔方，每一组中的每一小块都可以自由旋转。之后，尼克尔斯向加拿大专利局申请了专利。尼克尔斯的魔方是用磁石将各个部分组装在一起的。1972年，尼克尔斯魔方在美国获得了专利权，

两年之后鲁比克魔方才发明出来。尼克尔斯将专利授权给了他的雇用方分子研究公司，1982年该公司对理想玩具公司提起诉讼。

我接受鲁比克教授、戴维·辛马斯特与汤姆·克雷默的邀请，在这场官司里出庭作证。1984年，理想玩具公司输掉了官司，之后又提起上诉。1986年，上诉法庭认为鲁比克的2×2×2口袋魔方侵犯了尼尔克斯的专利权，但是却推翻了之前对3×3×3的鲁比克魔方的判决。

鲁比克魔方在国际玩具展览会上展出之后，1983年（这是魔方游戏出现问题的一年），魔方销售暂时中断了，以便让生产符合西方的生产和制造标准。

很多玩具厂家趁着这个机会，制造了大量的仿造产品。2003年，

一位名为帕纳约蒂斯·韦尔代什的希腊发明家创造出了从5×5×5直到11×11×11的魔方，并申请了专利。但是，这项世界纪录的持有者是奥斯卡·冯·德芬特，他在2012年制造出了一个17×17×17的魔方。

直到2009年1月，鲁比克魔方已经销售超过3.5亿个，成为史上最畅销的玩具。

四个单位的栅栏　　　　　　　三个单位的栅栏

不透明的栅栏——1978年

视线穿过一个已知的图形时，不透明的栅栏成为阻挡其通过的最小屏障。1978年，R.洪斯博格提出了"不透明正方形"或"不透明栅栏"的问题，马丁·加德纳与伊恩·斯图尔特对不透明的正多边形与不透明的立方体问题进行了归纳总结。

多短的栅栏才能够阻挡光线，使之无法穿过边长为1个单位的正方形呢？

这样的栅栏可以由任何一种形状、任意一条直线或曲线组成，也可以由一种以上的形状、直线或曲线组成。最明显的解答方法就是沿着正方形的周长建构一个栅栏，如上图所示，那么这个栅栏的长度将会是4个单位，但更好的解答方法是只沿着三边去建造栅栏，将栅栏的长度缩减到3个单位长度。你认为栅栏的最短长度是多少？

284

挑战难度：● ● ○ ○ ○ ○ ○
解答所需东西：🧠 ✂️ 🛠️
完成时间：⏱️

埃尔代伊的斯皮德隆图形——1979年

丹尼尔·埃尔代伊是一名匈牙利工业设计师与艺术家，他创造出了极具数学美感的三维空间。

他发现了一种全新的几何形状，他将之称为"斯皮德隆"。斯皮德隆这种形状除了自身所具有的审美功能之外，还能广泛地运用到多个数学分支领域与艺术领域，比如平面几何、镶嵌、分形学、剖分学、多边形、多面体以及其他三维空间填充结构等。

斯皮德隆本质上是一个平面结构。斯皮德隆的主要特征在于，它拥有一种神奇的属性，能够折叠成一个复杂的三维空间形状。

如左图所示，这只是一个较小的斯皮德隆结构折成的一个较小的万花筒式样板，它展现了斯皮德隆这种图形所具有的一些惊人属性。丹尼尔·埃尔代伊的合作者包括马克·佩尔蒂埃、阿米拉·比勒·艾伦、沃尔特·冯·巴勒古伊恩、克雷格·S.卡普兰、里纳斯·勒洛夫斯以及其他人。

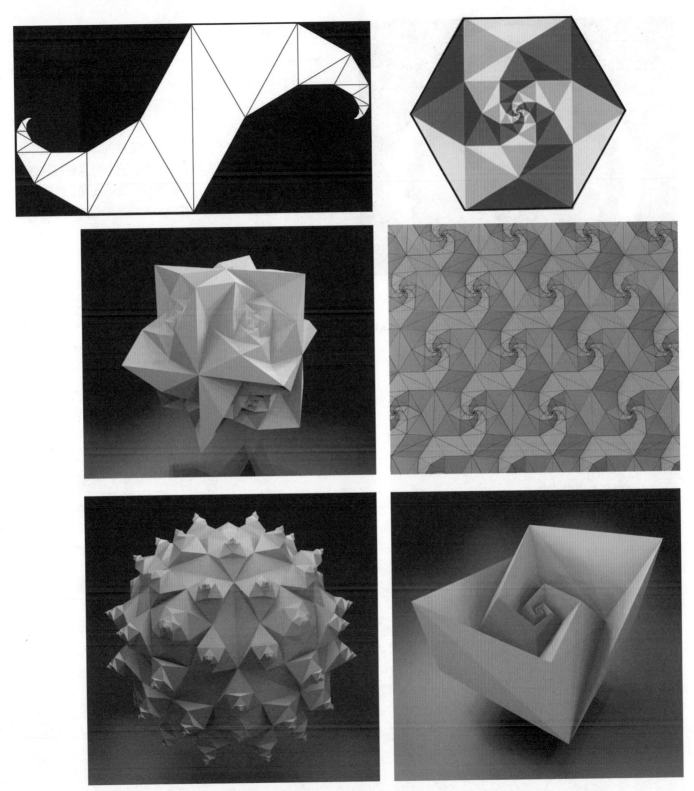

各种不同的斯皮德隆结构©Rinus Roelofs

联锁循环游戏——1979年

　　传统意义上的滑块或滑盘游戏都有一部分空间是未填满的，这种设计可以让其中的各个部分移动起来。掌握将这些滑块移动到空白区域的方法，通常是解答此类谜题的关键所在。

　　丘吉尔谜题，匈牙利环游戏或罗利－摩拉基游戏系列都融入了全新的特点，其中不预留任何多余的空间。各个沟槽中的每一个滑块都能够像链条那样移动，可以通过圆盘转移到各个沟槽的交点位置，从而让图形模式发生一定的改变。在沟槽内移动任何一个圆盘，就相当于在这个沟槽内移动其他所有的圆盘。

摩拉基

　　1893年，威廉·丘吉尔发明了一个游戏并申请了专利，这是一种全新的机械谜题。直到1982年，匈牙利工程师安德烈·帕普申请了专利，并且以"匈牙利环"命名这款游戏之后，他的这款游戏才进行商业化生产。

　　1979年，我发明了罗利系列游戏，并在1981年申请了专利，1982年，我将专利授权给了美富特新奇玩具公司。

　　直到1985年，我才知道丘吉尔早就已经申请了专利，因为在我申请专利的时候，看到丘吉尔的专利也列入了参考名单。

　　从历史的角度来看，罗利系列游戏专利，可以说是二维"联锁循环"游戏最早的子类别了。鲁比克的"弯扭游戏"系列显然是受到了鲁比克魔方的影响。到目前为止，一共有超过800种类似的游戏。

　　2011年，德国的卡斯兰德游戏公司的卡西米尔·兰多夫斯基发布了这款游戏，将之称为摩拉基游戏系列。

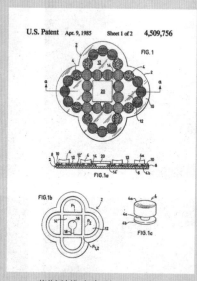

莫斯科维奇专利，1981年

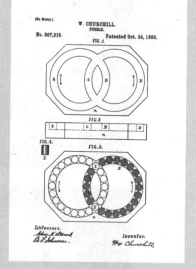

丘吉尔专利，1893年

匈牙利环，1982年

罗利-摩拉基游戏

罗利－摩拉基游戏系列由滑盘游戏组成，这些滑盘都是不存在多余空间的。在这个例子里，32个滑盘以一种链状的方式在椭圆形沟槽中移动，如右图所示。每一条椭圆形沟槽含18个滑盘，其中有4个滑盘共用两条沟槽。

在一个沟槽上移动滑盘，将会让这个沟槽内的其他滑盘都沿着顺时针或逆时针方向转动起来。连续地改变沟槽将会让滑盘从一个沟槽转移到另一个沟槽。

这些滑盘的颜色如右图所示。这些游戏的基本目标就是用最少的移动，将中间的红色正方形变成蓝色的正方形。你可以按照想要的方式移动一步，改变沟槽内的图形，之后才能使另一个沟槽内发生移动。

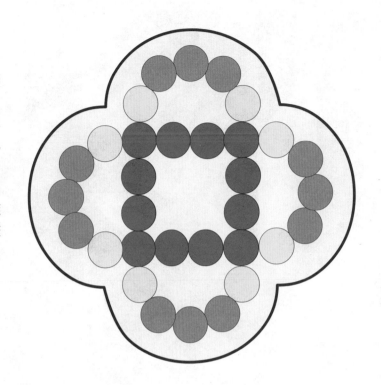

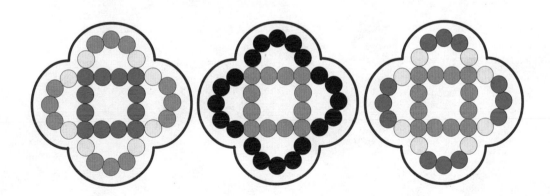

罗利-摩拉基谜题

要想将最初的图形改变成另外两个图形中的一种，最少需要移动多少步？

1. 变中间位置为蓝色正方形（黑色可以是任何颜色）。
2. 让黄色的滑盘回到它们的初始位置。

CHAPTER

9

幻觉、奇偶性
与雷蒙德的
真假话谜题

铜质美人鱼——1981年

如上图所示，安杰洛在他的小船上，准备将一个实心的铜质美人鱼放入一个巨大的水箱里。当这个美人鱼雕像被成功地放入水箱的底部时，请问水箱里的水位是会上升、下降还是保持原先的水位呢？

286

挑战难度：● ● ● ● ○ ○
解答所需东西：
完成时间：

斯科特·金（1955— ）

斯科特·金是美国的一位谜题与电脑游戏的设计师、艺术家与作家。他为《科学美国人》与《游戏》杂志创作了数百个游戏。他是世界上最具创造性与想象力的谜题发明家。金1955年生于华盛顿，后就读于斯坦福大学，获得音乐学士学位，在唐纳德·克努特的指导下获得了电脑与图形设计的博士学位。

他是对称学领域的权威之一。1981年，他创作了一本名为《倒置》（Inversions）的书籍，书里的单词可以用多种方式去进行阅读（如右图）。他的这本书可以说是这一领域内的杰作。

"斯科特·金是字母表领域的埃舍尔。"

——艾萨克·阿西莫夫，科幻小说家

"斯科特·金完善了一种个性化的艺术形式——这种形式具有美感，优雅，微妙，让人惊喜。他对字母的外形、视觉感知有着深厚的理解，因此他做出的设计都具有高度的原创性，让人赏心悦目。很多人都对他们看到的东西感到高兴。还有一些人——我希望是很多人——会继续在斯科特揭示的具有美感的艺术空间里探索自己的角落，因为《倒置》这本书真的让人感到无比激动。"

——道格拉斯·霍夫施塔特，普利策奖获得者

"斯科特·金的《倒置》一书可以说是人类历史上最震撼人心、最令人愉悦的一本书。书中随处可见让人兴奋的观察发现，关于对称性及其哲学层面，以及它在艺术、音乐和语句中的体现。多年来，金已经培养了一种神奇的能力，可以将任何单词或短语组合起来，展现出某种惊人的几何对称性。"

——马丁·加德纳，《科学美国人》杂志

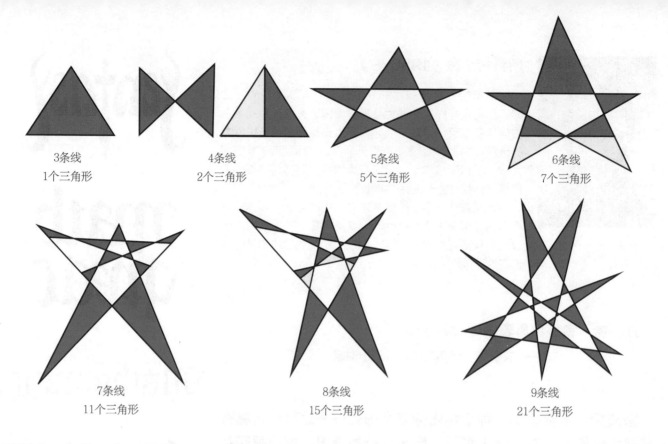

3条线
1个三角形

4条线
2个三角形

5条线
5个三角形

6条线
7个三角形

7条线
11个三角形

8条线
15个三角形

9条线
21个三角形

藤村幸三郎的三角形问题——1983年

藤村幸三郎三角形问题是藤村幸三郎（Kobon Fujimura）这位日本教师与谜题发明家在1983年首先提出来的。

这个问题是这样阐述的：在一个平面上，用n条线段，最多能够创造出多少个不重叠的三角形呢？

当n =3、4、5与6时，三角形的最大数量分别是1、2、5、7，而在7、8、9条线段的情况下，不重叠三角形的最大数量分别是11、15与21。

田村三郎（Saburo Tamura）证明了最大的整数不会超过k(k-2)/3，这为用k条线形成的最大数量的不重叠三角形提供了一个数值上限。比方说，当k=4时，这就意味着4×(4-2)/3就是最大的整数，因此不重叠三角形的数量就是2。

2007年，约翰纳斯·巴德尔与吉利斯·克莱门特发现了一个更为精确的数值上限，他们对田村三郎的数值上限进行证明时，发现当k除以6的余数为0或2时，此k值给出的上限更小。因此，在这种情况下，最大数量的三角形要比田村三郎提出的数值上限还要少一个。

完美的解答（藤村幸三郎三角形的解答方法需要最多数量的三角形）存在于k = 3,4,5,6,7,8,9,13,15与17的时候。

当k=10,11与12的时候，已知的最佳解答是比数值上限少一个。

艾德·佩格在他的数学谜题网站上报道了这个问题所取得的进展，其中就包括铃木敏孝（Toshitaka Suzuki）提出的15条线与65个三角形的解答方法，你可以在下一页的内容里看到。

要是我们做出限制，要求这些线必须形成一条连续的断线，那么藤村幸三郎三角形又会呈现出什么样的形状呢？

287

挑战难度：●●●●○○

解答所需东西：🧠🫓

完成时间：88:88

> "艺术与道德一样，都涉及在哪里画线的问题。"
>
> ——G.K.切斯特顿

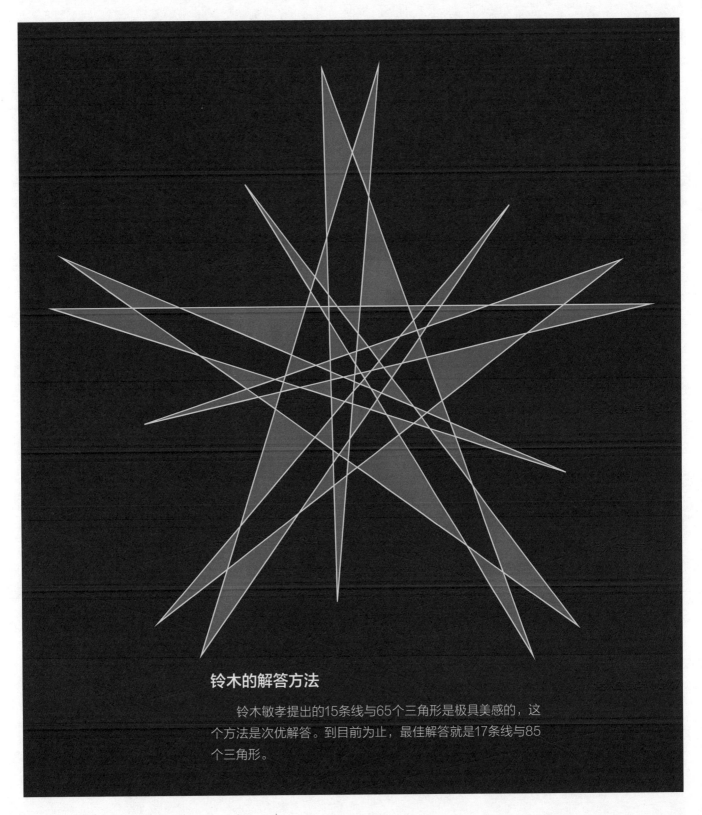

铃木的解答方法

    铃木敏孝提出的15条线与65个三角形是极具美感的，这个方法是次优解答。到目前为止，最佳解答就是17条线与85个三角形。

俄罗斯方块——1984年

俄罗斯方块是20世纪80年代由苏联的阿列克谢·帕基特诺夫首先设计出来的。它是第一款从苏联输出到美国的游戏软件，是专门为Commodore 64型电脑与IBM电脑定制的。俄罗斯方块这款游戏普遍使用四格拼版，这是由四个面组成的多联骨牌的一种特殊类型。从1907年开始，多联骨牌就在流行的拼图游戏里得到应用了，尽管如此，多联骨牌这个名字到了1953年才被数学家所罗门·W.哥隆命名。

《电子游戏月刊》在对100款最受欢迎的游戏进行排名时，就将俄罗斯方块称为"史上最受欢迎的电脑游戏"。2010年1月，俄罗斯方块光是在手机上的付费下载次数就已经超过了一亿次。

巨大的俄罗斯方块

2012年，麻省理工学院成功地将一栋绿色建筑变成一个可玩的巨大俄罗斯方块游戏，这个游戏在离这栋建筑一段合适的距离后方能观察到，玩的时候要通过无线电控制平台来进行操作。

握手（一）

在董事会上，一共有17位董事会成员，他们每个人都要与其他人握手，但有4位董事会成员彼此没有握手。请问这些人一共进行了多少次握手呢？

288
挑战难度：●●●●○○
解答所需东西：🧠🫘
完成时间：⏱️

握手（二）

6个人坐在一张圆桌前，每个人都要同时与另一个人握手，不能出现交叉握手的情况，请问，一共有多少种可能的握手组合呢？

289
挑战难度：●●●●●○
解答所需东西：🧠🫘
完成时间：⏱️

握手聚会

我与我的妻子邀请了四对已婚夫妇参加我们的乔迁庆祝聚会。谁也不能与自己的妻子或丈夫握手，而且任何夫妻与同一人握手的次数都不能超过一次。

在客人离开之前，我询问每个人一共握了多少次手。我得到了下面的回答：8,7,6,5,3,2,1与0。请问，我的妻子与多少人握过手呢？

290
挑战难度：●●●●●○
解答所需东西：🧠🫘
完成时间：⏱️

北极探险者——1986年

有一个经典谜题是这样的：一位探险者随机选择一个地方出发，他向南走了1千米，然后转身朝东走了1千米，接着再次转身，向北走了1千米，发现自己还停留在出发点，面对着一只熊。这只熊有怎样的颜色呢？通常的回答是"白色"。但问题是，北极是他这趟旅程唯一可能的出发点吗？

挑战难度：●●●●○
解答所需东西：🧠
完成时间：88:88

哈里·恩格的魔方——1990年

哈里·恩格生于1932年，卒于1996年。他是一名老师、教育顾问、发明家、魔术师，也是我的一位亲密朋友。他所做的一切事情都是为了引导人思考。多年来，他就是一直这样教导我的。

哈里因他研发的瓶子而闻名于世。在他的一生里，据说制造了大约600种这样的"不可能的瓶子"。这些瓶子在制造方面并没有任何取巧，都是用结结实实的玻璃做成的。瓶子里装的所有东西都是通过瓶口进入的。我们都知道哈里·恩格发明了一种能够拆分的特殊装置，他将这种装置的各个部件放入一个瓶子里，接着在瓶子内进行组装。这能够让金属物体留在瓶子里，被弯曲或拉直。一旦完成了这一步，那么这个装置就能够拆分开来，从瓶子里取出。

在魔术圈里，哈里·恩格也是一位传奇人物。他本人从不表演魔术。是的，他的魔术来自一个完全不同的领域。他呈现出来的艺术并不是靠舞台幻觉、各种花招或魔术道具所能完成的，更不是靠所谓的唯心主义去实现的。哈里的魔术完全就是思考与创造力方面的纯粹艺术。"我们人生的力量以及我们赖以生存的能量，都源于我们的心智。"对哈里·恩格来说，不可能就是他的生活方式。"所谓的不可能，不过是需要我们多花点时间罢了。"他就是这样说的，显然他说得没错。

> "所谓的'不可能'，不过是需要我们多花点时间罢了。"
>
> ——哈里·恩格

不可能的折叠游戏

这个游戏的目的就是沿着折线折叠这张纸，形成一个大的八边形，并穿过一个正方形环，如下图所示。你会怎么做呢？

这个游戏是哈里·恩格发明的，并在1994年6月11日举办的国际谜题大会上获得了纪念奖章。

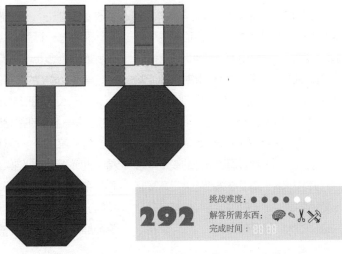

292
挑战难度：●●●●○○
解答所需东西：🧠✂️🔧
完成时间：

蒙提·霍尔问题——1990年

这个著名的违反直觉的问题通常被称为蒙提·霍尔问题，它是以主持《让我们做个交易》这一美国游戏节目的主持人蒙提·霍尔的名字命名的。

霍尔以他擅长诱惑参赛选手放弃门后面隐藏的那份神秘大奖而闻名。马丁·加德纳在1959年10月份的专栏里提出了这个问题。

《展示杂志》的专栏作家玛丽莲·沃斯·莎凡特是对这个问题有着深入研究的著名人士，这个问题涉及三扇门，其中一扇门的背后隐藏着一辆豪华轿车。她同时还为这一问题提供了答案。她给予的答案招致成千上万封表达怀疑与指责的信件，其中有1000多封信件是拥有博士学位的人寄来的，他们中很多人都是数学家。千万不要对此感到惊讶，这个问题真的是一个违反直觉的悖论。

即便是我那著名的朋友保罗·埃尔德什，这位20世纪最著名的数学家，一开始也用怀疑的态度去面对这个问题。他的朋友费了好大劲儿才改变了他一开始的态度。在一位同事利用一台电脑模拟了数百次实验之后，埃尔德什才承认自己之前的想法是错误的。

> "我们的大脑天生就不大擅长解决概率方面的问题。"
> ——理查德·费恩曼

蒙提·霍尔的问题：游戏的规则

你获邀参加一次游戏节目，这个游戏节目让你有机会赢得一辆豪华轿车。这辆车就在三扇门之中一扇的后面，另外两扇门背后各有一只山羊。你随机地选择一扇紧闭的大门（第一步）。此时，你能够选择到那扇背后有豪华轿车的门的概率是三分之一，也就是大约33%。

这时主持人（他当然知道那辆车在哪一扇门背后）就必须履行他的职责：他会打开并排除一扇没被选择的大门，展现出背后隐藏的是一只山羊（至少有一扇没被选择的大门背后有山羊）。

关键的时刻来了，主持人问你是否要改变你的选择，这的确是个问题（这也是你面临的一个困境）。改变选择是否会改变最初的成功概率呢？玛丽莲的回答是一定要改变最初的选择。

下一页的图形会展现出各种可能的情况。第一行展现的是三种可能的选择。第二行（第二步）展现的是，如果你坚持不改所能得到的结果。第三行展现的是你改变所能得到的结果。如果你决定改变（第三步），你将看到——你成功的概率将会翻倍——从原先的三分之一升到了

三分之二。很多人可能仍然不相信，这也是可以理解的。一般的常识通常会告诉我们，改变选择并不会造成任何的差异。两扇门，一个大奖，跟投掷硬币的概率差不多。但是，玛丽莲的说法是正确的。

为了让你明白玛丽莲的说法是正确的，你可以看看蒙提·霍尔问题（二），这个问题涉及十扇大门，你需要像保罗·埃尔德什那样进行尝试。

最后，请记住，这只是条件概率的一个案例：在某件事情已经发生的情况下，另外一件事情发生的概率。

蒙提·霍尔的问题（二）

对那些依然对此持怀疑态度的读者，我们提供了这个问题的另一个版本。这个版本的问题涉及十扇门，这能够帮助许多人消除在面对第一个问题时所产生的诸多思维误区。

游戏规则与之前一样，同样是在这些门背后隐藏着一辆豪华轿车与九只山羊。你可以选择决定哪一扇门不被打开。主持人会打开另外八扇门，发现这些门背后都是山羊。

除了你选择不打开的大门之外，主持人还留着一扇门没有打开。现在，你可以改变你的选择。你会改吗？如果你选择不改，而是坚持自己之前的选择，那么你赢得那辆豪华轿车的概率有多少呢？如果你选择打开，你获胜的概率又有多大呢？

293　挑战难度：●●●●●○
解答所需东西：🧠 ✂️ 🗡️
完成时间：

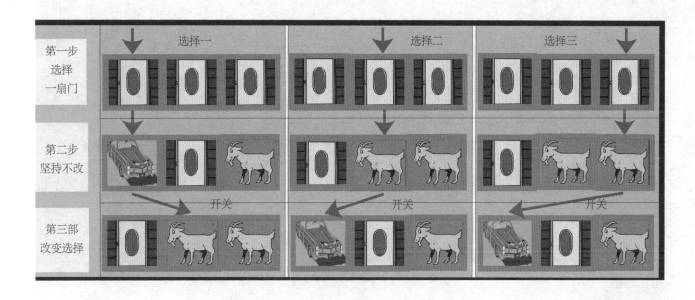

请注意，在第一栏里，主持人必须留下一扇没有被选手选择的大门，即便他可以打开并排除两扇门。在第二栏与第三栏里，主持人只有一扇门可以打开并排除。在第三步，当选手决定改变选择后，本来会赢（第一栏）现在变成了输。本来会输（第二栏与第三栏）变成了赢。

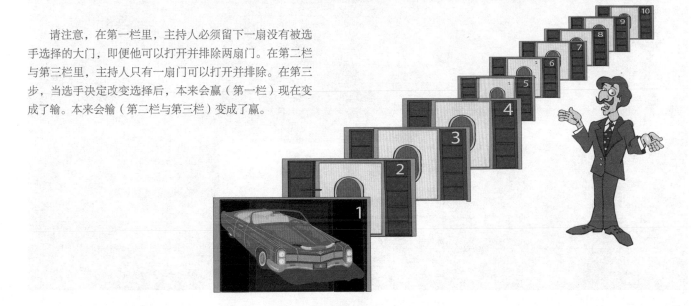

德拉库拉的棺材——1991年

你能找到适合的棺材盖来合上这两副棺材吗?

294 挑战难度: ● ● ○ ○ ○ ○
解答所需东西:
完成时间:

植树问题——1991年

将 n 个点摆放在若干条直线上，使每条线上都有 k 个点，这个问题通常被称为"植树问题"或"果园问题"，这是一组比较难的问题。通常来说，这个题的目标就是要让直线的数量 r 最大。有趣的是，解答这个问题的一般性方法到现在还没有找到，即便是在 $k=3$ 与 $k=4$ 的情况下，找到突破性的解答方法依然需要时间。

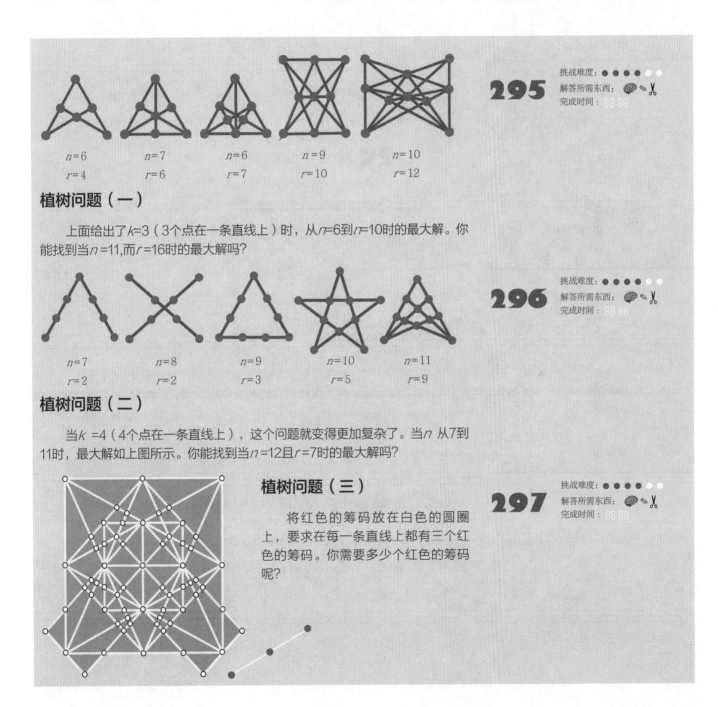

$n=6$　$r=4$
$n=7$　$r=6$
$n=6$　$r=7$
$n=9$　$r=10$
$n=10$　$r=12$

植树问题（一）

上面给出了 $k=3$（3个点在一条直线上）时，从 $n=6$ 到 $n=10$ 时的最大解。你能找到当 $n=11$，而 $r=16$ 时的最大解吗？

$n=7$　$r=2$
$n=8$　$r=2$
$n=9$　$r=3$
$n=10$　$r=5$
$n=11$　$r=9$

植树问题（二）

当 $k=4$（4个点在一条直线上），这个问题就变得更加复杂了。当 n 从7到11时，最大解如上图所示。你能找到当 $n=12$ 且 $r=7$ 时的最大解吗？

植树问题（三）

将红色的筹码放在白色的圆圈上，要求在每一条直线上都有三个红色的筹码。你需要多少个红色的筹码呢？

295
挑战难度：● ● ● ● ○ ○
解答所需东西：🧠 ✏️ ✂️
完成时间：⏱️

296
挑战难度：● ● ● ● ○ ○
解答所需东西：🧠 ✏️ ✂️
完成时间：⏱️

297
挑战难度：● ● ● ● ○
解答所需东西：🧠 ✂️
完成时间：⏱️

1个单位的风车三角形

5个单位的风车三角形

25个单位的风车三角形

298

挑战难度：● ● ○ ○ ○ ○

解答所需东西：🧠 ✂️

完成时间：⏱ ⏱

625个单位的纸风车三角形

你能找到五个125单位的纸风车三角形所形成的大三角形吗？

纸风车三角形与超级拼砌——1994年

正如我们在第8章所了解到的，非周期性拼砌是由拼砌部分的非周期性组合而得到的镶嵌方式。我们已经谈论过著名的彭罗斯拼图。但在1994年，普林斯顿大学的约翰·康威与得克萨斯大学的查尔斯·雷丁发现了另外一种非周期性的拼砌：这就是只能用一种三角形拼块组成的纸风车拼图，这就是所谓的纸风车或是康威三角形。这是人们首先发现非周期性拼砌具有这样的属性，即拼砌的部分能在无穷个方向上进行拼砌。

五个这样的三角形进行超级拼砌能够形成一个五单位的纸风车三角形。只有形成超级拼砌的纸风车三角形，才能够形成上图所示的纸风车拼图。如果组成拼图的拼块能组装成覆盖整个平面的超级拼块，也可以按比例缩成原始拼图大小，那么，这个平面拼图就具有比例对称性，即可伸缩性。这样的例子包括正方形拼图与等边三角形拼图。

奇偶性——1994年

奇偶性一词一开始是数学用语，用来区别偶数与奇数。如果两个数全是偶数或全是奇数，那么它们就有相同的奇偶性，否则它们就有相反的奇偶性。

偶数次移动，奇偶性不变。很多纸片、硬币与拼图游戏，其实都是在运用奇偶性原理，即利用一种被称为"奇偶校验"的简单方法。

在亚原子粒子与波动函数等物理研究方面，奇偶性同样扮演着重要的角色。

显然，你肯定听说过"菊花花瓣"这个游戏。这个游戏是说某人从一朵菊花上一片又一片地摘下花瓣，然后说着："他喜欢我，他不喜欢我。"如果总数是偶数的话，那么利用奇偶性原理，你很快就能知道最后的答案是否定的。

这就是数学家们所说的"奇偶校验"，它是数学领域内最重要的工具之一。在面对一个问题时，这个数学工具通常可以帮助我们迅速找到优雅的证明方法。

三个玻璃杯的游戏

在第一种布局里，三个杯子如上图所示那样放置。同时上翻两个杯子，最终的目的就是让所有的杯子能在三个步骤之后全部杯口朝上。

你可以很容易做到。在你做到之后，变一下把戏。把中间那个玻璃杯翻过来，然后要求别人这样做。这是不可能做到的。第一个步骤是奇校验，第二个步骤是偶校验。当有偶数（0，2，…）个杯子杯口朝上的时候，那么系统就是偶的。当有奇数个杯子杯口朝上时，整个系统就是奇的。在第二种布局里，将任意两个杯子翻转三次，都无法改变整个系统的奇偶性。

六个玻璃杯的问题

如右图所示，有六个玻璃杯。任意拿起两个玻璃杯，然后将之翻转过来。接着你可以按照自己的意愿继续翻转一对杯子。你最终能让所有的玻璃杯都杯口朝上，或者杯口朝下吗？

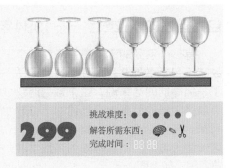

299

挑战难度：● ● ● ● ○
解答所需东西：
完成时间：

七个玻璃杯的问题

这个游戏的目的就是将七个玻璃杯都杯口朝上，每次只能翻转三个玻璃杯。你需要多少个步骤才能达成这个目标呢？

300

挑战难度：● ● ● ● ○
解答所需东西：
完成时间：

十个玻璃杯的问题

如右图所示，有十个玻璃杯，五个杯口朝上，五个杯口朝下。任意选择两个玻璃杯，将之翻转。你可以按照自己的想法继续翻转一对杯子。最后，你能让所有的玻璃杯都杯口朝上吗？

301

挑战难度：● ● ● ● ○
解答所需东西：
完成时间：

自我描述的十位数字——1994年

有一个系列的谜题是基于前十个数字（包括数字0）而形成的。用马丁·加德纳的话来说，这个系列谜题中最具美感的就是自我描述的十位数问题。在多伦多的安大略科学中心，这一让人着迷的谜题被陈列在数学展览厅里，如上图所示。

这个游戏的目标就是找到一个十位数，填在第二排的空格里。这个数字是由第一排的十个数字所决定的，规则如下：

在第二排的第一个数字表明这个十位数中0的数量。第二个数字表示这个十位数中1的数量。第三个数字表示这个十位数中2的数量，依此类推。最后一个数字表示这个十位数中9的数量。

这有点像是十位上的数字在创造自己。难怪马丁·加德纳称之为自我描述的数字。你该怎样着手去解答这样一个充满挑战、看似不可能解答的问题呢？

这个问题是否存在解答的方法呢？如果存在解答的方法，又有多少种呢？你能从中发现一些深刻的内涵，更好地解答这个问题吗？

来自麻省理工学院的丹尼尔·索汗（Daniel Shoham）发现了一些与这个问题相关的有趣事实。他得出了这样一个结论：因为在第一排上有十个不相同的数字，第二排数字的总和也必定等于10。他找到了第二排中每个数字可能的最大值。你能按照他的这个逻辑，找到这个谜题唯一的解吗？

有多少个数字呢？

在我收集的众多逻辑性谜题当中，有一款特殊类型的数字游戏，这个数字游戏只是基于从0到9的十个数字，或是将数字0排除出去，变成从1到10的数字。

这种类型的一个早期游戏版本就是十位数的数字谜题。如果只使用从0到9这十个数字，你能得出多少个不同的十位数呢？当然，以数字0开头的数字是不能计算在内的。

0 1 2 3 4 5 6 7 8 9

没有照明的房间——1995年

在20世纪50年代，欧内斯·施特劳斯提出了这样一个问题，是否存在着这样一个多边形的房间：这个房间的每一面墙都是用镜子覆盖住的，当你在房间内的某个位置点亮一根火柴后，房间的有些部分依然笼罩在黑暗当中，因为镜子对光线的反射无法到达那些地方。

这个问题一直没有答案，直到1995年，加拿大阿尔伯塔大学的乔治·托卡尔斯基找到了问题的答案。他说，确实存在这样的房间，而这样的房间最小拥有26面墙，其建筑平面图如右图所示。如果这根火柴在合适的位置点燃的话，那么房间至少有一点会处在黑暗当中。托卡尔斯基将之称为最小的没有照明的房间。在托卡尔斯基设计的这个房间里，火柴应该处在一个特殊的点，才能让房间的某个部分处于黑暗当中。但是，如果你将火柴稍微移动一下位置，整个房间就会再次亮起来。在此，我们应该注意到，如果一束光恰好射在这个房间的一个角落里，那么光线就会在两面相邻的镜子的连接处被吸收，完全不会反射。

一个改进版本的解答方法是D.卡斯特罗在1997年提出的，他在一个具有相

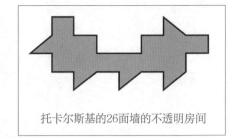

托卡尔斯基的26面墙的不透明房间

同属性、24面墙的房间里做到了。

下面这个问题依然没有得到解答：是否存在着一个极为复杂的房间，无论你在房间的哪个位置手持火柴，这个房间始终都会有黑暗的角落？目前还没有人找到这个问题的答案。

有照明的房间

想象一下，如左图所示的L形房间的墙壁上、地板上、天花板上全部被镜子所覆盖。这个房间处于完全黑暗的状态。一个站在左上角的人点亮了一根火柴。请问，在房间右下角抽烟的人是否能够通过镜子的反射看到这根点亮的火柴呢？

304
挑战难度：●●●●○
解答所需东西：🧠 ✂️ ✈️
完成时间：

彭罗斯的无照明房间

1958年，罗杰·彭罗斯利用椭圆的属性，做成了一个始终都会有黑暗角落的房间——不管蜡烛（黄色的点）摆放在哪里。红色的点就是这个房间的顶部与底部形成的半个椭圆的焦点所在。你能画出每种情况下处于黑暗部分的区域吗？

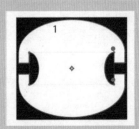
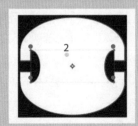
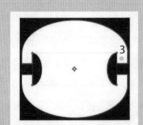

305
挑战难度：●●●●○
解答所需东西：🧠 ✏️ ✂️ ✈️
完成时间：

冈布茨，世界上第一个自我摆正的物体——
1995年

所谓的冈布茨，是已知的第一个凸面三维同质物体，将这个物体放在一个平面上，只有一个稳定的平衡点与一个不稳定的平衡点。

离心的球体也是一例，但它是密度不均的。是否能够建构一个单基、同质且凸面的三维立方体这个问题，是俄罗斯数学家弗拉基米尔·阿诺尔德在1995年的一次会议上与加博尔·多莫科什交谈时提出来的。

很多人之所以认为冈克茨形状是不存在的，是因为在二维状态下，根本就不存在只有两个点就能处于平衡状态的形状。人们能做到的最好的方式就是通过两个稳定与两个不稳定的点去获得这样的平衡。

这种被称为冈布茨的形状是加博尔·多莫科什（多莫科什是匈牙利布达佩斯科技与经济大学机械、材料与结构系的主任）与他的一名学生彼得·瓦尔科尼（在普林斯顿大学工作）共同提出来的。在他们提出冈布茨这种形状之后，冈布茨就经常出现在许多数学期刊上的头版头条上，多莫科什也在2007年12月7日上了英国的电视台，向观众们解释冈布茨的运转方式。正如我们所看到的，冈布茨是一种让人感到兴奋的物体，这是第一个完美的自我摆正的物体，也是最近几年来最具美感的创意性成果之一。若是将冈布茨随意地放置在水平面上，那么冈布茨就会迅速回到它的平衡点上，这与不倒翁玩具非常相似。但是，不倒翁玩具依赖的是玩具底部的重力，而冈布茨则是由同质的材料构成，因此是它的形状让它能够自我摆正的。

冈布茨唯一一个不稳定的平衡点就在与其稳定平衡点相对的位置。在这个不平衡点上，冈布茨可以处于平衡状态，但是哪怕最轻微的干扰都会让冈布茨倒下来，这与通过笔尖竖起来的铅笔是一样的。冈布茨形状并不是独一无二的，而是有无数个不同的衍生版本。绝大多数冈布茨的形状都接近一个球体，并且有着严格的形状容许误差（大约每100毫米只能容许0.1毫米的误差）。冈布茨的形状有助于解释某些拥有神奇平衡能力的乌龟的行为，因为这些乌龟能够在被翻过来之后重新翻回去。

永恒之谜——1996年

永恒之谜是一款瓷砖拼图游戏，它是克里斯托弗·蒙克顿发明的，1999年6月，该游戏由艾特尔游戏公司发行出售。

这个游戏需要用209块不规则形状的、颜色相同的小多边形拼块去填充一个较大的、形状基本是正十二边形的空间。

这个拼图游戏在发行出售的时候就宣称，这是一个不可能完成的拼图游戏，并且悬赏100万美元给任何能在四年内完成这个拼图游戏的人。2000年，这份奖金终于有了着落。第二款拼图游戏是永恒之谜2游戏，该游戏在2007年夏天发售，并且悬赏200万美元给任何能够完成这个拼图游戏的人。直到现在，仍然没有人能找到完整的解答。

这款游戏很快让人着迷，在世界范围内卖出了50万份。永恒拼图游戏在其发行当月，就以35英镑的零售价成为英国当月最畅销的游戏。

在这款游戏上市之前，蒙克顿就想过，任何人要想完成这个拼图游戏至少需要三年的时间。那个时候，他估算，这个拼图游戏的每一个答案都有10500种可能性，即便你有100万台电脑，要想解答这个问题，都需要耗尽整个宇宙所有的时间。

但是，2000年5月15日，在这个拼图游戏悬赏的截止日期之前，来自剑桥大学的两位数学家亚历克斯·塞尔比与奥利弗·赖尔登破解了这个谜题。他们取得成功的关键就在于，他们严格按照数学的方法去计算，决定了每一个拼块的可拼砌性，以及拼盘上每个空间区域的属性。在七个月的计算时间里，他们只用了两台计算机，经过不懈的努力，就找到了答案，如下图所示。

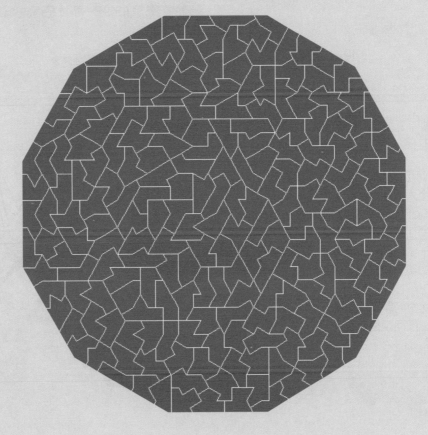

雷蒙德·斯穆里安（1919—）

　　用马丁·加德纳的话来说，雷蒙德·斯穆里安是一个"拥有哲学家、逻辑学家、数学家、音乐家、作家与了不起的谜题发明家这些头衔的独一无二的人"。斯穆里安一开始的工作是进行舞台魔术表演，他最初的兴趣爱好却是音乐与数学。1955年，他在芝加哥大学获得了商学学士学位，1959年在普林斯顿大学获得博士学位。雷蒙德是一位蜚声国际的数理逻辑学家。他还以作家的身份闻名于世。他一共写作了20多本书，被翻译成17种不同的语言。

　　正如马丁·加德纳所总结的："雷蒙德·斯穆里安的确是一位拥有着禅师与圣人般智慧的人。他拥有音乐家与魔术师那样的艺术感与细腻感，拥有诗人的感情、创造力与口才，拥有逻辑学家与数学家的洞察力与分析能力，还拥有巫师那样的神奇力量。"

说真话的城市——1996年

　　生活在真话城的人始终都在说真话，而生活在假话城的人当然始终在说假话。你正走在前往真话城的路上，你来到了通往两座城市的十字路口。正如上图所示，你看到了一个让你感到困惑的标语，你不得不询问那些十字路口旁边的人，想得到正确的方向指引。遗憾的是，你不知道那个人所说的是真话还是假话。你只能向这个人提一个问题。要想从他的回答里知道哪一条才是通向真话城的道路，你该提出什么样的问题呢？

306　挑战难度：● ● ● ○ ○
　　　　解答所需东西：🧠 ✂ 🛠
　　　　完成时间：⏱

说真话与婚姻

　　国王有两个女儿，她们的名字是阿梅莉亚与利拉。其中一个人已经结婚了，而另一个还没有结婚。阿梅莉亚总是说真话，而利拉总是说假话。在很多神话故事里，年轻人只能向两人中的一个提出一个问题，判断她是否已经结婚了。当然，他的奖赏就是迎娶国王那位尚未结婚的女儿。

　　他要提出的这个问题不能超过五个字。
　　你知道他提出的问题是什么吗？

307　挑战难度：● ● ● ● ● ○
　　　　解答所需东西：🧠 ✂
　　　　完成时间：⏱

真话、假话以及真假话之间

在一座名叫"没有人知道真相"的大都市里，有一些人总是说真话，也有一些人总是说假话，还有一些人一时说真话，一时说假话。你与生活在这座城市的某个人见面。这一次，你可以提出两个问题，而他给予的回答必定能够让你判断出他属于这三种类型中的哪一种。你会向他提出哪两个问题呢？

308

挑战难度：● ● ● ● ○
解答所需东西：🧠
完成时间：

雷蒙德的演说

"我对神秘主义与宗教有着强烈的兴趣，虽然我并不信仰任何宗教。我对比较宗教学更感兴趣——我想知道世界各地的宗教信仰背后所隐藏的事实。我相信，所有的宗教都在努力接近真理，但是谁也没有完全找到这样的真理。对我影响最深的一本书就是理查德·比克所写的《宇宙的意识》（*Cosmic Consciousness*），这本书的中心思想就是说新型的意识正在通过进化慢慢地融入人类的生活当中，而过往的神秘主义与宗教领袖，以及很多艺术家与世人都拥有着这种可预见的宇宙意识。布克引用了这些人的许多思想，最终呈现出让人叹为观止的内容。因此，我向你们强烈推荐这本书。

在政治领域内，我是一个极端的自由主义者，但这也并不是针对所有事务的——比方说，我绝对会拒绝那些所谓的'政治正确'的东西。事实上，我这个人有点特立独行，而我的墓志铭将会是这样的：

他活着的时候是无可救药的。
他死后更是无可救药的。

在高中的时候，我爱上了数学，并在数学与音乐之间左右为难。

另一件有趣而神奇的事情发生在我在普林斯顿大学念书的时候。在那些日子里，我经常会到纽约市玩耍。在一次旅行中，我遇到了一位极具魅力的女音乐人。在某个时刻，我要了一个非常聪明的把戏，甚至还让她欠我一个吻呢！我并没有向她索吻，而是建议我们玩'要么加倍，要么欠款一笔勾销'的游戏。她是一位大度的人，于是就表示同意了。很快，她就欠我两个吻。接着，我又要了一个把戏，她欠了我4个吻，之后是8个吻、16个吻——这些数字不断地翻倍与升级，直到最后我才发现，我结婚了。我与布兰切这位充满魅力的女音乐人结婚了，并且我们结婚的时间已经超过48年了。遗憾的是，布兰切在2006年去世，享年100岁。"

杰里迈亚·法雷尔，一位数学家兼魔术师与他著名的"选举日"游戏——1996年

杰里迈亚·法雷尔（1937—）是美国印第安纳州巴特勒大学一名退休的数学教授。他发明的一款谜题游戏"1996年'选举日'"登上过《时代周刊》杂志。他还为许多书籍与报纸写过许多与谜题相关的内容，其中包括斯科特·金在《探索杂志》上的谜题专栏。

他就读于内布拉斯加州立大学，1963年大学毕业，获得了数学、化学与物理学学位。之后，他获得了数学硕士学位。1966年，他受邀成为印第安纳州巴特勒大学的教师，在那里工作了40年时间，几乎教遍了数学系的各个分支领域。法雷尔在1994年正式退休，但他依然会教一个学期的课程。

法雷尔以他为《纽约时报》设计的许多纵横字谜游戏而闻名。1996年，他设计了他最著名的"选举日"谜题游戏。其中的一句话隐藏着"明日头条新闻"的线索，这句话中有14个字母。但是，这个游戏只有两个正确的答案：一个答案是"鲍勃·多尔赢得选举，成为总统"（BOBDOLE ELECTED），另一个答案是"比尔·克林顿赢得选举，连任总统"（CLINTON ELECTED）。所有的纵横单词都是按照这样的方式去设计的，它们可能是这两句话中的一句，从而让答案能够满足最终的选举结果。维尔·史沃茨称这是一项"惊人的壮举"，说这是他最喜欢的谜题游戏。

2006年，法雷尔与他的妻子从A.罗斯·埃克勒手中接手《单词方式》这本季刊杂志的编辑与出版工作。

法雷尔是平面地球协会的会员，纽约大学计算机科学系教授丹尼斯·E.沙沙颁给了他"一等启发奖"，用于表彰他第一个正确解答了沙沙著作《谜题冒险》里那些内嵌的谜题。由于给出了解答方法，法雷尔被邀请到格林威治村的某个地方与作者会面。

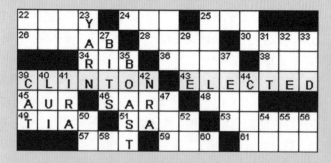

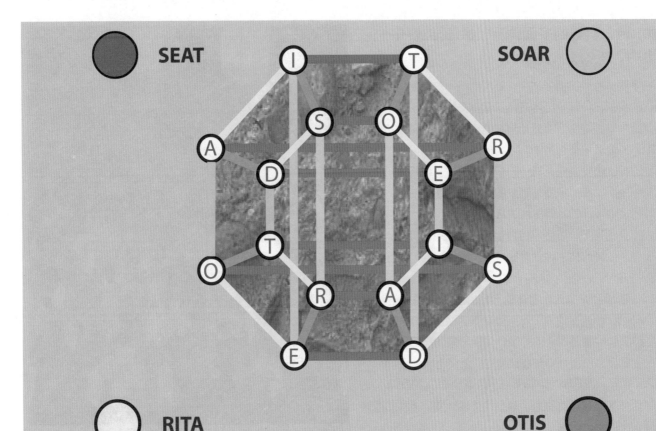

SEAT

SOAR

RITA

OTIS

星相线与超立方体游戏

星相线游戏是一种四维空间的神奇魔法，是杰里迈亚·法雷尔发明的。你可以轻松操作，让你的观众感到震惊。这种游戏是在一个有16个节点的四维游戏盘上进行的，每一个节点上都贴有红色和蓝色的"ASTEROID"这个单词中的字母。

你可以要求某位朋友从中选出一个字母，那么你接着可以向他提出下面四个问题：

你所选择的字母是在单词SEAT、SOAR、RITA还是OTIS里？

为了保证你的魔术更具吸引力，你可以告诉你的朋友，她或他可以随意决定是否诚实地回答这些问题。

假设你的朋友对这四个问题的答案是：

是的—不是—是的—是的。

你就能立即知道他选择的字母是T，你可以表扬他说出了真话。

如果他决定撒谎，那么他的回答就是：

不是—是的—不是—不是。

你同样能够知道他选择的字母是T，但你也能够知道他在说假话。

你能解释这个魔术的运转方式吗？

309

挑战难度：● ● ● ● ● ●
解答所需东西：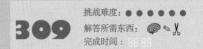
完成时间：88:88

斯图尔特·科芬的多面体互锁拼图游戏——2000年

在多面体互锁拼图领域内，斯图尔特·科芬是世界范围内公认的权威设计师。在他开始探索正交拼图（所谓的正交拼图就是指拼图的每个部分都与其他部分直角拼砌）之外的领域前，还鲜有这样的拼图游戏。但是，科芬却设计发明了数百种这样的拼图游戏。其中一些拼图游戏已经用塑料进行了商业化生产。在《多面体剖分的拼图世界》一书中，斯图尔特展示了他设计的几何主题的互锁拼图。

在某些情形下，斯图尔特发现了一个简单却极具美感的设计模式，他将这样的设计模式推向了极致，带来了惊人的结果。

他设计出了许多让人着迷的几何拼图。从20世纪70年代初期开始，他就在他的工作室里制作这些拼图，创造出了200多种原创拼图游戏。他的设计体现出来的技巧性与创造性使他受到了拼图爱好者与收藏者的广泛赞誉。

2000年，斯图尔特荣获山姆·劳埃德奖。2006年，他获得了芦原伸之奖，这是为了表彰他在设计发明机械拼图游戏方面做出的卓越贡献。

尼克·巴克斯特收藏的斯图尔特·科芬原创的多面体互锁拼图游戏模型

蚱蜢游戏——2002年

2002年，在安特卫普举办的国际谜题大会开幕的当天，有一个持续时间很长却很无趣的演说环节。当时，坐在台下的我正在一张正方形的白纸上无聊地乱画着，突然间，一个纸笔游戏的灵感从我的脑海里冒了出来。这不是第一次了。我的潜意识总会不时为我提供创作灵感。

我的想法是这样的：想象一下，一只蚱蜢沿着已知的整长度进行跳跃，它需要按照下面的规则去做。

我们的这只蚱蜢必须从刻度为0的点开始进行跳跃，按照递增的长度连续进行跳跃：1-2-3-4-…-n。这只蚱蜢需要尽可能多地跳跃，并且在这条线的终点位置完成第n次的跳跃。如果我们能够找到这样的一条线，那么这个游戏就结束了，也就说明我们找到了解答这个谜题的方法。如果找不到这条线，那就说明这个谜题无解。注意，蚱蜢可以在这条线的两个方向上进行跳跃。

这个问题似乎很有趣。于是，我决定继续进行涂鸦，以求通过较为系统的方法找到这个问题的解答。我首先从线条1开始。此时，我意识到有的线是有解的，而有的线是无解的。我渐渐清楚地意识到，这个无辜的蚱蜢的理念并不像我一开始涂鸦时所想的那么简单。看来解答这个问题需要找到一个无穷数列，来求出每一个解。但是，这样的数列背后是否隐藏着什么数学原理呢？

对于前面八条线，我找到了两个解。$n=1$的情况是显而易见的，如下图所示。恰好在这个时候，这个无聊的演说结束了。

我回到自己的房间，继续找寻解答。到晚上，我已经找到了当n的数值到达40时的16个解。这并不是一件容易的事。蚱蜢游戏让我明白，只是在一条线上以连续单位长度去移动一个点，就会生成一个具有挑战性的游戏，这个游戏蕴含着微妙的数学原理与令人惊讶的属性。

在这天晚些时候，我与迪克·赫斯会面，并且恳求他帮忙找到这个问题的一般性解答方法。第二天，我在吃早餐的时候遇到了迪克·赫斯。他礼貌地感谢我赐给他一个无眠之夜，但是他向我保证绝对不会放弃对这个问题的解答。迪克叫上了本杰·费舍尔帮忙。在接下来的一天里，蚱蜢数列问题背后隐藏的数学原理终于被发现了，这为蚱蜢游戏的无穷数列问题提供了关键的理论支持。

这就是蚱蜢游戏诞生的经过。2010年，在亚特兰大举办的加德纳大会上，我遇到了尼尔·斯隆。我向他展示了这个蚱蜢游戏，并将完整的数列融入其中。尼尔对这个蚱蜢游戏表现出了极大的兴趣。

今天，蚱蜢数列游戏在网络上也占有重要的地位。在《尼尔·斯隆整数序列的在线百科全书》里，我发现自己设计出来的这个数列与圆周率、质数、斐波那契数以及其他数都被收入其中。我对此感到非常自豪。

蚱蜢游戏的几个例子

n 从数字1到8的这八个游戏当中，只有当n =1与n =4的时候，才是有解的（大红色为终点）。

端点（终点）
有解
无解

蚱蜢问题：前40段

　　已知一条长度为整数 n 的线段，我们要从刻度0开始，以长度递增的方式沿着这条线进行持续的跳跃：1-2-3-…-n。我们要做出尽可能多的跳跃，最终在这条线的终点上完成第 n 次的跳跃。

　　对这条长度为 n 的线段来说，如果在终点恰好能完成第 n 次的跳跃，那它就是有解的，否则它就是无解的。可以往前跳，也可以往回跳，但是绝不能离开这条线。当 n 的数值变大时，跳法可能不止一种。在前40个长度之内，你能找到多少个解呢？前面两个答案已经给出来了。

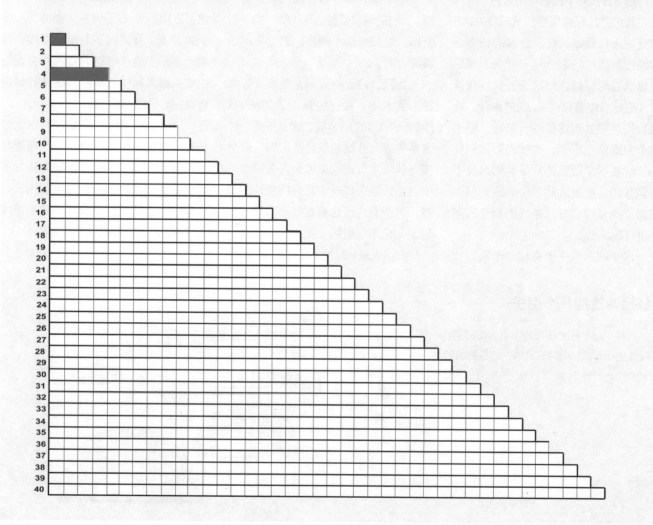

锡德·萨克森（Sid Sackson,1920—2002）

　　《游戏集锦》（*Gamut of Games*）一书由锡德·萨克森所著，首次出版于1969年。这本书囊括了许多种纸笔游戏、卡片游戏与棋盘游戏的游戏规则。书中提到的许多游戏之前在其他书籍里从来都没有被提到过。因此，很多人认为，任何对抽象的策略游戏感兴趣的人都应该阅读这本书。

　　锡德·萨克森被视为历史上最重要与最具影响力的游戏设计者之一。他还是一位狂热的游戏收藏家。据估算，他的游戏收藏数量在某个时候曾是世界上最多的，数量高达18000套，其中包括许多游戏的原型与限量版游戏。这些"宝物"都被他保存在位于新泽西州的家里，直到2002年他以82岁的高龄去世。

　　如果这些游戏至今仍保存完好的话，那么萨克森收藏的游戏将是对现代棋盘游戏的一份极具价值的记录。

　　萨克森梦想着有一天能够成为一座游戏博物馆的馆长，这座博物馆的主要藏品就是他的收藏。锡德寻求过我的帮助，我们为此进行过多次的讨论，商讨如何才能建立起这座博物馆。最后，我们的计划没有成功，锡德对此感到非常失望。遗憾的是，在他去世之后，他的许多收藏品要么散落了，要么被拍卖了。

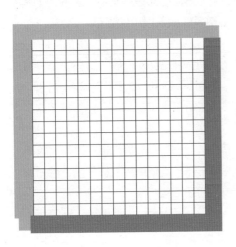

切割边角

　　两位选手在用两种颜色（红色与蓝色）中的一种进行游戏，他们沿着正方网格轮流画出一个角，至少一条相连接的边是对方的颜色。在这场游戏结束时，如果某个区域中某位选手用他自己的颜色画出的边更多，那他就赢得了这块区域（用 • 表示）；如果该区域两种颜色的边一样多，那它就不属于任何一个选手（用 * 表示）。

　　右图的这个游戏示例中，红方取得了胜利。

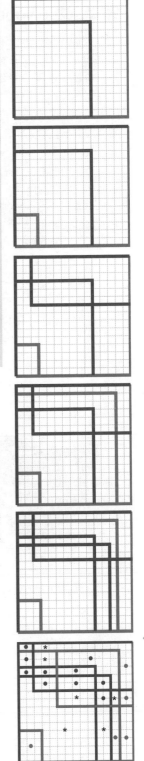

芦原伸之（Nobuyuki Yoshigahara，1936—2004）

芦原伸之时常被称为"芦原"，他是日本最著名的谜题发明家、收藏家、解谜专家与沟通专家。

他从东京理工大学应用化学系毕业后，从事工程学研究工作，后来改行，到高校进行教学工作，成为一名化学教师与数学教师。

作为一名专栏作家，芦原伸之是多个期刊的重要撰稿人，其中就包括著名的《夸克》杂志。他创作的与解谜相关的书籍多达80本。

随着他谜题发明家的名望逐渐攀升，他将自己的设计授权给一些公司，推向市场。比如，他将包括"尖峰时刻"在内的一些游戏授权给二元艺术公司（现名为乐享游戏公司）、伊舍出版公司、花山玩具公司等公开发售。他还是一位狂热的计算机程序员，用计算机解答了许多数学谜题。

芦原伸之是国际谜题大会的积极参与者，曾到世界各地参加过一些年度会议。

2005年，他死后一年，国际谜题大会的谜题设计竞赛被重新命名为芦原伸之谜题设计竞赛，以表达对他的敬意。

2003年，游戏与谜题收藏家协会授予芦原伸之劳埃德奖章，表扬他在发明机械谜题方面所做出的杰出成就。芦原伸之是一位著名的发明家、收藏家与谜题的推广者，也是我的一位挚友。

杯子里的硬币——向芦原伸之致敬的游戏

在亚特兰大举办的加德纳大会的早餐会上，芦原伸之开始即兴创作。他取出一个杯子，装满水，然后从口袋里取出一些硬币，接着问我：在杯子里的水满溢之前，一共能够放下多少个硬币？我对表面张力方面的知识是有所了解的，于是我就没有中他的这个圈套。他肯定认为我会说只能放入很少的硬币，比方说3个或4个，但是我果断地预测了12个硬币。

在接下来的10分钟里，芦原伸之非常耐心地将59枚硬币放入了杯子里，直到他的口袋里再也没有了硬币。我给了他几枚硬币，直到放入第63枚硬币之后，杯子里的水才满溢出来。芦原伸之像往常那样赢得了大家的掌声，也赢得了这次打赌。我想问的是，这是怎么做到的呢？

水分子间具有很强的吸引力。在水的表面，水分子会受到向下的强大吸引力，而表面张力则会让水的表面变得像弹性膜一样。当硬币放入杯子里之后，这个弹性膜片就会从边缘拉伸，形成一个拉伸的曲面。

"追逐丁香"视错觉——2005年

下面这些令人震惊的余像幻觉是杰里米·欣顿在2005年之前创造出来的。他在设计视觉运动实验的刺激物的过程中，无意间发现了这样的图形。

在让圆盘沿着一个中心点转动的程序里，他忘了移除之前的圆盘，结果创造了一种移动间隙的视错觉。在发现了一个转动的绿色圆盘余像之后，他调整了前景色、背景色、圆盘的数量、时机，从而达到最佳的效果。

2005年，欣顿又把这些圆盘调模糊，这样一来，当一名观察者持续地注视中心点时，这些圆盘似乎就消失了。欣顿试图以此作品参加EVCP视错觉大赛，但是却因为没有提前报名登记而失去了参赛资格。欣顿找到了迈克尔·巴克，后者将一张呈现这一幻觉的动图放在了他的网站上，称之为"追逐丁香"视错觉。之后，他设计出了一款可扩展的JAVA程序。2005年，这种视错觉版本在互联网上开始流行，被视为最美妙的余像幻觉之一。

着色的余像

将你的视线集中于中间的十字上。因为视网膜疲劳效应，旁边着色的点会在几秒钟之内消失，这时物体的余像与它对视网膜的刺激相抵消，但是，过一会儿，你将会看到一个缓缓移动的绿色余像在慢慢呈现。

杰里米·欣顿发现的"追逐丁香"着色点幻觉的各个版本是着色余像幻觉最震撼的例子之一。如果你的眼睛时刻紧盯着色点，那么它们就会依然保持相同的颜色：粉色。但是，如果你只是盯着中间位置的黑色点，那么过一段时间之后，所有的点都会渐渐消失，然后缓缓移动的绿色点就会呈现出来。我们大脑运转的方式真是非常神奇。其实，根本就不存在什么绿色的点，而粉色的点也并没有真正消失。

机械拼图——2006年

杰里·斯洛克姆（Jerry Slocum，1931— ）是美国一名机械拼图专家、历史学家与收藏家。他将自己的一生都奉献给了拼图事业，直至退休。他曾在休斯航空公司担任工程师。

他个人收藏了4万套机械拼图游戏与4500本书，这是该领域的世界纪录。

杰里·斯洛克姆在推广机械拼图方面所做出的贡献应该说是无人能出其右。他的多本优秀的拼图书籍始于1986年的《新旧拼图》，这本书包括了数百种彩色的古代机械拼图。在这本书的引言里，马丁·加德纳预测这本书将会是"一部经典"。1993年，斯洛克姆成立了斯洛克姆拼图基金会，这是一个旨在通过拼图展览会、出版物、交流与收藏去向公众推广拼图的非营利机构。前八届的国际拼图会议是在斯洛克姆比弗利山庄家中的客厅里举办的。后来，这样的会议慢慢演变成了一年一度的邀请会，在北美、欧洲与亚洲等地轮流举办。

杰里·斯洛克姆上过约翰尼·卡森的《今夜秀》、玛莎·斯图尔特的《玛莎生活》以及其他八个全国性的电视节目。2006年，他向印第安纳大学的莉莉图书馆捐赠了3万套拼图游戏，从而第一次让拼图集萃出现在了学术机构。

三十二面体——2002年

在杰里·斯洛克姆捐赠给印第安纳大学的3万套拼图游戏里，就有著名的三十二面体，这是日本拼图学家Yashirou Kywayama在2002年发明出来的。

在以斯洛克姆名字命名的图书馆的崭新展厅里，大约陈列着400套拼图游戏。参观莉莉图书馆的读者可以试着拼一下这些千百年来给人类带来欢乐的拼图的复制品。

迈克尔·泰勒摄，印第安纳大学莉莉图书馆提供

有孩子的家庭——2010年

下面这个问题是马丁·加德纳发明的"有孩子的家庭"系列概率谜题的一部分。

生男孩与生女孩的概率似乎是相等的，但事实总是如此吗？

你可以看看下面这几个问题，是如何运用到马丁·加德纳所提出的一系列具有挑战性的概率谜题的，其中涉及条件概率——也就是说，在其他事件出现的情况下，某一事件发生的概率。你可以看到，这样的结果通常是违反直觉的，有时甚至会让你感到非常惊讶。

两个孩子的家庭

一个女人与一个男人各有两个孩子，其中，女人的孩子中至少有一个是女孩。男人的大孩子也是女孩，那么女人的两个孩子全是女孩的概率与男人的两个孩子全是女孩的概率是否相等呢？

311

挑战难度：● ● ● ● ○
解答所需东西：🧠 ✎
完成时间：⏱

两个女儿的问题

假设一位母亲怀上了双胞胎，她想知道双胞胎都是女孩的概率。
1.她生下两个女孩的概率有多大呢？
2.双胞胎中有一个是女孩的概率有多大呢？
3.已知双胞胎中有一个是女孩，那么双胞胎全是女孩的概率是多少呢？

312

挑战难度：● ● ● ● ○
解答所需东西：🧠 ✎
完成时间：⏱

三个孩子的家庭

在一个有三个孩子的家庭里，至少有一个女孩的概率是多少呢？

313

挑战难度：● ● ● ● ○
解答所需东西：🧠 ✎
完成时间：⏱

有八个孩子的两个家庭

有两个家庭，其中一个家庭育有八个男孩，另一个家庭育有八个女孩。因为生男生女的概率是相同的，你认为在这样规模的家庭里，生下四个男孩与四个女孩的概率会不会更大一些呢？一个家庭生下八个女孩的概率与一个家庭生下四男四女的概率相比，哪个更大一些呢？

314

挑战难度：● ● ● ● ○
解答所需东西：🧠 ✎
完成时间：⏱

星期二出生的男孩——2010年

在2010年亚特兰大举办的加德纳大会上，非常有创造力的谜题设计师加里·弗许发表了一场演说，他在演说里讲到了下面三句话：

"我有两个孩子，

其中一个男孩是在星期二出生的。

那么我这两个孩子都是男孩的概率是多少呢？"

加里如往常那样面无表情地接着往下说：

"你们首先想到的可能是，这个问题与在星期二出生有什么关系呢？

好吧，事实上，这与其中一个男孩在星期二出生有着莫大的关系。"

接着，他从讲台上走了下来。

在这次会议之后，"星期二出生的男孩"这个问题在世界各地的博客上被广泛讨论，很多人都对这个争议性的话题发表了看法。

其实，这个游戏是马丁·加德纳的"男孩或女孩的悖论"系列游戏的一个衍生版本，这些内容在本书中介绍过了（可以参考本章前面的内容）。

问题的关键就在于如何正确地解读加里所提出的问题。让我们先捋清其中相关的一些问题。

首先，我们先将星期二的问题抛在脑后，那么这个问题就可以解读为：

在所有已经有了一个男孩以及另一个孩子的家庭里，这些家庭拥有两个男孩的概率是多少呢？下面，我们列举一下有两个孩子的四种可能性（如图）：

在这四种可能性中，一种就是两个男孩的情况，而这样的概率其实为三分之一（因为两个女孩的情况已经被排除掉了）。

那么，在大家争执告一段落之后，加里又说了什么呢？

"肯定有一种基于选择的论点。

我的解法是基于集合论的。

首先将有两个孩子的家庭视为一个集合。

然后再研究其中的子集：那些有两个男孩的家庭。

接着，我们再去研究其中的一个子集：有一个男孩是在星期二出生的家庭。

如果你按照这样的方式看待这个问题的话，那么正确的答案会是13/27。

但是，如果你在选择孩子时考虑了其他因素，并由此选定集合，那么答案就会不一样。

诚然，这是一个非常棘手与有争议的谜题。"

我非常喜欢加里提出的这个问题以及这个问题所引发的争议。在下一页的内容里，我将会尝试按照加里的解释，找到他这个问题的答案。

男孩-女孩

女孩-男孩

男孩-男孩

女孩-女孩

方法一

请注意：加里并没有说只有一个男孩是在星期二出生的。显然，他的意思是"至少有一个"。

孩子拥有特定性别与生日的情况，一共会有7+7+7+6=27种，在这些组合当中，有13种组合是属于两个男孩的情况。因此，这个问题的答案就是13/27，这与原先的1/3有着较大的差别。

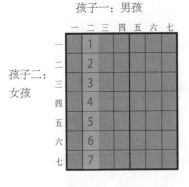

孩子一：男孩 / 孩子一：女孩
孩子二：女孩 / 孩子二：男孩

男孩是在星期二出生的，那么女孩就可以在一个星期的任何一天里出生，这就有7种不同的可能性。

女孩可以在一个星期的任何一天里出生，而男孩只能在星期二出生，这就有7种不同的可能性。

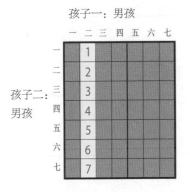

孩子一：男孩 / 孩子一：男孩
孩子二：男孩 / 孩子二：男孩

第一个男孩是星期二出生的，那么第二个男孩可以在一个星期的任何一天里出生，这就有7种不同的可能性。

第一个男孩是在一个星期的任何一天里出生的，第二个男孩是在星期二出生的。这就有6种不同的可能性，其中一种可能性就是——这两个男孩都是在星期二出生的——这种情况要排除掉，因为之前已经计算过了。

方法二

加里提出的"星期二出生的男孩"的问题还有一种视觉计算方法，是《科学新闻杂志》的比尔·卡斯尔曼提出来的。

一共有27种可能的家庭组合，如图所示，有两个男孩的可能性是13种，因此，这个概率为13/27。

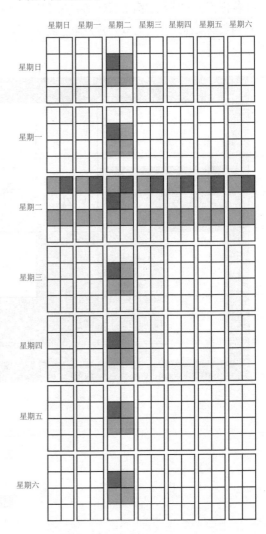

滑块游戏

　　滑块游戏通常要求选手沿着特定的路线（一般是在一个棋盘上）滑动小方块，从而拼出某种图形。

　　正如我们在第5章所看到的，15个方块的游戏是滑块游戏最古老的形式。它是诺伊斯·查普曼发明的，并在1880年流行一时。与其他的"遍历"游戏不同的是，滑块游戏禁止将任何小方块从棋盘上拿起来。这样的游戏属性将滑块游戏与重新安排滑块的游戏区分开来。因此，在二维空间内的每一步移动以及所走的路线，都受限于棋盘的范围，这对于解答滑块游戏来说是非常重要的。就其本质来说，滑块游戏是在二维平面上进行的，即便滑块可能是用机械联动件做成的。现在，这种游戏已经有了电子版（即电子游戏），可以在网上玩了。

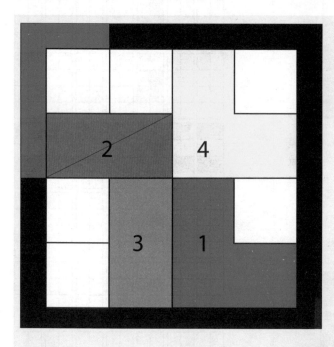

简单的滑块游戏——2011年

　　2011年12月，《经济学人》杂志提出了这样一个问题：最难解答的简单滑块游戏是什么呢？

　　两位发明家走在了发明最难解答的简单滑块游戏的前列，他们就是詹姆斯·斯蒂芬斯与奥斯卡·冯·德芬特。

　　根据艾德·佩格的说法，詹姆斯·斯蒂芬斯的简单滑块游戏，是以奥斯卡·冯·德芬特的原型为基础的，并认为这样的设计称得上是"最难解答的滑块游戏"。这个游戏的目的就是将红色的拼块移动到左上角。这个游戏能够在18步后完成。

315　挑战难度：●●●●●○
解答所需东西：🧠✂️
完成时间：⏱

简单滑块游戏原型，作者是
奥斯卡·冯·德芬特

奥斯卡的扭曲魔方游戏

从20世纪80年代开始，受鲁比克魔方巨大成功的鼓舞，一种全新类型的机器魔方应运而生了，无论是数量还是种类都在迅速增加。荷兰设计师奥斯卡·冯·德芬特就是这类魔方背后的天才发明家。他发明并制造的扭曲魔方以及其他类型的魔方达数百种。

奥斯卡最新的一个发明就是"飞越巅峰"魔方。这是一个扭曲的17×17×17的机械魔方，在2011年的纽约魔方展览会上首次亮相。它是在Shapeways.com网站3D打印出来的，由1539块单独的塑胶块组成。与大众市场的鲁比克魔方相比，它称得上一个不折不扣的巨人。

德芬特通过学习成为一名电学工程师。2010年，他设计出了"飞越巅峰"魔方，整个研发过程用时60小时。在Shapeways公司对游戏的每个部件进行3D打印之后，德芬特需要对打印出来的部件分门别类进行整理，然后挨个进行着色，最后再将这些部分组装起来，整个过程是手工完成的。要想最后完成这些步骤，还需要额外花费15小时。为了让更多人能够了解这个游戏的创作过程，德芬特在自己的Youtube频道上让人一窥这一魔方的内部，同时还展示了其他许多由他发明的魔方。

奥斯卡·冯·德芬特的扭曲魔方

"当我第一次听到来自希腊的帕纳约蒂斯·贝尔德斯发明的7×7×7、9×9×9与11×11×11的鲁比克魔方与来自中国的李发明的12×12×12的鲁比克魔方创造了一项又一项世界纪录时，当时我就想自己也要创造出一项世界纪录来。"德芬特这样说，"在得到我的好朋友克劳斯·温尼克提供的赞助与魔方原型之后，我开始了魔方的设计与测验工作。经过三次尝试，我最终在Shapeways公司成功地进行了3D打印。

上述17×17×17魔方绝对不是他事业的最高峰。最近，他通过MF8制作出了由20个三角形做成的可以转动各面的正多面体。

"飞越巅峰"魔方

组合魔方

组合魔方又被称为顺序移动魔方，由许多可以旋转并形成不同组合的零件组装而成。一开始是随机设置的，拼回预先设定的组合就算成功。一般情况下，将相同颜色的拼一组或按顺序拼起来就算成功。

这类魔方中最著名的一款就是鲁比克魔方。它有六个面，每个面都可以独立转动，每个面颜色各不相同，每个面都由相同颜色的九个部分组成。

随意转动魔方，使每种色块都随机分布在不同的面上，当六个面中每个面再次拼回开始的一种颜色时，就算挑战成功。

魔方的各个部件的组合能如何改变是由魔方的构成方式决定的，这就将可能的组合方式限定在一定范围内。就拿鲁比克魔方来说，可以在立方体的各个面上随机粘贴彩色贴纸，来得到大量的组合方式，实际上，旋转魔方时会发现很多组合是不可能实现的。

数学与艺术——2012年

　　从当代视角来看，数学与艺术看似是两个不相干的领域，不过，不少视觉艺术家都会让数学成为他们作品的一个焦点。数学艺术家往往会广泛地运用数学知识去进行多主题的创作，其中就包括多面体、镶嵌、不可能图形、默比乌斯带、扭曲或是不寻常的视觉系统以及分形学等。

　　但是，数学艺术的领域要比绝大多数人所想的还要广阔与多元。现在越来越多的当代艺术家都将数学——从斐波那契数到圆周率，再到默比乌斯带——视为他们创作的灵感。安东尼奥·佩迪克夫就是这样一位艺术家。

硕士学位

第一印象

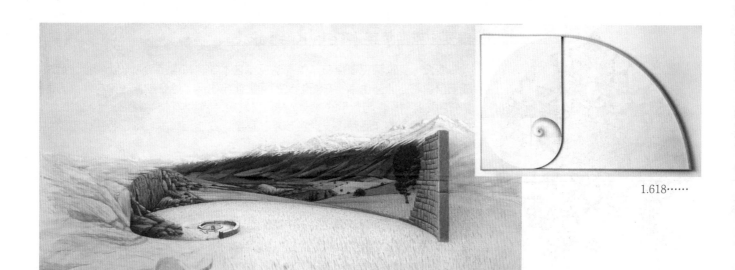

1.618……

井

轮回

泰贾·克雷萨克（Teja Krasek）

　　泰贾·克雷萨克在卢布尔雅那的视觉艺术学院获得了绘画学士学位，后来成了自由职业的艺术家，在斯洛文尼亚工作与生活。她在创作理论与实践方面都特别注重对称性与数学的概念，并且将其视为艺术与科学结合的一种理念。

　　克雷萨克的作品专注于融合艺术、科学、数学与技术。她还将现代电脑科技与古典的绘画技术结合起来。

生物起源

　　斯洛文尼亚艺术家泰贾·克雷萨克探索艺术、科学与数学之间的分形边界。

　　她这样说道："艺术与数学是紧密融合在一起的，它们的结合创造出了深邃且难以预期的意象与情感，使我们恍如超越时空。"

泰贾·克雷萨克，
公元3000年的地球

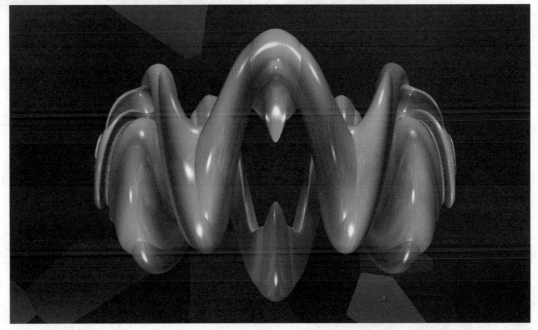

泰贾·克雷萨克，
万圣节的花托

CHAPTER

10

答案

1 可以形成八个不同大小的正方形，如下图所示：

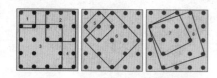

2 并没有任何问题呀。如果朱莉娅是你的相亲对象，你还有什么问题？

3~4 在你完成了两次测验之后会发现，显然，这两个看似随机的数字模式存在一些有意义的差异，因为在第二次测验里，你的表现明显要更好一些。这是为什么呢？

在这些测验之后，你会充满好奇想要一探究竟。在第二次的测验里肯定出现了某些状况，从而让这次数数变得更加容易。显然，你在玩这个游戏的时候，并没有察觉到这一点。但你的潜意识却已经察觉到了。你的潜意识发现了其中的秘密，从而帮助你更高效地完成了第二次测验，而你的意识却依然对此一无所知。潜意识发现了一些你的意识没有察觉到的模式。只有在完成了这些测验之后，你才会明白这一点。

第二个网格里的数字的排列方式，会让你的眼睛适应一种重复的模式。第二次测验里的数字板可以按各边的中点分割为四个象限。因此，数字1位于右上方的象限，数字2位于左下方的象限，数字3位于左上方的象限，而数字4则位于右下方的象限。而从数字5开始又会按照相同的模式进行重复，直到数字90。这一过程会缩小找寻下一个数字的范围，让搜索变得更高效。

你的潜意识发现了其中的秘密，很好地运用了它。但是，你的意识可能并没有察觉到这一点。这非常生动地展现了潜意识所具有的能量与创造力。在你的意识一无所知的时候，你的潜意识已经解决了问题。这个例子清晰地展示了大脑通常是怎么解决问题的。

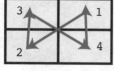

5 在第16天行将结束的时候，这只蜗牛已经到达80厘米的高度了，在第17天行将结束的时候，这只蜗牛在窗户上所处的高度将会到达90厘米。

6
$1 + 2 + 3 - 4 + 5 + 6 + 78 + 9 = 100$
$12 + 3 - 4 + 5 + 67 + 8 + 9 = 100$
$123 + 4 - 5 + 67 - 89 = 100$
这个问题有许多衍生版本，其中不少都允许使用加减法之外的其他计算。

7 如下图所示：

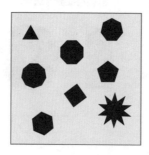

8 当无数只小鸟沿着电线随机分布时，50%的小鸟将会被相邻的小鸟看到，25%的小鸟将会被它们相邻的两只小鸟看到。剩下25%的小鸟不会被看到。

这样的情况与两次投掷一个硬币是相似的：一次正面朝上的概率是50%，两次都正面朝上的概率是25%，而两次出现反面朝上的概率同样是25%。

9 A—2，B—3，C—2。

10 下图清楚地表明，铅笔的转动可以如图所示依次描述三角形的三个角。当铅笔最终停留在一开始出发的地方，却指着相反的方向，这正好说明三个角的度数加起来等于一个平角的度数。

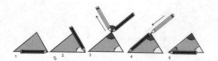

11 可以到达这栋建筑的每一层。

维修人员需要走30趟才能到遍这栋建筑的每一层。按"升"键18次，按"降"键12次即可。具体的操作方法如下图所示：

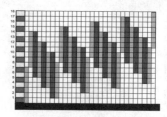

12 这样的圆才是最好的围墙。如下图所示：

13 如下图所示，最高点已经展现出来了。这是唯一一根倾斜且不与地面平行的支架。

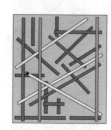

14 如下图所示：

15 逻辑就是向前直走一个单位，然后向右转两个单位长度，接着向右转三个单位长度，依此类推，直到第九个单位长度。此时又重新开始，直到规则发生变化。

16

1–17	8–5	15–2	22–23
2–14	9–4	16–20	23–22
3–3	10–8	17–25	24–12
4–24	11–13	18–16	25–6
5–15	12–1	19–19	
6–18	13–10	20–21	
7–7	14–11	21–9	

17 （8＋π）米：
如下图所示：

18 蛋糕的价格：1.75美元
冰激凌的价格：0.75美元

19 她的想法是错误的。1200是960的125%，她赚了240美元的利润。而1200则是1500的80%——也就是说她损失了300美元。这两次销售加起来的话，她还损失了60美元。

20 不让女人挨着坐一共有八种方法：女男男女，女男女男，男女男女，女男男男，男女男男，男男女男，男男男女，男男男男。
当 n 是1，2，3，4，5，…时，答案分别是2，3，5，8，13，…，依此类推。实际上会构成斐波那契数列，这是相当有趣的。

21 在一个等边三角形里，三个内切的全等正方形可以将这个三角形剖分为28部分。如下图所示：

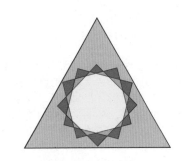

22 交点数量最少的四种解答方法，如下图所示：

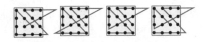

两个对称性的解答方法，如下图所示：

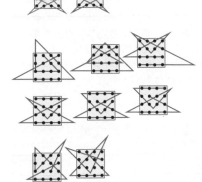

在总共14种解法（我们没有将旋转与镜像算作不同的情况）中，有两个对称式的与四种交点最少的。

23 一开始，两个完全三角形被创造出来了，但在最后的点上，第三个完全三角形的出现似乎是不可避免的，无论你选择什么样的颜色。无论以怎样的方式对三角形进行着色，这样的情况似乎总会发生。这就是斯波纳的三角形引理得出来的结论：如果边界上有奇数条完全边的话，那么就会有奇数个完全三角形。如果边界上有偶数条完全边的话，那么就会有偶数个完全三角形。
"a"与"b"之间的边是完全边。
如下图所示：

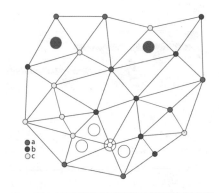

24 摇出其中任意一个数字的概率是1/6 + 1/6 = 2/6 即1/3。

25 形状是不确定的。若是从楼顶的位置去观察的话，通常会是凸面的，但它也可以是凹面的。

26~28 谜题一：23个正方形。
谜题二：47个正方形。
谜题三：16个正方形。
如下图所示：

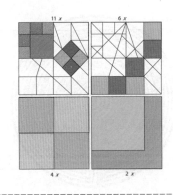

29 让人惊讶的是，重物始终都要比滚子移动得更远一些。如果滚子转动一圈，那么它走的距离就等于其直径乘以圆周率 π，但是滚子上的重物则能够走两个这样的距离，如下图所示。这是因为重物在相对滚子运动的同时，滚子也在相对地面前进。如果滚轴的周长是一米的话，那么滚子转动一圈之后，平板就会移动两米。这就是所谓的"滚子与平板定理"。

轮式车似乎是在公元前4000年中叶的美索不达米亚平原与欧洲中部同时出现的，因此轮式车究竟由哪一种文明首创，至今仍是一个未解之谜，学界对此还有诸多的争论。而最早关于轮式车的描绘（一辆马车，有四个轮子、两个轮轴），则是在波兰布洛诺西一个罐子上发现的，它是在波兰南部的文化遗址上挖掘出来的，据估算大约在公元前3500年到公元前3350年间。

30 如下图所示：
迷宫通常是曲径的同义词，但当代的许多学者都认为这两者有着明显的区别：迷宫通常是指代一个复杂的分支游戏，有多种路线与方向的选择。而一个单向的曲径路线通常只会有一条无分支的路线，直接通向中心。从这个意义上来说，迷宫是一种有清晰路线通向中心位置，然后返回来的游戏，走起来并不难。

31 1.莱布尼茨的想法是错误的。
总数12只有在一种情形下才会出现（红色的骰子等于6，蓝色的骰子等于6）。而总数11则有两种情况（红色的骰子等于6，蓝色的骰子等于5，或者是蓝色的骰子等于5，红色的骰子等于6）。
因此，它们出现的概率是不同的，分别为1/36与2/36，你也可以从这个表格里清楚地看到。
2.当你摇一对骰子的时候，是不可能摇出总数1的。你只能摇出六个总数为偶数的数值：2，4，6，8，10，12，或五个总数为奇数的数值：3，5，7，9，11。你有18种方式摇出偶数总数，你也同样有18种方式摇出奇数总数，如表格所显示的那样。因此，摇出的总数为奇数与偶数的概率是一样的。

32 在一起投掷三颗骰子的时候，总数值从数字3到18之间，其中一共有 $6 \times 6 \times 6 = 216$ 种不同的方法。你可以找到15种不同的方法掷出总数7（这占到了7%的比例），找到27种不同的方法掷出总数10（这占到了12.5%的比例）。

33 你们两个投掷出相同数字的概率是1/6。因此，你们中一个人投掷出的数字比另一个人投掷出的数字更大的概率则为5/6。因此，你们中某个人比另一个人投掷出更高数字的概率就要减半，也就是5/12。

34 你投掷一颗骰子六次可能都投掷不出一个数字6。显然，其中的概率并不是1或100%。事实上，你要计算的是连续投掷六次骰子不出现数字6的概率。我们可以看到，投掷一次骰子不出现数字6的概率为5/6，而连投掷六次都不出现数字6的概率则为5/6×5/6×5/6×5/6×5/6×5/6=0.33。因此，连投掷六次出现数字6的概率是相当高的，也就是1−0.33 =0.67，即67%左右。

35 6/6× 5/6× 4/6× 3/6× 2/6× 1/6 = 0.015

36 逆时针转动两个半周期，如下图所示：

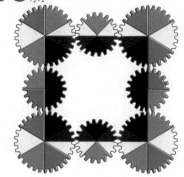

37 1.上，2.下，3.上，4.下。

38 1.埃及绳子能够做成许多种不同的面积为4单位的多边形。来自宾夕法尼亚州奥克蒙特的埃尔顿·M.帕尔默创造性地将这个问题与多联骨牌联系在一起，特别是将其与四格拼板联系起来。在5个四格拼板里，每一个拼板都是多种解法的基础，只需要增加或减少三角形，使之长度均为12即可。下面用五种不同的四格拼板给出了一些解法。
2.任何面积在0到11.196之间的图形都可以被埃及绳子所包围。尤金·J.普特泽、查尔斯·夏皮罗与休·J.梅茨都提出了下面这个星形结构的解法。通过对星点宽度进行调整，可以得到最大的面积就是一个正十二边形。

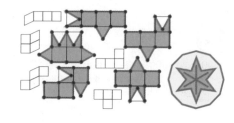

39 将9个三角形中的5个移除出去，就可以消除掉所有红色三角形了。移除红色三角形最快速的方法是移除三角形1,2,3,4与7，如下图所示。总共有120个大小不同的三角形：其中59个三角形是朝上的，61个三角形是朝下的。

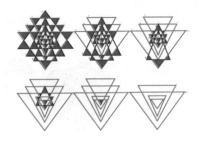

40 保存16 807单位的面粉，具体是这样计算的：7×7×7×7×7 = 16807。古埃及人将数学推到了一个相当发达的水平。阿默士谜题可能是世界上最古老的谜题，是在古埃及的"莱因德纸草书"上找到的，由抄写员阿默士记录（时间大约是在公元前1650年）。在消遣数学著作中，有很多这个谜题的衍生版。

41 只有一个。其他人都是从圣·艾夫斯那里来的。阿默士谜题衍生出了许多不同的版本，其中就有圣·艾夫斯谜题。斐波那契在1202年出版的著作《算术书》里就提到了这个谜题。虽然他在那个时代是如何接触到莱因德纸草书的，至今仍不为人知。

42 如下图所示，即便是轮到红子走，红子也无法阻止蓝子赢得胜利。

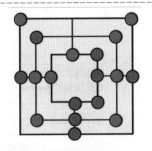

43 1. 毕达哥拉斯的证明：
第一个图里的黄色正方形的面积等于第二个图里两个黄色正方形的面积之和，这以非常具有说服力的方式证明了这一定理。
2. 虚线将列奥纳多的图表分割为四个全等四边形。

3. 巴拉瓦莱的证明：
卡瓦列里定理能够对第四步进行解释：如果一个平行四边形在没有改变自身的高度与底边长度的前提下发生变形，那么那个平行四边形的面积不会发生改变。

---

44 如下图所示：

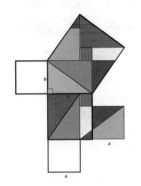

---

45 俄狄浦斯是这样解答这个问题的，他说："人——只有在婴儿时期是用四条腿在地上爬行的，在他成年后就用两条腿走路，而当他老了之后，除了双腿之外，还要加上一根拐杖。"

---

46 四列十全的数字可以按照(10!)/(2×3)种不同的方法进行排列，也就是说有604 800种不同的排列方法。

---

47 如下图所示：
高斯只花了几秒钟的时间就发现了其中隐含的数学模式，然后对此进行了概念化的处理，知道了在加法的序列当中，有50对和为101的数，于是就得出了总数为5050的答案。
他并没有使用计算器或笔来计算。高斯提出的创造性方法就是，对于任何数字n，n不一定等于100），一般性的计算模式是1 + 2 + 3 + 4 + …+ n = n(n+1)/2。
有趣的是，这种一般性公式同样也是三角形

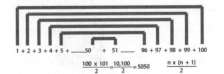

数的公式。古巴比伦出土的楔形文字石碑就清楚地表明，计算三角形数的公式在古代就已经出现了。对于任何数字n来说，它的三角形数（或者说第一个n整数的总和）都可以通过n(n + 1)/2这个公式进行计算，这也正是高斯在面对n =100时所使用的方法。古人将这一公式以有形数的方式进行了视觉呈现。

---

48 第三根棍子是按照黄金比例折断的。

---

49 芝诺的结论就是，阿喀琉斯要耗费无穷无尽的时间才能赶上这只乌龟。阿喀琉斯只能越来越接近乌龟，但却永远无法赶上乌龟。他所走的路可以分割为无限个部分。在一个移动的物体走完某一段距离之前，它必须首先走完这段距离的一半路程。在它走完这段距离的一半之前，必须要走完这段距离的四分之一路程，依此类推。最初的距离是不可能走完的，因此，这样的运动过程是不可能存在的。
我们都知道运动是可能的，芝诺的这场赛跑的第一个漏洞就在于，假定了无限个数字的总和始终也是无限的，但是这样的假定是错误的。1 + 1/2 + 1/4 + 1/8 + 1/16 + 1/32 + 1/64 +…＝2，这被称作几何级数（几何级数就是指一个数字序列始于1，后面的项都是前一项与某个固定的数字的乘积，比如说这个固定的数在这里就是1/2。当这个固定的数小于1时，那么该无穷几何级数就会收敛于一个有限数）。
阿喀琉斯所走的路程以及他要追赶乌龟所花的时间，都可以通过在固定数x小于1的情况下形成的无穷几何级数去解答，因此，阿喀琉斯为了赶上乌龟所走的总路程并不是无限的。同样的情况也适用于他所花的时间。假设阿喀琉斯让这只乌龟先走10米的距离，他每秒走1米，是乌龟前进速度的10倍。阿喀琉斯只需要花5秒钟就能走到一半的距离。剩下的一半距离只需要他花费2.5秒的时间，依此类推。根据我们之前提到的无穷几何级数，他只需要10秒钟就能走过这段10米的路程。当乌龟到达11米的位置时，我们知道阿喀琉斯已经超过了这只乌龟，在11.11米位置上。为此，阿喀琉斯花费了11秒的时间，赢得了这场看似永远无法获胜的赛跑。

芝诺悖论的有用之处，就在于它催生了收敛无穷级数的概念。它凝结了许多数学概念的成果，其中最主要的一个就是极限的概念。在文艺复兴时代，人们重新对各种悖论产生了浓厚的兴趣，500多种不同的悖论都以书籍的形式出版了。

50 所需的颜色种类如下图所示：

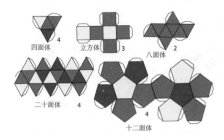

四面体 4
立方体 3
八面体 2
二十面体 4
十二面体 4

51 如下表所示：

立体图形	顶点 (V)	边 (E)	面 (F)	V-E+F
四面体	4	6	4	4-6+4
立方体	8	12	6	8-12+6
八面体	6	12	8	6-12+8
二十面体	12	30	20	12-30+20
十二面体	20	30	12	20-30+12

52 谜题一：60种不同的方法，与十二面体的每一个面的五个位置都是相对应的。
谜题二：丢失的颜色分别是1-2-3-4。
谜题三：这个横截面可以是三角形、正方形、长方形、五边形、六边形和十边形。

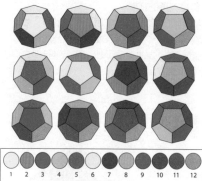

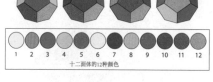

1 2 3 4 5 6 7 8 9 10 11 12
十二面体的12种颜色

53 瓷砖可以分割为16个等边三角形与32个内角分别为15°、15°与150°的等腰三角形。
这个正方形瓷砖面积的四分之一等于十二边形外的面积。

54 要求红色月牙的面积，只需证明它的面积等于四分之一圆中的三角形的面积就可以了。如上图所示，O为四分之一的圆心，AB为半圆形的直径。P点为半圆形的圆心，也是AB线段的中点，OA为四分之一圆的半径r。
$OA=r$，那么$AB=r\sqrt{2}$，因此，这个四分之一的圆的面积就是：$C=1/4 r^2\pi$
直径为AB的半圆的面积是：$D=1/2 (r\sqrt{2}/2)^2\pi$ $=1/4 r^2\pi$。
因此，$C=D$，因为蓝色月牙是C的一部分，同时也是D的一部分，因此月牙的面积就与三角形OAB的面积相等，从而证明了这个定理。
如右图所示：
两个红色月牙的面积总和等于蓝色三角形的面积。
四个红色半月牙的面积总和等于蓝色正方形的面积。

55 如下图所示：
黑色六边形的面积等于6个红色月牙的面积与2个红色半圆的面积的总和。
六边形的面积加上3个直径为AB的圆形的面积，等于大圆的面积加上6个月牙的面积。
如下图所示：

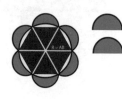

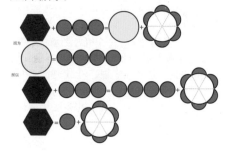

六边形的面积等于直径为AB的圆的面积加上6个月牙的面积，如图所示。

56 算盘可以按照下面两种方式进行操作。个位槽中保留和基数一样多的算珠。在个位槽的算珠放满之后，可将一粒算珠放在十位槽上，然后清空个位槽上的所有算珠。
或者，个位槽的算珠比基数少一个，就需要先增加一个算珠，使这个个位槽满了之后再将它清空。那么，下面这幅图代表的是一个什么数字呢？

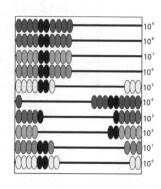

57 黎曼猜想暗示了质数分布的许多结果。经过恰当的概括，这被一些数学家视为纯数学领域内最重要的一个尚未解决的问题。

数论的许多其他问题，比如质数分布问题，都与黎曼猜想存在着一定的关系。因此，回答这个问题将为许多其他的问题提供深刻的洞见。比方说，质数定理将会让我们对小于某个已知数的质数数量有一个很好的估算，而黎曼猜想能帮我们推测这个估算值的准确性。

----

58 在过去数百年里，寻找质数的模式是一项艰巨的任务。小于数字1000的最大的质数就是数字997，而大于1000的最小质数就是1009。这两个数字之间相差了12，所以表格末位应该填上紫色。

----

59 一个力对于一个点的力矩等于该力乘以该力到该点的垂直距离。在密度均匀的杠杆上，离支点等距离的各单元重量都可以平衡。

杠杆能够将小力的机械能转变为大力的机械能。一个重物可被其重量1/5的力抬升一小段高度，这就是机械效益。当作用力与支点的距离是重物距离支点的5倍时，提升这个重物，它就需移动5倍于重物提升的距离。

你可以推动把手移动一大截，让刀刃移动一点点，但如果使出更大的力，你就能运用杠杆原理搬动更重的泥土。当你使用铁锹时，记得让铁锹的支点离地面更近，你就可以用更少的力。

----

60 根据一个物体（O）自身的重量和它在浴缸中排出的水的重量，就可以求出这个物体的密度。与物体O有着相同体积的水所受的重力被称为物体O的浮力。物体O的重量与排开的水的重量之间的比值，就被称为物体O的比重。

第一步：一块金子的重量与那顶存在疑问的皇冠一样重。

第二步：将这两个相同重量的物体浸入水中后浴缸中的水位刻度记录下来。如果这两个物体放入水中之后，水位上升的高度是完全一样的话，那就证明这顶皇冠是用真金做成的。但是，现实情况并非如此。皇冠让水升起来的高度更多一些，说明这顶皇冠肯定是掺杂了比黄金密度更小的铁类物质，从而让其体积比真金的体积更大一些。因此，这顶皇冠是掺假的。

除此之外，阿基米德在其他领域内的重要发现，也让他的声名日隆。他发现一个物体在液体中能够获得一种浮力（也就是说，这个物体会变得更轻一些），这是因为被称为浮力的东西产生了一种向上托举的力，这种力正好等于被排开的液体的重力。阿基米德的这一发现实际上奠定了流体静力学的基础。自从阿基米德发现这一现象之后，这一方法就被用来分析金属、鉴定珠宝和测量物质的密度。我们可以运用阿基米德原理，对排出相同体积的水的物体进行比较。物体重量与水重量之间的比值就被称为这个物体的比重。

比重 = 物体的重量/同等体积的水的重量。

----

61 在单一的滑轮组系统里，若是我们忽略摩擦力的存在，那么所获得的机械效益是可以通过作用于重物上的力的绳索的长度去计算的。

在我们的这个例子里，机械效益等于6，而人们可以使出足够大的力气去提升这个重物。重物受到的作用力会受惠于机械效益而得到增加。无论重物移动的距离是多少，与绳索自由端移动的长度相比，实际上都是按照同等的比例在减少的。

在平衡状态下，作用于轮轴的力为零。这意味着滑轮的轮轴上受到穿过滑轮的两条绳索的力是完全相等的。

滑轮以这样简单的方式以距离交换力，你可以出更少的力气，但需要拉动更长的距离。

----

62 让人惊讶的是，在第七组里，我们就能够找到前面十个数字的完整组别（0,1,2,3,4,5,6,7,8,9）！

$\pi =$ 3.1415926535 8979323846 2643383279 5028841971 6939937510 5820974944 5923078164

----

63 让人惊讶且违反直觉的答案就是，外切圆与内切圆不可能变得无限大（或无限小）。在这两个例子里，都会存在一个有限的固定值。在外切圆与外切多边形的例子里，最大圆的限定大小是8.7单位（而在内切圆与内切多边形里，这个数字则是1/8.7）。在这两个例子里，限定的多边形会有无数条边，最终变成一个圆。有趣的是，在1940年，卡斯纳与纽曼率先给出了这个问题的答案，他们公布的结果是12个单位，这被认为是正确的。直到C.J.布坎普在1965年提出了正确的答案（8.7个单位）。

特别设计出来的具有美感的图形，以非常具有说服力的视觉方式将这个问题的理念呈现出来（见P82页左图）。

白色的区域表明，一个有无数条边的多边形与有限大小的圆形之间，增长范围是有限的。

----

64 如下图所示：

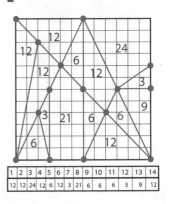

----

65 在所有的答案里：

1.第六块与第七块是一样的（按照我们的颜色模式，它们的颜色都是一样的，分别是红色与黑色）。

2.第一块与第二块，第九块与第十块，第十一块与第十二块，始终都会成对出现（如图中的蓝色与黑色，红色与黑色）。

----

66 地球沿赤道的周长是40075.16千米。据说，埃拉托色尼计算出来的数值在39690~46620千米之间，这已经相当了不起了。

---

67 如下图所示：左边的四个形状有着相等的面积。右边的四个形状有着相同的周长。两个圆是全等的，并且有着相同的面积与周长。右边的另外三个形状有着相同的周长，它们的面积都比左边三个形状的面积小。

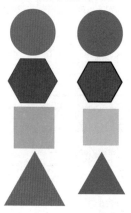

---

68 最早实际运用蒸汽的尝试是50年希罗的"开门蓝图"设计。靠着简单的机械原理，运用链条、滑轮、杠杆、装着空气与水的容器，完成了这一"神奇"的壮举：祭师点燃祭台上的火，两个容器里的空气在加热之后开始膨胀，将水从较低的球形密封器推到了虹吸管，然后传递给了悬挂在滑轮组上的篮子。降落的篮子将会开始拉扯绳索或链条，从而驱动铰链，让大门"神奇"地打开。当火熄灭之后，水就会渐渐冷却下来，由于右下角平衡锤的运动，门又会自动关闭。

---

69 约瑟夫斯与他的同伴只有站在第31个位置与第16个位置，才能逃过一劫。如下图所示：

---

70 项链上最低的三个环就是博罗米恩环，这三个环是相互联系在一起的，这是以意大利文艺复兴时期一个用这些环作为徽章的家族的名字来命名的。如果你从底部开始的第二排切断两个环中的任意一个环，那么你就能够将这条项链分割为最大数量的部分——三个部分，分别包括1，1，9个环。

---

71 用通俗的话来说：丢番图的青年时光为他人生的1/6，接下来再度过人生的1/12后开始长出胡子。再度过人生的1/7之后，他结婚了。结婚五年后，他有了一个儿子。儿子的寿命只有他寿命的一半。丢番图在他的儿子去世四年后也去世了。请问，丢番图活了多少年？下面这个方程式可以反映丢番图一生的各个阶段：

$1/6\,x + 1/12\,x + 1/7\,x + 5 + 1/2\,x + 4 = x$

最后解出x等于84，也就是说丢番图活到84岁时才去世。

---

72 1.无穷；2.接近（某个数值）；3.等等；4.小于或等于；5.等于；6.因此；7.和值；8.大于或等于；9.小于；10.平方根；11.与……相似（成比例）；12.对应于；13.相交圆；14.正负号；15.约等于；16.全等于；17.不等于；18.直径；19.周长；20.正切；21.半径；22.扇形；23.圆弓形；24.不规则三角形；25.斜方形；26.平行四边形；27.梯形；28.菱形；29.等边三角形；30.直角三角形；31.圆面积；32.等腰三角形；33.锐角；34.直角；35.钝角；36.全等的；37.四面体；38.平行六面体；39.立方体；40.球体；41.圆锥体；42.八面体；43.正五边形；44.正六边形；45.正七边形；46.正八边形；47.圆柱体；48.角锥体；49.正九边形；50.直四棱柱；51.半圆；52.平行线；53.交点；54.割线；55.弧形；56.圆心角；57.圆周角；58.外切圆；59.内切圆；60.垂线；61.阶乘；62.圆周率；63.百分比；64.矢量AB；65.因为；66.证明结束；67.自然数；68.整数；69.a不属于b；70.存在；71.线段AB；72.直线AB。

---

73 首先，他带着山羊过河，然后返回；接着，他带着狼过河，然后带着山羊返回，接着，他带卷心菜过去再返回来，最后将山羊带到对岸。

---

74 下面是这趟旅程的安排方法。只需要跑七次就可以了。我们四个人都是从空间站里开始出发的：里格列安、德尼尔班、陆地生物与我。
1.将德尼尔班送到出发台上。
2.我独自回来。
3.我将里格列安送到出发台上。
4.我带着德尼尔班回来。
5.我带着陆地生物到出发台上。
6.我独自返回来。
7.我将德尼尔班带到出发台上。
我们都能够经过气闸，好好地享受那位美丽女主人的热情招待。

---

75 如下图所示：

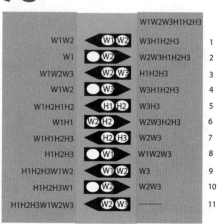

		W1W2W3H1H2H3	
W1W2	W1 W2	W3H1H2H3	1
W1	W2	W2W3H1H2H3	2
W1W2W3	W2 W3	H1H2H3	3
W1W2	W3	W3H1H2H3	4
W1H2H1H2	H1 H2	W3H3	5
W1H1	W2 H2	W2W3H2H3	6
W1H1H2H3	H2 H3	W2W3	7
H1H2H3	W1	W1W2W3	8
H1H2H3W1W2	W1 W2	W3	9
H1H2H3W1	W2	W2W3	10
H1H2H3W1W2W3	W2 W3	——	11

H 丈夫   W 妻子

76 S代表士兵，B代表男孩。
如下图所示：

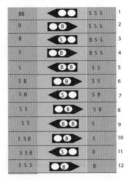

77 如下图所示：

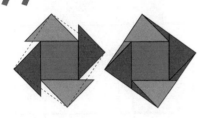

78 如下图所示：

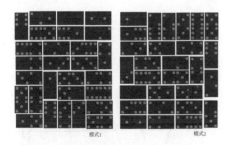

模式1　　　　　　模式2

79 1月：1，2月：1，3月：2，4月：3，5月：5，6月：8，7月：13，8月：21，9月：34，10月：55，11月：89，12月：144。
现在，熟悉的数列展现了每个月成对兔子的数量，首先是从1月开始的（此时，只有第一对兔子），然后直到12月。
在这年结束的时候，总共会有144对兔子。

80~81 每一个自然数都可以用不同的非连续性斐波那契数字以不止一种方法表达出来。比方说，232就可以按照下面的方式表达出来：
如下图所示：

1 1 2 3 5 8 13 21 34 55 89 144 233
▼ ▼ ▼ ▼ ▼
1 3 21 55 144 = 232

按照定义，前面两个斐波那契数是0与1，接下来每一个数都是之前两个数的总和。一些数学书还将0省略掉，从两个1开始。如果我们拿起计算器进行计算，看看这些小数，就会发现这些数彼此之间会变得越来越接近，并且接近某一个让人吃惊的极限。这个真正让人感到惊讶的结果就是黄金比例。谁能想象到，这一看似没有什么特别的线段划分（当初欧几里得纯粹是出于几何的目的进行的划分），以及人造的数列，竟然会对数学与科学产生这么重要的影响！黄金比例在自然的基础建构过程中扮演着重要的角色。我们已经提到了，我们可以用不同的起始数去形成一个相似的递归数列。比方说，卢卡斯数列就是始于2与1。因此得到的数列就是2，1，3，4，7，11，18，29，47，76，123，…，除了前三个数之外，卢卡斯数列的数字其实都不是斐波那契数。那么，我们还是要问，斐波那契数列与卢卡斯数列是否存在着什么关系？是否有着一丝可能存在着重复数列呢？是有关系的。如果我们用卢卡斯数列的数或任何递归数列的数去进行上述过程——那么它们都会逐渐接近黄金比例，这是黄金比例、斐波那契数与毕达哥拉斯定理之间存在的惊人巧合。

82 序列里的下一个正方形的面积将是第14个斐波那契数377。

83 这样的模式是由25个以三种不同方向的连环闭锁的环组成的。
形状一：9个全等形状。
形状二：四种不同方位的12个全等形状。
形状三：四种不同方位的4个全等形状。

如下图所示：

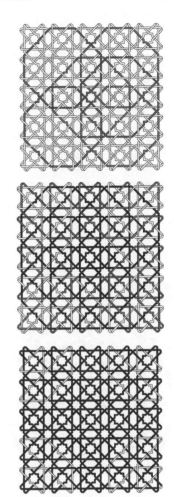

84 根据能量守恒定律——这一科学的基础定律——永动机是不可能制造出来的。达·芬奇可以说是最早提出利用重力去制造永动机的人。他的想法是，一旦这样的机器运转起来，舱室里的球转动起来，下降的轮子那端产生的力矩比上升那边的力矩更大一些。这将会让轮子沿着顺时针的方向转动。当连续有重物经过顶端的位置时，根据重力理论，它们就会往外下落，从而让轮子始终处于转动的状态。但是，如果我们让整个轮子转一整圈，让每个球回到它们一开始所处的位置，那么球体所做的功多等于轮子所需要的能量。整个系统无法在运动的过程中获得能量。轮子也不会永远地转动下去：轮子只会稍微移动一下，然后便会保持一种平衡的状态。轮子的运动可以用矩定理来解释。

85 伽莫夫的想法是基于数字"6"与数字"9"的转动对称性构想出来的。将"6"贴到轮子的辐条上，一旦轮子转动起来，"9"就会出现在轮子辐条的顶端位置，它的重量会让轮子永远地运动下去。遗憾的是，数学想法并不总是能够转变成为物理现实。"不可能的"，你会这样说。所有尝试去建造永动机的努力都一一失败了。从古到今，还没有人成功地做成永动机，但还是有不少人在尝试。最后，这些永动机被制成结构复杂的赝品，摆在商店的橱窗边，吸引来往顾客的目光。

86 如下图所示：

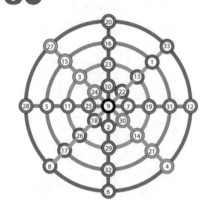

87 棋盘上麦粒的最终数量就是几何级数的结果，即$2^{64}-1=18\ 446\ 744\ 073\ 709\ 551\ 615$。
几何级数是这样的一个数列，数列上第一个数之后的其他数，都是之前的那个数与一个非零数的乘积，那个数通常被称为公比。几何级数各个项的数列就被称为等比数列。

88 这是多种解法中的一种。如下图所示：

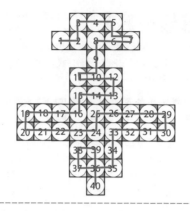

89 鸡蛋内部的结构其实是非常简单的：一个装满黏性流体的小圆筒以倾斜的方式放在鸡蛋内部。一个较小的沉重活塞在圆筒内部缓慢地移动。当鸡蛋处于垂直位置时，活塞就会从最高点降落到最低点，这个过程被设定为大约70秒。在中间10秒的下落过程中，鸡蛋可以立在尖端上。

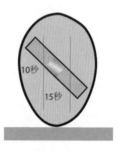

90 如下图所示：

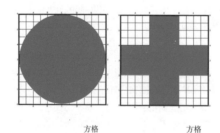

方格　　　　　　　　　　方格

91 汉斯·霍尔拜因是亨利八世国王的宫廷画家，创造出恐怕是历史上最著名也最具冲击力的隐藏变形画。他的画作《大使》描绘了两位法国大使让·德·丁特韦尔与乔治·德·塞尔夫。如果站在斜对着这幅画右边的位置，你就能看到一个头骨。
这幅画一开始挂在让·德·丁特韦尔城堡的楼梯走廊上，让那些左下方以及楼梯下方的人都能看到。对于这个头骨的象征意义，很多人都给出了不同的解释，有些人说这代表着画家的名字——霍尔拜因，在德语里的意思是"中空的骨头"。不过，确切的原因至今尚不清楚。

92 如下图所示：

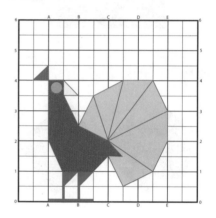

93 如下图所示：

94 这个单词就是"mastermind"。

95 隐藏的信息是"Illusion is the first of all pleasures."（在所有的乐趣当中，幻觉是排在首位的。）

96 如下图所示：

97 如下图所示：

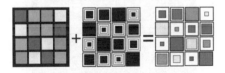

98 如下图所示：

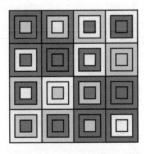

99 一个4阶幻方。让人惊奇的是，有86种不同的方式可以达到常量34。所有这些方法都会形成有趣的图形模式，如下图所示（用红线或蓝线连起来的部分之和均为34）：

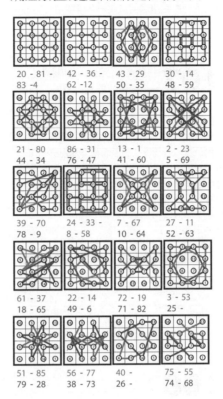

20 - 81 - 83 -4	42 - 36 - 62 -12	43 - 29 50 - 35	30 - 14 48 - 59
21 - 80 44 - 34	86 - 31 76 - 47	13 - 1 41 - 60	2 - 23 5 - 69
39 - 70 78 - 9	24 - 33 - 8 - 58	7 - 67 10 - 64	27 - 11 52 - 63
61 - 37 18 - 65	22 - 14 49 - 6	72 - 19 71 - 82	3 - 53 25 -
51 - 85 79 - 28	56 - 77 38 - 73	40 - 26 -	75 - 55 74 - 68

100 最少需要16步。请注意，骑士棋子必须要按照相同的方向沿着一个圆圈转动。
如下图所示：

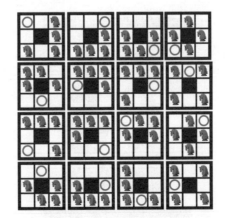

101 至少需要16步：1-3-4，2-4-9，3-11-4，4-4-3，5-1-6，6-6-11，7-12-7，8-7-6，9-6-1，10-2-7，11-7-12，12-9-4，13-10-9，14-9-2，15-4-9，16-9-10。请注意，这两个问题都可以用平面图做示范来解决。棋盘上的正方形可以作为一个图形的节点，而它们之间可能的移动步骤则是图形的连接线。谜题一的图形可以通过两个拓扑学变化表现出来。解答方法是非常容易得到的。解答的方法并不是唯一的，因此，每个谜题我们给出了一种解法。

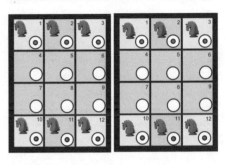

102 你的路线将会是一条斜航线，这是一条球面螺旋线，也被称为等角航线，这条线会以相同的角度（不是直角）去切割经线。

103 因为在原来的基础上进行分配是不可能的，这三个兄弟可以从邻居那里借来一匹马，然后再进行分配。现在，他们就有了18匹马，就可以按照一开始的要求去进行分配了（在分配完之后，他们需要将之前借的那匹马还回去）。三个兄弟得到的马匹数量分别为9匹、6匹与2匹。
因为1/2+1/3+1/9 = 17/18 < 1，而9 > 17/2，6 > 17/3，2 > 17/9，因此每个兄弟实际上得到的都比之前更多。

104 如下图所示：
当然，球体滑落到平面的尽头时所花的时间取决于斜面的坡度，而球体在斜坡

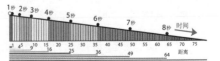

底端的速度并没有发生改变。无论斜面的坡度如何，球体在斜面底端的速度都是一样的。假设一个球体在下落一秒内所走的路程为单位距离，那么这个球在第二秒内所走的路程就是这个单位距离的4倍，而在第三秒内所走的路程则是这个单位距离的9倍，第四秒内所走的路程则是这个单位距离的16倍。你可以通过在尺子上滚动一个球体，对此进行检验——前提是斜面的角度足够小，球体会在四秒内继续保持转动。1, 4, 9, 16, 25, 36, 49, 64, …，这一让人印象深刻的数字序列以一种视觉化的方式将球体的运动模式呈现出来。在经过"n"秒的下落之后，这个球体会在n^2的刻度上，也就是说，一个下落球体的行程会随着时间的平方变得更大。有趣的是，不管斜面的坡度如何，这都不会发生变化。伽利略利用斜面坡度去进行他的那个著名的自由落体实验，因为一个球体在斜面上的运动与自由落体运动是相似的，只存在一点区别，那就是球体在斜面上的运动速度要慢一点，更容易观察与测量。

105 很多数都不是平方数。因此，是否存在着比平方数更多的数呢？每当你遇到两个无限集，试图比较哪一组更大的时候，那么你就很可能陷入伽利略提出的这种悖论。你应该知道：
1. 无限集之间无法比较大小。
2. 无限集不同于有限集——在无限集里，你能找到"等于"整个数集的子集。
3. "配对"或是"点对点对应"的计数方法对于无限集并不奏效。

106 一个惊人的事实就是，钟摆摆动的角度较小时，钟摆摆动的时间与钟摆的大小并没有关系，而是与钟摆本身的长度有关，这一事实与我们的直觉是相悖的。无论钟摆的摆动幅度是大是小，这个摇摆的周期都是一样的。钟摆的奇怪运动遵循着某些法则：
1. 振动的周期并不取决于钟摆所具有的重量。
2. 这个周期并不取决于移动的距离。
3. 振动的周期与钟摆长度的平方根是成正比的。
一个钟摆的周期，或者说来回一圈所需要的时间，都是可以通过一个简单的公式去表达出来的：$T = 2\pi\sqrt{(L/g)}$，其中L代表钟摆的长度，g代表重力加速度，也就是9.80米/秒²。因为g是除了长度之外唯一的变量，因此利用钟摆

就可以很轻易地测量出一个星球的引力。1米长的钟摆在地球上完成一个周期需要1秒，在月球上则需要2.5秒。

107 这是一个违反重力的机械悖论。
一个物体能够对抗重力，不断向上运动吗？利伯恩的双锥体，灵感也来源于伽里略。
双锥体看似在往上运动，其实它是下落到较低的位置，若是你从侧面看就会发现这一点。当双锥体似乎在往上移动的时候，随着轨道之间的距离不断增加，双锥体的重心其实已经下移了。这看似是反重力的。
如下图所示：

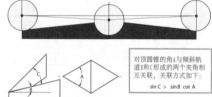

对顶圆锥的角A与倾斜轨道B和C形成的两个夹角相互关联，关联方式如下：
$\sin C > \sin B \cot A$

108 半径的总和是一个常量，并且与所选的三角形划分无关。通过对两组圆进行比较，就能看出来。这个具有美感的定理是一个算额问题。根据古代日本数学家的惯例，这样的定理一般会刻在木板上，悬挂在寺庙里，以表达对众神及这个定理发现者的敬意，这是19世纪日本比较流行的做法。

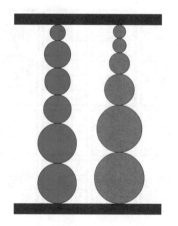

109 如下图所示，可以按照这样的方式拿走六个球，并且这个箱子不会发出任何声响。

110 可以做到的！你可以将两种方式组合起来，这样一共可以装入106个球，如下图所示。再说一次，最好的解答方法并不一定就是最常规或是最有序的方法。无须赘述，这种包装问题对于生产制造行业来说是多么的重要——特别是你想要在一张纸上切割出尽可能多的圆形时。

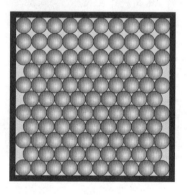

111 1. 砝码只能放在天平的一端：要称出从1到40千克连续重量的重物，我们需要两套这样的6个砝码：1-2-4-8-16-32 = 40千克
2. 砝码可以放在天平的两端：对于从1到40千克的连续重量的重物，在这种情况下，我们需要三套这样的4个砝码：1-3-9-27千克。

112 要安排放置三个一样的盒子，有六种可能的方法。一次称量能够决定两种可能。两次称量有四种可能，三次称量有八种可能，依此类推。
一般来说，n个砝码将会最多决定2^n种可能性。

在我们的这个例子里，假设我们有

测重1:1>2

测重2:1<3

结论：3>1>2，那么这个问题就解决了。

如果测重2:1>3，那就存在着两种可能性：1>2>3或是1>3>2，而第三次测重需要在2与3之间进行比较。

---

113 最多需要进行三次测重。将21根棍子分为三组，每组有七根棍子。

将其中两组棍子分别放在天平的两端，就会出现两种可能的结果：

a）天平保持平衡；b）天平出现倾斜。

如果天平两端保持平衡，那么包含着较重木棍的组合就在尚未进行测重的一组里。如果天平出现倾斜的情况，显然向下倾斜的那个组里就包含着那根较重的木棍。然后将较重的这个组分为两组，每组有三根棍子，剩下一根棍子，然后将这两个组放在天平的两端进行测重。

此时，又会出现两种可能的结果：

a）天平保持平衡；b）天平出现倾斜。

如果天平保持平衡，那么没有测重的那根棍子就是较重的棍子，也不需要再进行测重了。否则，就还需要进行一次测重，将剩下的那组拿出一根，剩下两根放在天平的两端进行测重。

---

114 八枚金币可以分为两组，一组是三对金币，一组是一对金币。

如下图所示的两种可能性里，两次测重就足以找出那一枚伪造的金币。在第二个结果的第二次测重里，如果天平处于平衡状态的话，那么伪造的那枚金币当然就是没有进行测重的那一枚金币。

---

115 球体体积间的关系类似于以它们半径为棱长的立方体。两组处于平衡状态的球体体积都是729单位，如下图所示：

---

116 1.存在着六种不同的平衡状态（三对镜像情况）。

2.若是不将镜像视为不同的情况，那就有17种不同的平衡状态。通过随机对重物进行摆放从而达到平衡状态的概率为4/100，也就是1/25，如下图所示：

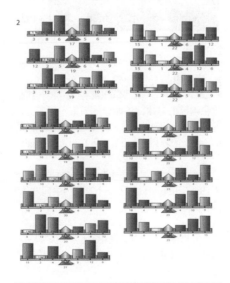

---

117 三个圆锥体与三个角锥体里的水刚好填满相同底面积与高度的柱体。

这样的关系可以用如下公式进行表达：

圆柱体或棱柱的体积=底面积×高度，而圆锥体或角锥体的体积则是底面积与高度相同的圆柱体或棱柱体体积的三分之一。

---

118 按照笛沙格定理，四个三角形的延长线上的交点都落在这四个三角形与它们的阴影接触的一边上。这种限制的结果就是，其他周围的点都能够得到"自由"，每一个点都能够成为潜在的"光源"，或投影中心。

---

119 要建构下一排的数字，可以直接将其上方两个数字相加（左上方与右上方）。

---

120 如下图所示：

等边三角形提供了一个解答这个问题的优雅的几何类比。等边三角形内的每个点都代表着唯一一种折断棍子的方法。三条垂线的总和是一个常量，并且与这个三角形的高相等，它同时也是这根棍子的长度。只有当这三条线的交点在一个中间较小的正三角形内，它们才能形成一个三角形。在这种情况内，三条垂线的任何一条都不会比其他两条垂线之和更长。另一方面，如果这些点是在中间三角形的外部，那么其中一条垂线肯定要比其他两条垂线的总和还要长。因为这个三角形的面积是整个较大三角形的总面积的四分之一，因此，随机选择一点的概率同样为四分之一。

121

因为微积分方面的内容不在本书所讲的范畴之内，我们还是通过直觉性的解释去解答这个问题吧。想象一下，在一个直径为6英寸的球体上有一个无限小的洞口，那么这几乎不会对整个球体的体积产生什么影响：任何直径大于6英寸的球体都能挖一个6英寸的小洞来穿过它。球体越大，这个洞也越大，因为它的深度要保持在6英寸。微积分告诉我们，剩下的餐巾环的立体体积保持不变，不管这个洞口的直径或球体大小如何。让人相当惊讶的是，穿洞之后的普通球体甚至和穿洞后的地球剩下的体积都是完全一样的。这听上去可能是违反直觉的，但是即便地球要比这些球体大上许多，穿的洞也必然要保持一定的比例，从而让这个洞的厚度保持不变。剩下的体积并不只取决于球体或这个洞的体积大小，而是取决于它们之间的比例关系——使这个洞的深度刚好是6英寸。现在，你可能已经发现了，这个问题就是圆弦环问题在三维空间上的模拟。下图通过视觉的方式呈现出这两个问题一些违反直觉的关系。

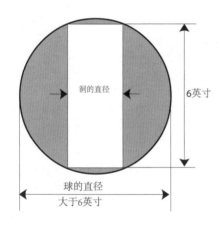

洞的直径

6英寸

球的直径
大于6英寸

122

令人震惊的是，我们已经有了足够多的信息去计算这些环的面积。当我们计算出所有的环都有着相同的面积时，这听上去更是违反直觉。

环的面积只是取决于弦的长度，根据毕达哥拉斯定理，这些环的所有弦长S都是一样的。
$$R^2 = (R-h)^2+(S/2)^2 = R^2 - 2Rh + h^2 + (S/2)^2$$
较大圆的面积是πR^2。

较小圆的面积是$\pi R^2 = \pi (R-h)^2 = \pi (S/2)^2$
这两个圆的面积之差就是：
$$\pi(R^2-r^2) = \pi (S/2)^2 = \pi$$
因此，环的面积只取决于弦的长度与π。

请注意，圆的直径是没有给出的。如果我们假设较小圆的直径是0的话，那么环的大小就等于较大圆的面积——其直径的长度就是弦的长度。

123

二进制语言是一种计算机语言，这是基于两个数的系统，只使用"0""1"（此处，分别用白色与黑色的圆圈来表示），这与开关的状态是完全对应的。二进制数左边的每一个位置都代表着下一位的最高幂次。

如下图所示：

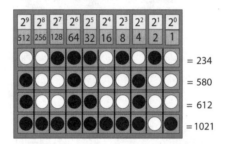

124~125

一个球体有可能接触12个其他体积相等的球体，正如球体的第一层所显示的。在一个平面上，6个球体包围着中间的球体，而3个球体则被分别安置在上面与下面的位置。

一个球体一次所能"亲吻"的最多数量的球体为13个，正好可以装入一个直径为中间球体3倍长的球体中。

与"亲吻"数量相关的问题与数学领域内的多个分支都存在着联系，其中就包括纠错码——这些编码被用在充满噪声的电路中传递信息。

接下来各层的球体数量可以通过一个简单的式子来进行计算：$10F^2 + 2$，其中$F =$ 频数（层数）。

第二层的球体数量等于42，而第三层的数量则为92。因此，在一个三层体系里，球体的数量为147。

126

摆线就是最速降线这个问题的解决方案。沿着摆线降落的球体是最快到达目的地的。这只是摆线诸多属性中的一个而已。处于降落过程的球体会沿着倒置的摆线滚动，并且要比其他任何路径所花的时间都短——无论是直线还是曲线，即便这条摆线本身的长度是最长的。让人感到惊讶的是，最短的路线（直线）竟然不是最速降线。因此，摆线又被称为最速降线或捷线。球体沿着摆线降落的早期，就能达到较快的速度，从而首先到达目的地。在某些情况下，球体可能会降到水平线以下的位置，然后再上升。更让人惊讶的是，处于降落过程的球体会在同一时间里到达，不管它是从摆线的哪一点开始下降的。伽利略发现，钟摆的周期只取决于其长度，只适用于振幅较小的情况。然而使钟摆绕着摆线运动时，这个结论对于任何振幅都是成立的。

127

如下图所示：

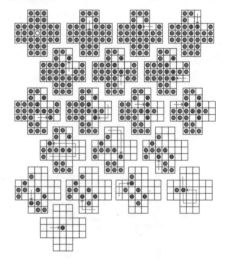

128 答案见下图四个轮子：

红色：三比特的二进制数字，唯一的答案。较长的二进制轮子是用来对电话传送的信息进行编码或用于雷达扫描的。加利福尼亚大学数学家舍曼·K.斯坦就将这样的二进制结构称为记忆轮。它们还会被称为乌洛波洛斯环，这是以神话故事中那条吃掉自己尾巴的蛇的名字命名的。

绿色：四比特的二进制数。

黄色：五比特的二进制数。

蓝色：六比特的二进制数。

129 我们的直觉会认为，相对于地球的周长而言，1米是无足轻重的，所以绳索几乎不会挪动。但在这种情况下，直觉是错误的。

稍微分析一下就能解释其中的原因：$2\pi(r+x)-2\pi r=1$（米），

$2\pi r+2\pi x-2\pi r=1$（米），$2\pi x=1$，

$x=1/2\pi$，$x=1/6.28$，$x=16$（厘米）

更让人震惊的是，这个结果与地球的半径没有任何关系，与乒乓球或网球的半径长度也没有任何关系。这个事实可以通过下面的图得到视觉化的呈现。

130 我们可以看到，最后的结果始终是平行四边形，这就是伐里农平行四边形。这一具有美感的原理被称为伐里农定理，它是以皮埃尔·伐里农（1654—1722）的名字命名的。伐里农平行四边形的面积是这个四边形面积的一半，而其周长则等于这个四边形两条对角线的长度之和。

131 一般来说，正多边形分割成为三角形的不同方式有 1-2-5-14-42-132-429-1430-4826…，这些数字就被称为卡塔兰数，这是以尤金·查尔斯·卡塔兰（1814—1894）的名字命名的。卡塔兰数出现在许多组合学问题上。一个 n 边的凸多边形需要 $n-3$ 条对角线去进行三角形划分，然后将之分割为 $n-2$ 个三角形。

如下图所示：

132 交叉点的数量（V）:9

区域的数量（F）:11

边的数量（E）:18

欧拉发现了一个公式，适用于平面上任何相互连接的图形，它还被称为欧拉示性数：$V-E+F=2$。在我们所提到的这个例子里，就是 $9-18+11=2$。

展现出深刻思维洞察力的欧拉公式，是数学领域内最具美感与最重要的表达方式之一。

133 下面两个谜题是笔者本人创造出来的，旨在向天才的欧拉致敬。

这两个谜题其实就是欧拉图形衍生出来的，可以运用欧拉定理进行解答。这些叶子可以视为

一个图形的各个节点。如果一片叶子有偶数个交叉的话（也就是与其他的叶子出现了重叠的情况），那么雄性瓢虫就能进入并且离开，而一片有着奇数个交叉的叶子也是可以进入与离开的，但是当雄性瓢虫再次进入之后，就再也不能离开了。通过对这些叶子的观察，我们可以发现，唯一一片有奇数个交叉的叶子就是雌性瓢虫应该等待的地方。将拥有两个交叉的叶子连在一起，然后标记出多重相交的叶子，那么你很容易就能通过所有的叶子连接成一条连续的线，并且不需要重复。通常，根据欧拉定理，诸如此类的图形只有在0或2片叶子有奇数个相邻叶子时，才能一笔通过。如果是"0"的话，你可以从任何地方开始，因为这是一个密封的环路。如果是"2"的话，这两片叶子就分别是起点与终点。这就是我们遇到的情况——起点有一片相邻的叶子，而终点则有三片相邻的叶子。其他所有的叶子都有着偶数片相邻的叶子。

134 非法入侵的飞船从左上方的星球进入，试图从右边最下方的星球离开，但却被在这里等候多时的守军所阻挡。从给出的图形来看，只有两个点有奇数条边。在不两次穿越同一条路线的情况下，是可以经过的，前提是这些点中有一个是始点或终点。我们知道上方（北边）的点是进入点，因此另一个较低的点是这条路线唯一可能的终点，或者说是唯一可能离开的地方。下图显示了一条路线：

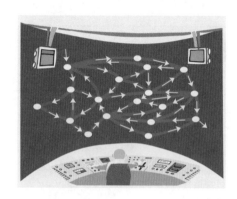

135 这是著名的布丰投针实验的一个版本，你可以很容易地进行一番实验，并计算出圆周率的精确数值。法国数学家乔治斯·路易斯·勒克莱尔就证明了，如果一根针从某个随机的高度掉落到一张有许多条平行线的纸（这根针的长度正好等于两条平行线之间的距离），那么这根针穿过一条线的概率就等于$2/\pi$。

如果这根针的长度小于这两条线的距离，那么这根针穿过一条线上的概率为$2c/\pi \times a$，a是两条线之间的距离，而c则是这根针的长度。因此，通过随机地将这根针扔许多次（n），并且计算针穿过一条线的次数（m），我们就能计算出π的实验值为：$\pi = 2c \times n/a \times m$或是$\pi = 2n/m$（在$c=a$的情况下）

这个结果一开始看上去非常神奇，因为这个答案与圆周率π是相关的。这个具有美感的实验在过去很长一段时间内都被世人遗忘，直到1812年，西蒙·拉普拉斯（1749—1827）出版了一本与概率相关的数学著作，重新提出这个投针实验，它才为世人所了解。1901年，意大利数学家拉扎里尼凭着巨大的耐心去做

这个实验，他投了3408次针，获得的π值大约是3.1415929。这个结果所包含的误差只有0.0000003。你可以将自己得到的实验结果与作者的实验结果进行一番比较。

---

136 要想在100次投掷硬币的过程中得到100次正面的结果，过程如下：

得到一次正面结果的概率是：$1/2 = 0.50$

得到两次正面结果的概率是：$1/2 \times 1/2 = 1/4 = 0.25$

得到三次正面结果的概率是：$1/2 \times 1/2 \times 1/2 = 1/8 = 0.125$

得到100次正面结果的概率是：$(1/2)^{100}=1/1\,000\,000\,000\,000\,000\,000\,000\,000\,000\,000$。

从理论上来说，得到100次正面结果的概率是有可能的，但是这样的概率实在是低到让人难以想象，因为这其中必然会混杂许多正面反面的不同排列次序，同样，你想得到其他特定的排列次序也很难。在所有给出的排列次序里，每一种次序出现的概率都是相同的。

---

137 如下图所示：

1个单位长度　　2个单位长度　　1.74个单位长度

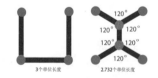

3个单位长度　　2.732个单位长度

138~143 在3×3与4×4的棋盘里，完成一次骑士遍历是不可能的。5×5与6×6的棋盘分别有着128种与320种不同的遍历路线，其中一些路线是封闭的。在7×7的棋盘里，总共有超过700种遍历路线，而在8×8的棋盘里，总共有超过百万条遍历路线。

如下图所示：

3×3棋盘　　4×4棋盘　　5×5棋盘

7×7棋盘　　24条封闭的旅行线路

骑士旅行线路没有交叉

8×8棋盘

6×6棋盘　　7×7棋盘　　8×8棋盘

一条封闭线路

---

144 右边的图形也是松结。

---

145 交叉的绳子有八种不同的图形结构，其中只有两个有打结的情况。其余六种情况都只是线圈。即使线圈的两端被拉直，也不会形成打结的情况。因此，出现打结情况的概率只有25%。

如下图所示：

---

146 加州理工学院的马克斯·德尔布鲁克在1960年获得了诺贝尔奖。他提出了一个具有美感的问题，并且给出了一个有36个连接的解答方法。刁远安在1993年给出了一个只有24个连接的解法，如下图所示。刁教授的方法表明，有24个顶点的多边形是立方网格里最小的三叶结了，并且，在只有24个顶点的情况下，是不会有打结的情况出现的。

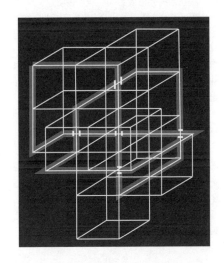

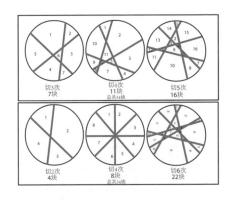

147 如下图所示：

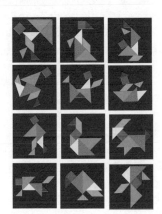

148 如下图所示：

三角形　　四边形　　五边形　　六边形

149 如下图所示：

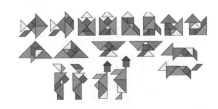

150 这是山姆·劳埃德发现的极为优雅的四个组成部分的解答方法。

如下图所示：

151 如上图所示：

A）对三块蛋糕总共进行12次直线切割，分别切3、4、5次，并获得7、11、16块蛋糕，总计34块。这个解答方法被视为最少切分的"最佳"答案，但是如果允许两条以上的切割线在一个点交汇的话，那么就还有其他的解。

比方说，分别对这三块蛋糕切割2、4或6次，最多能够分别获得4块、8块与22块蛋糕。其中一些切割的方式并不是最佳的。

这个问题是组合几何这一数学分支的一个简单例子，这是形状与数字之间的有趣结合。

B）要将蛋糕切割成完全相等的部分，我们就需要从蛋糕的中心位置出发，将每个蛋糕都切割成12块，一共就是36块（在这样的情况下，你和我也能得到一块蛋糕）。

152 如下图所示：

一般来说，要想获得最多数量的分割区域，就要试着让每一条全新的切割线经过之前的线段。按照这样的方式，第 n 次的切割会产生 n 个全新的部分。比方说，如果两次切割能够创造出四个部分，第三次切割对前两条线进行切割的话，那么将会产生三个全新的区域。这一法则可以从第一排里得到展现，这是获得最大数量的区域部分的一般分割方法。要想将区域数量切分最小化，方法也很简单：让所有切割线都处于平行状态，如最后几个例子所展示的那样。计算圆形最多能分割成多少部分，我们可以将一个圆形分割成某些已知数量的部分，这被称为圆形切割或蛋糕切割问题。最小的区域数量始终都是n+1，而n则代表着切割的次数。在最小数量与最大数量之间，我们始终都能够找到任意的区域数量。求切割线数量为1，2，…时分割出来的区域的最大数量，依次为：$Sn=2,4,7,11,16,22,29,37,\cdots$

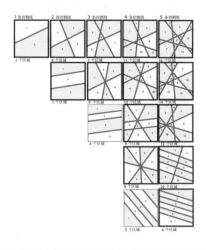

----

153 将一个四面体放入一个球体，将会产生最大数量的空间区域：这个数值就是15。

我们可以通过一个模型来解答这个问题。这些部分分别如下：四个部分是在顶点位置上，六个部分是在角的位置上，四个部分是在四面体的四个面上（原始的切割），再加上四面体本身，总数就是15个部分。这一数字是一般意义上的最大数量，三维空间也可以被四个平面进行切割。"蛋糕数量系列"可以按照1,2,4,8,15,26,42,64,93,…进行排列。

如下图所示：

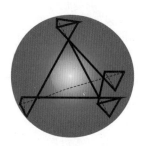

----

154 最少需要12根火柴，这12根火柴在8个顶点上汇集，每个顶点上有3根火柴。对于4根火柴在一个顶点上汇集的最好回答，就是海科·哈博特提出的104根火柴在52个点上汇集。到目前为止，我们还没有找到用少于104根火柴还能做到的例子。有趣的是，对于5根火柴以上的情况，目前还没有找到解答的方法。

如下图所示：

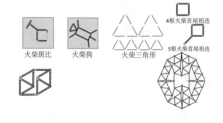

火柴斑比　　火柴狗　　火柴三角形

4根火柴首尾相连

5根火柴首尾相连

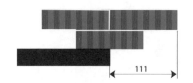

3块积木最优堆积方式

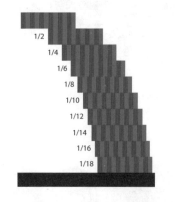

155 这个问题有一个惊人的答案：抵消的部分可以按照我们的想法要多大就能有多大，这听上去是不可思议的。当你将顶端位置的积木移动到其余的位置，使之保持平衡，那么其重心位置就会停留在下面的积木

边缘。每当你移动一块积木，就会找到全新的一堆积木的重心位置——就是你所移动的积木加上其上面的积木的重心位置。每一块积木的边缘都能起到一个支点的作用，支撑起位于其上面的积木。具体到这些重心的位置，就可以知道第一块积木的重心位置将会沿着第二块积木移动1/2个积木的长度，上面两块积木将会沿着第三块积木移动1/4个积木的长度，最上面的三块积木将会沿着第四块积木移动1/6个积木的长度，依此类推。当我们手上有着无限数量的卡片或是积木的时候，那么这个抵消的部分等于下列级数的极限发散：1/2 + 1/4 + 1/6 + 1/8 + 1/12 + 1/14 +1/16 + 1/18 +……，这被称为调和级数。速度比较缓慢，要想抵消哪怕是一小部分的重力作用，都需要很多的积木。比方说，在有52张卡片的情况下，最多的悬垂长度大约是$2\frac{1}{4}$张卡片长度。

----

156 1.你可以在立方体的垂直壁外面看到瓢虫。2.你可以在立方体的底部看到瓢虫。3.你可以在立方体内部的底板内上看到瓢虫。

----

157 在极端的情形下，当邮件是以偶数的方式进行分发的时候，那么每个邮箱都会有三封信件，除了一个邮箱里有四封信件，这就是邮箱里出现最多数量邮件的最少情形。

这是鸽舍原理一个非常简单的例子，鸽舍原理也叫狄利克雷抽屉原理，运用这个原理能够解答多种不同类型的问题。

----

158 虽然结果一开始并不是那么明显，运用相同的原理还是能让我们找到这个问题的答案。我们可以找到方法证明，必然有两个人的毛发数量是完全一样的。

我们可以估算一下一个人身体的毛发数量，简单方法就是先算出人体表面每平方厘米的毛发数量进行计算：再计算出人体的总面积，然后将这两个数值相乘，就能计算出人体毛发的数量总和。我们还可以将这个数值再乘以10，从而得到一个最高的上限值。按照这样的方法，我们就能够得到一个数值，这个数值就是1亿根毛发。

这个事实可以保证一点，那就是地球上至少有两个人有着相同数量的毛发。根据鸽舍原理，地球上有63亿人，所有人身上的毛发都少于1亿根，我们必然能够找到两个人有着相同数量的毛发。想象一下，我们有1亿间房，然后从1到1亿顺序给这些房间贴上标签。之后，我们将63亿人召集起来，让他们进入与他们身上毛发数量相同的房间，在第1亿个人进入与他们身上毛发数量相同的房间之后，会出现怎样的情况呢？

即便是最糟糕的情形，如果这些人都进入了不同的房间，那么依然还剩下许多人。因此，在1亿人之后，必然会存在着与之前1亿人中的某人毛发数量相同的人。

----

159 情况总会如此。

----

160 无论你怎样选择圆与三角形，链条始终都会闭合——第六个圆始终都是与第一个圆相切的。

----

161 如下图所示：
三个绿色圆在接近无穷大的时候，就会变成一个三角形，然后中间位置的圆就会变成三角形的内接圆。

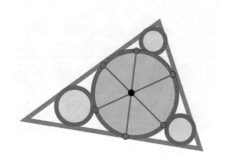

----

162 较小圆的面积是较大圆面积的九分之一。较小圆与较大圆之间的间隙等于两个更小圆的面积，总的面积就等于九个较小圆的面积之和。因此，黄色区域的总面积等于较小圆的面积，这又与红色区域的面积是相等的。

如下图所示：

----

163 从455种可能的三元数组中，选出35种三元数组，才能得到这个谜题的7种答案中之一，以恰当的方式将105个数对放入这些三元数组中。每个三元数组都涉及三对数。

做出这样选择的方法有很多种，需要系统化的程序才能厘清。人们设计了一个极富天才的几何方法，来创造斯坦纳三元数组。如图所示，在外围的圆盘上，15个点沿圆周均匀地分布。内转的轮子镶嵌着有颜色的三角形，在沿着这15个点转动。这个轮子每次转动2个单位（逆时针），来到7个不同的位置，带来了7种不同形态的三元数组。

科克曼问题的经典设计在W.W.劳斯·鲍尔与H.S.M.考克斯特所著的《数学消遣与论文》里得到了阐述，后来修订的版本则是由塞德尔完成的。

斯坦纳三元数组系统并不是对每个n都适用的。n个物体的成对数量是$1/2n(n-1)$。而符合要求的三元数组数量则是成对数量的三分之一，即$1/6n(n-1)$。因为每一个物体都必须在一个三元数组里。

它只适用于当n除以6的时候，会出现余数1或3的情况。三元数组的次序以及数的次序都不会影响问题的解的基本模式。因此，斯坦纳三元数组系统只有当$n=3, 7, 9, 13, 15, 19, 21, …$的时候，才有可能成立。

斯坦纳三元数组系统在$n=3$的时候派不上用场。我们有三对数字，形成一个三元数组。"七只小鸟家庭"谜题是下一个斯坦纳三元数组系

统，要解答它并不难。每一天都有三只小鸟飞走。在七天之后，每一对小鸟都会按照七个三元数组的方式回来。我们可以用1到7去对小鸟进行命名，找到其中的三元数组。

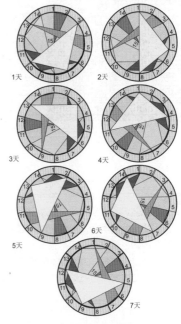

1	1 2 15	3 7 10	4 5 13	6 9 11	8 12 14
2	1 5 8	2 3 11	4 7 9	6 10 12	13 14 15
3	1 9 14	2 5 12	3 4 8	6 7 13	10 11 15
4	1 4 11	2 6 14	3 9 12	5 7 15	8 10 13
5	1 3 12	2 4 10	5 9 14	6 8 15	7 11 13
6	1 10 13	2 7 12	3 5 6	4 14 15	8 9 11
7	1 6 7	2 9 13	3 4 15	5 10 11	8 12 13

----

164 一般来说，这个问题涉及另一个问题：已知一个n阶的正方形棋盘，你可以在上面放置多少个"皇后"棋子，才能让每一个棋子都无法去"攻击"另一个棋子呢？类似的问题还有：要在游戏盘上放置多少个棋子，才能让两个棋子不处在同一排、同一列或同一对角线上呢？对于全部尺寸的棋盘来说，只有12种基本的方法（不将镜像或旋转视

为不同的解答方法）。

这个问题也可以作为两个选手间的竞赛游戏。

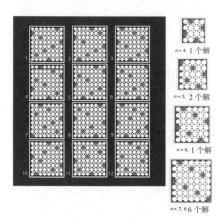

n=4, 1 个解

n=5, 2 个解

n=6, 1 个解

n=7, 6 个解

---

165 对默比乌斯环进行二等分：结果会形成一个有一个面、两条边、两个弯扭以及双倍长度的结构。要是对默比乌斯环进行三等分的话，就会形成两个相连的带环，其中一个带环与原来的默比乌斯环长度相同，另一个则是有两个弯扭的双倍长度的默比乌斯环。

---

166 最后的结果是形成一个相当有趣的结构，这个结构有两个面、三条边、没有扭曲，有两个洞。从拓扑学上来说，左上方的弯扭部分可以通过下面的部分加以抵消。

---

167 将曼宁图的表面二等分形成一个平面正方形环，这个环有两条边、两个面与零扭曲。

---

168 钟摆有一个让人着迷的属性就是，一旦钟摆处于运动状态，就能持续在相同的平面上进行运动，前提是没有受到外力的影响。在沙子下面，钟摆会改变运动的路线，只能这样解释，那就是地球在钟摆的下方不停地转动。钟摆明显的转动会随着其所处的纬度而发生变化。钟摆摆动的速度会在地球两极与赤道二者的转动速度范围之内，也就是

说每个小时转动15°。因此，在地球的两极地区，钟摆将需要24小时才能完成一个完整的周期，但在赤道地区，钟摆就会在原来的位置保持不变。

169 如图所示：

---

170 当然，麦格雷戈地图只是一个愚人节笑话。

四色问题是可以进行解答的。现在，我们已经知道了四色定理，这个定理告诉我们，对于平面上任何地图而言，只需要四种颜色就足够了。

在提出这个问题之后，马丁·加德纳收到了成千上万封信件，里面的地图都是用四种颜色进行着色的。右图是其中一种解答方法：

171~172 一个封闭的凸面曲线的宽度被定义为两条平行线之间的距离。等宽的曲线都有着相等的宽度，不论这些曲线处于平行线间的何种方位。这样的曲线的数量是无限的，其中包括圆。圆拥有最大的面积；著名的勒洛三

角形拥有的面积最小。两个不规则轮子所形成的轮廓就是等宽的曲线，其中一个就是勒洛三角形。具体的做法是从一个角出发，画一个圆弧，经过另外两个三角形。这样的曲线宽度在每个方向上都是与等边三角形的边长相等的。任何有着奇数边的正多边形都能像勒洛三角形那样堆砌起来，从而形成一个等宽曲线，就像我们提到的基于五边形的其他轮子。这样的曲线就被称为勒洛多边形。因此，这样的三角形就像是一个不断转动的圆，一旦三个轮子处于转动的状态，那么上面放着鸡尾酒杯的平面就会保持在相同的位置，不会出现倾斜的状况。

勒洛三角形可以在一个正方形内旋转，这是瓦特发明方形钻头的理论基础。

---

173 如下图所示，这有两种不同的解答方法：

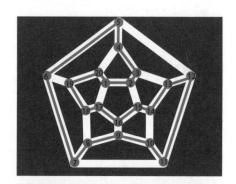

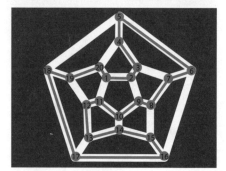

---

174 有21对点。每一对点都可以从第三个点引过箭头来，箭头的方向指着每个点。

如下图所示：

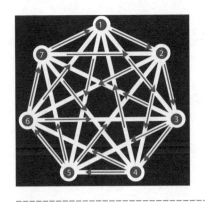

175 1-柏林，2-开罗，3-纽约，4-巴黎，5-阿姆斯特丹，6-东京，7-伦敦。

176 解答这个问题的最简单方法，就是找到每一个哈密顿回路的加权，选择一个加权最小的环路。哈密顿回路的总数会从一个有n个顶点的图形的某个特定顶点开始，并且可以通过这条公式去进行计算：$(n-1) \times (n-2) \times \cdots 3 \times 2 \times 1$或是$(n-1)!$

从下面的表格里，我们可以看到解答这些问题所面临的困难。对一个有着多个顶点的图形来说，任何电脑程序都无法解决这样的问题。现在，我们还没有还找到高效的运算法则去解答流动推销员问题。我们只能找到使环路的加权值接近最小可能值的算法（近似算法）。

近似算法如下：

1.在环路可能开始或是结束的顶点上出发。

2.接下来选择的顶点是与加权值最小的边相连接的。

从第二个顶点出发，我们就能计算出这个环路的加权值：

$4 + 8 + 11 + 2 + 10 = 35$

将这一最小加权值环路得到的结果进行对比，我们可以发现从第二个顶点出发的所有环路，其中一个环路已经给出来了，其权值总和为29。

我们得出35这个结果要比从顶点2出发的最大的回路权值总和54更好。

还有其他近似算法能得到比近邻算法更好的结果。

如下图所示：

(n-1)! 图表增长	
n	(n-1)!
3	2
4	6
5	24
8	5,040
12	39,916,800

177 如下图所示：

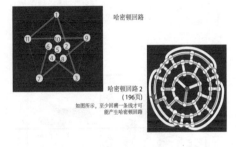

哈密顿回路

哈密顿回路2
(196页)
如图所示，至少需要一条线才可能产生哈密顿回路

178 谜题一：绿色的线；谜题二：红色的圆圈。

179 要求出这个问题的解，你需要首先计算出这九条狗可能组成多少对。

你可以轻易地列出来，一共有36对，如右图所示，然后你需要找出12个三元数组。很明显每个三元数组里都有三对数字，这就意味着总共有12个三元数组。你可以运用系统化的程序，通过选择三元数组的顺序来消除重复出现的数对：每一个组合都被称为9阶的"斯坦纳三元数组系统"。斯坦纳系统在组合理论领域非常重要。下一个斯坦纳三元数组系统是13阶的。

一般来说，斯坦纳问题就是将n个数字排成三元数组，并且让每一对数字都只出现一次。

数对的数量是：$1/2\ n(n-1)$

符合要求的三元数组数量是数对数量的三分之一，也就是：$1/6\ n(n-1)$

只有当涉及的数字都是整数时，这个三元数组的系统才可能成立。

斯坦纳三元数组系统的阶数是被6除后余数为1或3的数字。因此，n的可能值的序列就是：3-7-9-13-15-19-…，而三元数组的数量则是1-7-12-26-35-57-…

诸如此类的问题始于19世纪，一开始被视为消遣数学的问题，这是瑞士几何学家雅各布·斯坦纳发明的。现在，这样的问题却成为当代组合设计理论的核心问题，被广泛地运用到现代科学的诸多领域。

1 - 2
1 - 3
1 - 4
1 - 5
1 - 6
1 - 7
1 - 8
1 - 9
2 - 3
2 - 4
2 - 5
2 - 6
2 - 7
2 - 8
2 - 9
3 - 4
3 - 5
3 - 6
3 - 7
3 - 8
3 - 9
4 - 5
4 - 6
4 - 7
4 - 9
5 - 6
5 - 7
5 - 8
5 - 9
6 - 7
6 - 8
6 - 9
7 - 8
7 - 9
8 - 9

第1天	1 2 3
第2天	1 4 7
第3天	1 5 9
第4天	1 6 8
第5天	2 4 9
第6天	2 5 8
第7天	2 6 7
第8天	3 4 8
第9天	3 5 7
第10天	3 6 9
第11天	4 5 6
第12天	7 8 9

谜题一
答案唯一

第1天	1 2 3	4 5 6	7 8 9
第2天	1 4 7	2 5 8	3 6 9
第3天	1 5 9	2 6 7	3 4 8
第4天	1 6 8	2 4 9	3 5 7

谜题二
答案唯一

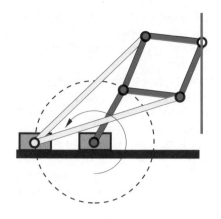

180 如上图所示：
第一个能够产生直线运动的机械装置就是波塞利耶连杆，这是波塞利耶在1864年发明出来的。从理论上来说，这个点将能描绘出一条精确的直线。

181 下图以图解的方式呈现了著名的瓦特连杆的运作原理。当两根转动的杆（蓝色与绿色）长度相同的时候，红色连杆的中心（白色的点）在连杆的整个运转周期中将绘制出8种图形。其中部的运动轨迹非常接近一条直线。瓦特连杆真实的运动曲线是一条被称为伯努利双纽线的数学曲线，像一个拉长的数字8，它的一段非常接近瓦特想得到的直线。利用打了孔并固定了孔眼的卡条，你能轻易地制造出瓦特连杆以及其他的机械装置，从而进行这样的实验。

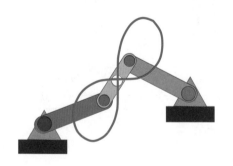

182 一开始，你的加速度就是地球表面的重力加速度：$g=9.8m/s^2$。当你越来越接近地球的中心时，这个加速度就会渐渐减慢。当你经过地球中心的那一瞬间，你就会感觉自己一下子失去了重量，以时速27 000千米的速度下落。在42分钟之后，你会到达地球的另一端。这是你这段旅程中最为重要的一瞬间。除非你能抓住某个东西，否则你回会花84.5分钟再摆荡回来。

183 如上图所示：
很多人在面对这个谜题的时候，都会在大脑中生成一种概念化的积木，以至于不能以恰当的方式去放置骑手。但是，你也看到了，解答的方法其实是非常简单的。
骑手所用的缰绳必须放到左边，直到图能够以恰当的方式连接起来，让两位骑手能够骑在跳跃的马匹上。
劳埃德将这个拼图游戏卖给了P.T.巴纳姆，在几个星期内就赚到了10000美元，这在当时是一个不小的数目。

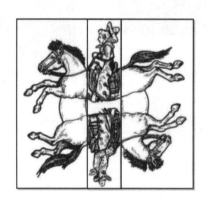

184 没法做到，无解。

185 任何铅笔都不会真正改变颜色。其实，任何事物都没有真正发生改变或是消失。这种巧妙的设计原理，马丁·加德纳称之为"隐藏的分布"，正是它使铅笔的长度发生了变化，让人产生了一支铅笔改变了颜色的错觉。

186 一只红色的铅笔改变了颜色。

187 方法一：如下图所示，一共需要七个箱子。请注意，这些箱子都被33个砝码完全装满了。
方法二：一个非常矛盾的现象就是，在将重达46千克的砝码拿掉之后，我们还需要一个箱子才能装下剩余的砝码。这样的结果似乎是违反直觉的，但是因为箱子尚不能完全被装满，因此就额外需要一个箱子去装。

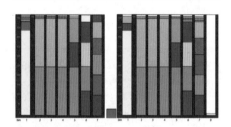

188 谜题二需要15个步骤。谜题三需要24个步骤。谜题四需要35个步骤。谜题五需要48个步骤。

189~190 卢卡斯著名的谜题后来被做成了儿童玩具。这是一种非常巧妙的玩具模型，充分运用了几何指数级数的概念。即便是在今天，这个谜题的许多版本在世界各地的玩具商店里仍然可以找到。
转移三个，需要7个步骤。转移四个，需要15个步骤。转移五个，需要31个步骤。转移六个，需要63个步骤。要转移n个，就需要2^n-1个步骤。卢卡斯谜题的解答方法看上去是很难找到的，因为我们很容易走错一些步骤。
关于这些解答方法，我们可以得到一些可能的暗示：
1.从现有的卡槽里移动最小的圆盘到隔壁的一个纵列里，使之始终处于相同的循环次序。
2.在此之后，移动除了最小的圆盘之外的其他圆盘。这一规定似乎是随意的，但你将会发现你始终都可以走出合理的一步——直到这个谜题突然间以神奇的方式被解答（并不一定是以最少的步骤完成的）。

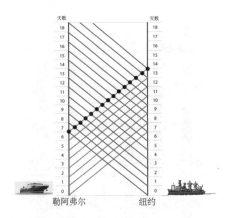

191 如果你猜的是7次，那么你就猜错了，因为在你开始航行之前，就有一些船开始航行了。离开勒阿弗尔会遇到15艘船，其中13艘是在海上遇到的，另外两艘是在港口遇到的。这样的相遇每天都会发生，分别是在中午与半夜。

如下图所示：

192 平面国人可能感觉不到立方体在不断逼近。他们无法通过进入另一空间维度去避免冲突，他们将首先与立方体的一个顶点接触，然后是一个三角形，接着，三角形的直径最大时，就变成了六边形，接下来又变成了一个较大的三角形，接着又变成一个点，最后就消失了。

如果这块陨石改变其前进的方向，首先以边来接触平面国，那么第一次接触平面国的将会是一条线，这条线逐渐变成一个不断增大的矩形，最终变为一个正方形。之后，矩形会再次变小，成为一条渐渐消失的线段。有趣的平面国悖论也许就与这样的事情存在着联系。

立方体在经过平面国的时候能够从一个密封的箱子里移走一个物体——不需要打开这个箱子，也不需要击碎其箱壁。平面国的箱子其实只是一个封闭的二维图形。平面国的人在不打开或击碎箱壁的情况下，是无法进入这个箱子里面的。

193 在对立方体进行切割的时候，会出现三种不同的切片序列，这取决于立方体在进入平面国时所处的方位。有趣的是，首先进入的顶点能够衍生出多种类型的多边形，其中就包括六边形。在这些图形里，两个五边形是无法获得的。

四面体的正方形截面与一个立方体的六边形截面如下图所示：

面进入
——相同的正方形

边进入
——两个平行面对边相等的菱矩形越来越大，达到最大值

顶点进入
——小三角形变成大三角形，在立方体的中部变成了一个完美的正六边形，接着又依次变大三角形、小三角形

194 有两只老鼠可能会被猫吃掉。一条简单的封闭曲线（一条弯曲的线）是指一条自身不会交叉的曲线。如果你将其想象成一个线圈，那么你始终能够将其重新围成一个圆形。这样的曲线会将整个平面分为两个区域：内部与外部。

你怎样才能分辨出简单闭合曲线上的一个点是在曲线的内部还是外部呢？一种费时的方法就是对穿过一个点的所有路线进行检查，看这些线是否与任何其他的线相交。但是，分辨一个点是在内部还是外部还有另一个简单的方法：从这个点向曲线外面引出一条直线，然后计算出直线经过这条曲线的次数。如果这条直线经过曲线的次数是偶数的话，那么这个点就是在曲线的外部。如果是奇数的话，那么这个点就是在曲线的内部。这就是数学领域内著名的约当曲线定理。这一定理适用于解答我们所面临的这个问题，即便是闭合曲线的一些部分被隐藏起来，也是如此。所有外部的区域都是被偶数条直线所分开的，而任何内部的区域都可以通过奇数条直线与外部区域分割开来。在我们的这个谜题里，猫是在栅栏外面的，它们只能捉到两只刚好在栅栏外的倒霉老鼠。

195 谜题一：1-16-32-24-8。
谜题二：如下图所示。

谜题三：有16个骨架立方体，如下图所示。

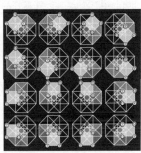

196 如下图所示：

197
773个点可以形成玛丽莲·梦露的肖像。

198
如下图所示：

我们可以在圆外选择一点，从该点引出一条直线，使其向同一个方向旋转，扫过整个圆，与此同时，数一下它与圆相交形成的点数，直到数到100万个点。

这条线就能将圆划分为两半，直线的两边都有100万个点。运气不好的话，这条直线只会经过两个点，从第999 999个点跳到第1 000 001个点。我们可以选择圆外的另一个点，然后再尝试一番。这个方法始终有效。

这就是"煎饼定理"的简单证明版本。

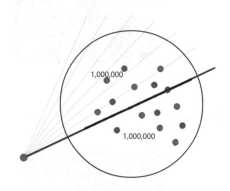

199
如下图所示：

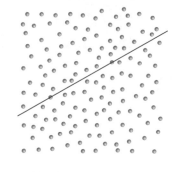

200~201
这19个数的总和为190，这个数是可以被5整除的，这个数正好等于一个方向上平行排的数量。因此，这个幻方的常量就是38。一般来说，我们是否有可能对六角蜂窝n个单位的蜂窝从1到n个正整数进行安排，使所有直线排都能有一个常数（就像魔方那样）呢？换言之，是否有可能存在着n阶的神奇六边形呢？

一个2阶的六边形显然是不可能存在的。最简单的证明就是28除以3无法得到一个偶数。相同的证明方法还告诉我们，一个3阶的神奇六边形是有可能存在的，但要想找到这样的六边形却也并不容易（这就是我们这个谜题所谈论的问题）。经过长时间的搜寻之后，这种六边形的数字排列方法才在1910年被人发现。一开始，人们认为这只是多种可能的3阶六边形模式中的一种而已，但是极为复杂的证明过程揭示了一个让人震惊的事实，那就是我们所发现的这个六边形模式其实就是唯一可能的一种模式，更让人震惊的是，除此之外，任何其他大小的六角幻方都不可能存在。

如下图所示：

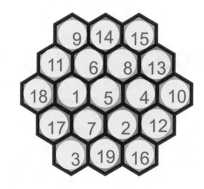

202
有趣的是，这种地图中的每一个区域都可能接触到其他的颜色，这证明是需要12种颜色的。如下图所示：

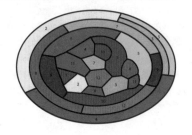

203
1. 着色三角形有24组。
2. 着色正方形有24组。
3. 着色六边形有24组。
4. 着色立方体有24组。
5. 30个用两种颜色、三种颜色与六种颜色着色的立方体。
6. 16组立方体与棱柱。

204
所有的立方体的底面都涂上了紫色。前面为六种颜色中的一种。接下来在一条线上找出第三种合适的颜色。剩下的三个面在一条线上，可以用剩下三种颜色进行各种不同的组合涂色。

如下图所示：

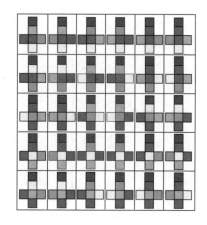

205
亨利·欧内斯特·杜登尼发明的铰接三角形与正方形的转变游戏，可以说是消遣几何领域内一颗璀璨的明珠。这个游戏有一个有趣的属性，就是可以通过铰链进行折叠，从一个位置转到另一个位置。涂上颜色的铰链连接着这两个部分。

当你沿着红色形状逆时针地转动这一部分时，就会得到一个正方形。杜登尼在1907年所著的《坎特伯雷难题集》一书里提出，要将一个正方形剖分为一个等边三角形或将一个等边三角形剖分为一个正方形，可以将原有图形剖分为四个部分，各个部分通过铰链的方式连接起来。杜登尼就此创造出了一种全新的拼图游戏，也就是铰链式剖分与镶嵌。格雷格·弗雷德里克森的著作《铰接切分》（*Hinged*

Dissections: Swing&Twisting）就专门讲述了这种全新的消遣数学游戏，这本书是剑桥大学出版社出版的。

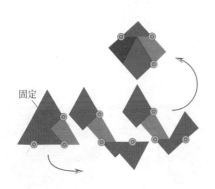

固定

206 如下图所示，一共有65种不同的方法：

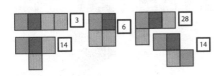

207 这是杜登尼在1931年发明的一个经典拼图游戏。这个问题可以衍生出无数种不同的版本。

如下图所示：

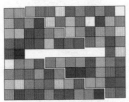

切口

新棉被

208 如下图所示：

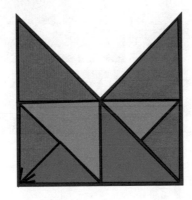

209 结果就是32×33的长方形。

如下图所示：

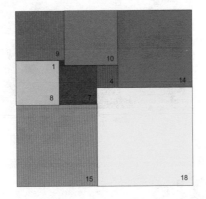

210 你能想象一个图形有着无限的长度，但其面积却是有限的吗？

这听起来是不可能的，但让人惊讶的是，这样的图形是存在的。其中一个这样的图形就是具有美感的雪花曲线以及与其相反的反雪花曲线。这些曲线基本上都呈成长模式，呈现为一连串多边形。科赫雪花就是最早的分形图之一。

多边形序列的极限就是一条让人惊叹的曲线。这条曲线的长度是无限的，但其囊括的面积却是有限的。雪花曲线是展示极限与分形概念的

一种很好的视觉方法。画出一条极限曲线是不可能做到的。我们只能创造出可以衍生出下一个序列的多边形，而最终的曲线则需要我们去想象。随着曲线不断成长，其所包括的面积最终是有限的。这个面积就是原先等边三角形面积的8/5。我们很容易证明这条曲线所包围的面积是有限的。

事实上，我们在本书里依然谈论曲线的这个问题，就是一个很好的暗示。除此之外，无论这条曲线怎样进行延伸，都无法超出原先三角形的外接圆。因此，这种无限衍生的结构所包括的面积就是原先三角形面积的8/5。

现在，我们再关注一下这条曲线的长度。如果我们假设原先三角形的边是1个单位长度，那么这个等边三角形的周长就是3个单位长度。在建构第二个多边形的过程中，每一个部分都可以被两条线段所取代，总的长度就等于其长度的4/3。因此，在每一个阶段，总的曲线长度都是会随着4/3这个因子递增的。因此，我们可以清楚地看到，这是没有任何限制的。一条无限长度的曲线就是最终的结果。雪花曲线以及与雪花曲线相似的所谓病态曲线展现了一个重要的原理，就是一个复杂的图形可以通过对一个简单规则的重复应用得到。今天，这些形状被称为分形图。雪花与相似曲线都是三维的雪花曲线。比方说，如果四面体是在四边形的各个面上建构出来的，这同样是根据相似的规则去做的。极限立方体会有一个无限大的表面面积以及一个有限大小的体积。

211 这是一个简单的线性随机移动的模拟游戏，概率论是这样阐述的，在第n次投掷之后，你就会在中点位置距离出发点距离为$\sqrt{n}$的地方。在经过36次投掷之后，这样的距离可能是距离中点左边六个刻度或右边六个刻度。尽管如此，你最终回到出发点是可以肯定的，虽然可能要投掷很长一段时间。这个一维的随机移动游戏最有趣的一点，就是这个过程没有任何障碍。这里又出现了一个问题，那就是这个漫步者改变方向的概率是多少呢？

因为步伐的对称性，我们会认为，在长时间的随机移动过程中，漫步者将有一半的时间在出

发点左右漫步。其实，事实恰好与此相反。从一边到另一边最有可能的变化值是0。

212

我们真的说不清这位醉汉最终会走到哪里，但是我们可以回答他在投掷已知数量的硬币之后，距离灯柱最有可能的距离。在经过多次不规则的转弯之后，距离灯柱最有可能的距离为D，这与行走的每一条直线轨迹的平均距离L是相等的，然后乘以它们总数的平方根，也就是：$D = L \times \sqrt{N}$。

让人惊讶的是，在我们设定的这个二维数量的正方网格里，经过无数次的漫步之后，这位醉汉最终能够安全地回到灯柱的位置。当这个过程中没有任何障碍，而且随机移动也不是有限次数时，整个情形就变得复杂起来，这会催生出许多尚未解答的问题与理论。在一个无限三维网格里，一次随机移动到达任何一个点的概率都要比到达一个单位长度的概率还要低，其中就包括将起点视为走向无限距离的出发点。这样的概率为34%。更让人惊讶的是，在一个有限的三维网格里，一个随机漫步的人几乎肯定会在一个有限的时间点上到达一个交点。实际上，如果你处在一幢较大建筑里面或是在一个有着复杂走廊与通道的迷宫里，要是你拥有无限的时间，那么随机地穿过这个迷宫是一件概率100%的事情。但是，如果网格是无限的话，情况就不是这样了。

---

213 五个五联骨牌如下图所示：

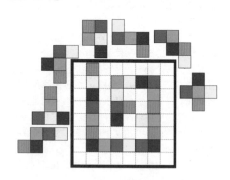

214

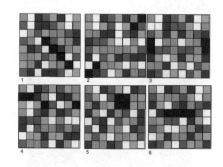

---

215 如下图所示：

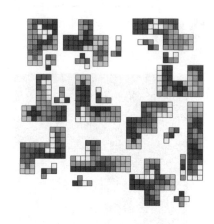

---

216 如下图所示：

---

217 如下图所示：

将任何一个正方形分割为四个大小相等的正方形，缺失的那一个单位正方形属于四个正方形中的一个。其他三个正方形能够形成一个三联骨牌，这就是一个由四块瓷砖组成的图形，它也能够拼砌成一个比自身小的复制品。你可以按照相同的方式在较大的棋盘上去做。

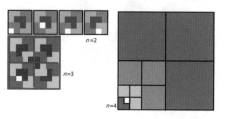

n=2

n=3

n=4

218~220 如下图所示：

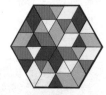

代表猫

代表渔网

代表纪念碑

221

你连续投掷一个骰子六次都无法投出一个6，显然，这样的概率并不是1，也就是说并不是100%。

事实上，你必须要计算出连续六次投掷不出数字6的概率。

在一次投掷过程中，得出来的数字不是数字6的概率是5/6，而在六次投掷过程中都没有出现数字6的概率则为：

$5/6 × 5/6 × 5/6 × 5/6 × 5/6 × 5/6 = 0.33$

因此，在连续六次投掷骰子的过程中，至少投出一个数字6的概率则为$1-0.33 = 0.67$，也就是67%。

---

222 康托尔梳子是表现著名的康托尔集的视觉性方法。格奥尔格·康托尔对这样的集合非常感兴趣，因为这是一个无限集，并且是互不相连的（它的每个点与其他点之间互不相连），尽管它可以通过观察线段部分进行建构。在分形学术语里，这些不相连接的集合就被称为"分形学尘埃"。

在n个阶段之后的总长度是：$(2/3)^n$。当n趋于无限大时，康托尔集就会趋近于0。

---

223 如果这个过程无限地重复，那么这个黄金正方形的总面积就会不断增加，直到最后变成了初始正方形的面积，这是一个出人意料而又违反直觉的结果——但是，在我们面对无限性的问题时，这样的结果是比较常见的。

在第一个阶段：一个黄金正方形面积为（1/9）=总面积的0.111倍。

在第二个阶段：再加八个面积为（1/9）²的黄金正方形=总面积的0.209倍。

在第三个阶段：再加64个面积为（1/9）³的黄金正方形=总面积的0.297倍。

在第四个阶段：再加512个面积为（1/9）⁴的黄金正方形=总面积的0.375倍。

这样的模式是非常清晰的，黄金正方形的总面积是一个无限的叠加：

$1/9+8×(1/9)^2+ 64×(1/9)^3+512 × (1/9)^4+ \cdots$

如果我们按照这样的方式计算到第25个阶段时，那么黄金正方形的总面积就是0.947。我们就可以清楚地看到，黄金正方形的总面积是不断趋近于数字1的，也就是不断趋近于那个蓝色正方形的初始面积。

---

224 谢尔宾斯基三角形的第四代衍生图形。

黑色三角形与大三角形之间的比例：
第一代衍生图形：25%。
第二代衍生图形：44%。
第三代衍生图形：58%。
第四代衍生图形：68%。

如果你按照规则继续对白色的三角形进行划分，那么白色的区域就会逐渐减少，最后趋近于0。

第四代

---

225 参加三项活动的学生总数是73，如下图所示。解答这个问题的方法，就是首先将参加三项活动的学生人数分别列举出来。那么我们就能很轻易地计算出参加其他活动的学生的人数了。

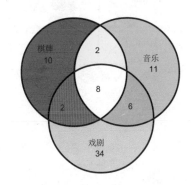

---

226 要想确保一个凸四边形的出现，至少需要五个点。埃尔德什-塞凯赖什定理已经以优雅的方式证明了，如果你用橡胶带包围着这些已知点（比如套住这个点），那么就会存在三种可能性：

1. 这条带会形成一个凸四边形（第五个点在四边形的里面）。

2. 这条带会形成一个五边形——将两个顶点连接起来，始终都能够形成一个凸四边形。

3. 这条带可以形成一个三角形，其中两个点在三角形里面。穿过这两个内点画一条线，在这条线的一边是一个顶点，在另一边则是两个顶点。

将后两个顶点与两个内点连结起来将会形成一个凸四边形。

我们已经证明了一点，在任何九个随机放置的点上，我们总是能够建构出一个凸五边形。

要想避免建构出凸五边形，最多只能放置八个点。在此基础上，再添加任何额外的一个点都不可避免形成一个凸五边形。

如下图所示：

227~229 无论你以怎样的方法去对图形进行着色，都会不可避免地建构出一个带有一种颜色的三角形。这六个点中有三个点，要么彼此喜欢，要么彼此讨厌。你会看到，无论你在最后一条尚未着色的线上使用什么颜色，都会在一个着色的立方体上建构出一个红色或蓝色的三角形。这就是拉姆齐定理的一种运用，这个定理还能运用到许多方面。我们能够对20个不同的三角形着色。我们最多只能对14条线着色，因为第15条线会不可避免地形成红色或蓝色三角形。除此之外，我们找不到更好的解答方法；到目前为止，我们也没有找到更好的策略。第二位选手会占有一定的优势。这个游戏最多能走15步，一些游戏则只有5步，还有一些游戏能走的步数则更多一些。

如下图所示：

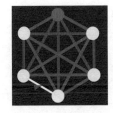

你
你的朋友
红线 — 喜欢
蓝线 — 讨厌

---

230 要是没有一个交点，或不在一座房子下面挖地道的话，那么这样的连接是不可能的。

在图论中，K3,3这个经典的问题就是所谓的六个点上的二部图，表示在三个节点的两组之间能够做出的所有可能的连接。

---

231 如下图所示：

232~234 交点数量是一个图形每个平面物体边缘相交的最小数量。如果交点的数量是0，那么这个图形就在一个平面上。对交点数量的理解，我们的研究还不是很深入，因为这个问题卡齐米日·库拉托夫斯基在20世纪30年代才开始研究。库拉托夫斯基定理特别指出，在由三个点构成的二部图中，如果这个图形没有包含一个有五个顶点的完全图的子图，或一个有六个顶点的二部图的子图，那么，这些图就是交点为0的平面图。

多部图游戏（一）：

我们可以在没有任何交点的情况下画出所有6条连接线。

如下图所示：

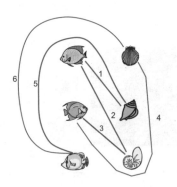

多部图游戏（二）：

我们可以在没有交点的情况下画出20条连接线。你能做得更好吗？如下图所示：

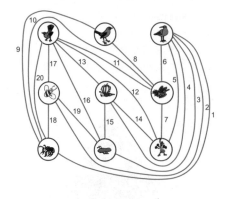

多部图游戏（三）：

在11个连接中，我们可以画出10条不相交的连接线。只有一个不可避免的交点。如图所示。你能做得更好吗？

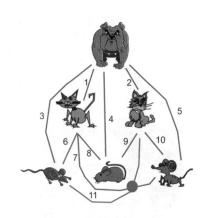

---

235 6种与20种不同的方法。

---

236 从7开始，需要更长的时间，在经过了1-4-2-7-22-11-34-17-52-26-13-40-20-5-16-8-4-2-1-4-2…这样没有尽头的环路之后，这个序列能够达到52。

这个被称为"冰雹问题"的全新问题到现在还没有找到答案。从1到26的数里，没有一个数字能够做到，直到27。若是从这个数开始，我们将能够开始一场漫长的"旅程"。在第77步的时候，我们能够达到数字923，此时"碰撞"才会出现，直到最后的第111步时，才能达到142-142的环路。

物理学家马尔科姆·E.莱恩斯在他那本著名著作《思考一个数》（*Think of a Number*）里，就谈到了东京大学曾对1万兆亿这个数以内的所有数都进行测验，而每一次这样的"碰撞"都是在142-142环路上出现的。这些数最让人惊讶的一点就是，它们不会两次包含相同的数。

---

237 一个著名的数学定理被称为本福特定律（又称"第一数字定理"），这个定理是发现欺骗行为的一个重要且简单的工具。

在我们投掷硬币的实验里，本福特定理就揭示出了一个惊人的概率。在连续200次的投掷中，会出现一个惊人的概率，那就是正面与反面连续6次或6次以上出现的概率是非常高的。绝大多数造假者都不知道这点，虽然他们在伪造结果的时候，不大愿意将超过4个或5个连续正面或反面的结果放进去，并且试图避免"这样非随机性"的出现，认为这样的结果出现的概率是极低的。

因此，我们可以很容易发现哪些结果是造了假的。如果你认真地研究测验的结果，你就能看到，在第一次测验里，我们没有看到硬币正面或反面连续六次朝上的情况，因此，这样的测验结果是伪造的可能性非常大。

---

238 这个游戏会在第六代之后结束。请记住：衍生的序列代表着同样长度的土地被分割为越来越多相等的部分。

如下图所示：

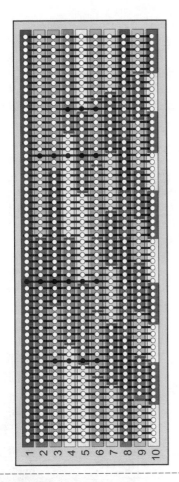

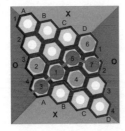

239

沿着4A，3B，2C与2D的方位移动，那么先下手的选手就能在七步之内获胜。

在5×5的棋盘里，如果第一位选手从中间的方格开始，那么他同样能够获胜。

若是在更大的棋盘里进行游戏，情形就会变得复杂起来。在11×11的游戏棋盘里，会出现许多可能的游戏局面。

有趣的是，虽然我们现在尚未找到一种能够确保赢得胜利的方法，但却找到了一种可以保证先下手的选手在任何大小的棋盘上获胜的方法。

如右图所示：

240

如下图所示：

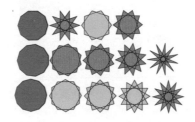

241

有3个刻度、2个单位长度的尺子——这是一把不完美哥隆尺，因为1个单位的距离可以用两种方法进行测量。

如下图所示（蓝色粗线为刻度）：

有3个刻度、3个单位长度的尺子——这是第一把完美哥隆尺，因为它能够对1个单位长度、2个单位长度与3个单位长度进行测量。

如下图所示：

有3个刻度、4个单位长度的尺子——这是最优哥隆尺。这样的尺子无法对2个单位长度进行测量。

如下图所示：

有4个刻度、5个单位长度的尺子——这是一把不完美哥隆尺，这样的尺子可以用两种方法对两个单位长度进行测量。

如下图所示：

有4个刻度、6个单位长度的尺子——这是第二把完美哥隆尺，除此之外，再也没有其他完美

哥隆尺存在了。

如下图所示：

有5个刻度、11个单位长度的尺子——这是最优哥隆尺。这样的尺子无法对6个单位长度进行测量。

如下图所示：

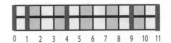

17个单位长度的尺子有6个刻度——这是最优哥隆尺。在这样的情况下，这种尺子无法对14个单位长度与15个单位长度进行测量。

如下图所示：

242

长度n=17，6个刻度。一种解决方案可以通过视觉的方式呈现出来，那就是14与15个单位长度是无法测量出来的。还存在其他解答。

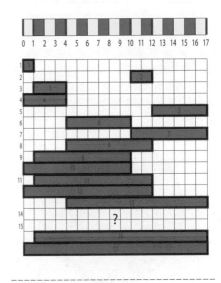

243 自相矛盾的地方就在于，对角线稍微经过了棋盘右上角的正方格的左下方。若是在这样的高度下添加1/7的单位长度，这看上去并不是很明显。但是，当我们将其计算在内的话，那么整个长方形的预期面积就是64个平方单位。当较小的正方形呈现出来的时候，只需要对此进行细致的观察，就会在对角线切口的位置发现并不精确的接口。

244~245 只有在这些悖论不真实的情况下，最终得到的长方形才会存在一些错误。若是放大第一个正方形，就会发现对角线并不是一条线，而是面积为一个单位正方形大小的一个又长又细的平行四边形。在第二个长方形里，可以通过将上半部分与下半部分重叠起来形成一个相似的平行四边形，从而让面积减少一平方单位。

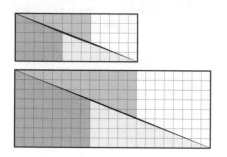

---

246 斐多所走的区域只能覆盖较大圆的88%，因为小屋阻挡了一部分。遗憾的是，它无法得到那块骨头，因为这块骨头在它无法到达的12%的区域内。
如下图所示：

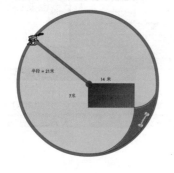

---

247 八边形的水平边与垂直边都为7个单位长度，但是斜边的长度都不等于7个单位长度（大约是7.07单位长度），因此这并不是一个正八边形（毕达哥拉斯定理可以帮到我们）。

---

248 皮亚特·海恩要传达的信息是 "It's always too early to quit."
我喜欢这些名言警句，喜欢阅读这些内容，很多时候对皮亚特也是这样说的。
所谓的名言警句是一种简短的格言诗。这是丹麦诗人与科学家皮亚特·海恩发明的。他写下了7000首这样的诗歌——其中绝大多数都是以丹麦语与英语写成的，出版了20卷之多。有人说诗集如 "GRin&sUK"（丹麦语，英语为 "laugh&sigh"）的名称太短，但是皮亚特表示，他觉得这个世界已经从稀薄的空气中抽离了。他的名言警句诗歌首先出现在每日的新闻报纸《政论家报》上，这首诗是在纳粹于1940年占领挪威后不久他以坎布尔·坎贝尔的笔名发表的。这些诗歌的内在含义就是激励当时的人们要站起来与纳粹德国进行战斗，但表面却说人们要对纳粹的占领采取消极抵抗的态度。这些名言警句以讽刺、悖论、简短的话语以及准确适用的词语为特征，具有高度复杂的节奏与韵律感，通常都带有讽刺意味。
如下图所示：

---

249 这是一个地图着色的问题，但是添加了一个限制之后，涂色要在两个不相交的区域里（地球与火星）进行。我们需要八种颜色。如下图所示：

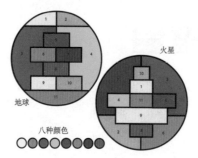

---

250 从1单位边长到8单位边长，一共有204个大小不等的正方形，形成了这样的序列：$8^2+7^2+6^2+5^2+4^2+3^2+2^2+1^2=204$。
在一边有n个单位正方形的方阵里，大小不同的正方形的总数量，就是前n个整数的平方和。

---

251 有8×8×8个大小不同的立方体。在2×2×2的立方体里，有7×7×7个立方体，在3×3×3的立方体，有6×6×6个立方体，依此类推，直到8×8×8这样较大的立方体。
立方体总数为：$8^3+7^3+6^3+5^3+4^3+3^3+2^3+1^3=1296$。有一个替代公式能够获得相同的答案：从1到$n$的立方体的总数= $[n/2×(n+1)]^2$。当n=8的时候，总数就是1296。

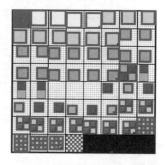

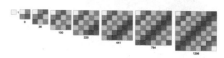

---

392 CHAPTER 10: 答案

252

谜题一：从$L(2)$到$L(8)$的正方网格里长方形的数量（包括正方形的）为：

$L(2)=9$ $L(3)=36$ $L(4)=100$ $L(5)=225$ $L(6)=441$ $L(7)=784$ $L(8)=1296$。

上面是n从2到8时，立方体的总数。

一般来说，对于一个$n×n$的正方网格，网格的数量可以用通用公式去表示：$L(n)=[(n(n+1)/2)]^2$。

谜题二：在一个$L(8)$的正方网格（棋盘）里，有36个大小不同的正方形与长方形。

如下图所示：

253

很多人表示，题目中没有提供足够的信息去解答这个问题。但这是因为他们看问题的视野太狭隘了。解答这个问题的关键就在于理解电灯的一个作用：电灯不仅能发光，还能发热，即便是在电灯关了几分钟之后，电灯依然会散发出热量。当你明白了这点之后，就能相当容易地找到问题的答案。

谜题一：首先，你可以打开开关1，然后离开几分钟，让电灯变热起来。接下来，你可以关闭开关1，然后打开开关2，之后迅速来到阁楼。如果电灯还亮着，那就说明开关2是控制这个电灯的开关。如果电灯没有亮，却依然散发出热量，那就说明开关1是控制电灯的开关。如果电灯没有亮，并且也没有散发出热量，那就说明第三个开关——这个之前没有试验过的开关，就是控制那个电灯的开关。

谜题二：你可以完全按照上面的方法去做。散发热量的灯是由开关1控制的，而亮着的灯则是由开关2控制的，而摸起来凉的灯则是由开关3控制的——因为这个灯没用过。

如下图所示：

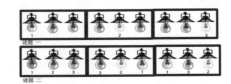

谜题一

谜题二

254

三人年龄的乘积是36，这刚好有八种可能性。当伊凡只知道他们年龄的乘积以及他与伊戈尔相遇的日期时，伊凡是解不出这道题的。因为这意味着三人的年龄总和一定是当天的日期13，而这有两种可能的解。而后来关于最小儿子的这一补充信息意味着另外一种可能性，那就是9岁与2岁的情况都可以被排除掉了。因为在这种情况下，根本不存在最小儿子的情况。此时，伊凡就能得到唯一的解，那就是1,6,6。

如下图所示：

儿子1	儿子2	儿子3	乘积	总数
1	1	36	36	38
1	2	18	36	21
1	3	12	36	16
1	4	9	36	14
1	6	6	36	13
2	2	9	36	13

255

1. 令人惊讶的队列。

2. 令人惊讶的队列。

3. 并不让人感到惊讶——因为存在着两种$D=2$的情况，分别是一个红色的鸡蛋与一个蓝色的鸡蛋。

4. 并不让人感到惊讶——因为存在着两种$D=4$的情况，分别是一个红色的鸡蛋与一个黄色的鸡蛋。

5. 令人惊讶。

6. 并不让人感到惊讶——因为存在着两种$D=1$的情况，分别是一个红色的鸡蛋与一个蓝色的鸡蛋。

256

如下图所示：

谜题一：四个赛跑团队，每个团队里有两名赛跑运动员。这是兰福德问题在4对情况下的唯一解。如下图所示：

谜题二：九个赛跑团队，每个团队里有三名运动员。

当三元数组$n=9$时，兰福德与他的同事也发现一个唯一解，如上图所示：

当这位数学家看到他儿子拿着彩色球玩耍的时候，突然想到了一个具有挑战性的全新问题。

达德利·兰福德，一位苏格兰数学家，见他的小儿子拿着3对彩色积木玩耍。这个男孩堆积积木的方法就是，让一对红色积木中间有一块积木，一对蓝色积木中间有两块积木，而一对黄色积木中间有三块积木，如右图所示：

约翰·E.米勒发现了这个方法衍生出来的其他版本：

在5对与6对的情况下，这个问题是无解的。

在7对的情况下，这个问题有26种不同的解答方法。

在8对的情况下，这个问题有150种不同的解答方法。

1967年，马丁·加德纳解释说，在给定对数的情况下，谁也不能计算出具体有多少种不同的解答方法，除非运用极为烦琐的试错法。如果n是对数，那么这个问题就只有当n是4的倍数，或比这个倍数少1的时候，才会有解。

作为三元数组，我们这个问题可以找到一种解答方法。达德利儿子的3对彩色积木堆积问题亦如此。

257~258

谜题一：如下图所示，将三顶帽子混在一起有六种可能的存放方式。其中，有一个人能够找到自己帽子的可能性有4种。因此，至少有一人能够找到自己帽子的概率约是4/6（约0.66），也就是66%，这是一个并不低的概率。

谜题二：n顶帽子有n种置换方法。在我们这个例子里，也就是6!=720。

在这些置换当中，有多少种方式能够让每一个人都拿到一顶不属于自己的帽子呢？

找寻这个数字的一个简单方法涉及超越数$e=2.718…$。

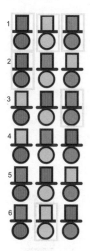

而n个物体当中，所有错误置换的数量就是与$n!$最接近的数，然后将这个数除以e。在我们这个例子里，就是720/2.718=265，即没有一个人拿到属于自己的帽子的概率是265/720（约0.368055）。

要是用1（代表着100%的概率）减去这个数，我们就能得到0.6321这个数，这就是至少有一人能够拿到属于自己帽子的概率。

259

由五联骨牌组成的十二面体拼板谜题有三种不同的解答方法，这是约翰·霍尔顿·康威——这个问题的发明者——首先提出来的，其中一个解答方法如下图所示：

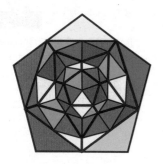

260

如果所有的俘虏都能按照正确的方式排队的话，他们都将获得自由。第一位俘虏站在队伍的前面，其他的俘虏站在他们能看到的最后一顶红色帽子的后面（或他们能看到的第一顶黑色帽子的前面）。这将会形成一条线段，所有戴红色帽子的都在前面，而所有戴黑色帽子的都在后面。因为新加入的俘虏总会站在中间位置（也就是戴黑色帽子与红色帽子的人之间），那么，当下一位俘虏加入这个队伍的时候，他就会知道自己头上帽子的颜色了。如果这位刚加入队伍的俘虏排在他的前面，那么他就戴着一顶黑色的帽子。按照这样的方法，99位俘虏都将平安无事。因此，当最后一名俘虏加入这个队伍的时候，那么站在前面的人只需要离开自己的位置，再次插入戴着红色与黑色帽子的人中间即可。这样，100名俘虏都将获得自由。

261

到目前为止，没有7×7的正方形的最好的解答方法。

至于一个更好的完整包装方法是否存在，我们尚不知晓。

262

如右上图所示：

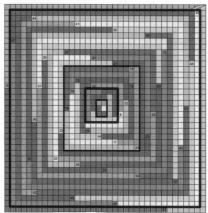

1这个问题有多钟解答方法，其中两种不属于螺线图。

2.在前面连续8个多联骨牌形成的最小正方形

之后（将最小的2×3的长方形合并进去了），接下来就是一个14×15的长方形，这是由前面连续20个多联骨牌组成的（这两个图形已经用黑框圈起来了）。

这个长方形的面积是210平方单位（第20个三角形数，代表着前面20个整数的总和）。

3.这是一个35×35的正方形，它是由前面连续49个多联骨牌形成的。这个正方形的面积是1225平方单位（第49个三角形数，代表着前面49个整数的总和）。

你需要观察很长一段时间，才能找到下一个三角形数为41616的正方形。

4.多联骨牌螺线的形成能够无限地镶嵌一个平面。

263

为了保证我有一双任意一种颜色的袜子，我必须在黑暗中抽出四只袜子。为了保证每种颜色的袜子我至少有一双，那么在最糟糕的情形下，我必须抽出两种颜色的所有袜子（也就是12只袜子），然后再抽出两只袜子，也就是14只袜子。

264

为了回答这个问题，我们必须考虑最糟糕的情形，也就是说你抽走了所有的左手手套或所有的右手手套，而且每次都拿了14只。在这种最不走运的情况下，我们只需要再拿一只手套，那么至少能够凑成一双完整的手套。

但是，你还能做得更好一些。即便是在完全黑暗的情况下，你依然能够分辨出左手手套与右手手套。在这种情况下，最不走运的情况就是选择13只右手手套或左手手套，然后再从剩下的手套里取出一只手套，那么取出的14只手套就必然能够凑成一双完整的手套。

---

265 最好的情形就是两只丢失的袜子刚好是一双，这样你就剩下四双完整的袜子。这种情况只有5种不同的组合：如果将这些袜子用A1,A2,B1,B2,C1,C2,D1,D2,E1与E2表示，那么最好的情形就是，丢失的袜子的搭配是A1-A2,B1-B2,C1-C2, D1-D2,E1-E2中的一个。

最不走运的情况就是——两只丢失的袜子并不是一双，这样你就只有三双完整的袜子以及两只不成双的袜子，也就是说有下面若干种可能性：

A1-B1,A1-B2,A2-B1,A2-B2,A1-C1, A1-C2,A2-C1,A2-C2,A1-D1,A1-D2,A2-D1,A2-D2,A1-E1,A1-E2,A2-E1,A2-E2,B1-C1,B1-C2,B2-C1,B2-C2, B1-D1, B1-D2,B2-D1,B2-D2,B1-E1,B1-E2,B2-E1,B2-E2,C1-D1,C1-D2,C2-D1,C2-D2,C1-E1,C1-E2,C2-E1,C2-E2,D1-E1, D1-E2,D2-E1,D2-E2。

这是40种最不走运的组合方式。你能看到，最不走运的情况出现的概率是最走运情况出现的概率的8倍。

---

266 如下图所示：

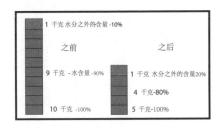

---

267 西瓜的重量分别是1,3,5,7,9,11与13千克。

---

268 通过一个系统化的过程，你可以折叠出一个弯扭的形状，使其面积是原先的一半，解决方法如下图所示：

上下折叠——用右手握住这个正方形，沿着有黑色点的一角按下，然后旋转360°。之后，你要握住折叠过的左半边，用右手折叠有白色点的一角，再将它旋转360°。

你将会得到下面的图形模式。弯扭图形是Fat

Brain Toys玩具公司2012年制造出来的，是一个名为"折叠"的折纸游戏的一部分。

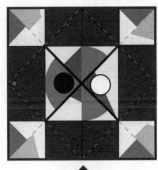

---

269 另一种解答方法：在第二次过桥时，第二名步行者正要返回。四名步行者刚好能够做到。

他们能在17分钟内，刚好在桥梁倒塌之前到达对岸。

如右图所示：

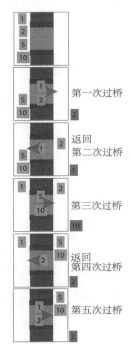

第一次过桥

返回
第二次过桥

第三次过桥

返回
第四次过桥

第五次过桥

---

270 $n=11$与$n=13$时的序列，如下图所示：

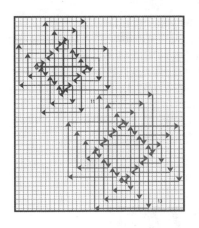

---

271 折叠三枚连成一条的邮票：你可以通过折叠三枚有铭记的邮票，从而获得六种折法的完整组合，其中只有两种无铭记与对称的折法。如下图所示：

折叠四枚连成一条的邮票：对于有铭记的四枚连在一起的邮票，你可以在24种可能性中完成16种折法、5种不同的无铭记折法以及4种不同的对称折法。当邮票条更长时，折法会大幅度增加。

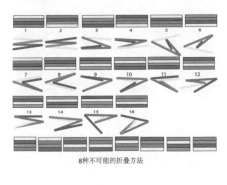

8种不可能的折叠方法

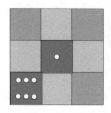

折叠由四枚邮票组成的正方形有上面四种折法。

折叠一个由六枚邮票组成的长方形：

折法3是不可能做到的，因为不可能按照对角线把邮票折成最后的颜色顺序。

将由八枚邮票组成的长方形折成从1到8的顺序：左右对折，让5在2上面，6在3上面，7在8上面。然后上下对折，让4在5上面，7在6上面。接着，将4和5掖到6与3之间，最后将1和2折到这叠邮票的最下方。

----

272 掷骰子（一）
如下图所示：

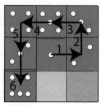

掷骰子（二）

如下图所示：

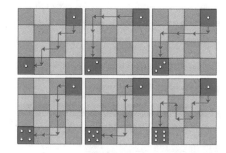

273

 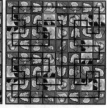

游戏一答案　　　游戏二答案

----

274 这个问题是不动点定理的另一个例子。

现代几何学对此做了如下的简单解释：如果两个点在一条线的两边，那么一条经过这两个点的线就会与这条线相交（只要我们不让一条线从另一条线的端点绕过）。这是一个很有趣的问题，其视觉呈现方式会让我们很容易找到答案，那就是让两名僧侣去走两趟旅程，其中一名僧侣往上走，而另一名僧侣则往下走。不论僧侣往上走我往下走的速度如何，他们在这个过程中休息了多长时间，也不管他们在这个过程中是否往回走了一段路程，这条路线都必然会在某个点上相交，如下图所示。这条路线是叠加在一起的，代表着这一天在同一时间经过同一地点。

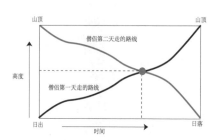

----

275 转换的秘密是很容易记住的。你所要做的就是在一次拼凑中，将四条边上的两个三角形位置互换。

将剩下的部分完整地拼砌好，在两种组合情况下显然能够做到。这两个较大正方形似乎是完全一样的，但是我们已经知道，在几何学上是

不存在奇迹的——这两个正方形的面积是不可能相等的。其中一个正方形肯定要小一点，但是也没有小多少。当然，小的那一部分恰好是稍大正方形多出来的部分，这个独具匠心的变换过程造成的结果，就是最终形成一个厚度可以忽略不计的不规则正方形环。因此，正方形尺寸的变化就不是那么明显了，这不足为奇。我们可以从这些消失的拼图里学到一点，那就是这样的伪装必须十分巧妙。多出来的空间部分要高效地隐藏，并且尽可能均匀地分摊到大正方形的周边，让人几乎看不出来。

如下图所示：

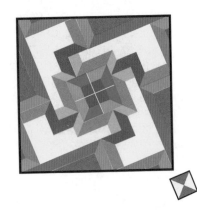

----

276 骰子组合极具说服力地表现了违反传递性的骰子，即非传递性骰子的概率悖论。A骰子胜过B骰子，B骰子胜过C骰子，C骰子胜过D骰子。最终，D骰子胜过A骰子。这个游戏有一个循环获胜的组合模式。在两个骰子为一组轮流投掷的情况下，我们可以通过创建计分表获得最好的解答。

如下图所示：

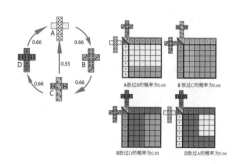

277
如下图所示：

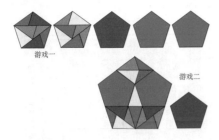

游戏一

游戏二

278
如下图所示：

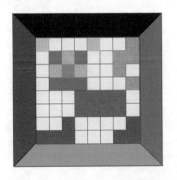

279
要是先将较大的方块拼装起来，那就难以正确地拼装了。

秘诀就在于，首先放置三个较小的立方体，要沿着立方体的一条对角线去放置。

如下图所示：

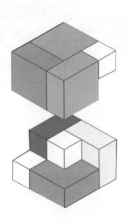

280
与3×3×3立方体一样，秘诀就在于首先放入三个1×1×3的方块。

如下图所示：

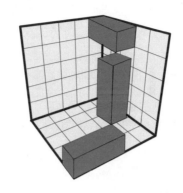

281~282
这个问题涉及三角剖分问题：对整个图形结构进行三角剖分，然后用三种不同的颜色对三角形的三个顶点进行着色。每一个三角形涂同种颜色。摄像机应该放在那些颜色出现次数最少的点。

对一个有n面墙的画廊来说，这一方法可以保证在n/3或更少摄像机的情况下完成监控。如果画廊的形状是凸多边形，那么一台摄像机就足够了，它可以放在画廊的任何一个地方。一种简单的方法就是将画廊设计成一个环形或24边形。另一种方法就是将画廊设计成星形，这样需要的地板面积最小。

283
如下图所示：

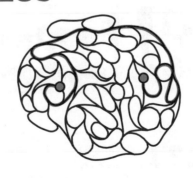

284
一个较短的栅栏不可能只有一条线，因为U形是包括四个角的最短栅栏。不透明正方形问题合乎逻辑的解答方法应该就是用所谓的斯坦纳树（最小的表面积）生成一个正方形的四个角（或一般意义上的任何四个点），从而创造出一个2.732单位长度的栅栏，但这依然不是最短的不透明正方形栅栏。

一个由两个不相连部分组成的栅栏会将长度缩减到2.639单位长度。请注意，虽然人们认为这是最佳的解答方法，但它依然没有得到证实。一些数学家甚至怀疑最短的不透明正方形栅栏是否存在。

如下图所示：

285
谜题一：经过8次移动，蓝色滑盘将取代红色滑盘。这8次移动可分解为1次水平顺时针移动、4次垂直逆时针移动以及3次水平顺时针移动。

谜题二：让黄色滑盘回到它们的初始位置，这个我也做不到。

286
水位会下降。在船上的时候，美人鱼会将船压下去（让船周围的水位升高），因为升高的水的重量与物体的重量相等。一旦美人鱼落入水底，与船没有任何关系的时候，水位就会恢复到之前的位置。铜的密度非常大，因此这尊美人鱼铜像在船上时其重量会排开更多的水。

287

287 在6条、7条与8条连续断线的情况下，解答方法已经给出来了，你能做到更好吗？

当n=3,4,5与9条线的时候，结果会是连续的封闭断线。就7条线而言，问题就不再那么简单了。为最大数量的三角形找到一个计算公式，并将之视为线段数量的函数，这是非常困难的，至今还没有得到解答。

6条线7个三角形

7条连续的线9个三角形

8条线11个三角形

288 一般来说，n个人中每个人会与n-1个人握手（一个人不可能与自己握手）。因为两个人握一次手，因此握手次数必须对半分，才能得到握手的最大次数：

$H = n \times (n-1)/2 = (n^2-n)/2$。

董事会上17名成员中每个人都要与16个人握手，这样，握手的次数达到136次。但是，4个人并没有握手，因此，握手的次数还要减去6，也就是130次握手。

289 如下图所示：

290 假设A最多只能握手8次，J在没有握手之前就离开了，那么J肯定是A的妻子。B与人握手7次，那么I肯定就是B的妻子。C与人握手6次，那么H肯定是C的妻子。D与人握手5次，那么G肯定是D的妻子。E与人握手4次，那么F肯定是E的妻子，而F同样与人握手4次。按照这样的推论，那么E肯定就是我了，而F就是我的妻子，她同样与人握了4次手。

九名参加聚会的成员握手的次数分别是8-7-6-5-4-3-2-1-0。其中两个人（比方说A与J）回答了"0"与"8"，那么他们肯定是夫妻关系。相同的结论同样适于回答"1"与"7"的两个人。从这个图里，我们可以看到，只有我和我的妻子与人握手四次。

----

291 探险者可以从南极点周围一个圆形区域内任何一点出发，此处距离南极点只是稍微大于（1+1/2π）千米（要是将地球的曲率计算在内的话，大约是1.6千米左右）。

在向南走了1千米之后，他下一步就是围着南极点走一圈，然后从这个地方向北走1千米，最终回到他出发的圆形区域。

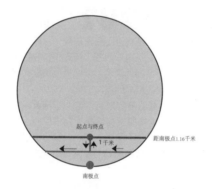

起点与终点

南极点

1千米

距南极点1.16千米

----

292 如下图所示：

----

293 如果我们面对着一个有十扇门的蒙提·霍尔问题，就可以轻易地摆脱原先只有三扇门所带来的思维障碍。与之

前一样，在这么多扇门背后，会有一辆豪华轿车，其他九扇门的背后则是九只山羊。

如下图所示：

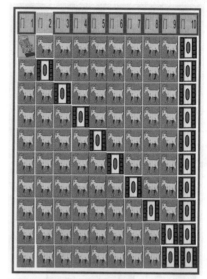

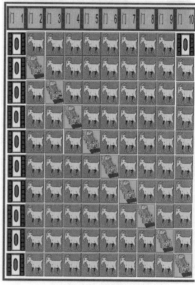

你可以选择一扇紧闭的大门，主持人总是会打开剩下的九扇门中的八扇门，留下一扇门不打开，在这打开的八扇门的背后都是山羊。主持人接下来会问你是否改变你的选择。正如玛丽莲所说的，为了增加你获胜的概率，正确的方法就是改变最初的选择。

在问题二中，我们很容易就能计算出，我们所选择的一扇门背后有豪华轿车的概率只有1/10。因此，改变之前的选择显然是正确的策略，这将使获胜的概率升至9/10。

想要完全理解这个问题并不容易，因为主持人的作用经常会被人们所忽视。但是，他确实是这个游戏里唯一的常量。他的作用是显而易见的。不管我们面对的是三扇门、十扇门或一百扇门，情况都是一样的。

你选择了第一扇门，但是你选择正确的概率只有1/10。与此同时，豪华轿车在其他大门背后的概率就是9/10。但是，在主持人的干预下，只剩下一扇门代表剩下的九扇大门。因此，你想要的豪华轿车在剩下那扇大门背后的概率高达9/10！

294 这个题没有错。你相信蓝色的盖子刚好适合红色的棺材，而红色的盖子刚好适合蓝色的棺材吗？"德拉库拉的棺材"是受罗杰·N.谢泼德的"转动的桌子"视幻觉的启发而创作出来的。

295 如下图所示：

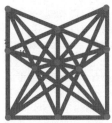

n = 11
r = 16

296 如下图所示：

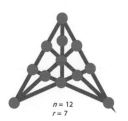

n = 12
r = 7

297 如下图所示，需要21个筹码。

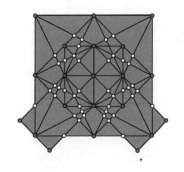

298 如下图所示：

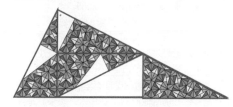

299 玻璃杯奇偶性是奇的，不可能通过偶数次的移动将其奇偶性变成偶的。

300 如下图所示：

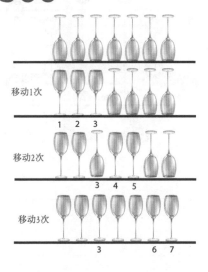

301 玻璃杯的奇偶性是奇的，不可能通过偶数次的移动，使其奇偶性变成偶的。

302 如果我们系统地开始，将9填入第一位，然后填入其他所需的数字，那么我们就会看到这是不行的，因为不可能放9个0；8与7和9的情况类似，如下图所示。将6填入第一位，很快就可以给出正确的答案。按照马丁·加德纳的说法，这个答案是唯一的。

如下图所示：

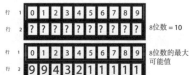

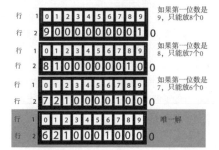

303 10个数字有10!（即3628800）种不同的组合。但是，因为所有以数字0开头的数字都不可以计算在内，必须全部舍弃掉，所以正确的答案是362880（即9!）种10位数的置换方法。

304 没错，那个拿着烟斗的人将会从两面墙的反射看到点亮的火柴，不管他站在房间的哪个地方，整个房间都会被一根火柴所点亮。因此，这个房间是可点亮的。

305

---

306 你可以这样提问："请告诉我，你是从哪一座城市来的？"

如果这个人来自说真话的城市，那么他就会指向真话城；如果他来自说假话的城市，那么他也会指向相同的方向。

此人回答的有趣之处在于，尽管你得到了自己想要的方向，但是你却不知道这个人跟你说的是真话还是假话。

（这一页所谈到的谜题是受雷蒙德·斯穆里安的启发而创作出来的。在2000年美国亚特兰大举办的加德纳大会上，他提出了这个让人伤脑筋的谜题）

---

307 这位年轻人询问其中一个女儿："你结婚了吗？"

不管你问的是谁，对方回答"是的"就意味着阿梅莉亚肯定结婚了，而对方说"没有"则意味着利拉才是那个结了婚的人。

比方说，如果你问的是阿梅莉亚，那么她回答"是的"，就意味着她说的是真话——因此，阿梅莉亚就是已经结婚了的。要是她回答"没有"，她说的同样是实话，就意味着她的确没有结婚，因此利拉就肯定是那个结了婚的女儿。

另一方面，如果你问的是利拉，那么她回答"是的"，就意味着她说的是假话，因此，她就还没有结婚，那么阿梅莉亚就肯定结婚了。

若是利拉回答说"没有"，那么她就是在说假话，因此她肯定已经结婚了。

---

308 两次向这个人提出相同的问题："你是不是那个有时说假话，有时说真话的人呢？"

要是他两次都回答"不是的"，那就说明他是一个说真话的人。要是他两次回答"是的"，这就说明他是一个说假话的人。

而要是他一次回答"是的"，一次回答"不是的"，这就说明他是一个有时说假话，有时说真话的人。

---

309 你朋友的回答是：是的——不是——是的——是的。

我们必须注意四个问题中哪一种颜色得到了肯定的回答。接着，你可以从右下方蓝色的D点出发，然后经过相同颜色的边（可以按照任何顺序），到达一个节点。

这个节点上的字母就是我们要选择的字母。如果它是蓝色，那么他说的就是真话；如果它是红色，那么他就是在说谎。如果他在说谎，那么他的回答就会是：不是——是的——不是——不是。

如下图所示：

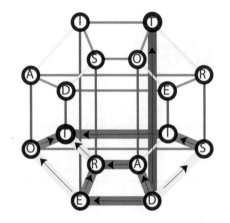

---

310 1. 接下来有解的三个线段的长度 n 分别为9，13，16。

2. 当 n 达到40时，有16个解，如图所示。

3. 当 $n=20$ 或更大时，n 要么被4整除，要么被4除后余数为1，我们可以根据这一规律推出后面的 n 的值。

| 1 | 2 | 3 | 4 | 5 | 6 | 7 | 8 | 9 | 10 | 11 | 12 | 13 | 14 | 15 | 16 | 17 | 18 | 19 | 20 | 21 | 22 | 23 | 24 | 25 | 26 | 27 | 28 | 29 | 30 | 31 | 32 | 33 | 34 | 35 | 36 | 37 | 38 | 39 | 40 |

蚱蜢游戏　前40个长度的解

---

311 这个女人有两个女儿的概率是33%，而这个男人有两个女儿的概率则是50%。

玛丽莲还提供了数学上的证据，支持这样的答案。对于女人来说，有一个女儿的情形有三种：男女、女男与女女。这三种情况的概率都是相等的，也就是1/3。

对于那个男人来说，只存在着两种可能性：男女与女女，其概率都是相等的，也就是1/2。

（因为女孩岁数较大一些，因此第三种男女的可能性就降低了。）

---

312 1. 在分析问题的时候，要考虑到双胞胎依次出生时男女性别的排列情况：女女，女男，男女，男男。

我们可以看到，两个孩子都是女孩的概率是25%。这个问题与投掷骰子的问题是非常相似的。用数学语言来说，这是同构性的问题。

我们通常都可以运用帕斯卡三角形来解答这一类的问题。

2. 女女，女男，男女，男男。我们可以看到，至少有一个女孩的概率是33%。

3. 女女，女男，男女，男男。

这个问题排除了"男男"这样的结果。因此，"女女"出现的概率是33%。

---

313 让人震惊的答案是，在一个有三个孩子的家庭里，至少有一个女孩的概率是极高的，大约是7/8，也就是87%。

---

314 帕斯卡三角形能够轻易地解决这一类型的问题。帕斯卡三角形的八排让我们知道，获得四个正面（女孩或男孩）的概率是70/256，也就是27%。而获得八个正面（女孩或男孩）的概率则是1/256，这个概率要低于1%。请注意，在一个有六个或六个以上孩子的家庭里，只有一个男孩或一个女孩的情况可能并不单纯是运气那般简单，其出现的概率一般是通常以为的两倍。

---

315 如下图所示：
需要移动18步。

关于伊凡·莫斯科维奇

伊凡·莫斯科维奇是一位生于南斯拉夫的机械工程师。他创立了拉斯基科技与天文博物馆。他还是许多消遣数学与谜题书籍的作者。

多年来，他发明了许多谜题、游戏与玩具，其中有100多种游戏都投入了商业生产。他的这些发明获奖无数，其原创性在世界各地赢得了赞誉。

感谢

首先，我无比感谢马丁·加德纳。

从20世纪50年代中期开始，马丁·加德纳的作品、个性以及我们之间的友情，都是激发我创作的重要灵感来源。当我在《科学美国人》期刊上第一次看到"数学游戏"这个专栏时，改变我人生命运的时刻也就来到了。

我非常怀念他。我怀念他从1957年来每个月或每两月寄来的他亲手修正的信件。这样的交流成为我人生的一部分。

他为消遣数学的推广做出了极大的贡献，提供了一个全球性的创新环境。要是没有他，几乎不会有什么谜题聚会，当然也不会有加德纳年度大会了。

在过去20年左右，这些志趣相投的人的聚会让我在亚特兰大每年两次的"因加德纳而相聚"的大会上结识了一群出色的、各有所长的"马丁的门生"。数学家、科学家、拼图收藏家、魔术师、发明家、出版人以及其他人士形成了一个整体，他们对智力游戏以及许多有趣的消遣数学问题都很感兴趣，当然，他们对马丁·加德纳也非常感兴趣。

他们带给了我许多快乐的时光，提升了我的智识水平，还给了我非常宝贵的友谊。

我要感谢下面这些人：保罗·埃尔德什，这位我著名的亲戚，他带给了我第一丝灵感的火焰；感谢大卫·辛马斯特，我俩曾经梦想着创建一座非常特别的博物馆，感谢伊恩·斯图尔特在早年给予的帮助，感谢皮亚特·海恩、约翰·霍尔顿·康威、所罗门·哥隆、弗兰克·哈拉利、雷蒙德·斯穆里安、爱德华·德·波诺、理查德·格里格、汤姆·罗杰斯、维克多·塞利布里亚科夫、耶利米·法瑞尔、爱德华·霍尔登、尼克·巴克斯特、杰瑞·斯洛克姆、李·萨罗斯、格雷格·弗雷德里克森、哈尔·罗宾逊、詹姆斯·多格蒂、梅尔·斯托弗、马克·赛特杜卡迪、鲍勃·尼利、蒂姆·罗维特、斯科特·莫里斯、维尔·舒特兹、比尔·里奇、理查德·赫斯、克里夫·皮科夫、科林·莱特、迪克·艾斯特利、马克·卡尔森、埃里克·夸姆以及很多很多人。我希望，本书能够以一种非常直观的方式将消遣数学的精华呈现出来。

伊凡·莫斯科维奇，2015年于奈梅亨

图片署名如下，除以下图片外，所有图片均属于作者或公共版权：

Shutterstock 12, 17, 24, 30, 31, 32 (a.r. and b.l.), 33, 35 (l.), 38, 39 (b.), 46 (r.), 47 (a.), 55 (a.), 60 (c.), 71 (a.), 78 (a.l. en a.r.), 88, 90 (b.), 98 (a.), 101 (a.l.), 105, 108 (a.), 121 (b.), 126 (b.), 162 (b.), 163 (l.), 165 (b.), 169 (b.), 171, 173 (a. and c.), 181 (b.); 191 (b.), 193 (l. and r.), 204, 242, 246, 250 (a.), 304 (a., b.l., b.r.), 308 (l.), 328 (b.l.), 350);

Tatjana Matysik 27 (b.r.), 40, 43 (b.r.), 58 (a.r.), 64 (a.r.), 106 (c.r.), 170 (c.), 269, 276 (a.), 324, 339 (a.);

RobAid 32 (a.l.);

Royal Belgian Institute of Natural Sciences 36 (b.);

Norman Rockwell 43 (c.);

Andy Dingley 44 (a.);

Getty Images 46 (l.);

Carole Raddato 55 (a.);

Ernst Wallis 60 (a.);

Tate, London 89 (r.);

Taty2007 102 (l.);

Luc Viatour 113 (b.);

National Gallery, London 112 (a.), 114 (b.);

National Maritime Museum, London 125 (a.);

JarektBot 127(b.);

Gauss–Gesellschaft Göttingen e.v./A. Wittmann 172 (l.);

Rigmor Mydtskov 253 (l.);

Piet Hein 253 (r.);

Topsy Kretts 254 (a.);

Konrad Jacobs 254 (a.);

Anna Frodesiak 259 (a.);

Dan Lindsay 300 (l.);

Ed Keath 307 (b.);

J. Jacob 308 (b.r.);

Rinus Roelofs 319;

Scott Kim 325;

Erik Nygren 328;

Jeremiah Farrell 344 (l.);

Nick Baxter 346;

Nick Koudis 349;

Bruce Whitehill 352 (a.);

Michael Taylor 352 (b.);

Oscar van Deventer 357 (r.), 358 (r.);

José Remmerswaal 358 (l.);

Antonia Petikov358, 359;

Teja Krasek 361.

注意：a – 上；b – 下；l – 左；r – 右, c – 中心

403

著作权合同登记号：图字18-2016-023

图书在版编目（CIP）数据

迷人的数学 /（英）伊凡·莫斯科维奇著；佘卓桓译.—长沙：湖南科学技术出版社，2016.8（2023.7重印）
ISBN 978-7-5357-7893-2

Ⅰ.①迷… Ⅱ.①伊…②佘… Ⅲ.①数学—通俗读物 Ⅳ.①O1-49

中国版本图书馆CIP数据核字（2016）第147644号

上架建议：数学·益智

MIREN DE SHUXUE

迷人的数学

作　　者：［英］伊凡·莫斯科维奇
译　　者：佘卓桓
出 版 人：张旭东
责任编辑：何　苗
文字编辑：陈一心
监　　制：吴文娟
特约策划：董　卉
特约编辑：庞海丽
版权支持：刘子一
营销编辑：闵　婕
装帧设计：李　洁
出　　版：湖南科学技术出版社（长沙市湘雅路276号）
经　　销：新华书店
印　　刷：河北鹏润印刷有限公司
开　　本：700mm×995mm　1/12
字　　数：780千字
印　　张：34
版　　次：2016年8月第1版
印　　次：2023年7月第12次印刷
书　　号：ISBN 978-7-5357-7893-2
定　　价：108.00元

若有质量问题，请致电质量监督电话：010-59096394
团购电话：010-59320018

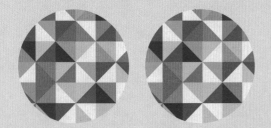